U0921139

中国国家标准汇编

2009年修订-19

中国标准出版社 编

中国标准出版社
北京

图书在版编目（CIP）数据

中国国家标准汇编：2009年修订.19/中国标准出版社编.—北京：中国标准出版社，2010

ISBN 978-7-5066-6072-3

Ⅰ.①中… Ⅱ.①中… Ⅲ.①国家标准-汇编-中国-2009 Ⅳ.①T-652.1

中国版本图书馆CIP数据核字（2010）第171227号

中国标准出版社出版发行
北京复兴门外三里河北街16号
邮政编码:100045
网址 www.spc.net.cn
电话:68523946 68517548
中国标准出版社秦皇岛印刷厂印刷
各地新华书店经销

*

开本 880×1230 1/16 印张 40.75 字数 1 182 千字
2010年10月第一版 2010年10月第一次印刷

*

定价 220.00 元

ISBN 978-7-5066-6072-3

出 版 说 明

1.《中国国家标准汇编》是一部大型综合性国家标准全集。自1983年起，按国家标准顺序号以精装本、平装本两种装帧形式陆续分册汇编出版。它在一定程度上反映了我国建国以来标准化事业发展的基本情况和主要成就，是各级标准化管理机构，工矿企事业单位，农林牧副渔系统，科研、设计、教学等部门必不可少的工具书。

2.《中国国家标准汇编》收入我国每年正式发布的全部国家标准，分为"制定"卷和"修订"卷两种编辑版本。

"制定"卷收入上一年度我国发布的、新制定的国家标准，顺延前年度标准编号分成若干分册，封面和书脊上注明"20××年制定"字样及分册号，分册号一直连续。各分册中的标准是按照标准编号顺序连续排列的，如有标准顺序号缺号的，除特殊情况注明外，暂为空号。

"修订"卷收入上一年度我国发布的、修订的国家标准，视篇幅分设若干分册，但与"制定"卷分册号无关联，仅在封面和书脊上注明"20××年修订-1，-2，-3，……"字样。"修订"卷各分册中的标准，仍按标准编号顺序排列(但不连续)；如有遗漏的，均在当年最后一分册中补齐。需提请读者注意的是，个别非顺延前年度标准编号的新制定的国家标准没有收入在"制定"卷中，而是收入在"修订"卷中。

读者配套购买《中国国家标准汇编》"制定"卷和"修订"卷则可收齐上一年度我国制定和修订的全部国家标准。

3. 由于读者需求的变化，自1996年起，《中国国家标准汇编》仅出版精装本。

4. 2009年我国制修订国家标准共3 158项。本分册为"2009年修订-19"，收入新制修订的国家标准55项。

中国标准出版社

2010年8月

目　录

ICS 77.120.20
H 12

中华人民共和国国家标准

GB/T 13748.20—2009

镁及镁合金化学分析方法 第20部分:ICP-AES测定元素含量

Chemical analysis methods of magnesium and magnesium alloys
Part 20:Determination of elements
by inductively coupled plasma atomic emission spectrometry

2009-04-15 发布　　2010-02-01 实施

中华人民共和国国家质量监督检验检疫总局
中国国家标准化管理委员会　发布

前　言

GB/T 13748《镁及镁合金化学分析方法》分为 21 部分：

——第 1 部分：铝含量的测定

——第 2 部分：锡含量的测定

——第 3 部分：锂含量的测定

——第 4 部分：锰含量的测定

——第 5 部分：钇含量的测定

——第 6 部分：银含量的测定

——第 7 部分：锆含量的测定

——第 8 部分：稀土含量的测定

——第 9 部分：铁含量的测定

——第 10 部分：硅含量的测定

——第 11 部分：铍含量的测定

——第 12 部分：铜含量的测定

——第 13 部分：铅总量的测定

——第 14 部分：镍含量的测定

——第 15 部分：锌含量的测定

——第 16 部分：钙含量的测定

——第 17 部分：钾、钠含量的测定

——第 18 部分：氯含量的测定

——第 19 部分：钛含量的测定

——第 20 部分：ICP-AES 测定元素含量

——第 21 部分：光电直读原子发射光谱分析方法测定元素含量

本部分为 GB/T 13748 的第 20 部分。

本部分附录 A 为资料性附录。

本部分由中国有色金属工业协会提出。

本部分由全国有色金属标准化技术委员会归口。

本部分负责起草单位：中国铝业股份有限公司郑州研究院、中国有色金属工业标准计量质量研究所。

本部分参加起草单位：东北轻合金有限责任公司、西南铝业（集团）有限责任公司、中国铝业洛阳铜业有限公司、南京云海特种金属股份有限公司。

本部分主要起草人：李跃萍、张树朝、席欢、张洁、薛宁、石磊、吴豫强。

本部分参加起草人：刘双庆、陈雄立、杜玉、周兵、邓兰洪、谢丽云、岳好峰、陶卫建。

镁及镁合金化学分析方法
第20部分：ICP-AES 测定元素含量

1 范围

GB/T 13748的本部分规定了镁及镁合金中铁、铜、锰、钛、锌、钇、钕、锶、镍、锆、铍、铅、钙、铝、铈含量的测定方法。

本部分适用于镁及镁合金中铁、铜、锰、钛、锌、钇、钕、锶、镍、锆、铍、铅、钙、铝、铈含量的测定，测定范围见表1。

表1

元素	质量分数/%	元素	质量分数/%
Fe	0.002 0～0.100	Ni	0.000 2～0.010
Cu	0.000 5～4.00	Zr	0.100～1.00
Mn	0.001 0～2.00	Be	0.000 5～0.100
Ti	0.001 0～0.050	Pb	0.001 0～0.010
Zn	0.010～7.00	Ca	0.005 0～0.10
Y	0.50～6.00	Al	0.010～10.00
Nd	0.50～3.00	Ce	0.100～4.00
Sr	0.001 0～0.050	—	—

2 方法原理

试样以盐酸溶解，在稀盐酸介质中，直接以氩等离子体光源激发，进行光谱测定，以基体匹配法校正基体对测定的影响。

3 试剂

3.1 过氧化氢(ρ1.10 g/mL)。

3.2 盐酸(ρ1.19 g/mL)。

3.3 硝酸(ρ1.42 g/mL)。

3.4 氢氟酸(ρ1.14 g/mL)。

3.5 高氯酸(ρ1.68 g/mL)。

3.6 氩气(>99.99%)。

3.7 盐酸(1+1)。

3.8 硝酸(1+1)。

3.9 硫酸(1+1)。

3.10 高纯镁：纯度大于99.999%。

3.11 各分析元素标准贮存溶液的配制方法参见附录A，也可使用有证系列国家标准物质(溶液)。

3.12 标准溶液

3.12.1 多元素标准溶液的配制原则：互有化学干扰、产生沉淀及互有光谱干扰的元素应分组配制。

3.12.2 将标准贮存溶液(3.11)稀释为100 μg/mL，并与标准贮存溶液保持一致的酸度(用时稀释)。

3.12.3 将标准贮存溶液(3.11)稀释为 10 μg/mL,并与标准贮存溶液保持一致的酸度(用时稀释)。

4 仪器

电感耦合等离子体光谱仪。

5 试样

将试样加工成厚度不大于 1 mm 的碎屑。

6 分析步骤

6.1 试料

按表 2 称取试样(5),精确至 0.000 1 g。

表 2

质量分数/%	试料/g	试液体积/mL
0.000 5~0.05	0.50	100
>0.05~1.0	0.25	250
>1.0~10.0	0.20	500

6.2 测定次数

称取二份试料,进行平行测定,取其平均值。

6.3 分析试液的制备

将试料(6.1)置于 300 mL 烧杯中,加入 25 mL 盐酸(3.7),待剧烈反应停止后,低温加热分解,加入适量的过氧化氢(3.1),至试料完全溶解,煮沸分解过量的过氧化氢,冷却至室温,将溶液移入表 2 中相应体积的容量瓶中,以水稀释至刻度,混匀。必要时根据元素含量范围,稀释待测溶液,并随同试样做空白试验。

注:对锆、锰含量高的镁合金在溶样时可加(1~2)滴氢氟酸助溶。

6.4 系列标准溶液的配制

6.4.1 称取与分析试液(6.3)中相同质量的高纯镁(3.10)于 250 mL 烧杯中,加入 25 mL 盐酸(3.7),待剧烈反应停止后,低温加热分解,加入适量的过氧化氢(3.1),至试料完全溶解,煮沸分解过量的过氧化氢,冷却,将溶液转入表 2 中相应体积的容量瓶中,加入适量的待测元素标准溶液(3.12),使镁基体浓度、溶液酸度与分析试液(6.3)基本一致,用水稀释至刻度混匀。以不加标准溶液的分析试液作为空白溶液。系列标准溶液中待测元素的含量要略高于样品中该元素的含量。系列标准溶液的数量由精度要求决定,一般(3~5)个。

6.4.2 根据试样(5)的牌号也可选择相应的系列标准样品(国家一级标样),按(6.3)分析试液制备方法配制系列标准溶液,系列标准溶液的数量由精度要求决定,一般(3~5)个。

6.5 测定

6.5.1 推荐分析线见表 3。

表 3

元素	分析线/nm	元素	分析线/nm
Fe	259.940、239.562	Zn	206.200、213.856
Cu	324.754、327.396	Y	224.306、377.443
Mn	257.610、259.373	Nd	403.358、394.151
Ti	334.941、336.121	Sr	407.771

表 3（续）

元素	分析线/nm	元素	分析线/nm
Ni	231.604	Ca	393.366
Zr	339.198	Al	396.152
Be	313.042、234.861	Ce	413.380、413.756
Pb	220.353	—	—

6.5.2 分析条件：将系列标准溶液(6.4)引入电感耦合等离子体原子发射光谱仪中，输入根据试验所选择的仪器最佳测定条件，在各元素选定的波长处，测定系列标准溶液中各元素的强度，当工作曲线的线性相关系数≥0.999 5 时，即可进行分析试液(6.3)的测定，根据强度和浓度的关系计算机自动给出试样(5)中各元素的质量浓度。

7 分析结果的计算

按式(1)计算各待测元素的质量分数(%)：

$$w(X)=\frac{(c-c_0)\cdot V\cdot R\times 10^{-6}}{m_0}\times 100 \qquad \cdots\cdots(1)$$

式中：

c——自工作曲线上查得被测元素的浓度，单位为微克每毫升(μg/mL)；

c_0——自工作曲线上查得空白试验溶液中被测元素的浓度，单位为微克每毫升(μg/mL)；

V——测定试液体积，单位为毫升(mL)；

m_0——试料的质量，单位为克(g)；

R——稀释系数。

8 精密度

8.1 重复性

在重复性条件下获得的两次独立测试结果的测定值，在以下给出的平均值范围内，这两个测试结果的绝对差值不超过重复性限(r)，超过重复性限(r)的情况不超过5%。重复性限(r)按表4数据采用线性内插法求得：

表 4

质量分数/%	0.000 5	0.001 0	0.005 0	0.010 0	0.050	0.100	0.50	1.00	5.00	10.00
重复性限 r/%	0.000 2	0.000 4	0.000 7	0.001 2	0.004	0.010	0.03	0.06	0.18	0.30

8.2 再现性

在再现性条件下获得的两次独立测试结果的测定值，在以下给出的平均值范围内，这两个测试结果的绝对差值不超过再现性限(R)，超过再现性限(R)的情况不超过5%。再现性限(R)按表5数据采用线性内插法求得：

表 5

质量分数/%	0.000 5	0.001 0	0.005 0	0.010 0	0.050	0.100	0.50	1.00	5.00	10.00
再限性限 R/%	0.000 3	0.000 4	0.000 7	0.002 0	0.005	0.010	0.04	0.07	0.20	0.40

9 质量保证与控制

每月用自制的控制标样(如有国家级或行业级标样时，应首先使用)校核一次本标准分析方法的有效性。当过程失控时，应找出原因，纠正错误，重新进行校核。

附 录 A
（资料性附录）
标准贮存溶液的制备

A.1 铝标准贮存溶液，1 mg/mL

准确称取 1.000 0 g 金属铝(99.99%)于烧杯中，加 30 mL 盐酸(3.7)，缓慢加热至完全溶解，冷却后，移入 1 000 mL 容量瓶中，用水稀释到刻度，摇匀。此溶液 1 mL 含 1.0 mg 铝。

A.2 锆标准贮存溶液，1 mg/mL

准确称取 1.766 4 g 氧氯化锆($ZrOCl_2 8H_2O$、优级纯)，置于 400 mL 的烧杯中，加入 100 mL 水及 170 mL 盐酸(3.7)溶解，将溶液转移入 500 mL 容量瓶中，以水稀释至刻度，混匀。此溶液 1 mL 含 1.0 mg 锆。

A.3 钙标准贮存溶液，1 mg/mL

准确称取 2.497 1 g 碳酸钙($CaCO_3$、基准试剂)置于 400 mL 烧杯中，加入 20 mL 水，然后滴加盐酸(3.7)至完全溶解，并过量 20 mL，煮沸驱除二氧化碳，冷却，将溶液移入 1 000 mL 容量瓶中，以水稀释至刻度，混匀。此溶液 1 mL 含 1.0 mg 钙。

A.4 钇标准贮存溶液，1 mg/mL

准确称取 1.269 9 g 预先在 800 ℃～900 ℃高温炉中灼烧 30 min，于干燥器中放置 60 min 后的氧化钇(光谱纯)于 250 mL 烧杯中，加 50 mL 盐酸(3.7)，加热使其完全溶解后，冷却，移入 1 000 mL 容量瓶中，用水稀释到刻度，摇匀。此溶液 1 mL 含 1.0 mg 钇。

A.5 铁标准贮存溶液，1 mg/mL

准确称取 1.000 0 g 铁(99.99%)，置于 400 mL 的烧杯中，盖上表皿，加入 40 mL 盐酸(3.7)，缓慢加热至完全溶解，冷却，将溶液转移入 1 000 mL 容量瓶中，以水稀释至刻度，混匀。此溶液 1 mL 含 1.0 mg 铁。

A.6 锌标准贮存溶液，1 mg/mL

准确称取 1.000 0 g 锌(99.99%)，置于 400 mL 的烧杯中，盖上表皿，加入 40 mL 盐酸(3.7)，缓慢加热至完全溶解，冷却，将溶液转移入 1 000 mL 容量瓶中，以水稀释至刻度，混匀。此溶液 1 mL 含 1.0 mg 锌。

A.7 钕标准贮存溶液，1 mg/mL

准确称取 1.000 g 钕(99.99%)，置于 400 mL 的烧杯中，盖上表皿，加入 40 mL 盐酸(3.7)，缓慢加热至完全溶解，冷却，将溶液转移入 1 000 mL 容量瓶中，以水稀释至刻度，混匀。此溶液 1 mL 含 1.0 mg 钕。

A.8 钛标准贮存溶液，1 mg/mL

准确称取 1.000 0 g 金属钛，于铂坩埚中，加入少许水后，慢慢滴加氢氟酸使样品溶解，再滴加硝酸将低价钛完全氧化，加入 10 mL 硫酸(3.9)，摇匀，加热蒸发至刚冒硫酸白烟，取下冷却后，将溶液转移入1 000 mL容量瓶中，用硫酸(5+95)稀释至刻度，混匀。此溶液1 mL含1.0 mg钛。

A.9 铅标准贮存溶液，1 mg/mL

准确称取1.000 0 g铅(99.99%)，置于300 mL的烧杯中，盖上表皿，加入10 mL硝酸(3.3)，缓慢加热至完全溶解，煮沸数分钟，驱除氮氧化物，冷却，将溶液转移入1 000 mL容量瓶中，以水稀释至刻度，混匀。此溶液1 mL含1.0 mg铅。

A.10 铜标准贮存溶液，1 mg/mL

准确称取1.000 g铜(99.99%)，置于400 mL的烧杯中，盖上表皿，加入10 mL硝酸(3.8)，缓慢加热至完全溶解，冷却，将溶液转移入1 000 mL容量瓶中，以水稀释至刻度，混匀。此溶液1 mL含1.0 mg铜。

A.11 镍标准贮存溶液，1 mg/mL

准确称取1.000 0 g镍(99.99%)，置于400 mL的烧杯中，盖上表皿，加入40 mL盐酸(3.7)，缓慢加热至完全溶解，冷却，将溶液转移入1 000 mL容量瓶中，以水稀释至刻度，混匀。此溶液1 mL含1.0 mg镍。

A.12 锰标准贮存溶液，1 mg/mL

准确称取1.000 0 g锰(99.99%)，置于400 mL的烧杯中，盖上表皿，加入40 mL盐酸(3.7)，缓慢加热至完全溶解，冷却，将溶液转移入1 000 mL容量瓶中，以水稀释至刻度，混匀。此溶液1 mL含1.0 mg锰。

A.13 钕标准贮存溶液，1 mg/mL

准确称取1.166 4 g预先在800 ℃～900 ℃高温炉中灼烧30 min，于干燥器中放置60 min后的氧化钕(光谱纯)，置于400 mL的烧杯中，盖上表皿，加入50 mL盐酸(3.7)、数滴过氧化氢(3.1)，缓慢加热至完全溶解，冷却，将溶液转移入1 000 mL容量瓶中，以水稀释至刻度，混匀。此溶液1 mL含1.0 mg钕。

A.14 铈标准贮存溶液，1 mg/mL

准确称取0.614 2 g预先在800 ℃～900 ℃高温炉中灼烧30 min，于干燥器中放置60 min后的二氧化铈(光谱纯)，精确至0.000 1 g，于200 mL烧杯中，加入5 mL高氯酸(3.5)、2 mL过氧化氢(3.1)，盖上表皿，低温加热至二氧化铈完全溶解，蒸发至近干。取下，稍冷，加入50 mL盐酸(3.7)，6滴过氧化氢(3.1)，加热煮沸使盐类完全溶解并使过氧化氢分解完全，取下，冷却至室温，移入500 mL容量瓶中，加入35 mL盐酸(3.7)，以水稀释到刻度混匀。此溶液1 mL含1 mg铈。

A.15 锶标准贮存溶液，1.0 mg/mL

准确称取3.042 0 g氯化锶($SrCl_2$).$6H_2O$)置于250 mL烧杯中，加入水溶解后，将溶液移入1 000 mL容量瓶中，以水稀释至刻度，混匀。此溶液1 mL含1.0 mg锶。

ICS 77.120.20
H 12

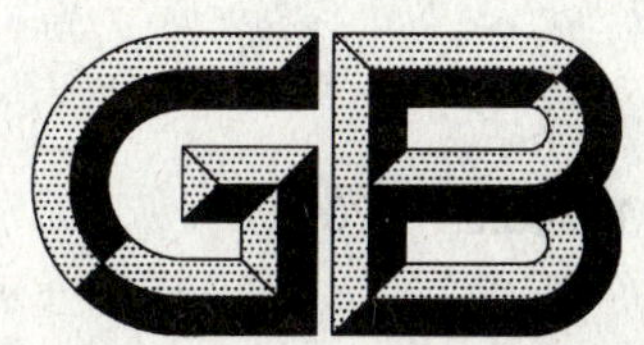

中华人民共和国国家标准

GB/T 13748.21—2009

镁及镁合金化学分析方法 第21部分：光电直读原子发射光谱分析方法测定元素含量

Chemical analysis methods of magnesium and magnesium alloys—Part 21: Determination of elements by photoelectric direct reading atomic emission spectrometry

2009-04-15 发布 2010-02-01 实施

中华人民共和国国家质量监督检验检疫总局
中国国家标准化管理委员会 发布

前 言

GB/T 13748《镁及镁合金化学分析方法》分为21部分：

——第1部分：铝含量的测定

——第2部分：锡含量的测定

——第3部分：锂含量的测定

——第4部分：锰含量的测定

——第5部分：钇含量的测定

——第6部分：银含量的测定

——第7部分：锆含量的测定

——第8部分：稀土含量的测定

——第9部分：铁含量的测定

——第10部分：硅含量的测定

——第11部分：铍含量的测定

——第12部分：铜含量的测定

——第13部分：铅总量的测定

——第14部分：镍含量的测定

——第15部分：锌含量的测定

——第16部分：钙含量的测定

——第17部分：钾、钠含量的测定

——第18部分：氯含量的测定

——第19部分：钛含量的测定

——第20部分：ICP-AES测定元素含量

——第21部分：光电直读原子发射光谱分析方法测定元素含量

本部分为GB/T 13748的第21部分。

本部分参考ASTM B 954-07《用原子发射光谱法分析镁和镁合金的标准试验方法》制定。

本部分不作为仲裁方法。

本部分由中国有色金属工业协会提出。

本部分由全国有色金属标准化技术委员会归口。

本部分负责起草单位：中国铝业股份有限公司郑州研究院、中国有色金属工业标准计量质量研究所。

本部分参加起草单位：西南铝业(集团)有限责任公司、维恩克镁基材料有限公司、东北轻合金有限责任公司、宁夏华源冶金实业有限公司、抚顺铝业有限公司。

本部分主要起草人：李跃平、张树朝、石磊、席欢、张洁、薛宁、吴豫强。

本部分参加起草人：陈喻、房中学、刘昕、王秀荣、金正哲、刘功达、徐河、郭静、张红、杨宇宏。

镁及镁合金化学分析方法 第21部分：光电直读原子发射光谱分析方法测定元素含量

1 范围

GB/T 13748 的本部分规定了镁及镁合金中合金元素及杂质元素的光电直读原子发射光谱分析方法。

本部分适用于分析棒状或块状试样中铁、硅、锰、锌、铝、铜、铈、铅、钛、镍、铍、锆、钇、钕、锶15个元素的光电直读原子发射光谱测定，测定范围见表1。

表 1

元素	测定范围/%	元素	测定范围/%
Fe	0.001～0.10	Ti	0.001～0.10
Si	0.001～1.5	Ni	0.000 5～0.03
Mn	0.001～2.0	Be	0.000 1～0.01
Zn	0.001～7.0	Zr	0.001～1.0
Al	0.003～10.0	Y	0.50～6.0
Cu	0.000 5～4.0	Nd	0.50～4.0
Ce	0.10～4.0	Sr	0.01～0.05
Pb	0.001～0.05	—	—

2 规范性引用文件

下列文件中的条款通过 GB/T 13748 的本部分的引用而成为本部分的条款。凡是注日期的引用文件，其随后所有的修改单(不包括勘误的内容)或修订版均不适用于本部分，然而，鼓励根据本部分达成协议的各方研究是否可使用这些文件的最新版本。凡是不注日期的引用文件，其最新版本适用于本部分。

GB/T 8170 数值修约规则与极限数值的表示和判定

3 方法提要

在氩气气氛中，将加工好的试样用激发系统激发发光，经分光系统色散后形成光谱，对选用的内标线和分析线的辐射能量由光电转换系统及测量系统进行光电转换并测量，根据相应的标准物质(标准样品)制作工作曲线，由计算机自动计算出分析试样中各测定元素的含量。

4 辅助设备、材料、环境

4.1 仪器试样加工用设备：车床或铣床。

4.2 标准样品：建立工作曲线用的标准样品应用国家级标准样品，原则上标准样品应与分析试样的化学组成及冶金铸造过程基本一致。

4.3 激发间隙保护气体：高纯氩气(纯度要求大于99.995%)。

4.4 光电光谱仪室环境条件:温度(23±5)℃,相对湿度≤65%,无电磁干扰及振动干扰。

5 仪器

光电光谱仪:应根据测定元素的需要进行选择,可使用真空或非真空型,应能满足分析任务所要求的波长范围、灵敏度和精度。

6 试样的制备

6.1 用车床或铣床加工试样的激发面,车削过程中不使用任何润滑剂,激发面不能有气孔、裂纹和夹渣,不能被污染,试样激发面应与标准样品或控制样品的光洁度基本一致。

6.2 试样的形状与尺寸应与标准样品或控制样品基本一致。

6.3 由熔融状态取样时,用预热过的铸铁模或钢模浇铸成型,铸模自选,但要保证试样均匀,无飞边、夹渣、气孔及裂缝。从铸锭、铸件、加工产品上取样时,应从具有代表性的部位取样,特别是镁合金样品应从不同的部位多取几个点,尽量避免偏析现象。

7 分析步骤

7.1 光电光谱仪的工作状态控制及校准

7.1.1 定期对光谱仪的暗电流、漏电、短期稳定性及长期稳定性等参数进行检查,如有异常及时进行处理。

7.1.2 光谱仪工作参数的优化:不同的仪器激发条件不同,应根据条件试验或依据说明书推荐选择最佳激发条件和激发线对。

7.1.3 光谱干扰检查:尽量选择分析元素间无相互干扰的谱线,必要时利用仪器的干扰校正功能进行干扰校正。

7.2 标准样品

根据试样的种类及化学成分选择与之相应的标准样品。

7.3 分析谱线的选择

镁及镁合金推荐的分析谱线见表2。

表2

元　素	波长/nm	测定范围/%
Mg(内标线)	291.55 517.27 383.83	—
Fe	238.20 259.94 317.99	0.001 0~1.00 0.001 0~2.00 0.020~0.100
Si	288.16 251.61	0.001 0~0.050 0.10~1.50
Mn	403.45 293.30	0.001 0~3.00 0.010~3.00
Zn	213.81 334.50 481.05	0.000 5~1.00 0.010~3.00 0.50~7.00

表 2（续）

元　素	波长/nm	测定范围/%
Al	308.21 266.04 305.46 396.15	0.001 0～2.00 1.00～10.00 1.00～12.00 0.003 0～15.00
Cu	327.39 324.75 510.55	0.005 0～0.30 0.000 5～0.50 0.50～4.00
Ti	337.28	0.000 5～0.10
Ni	341.47 231.60	0.000 1～0.030 0.002 0～1.00
Be	313.10 313.04	0.000 1～0.10 0.000 5～0.50
Zr	339.19 349.62 339.46	0.001 0～1.00 0.000 5～1.00 0.001 0～1.50
Nd	406.11 430.35	0.010～3.00 0.50～4.00

7.4 工作曲线日常标准化

标准化是用于检查和校正因电子系统、光学系统、温度变化等因素引起的工作曲线的漂移，一般每次测量前要用(1～2)个标准样品或控制样品进行激发，以校正曲线的漂移，然后再激发标准物质或控制样品予以确认。

注 1：做标准化时一般不采用单点标准化。

注 2：控制样品可以在建立分析曲线的标准样品中选，也可自制，但必须保证组成均匀，定值准确，控制样品与分析试样的化学组成和冶金过程应保持基本一致。

7.5 样品的分析

将试样(6)置于仪器的激发平台上，与做工作曲线和标准化同样的激发条件进行测定，激发点应距样品边缘 5 mm～6 mm，一般激发(2～4)次，取其平均值。

7.6 数据处理

测量结果用质量分数表示，并按 GB/T 8170 规定的数值修约规则修约到相应产品标准规定的位数。

8 精密度

8.1 重复性

在重复性条件下进行 11 次独立测定，在以下给出的测定范围内，各元素分析结果的相对标准偏差不超过表 3 的规定。

表 3

元素的测定范围/%	相对标准偏差/%
≤0.001	26
>0.001～0.005	20
>0.005～0.01	13
>0.01～0.05	11
>0.05～0.10	6.5
>0.10～0.50	5
>0.10～1.0	4
>1.0～5.0	3
>5.0～10.0	1.6

8.2 允许差

实验室之间分析结果的差值应不大于表 4 所列允许差。

表 4

元素的测定范围/%	相对误差/%
≤0.001	50
>0.001～0.005	37
>0.005～0.010	25
>0.01～0.05	22
>0.05～0.10	15
>0.10～0.50	13
>0.50～1.0	10
>1.0～5.0	9
>5.0～10.0	7

9 质量保证和控制

应用国家级标准样品或行业级标准样品，每周或每两周校核一次本分析方法标准的有效性，当过程失控时，应找出原因，纠正错误后，重新进行校核。

ICS 59.080.70
W 55

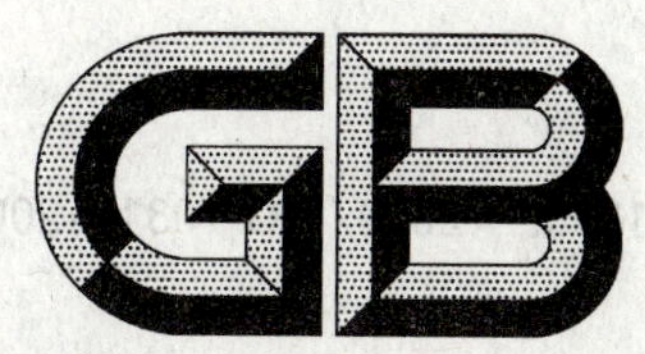

中华人民共和国国家标准

GB/T 13759—2009/ISO 10318:2005
代替 GB/T 13759—1992

土工合成材料 术语和定义

Geosynthetics—Terms and definitions

(ISO 10318:2005,IDT)

2009-06-11 发布 2010-01-01 实施

中华人民共和国国家质量监督检验检疫总局
中国国家标准化管理委员会 发布

前言

本标准等同采用 ISO 10318:2005《土工合成材料　术语和定义》(英文版)。

本标准与 ISO 10318:2005 相比,有如下编辑性修改:

——“本国际标准”一词改为“本标准”;

——删除了国际标准的前言;

——将国际标准未编章节号的“范围”作为第 1 章,以后的章节编号顺延;

——删除了范围中的“注”;

——增加了 2.3.3.1 中的“注 2”。

本标准代替 GB/T 13759—1992《土工布　术语》,本标准与 GB/T 13759—1992 的主要差异如下:

——标准名称改为《土工合成材料　术语和定义》;

——增加了目次;

——增加了功能术语 2.1.6 和 2.1.7;

——增加了产品术语 2.2.1.2.3～2.2.1.3.3;

——增加了 2.3 性能术语和 2.4 耐久性术语;

——增加了“符号”一章;

——增加了附录 A。

本标准的附录 A 为资料性附录。

本标准由中国纺织工业协会提出。

本标准由全国纺织品标准化技术委员会基础标准分会(SAC/TC 209/SC 1)归口。

本标准起草单位:中纺标(北京)检验认证中心有限公司、纺织工业标准化研究所。

本标准主要起草人:章辉、徐路。

本标准所代替标准历次版本发布情况为:

——GB/T 13759—1992。

土工合成材料　术语和定义

1　范围

本标准确定了土工合成材料的功能、产品、性能等术语以及相关的符号。本标准中未包括的术语可能在有关的试验方法标准中给出。

2　术语和定义

2.1　功能术语

2.1.1

排水　drainage

收集降水、地下水和(或)其他液体,并沿土工布或土工布有关产品平面进行传输。

2.1.2

过滤　filtration

在液体压力的作用下,液体通过土工布或土工布有关产品,同时保持土壤及其他颗粒不流失。

2.1.3

防护　protection

通过土工布或土工布有关产品的应用,防止或限制特定材料的局部破损。

2.1.4

加筋　reinforcement

利用土工布或土工布有关产品的应力-应变性能改善土壤或其他建筑材料的力学性能。

2.1.5

隔离　separation

通过土工布或土工布有关产品的应用,防止相邻的不同土壤和(或)其他填料等介质的混合。

2.1.6

表面冲蚀防护　surface erosion control

通过土工布或土工布有关产品的应用,防止或限制土体表面(如斜坡处)土壤及其他颗粒的滑移和流失。

2.1.7

防渗　barrier

通过土工布或土工布有关产品的应用,防止或限制液体的迁移。

2.2　产品术语

2.2.1

土工合成材料　geosynthetic;GSY

在岩土工程和土木工程中与土壤和(或)其他材料相接触使用的一种产品的总称,其至少由一种合成或天然的聚合物组成,可以是片状的、条状的或三维结构的。

2.2.1.1

土工布　geotextile;GTX

在岩土工程和土木工程中与土壤和(或)其他材料相接触使用的一种平面状、可渗透的、由聚合物

(天然或合成)组成的纺织材料,可以是机织的、针织的或非织造的。

2.2.1.1.1

非织造土工布　nonwoven geotextile;GTX-N

由定向的或随机取向的纤维、长丝或其他成分,通过机械固结、热粘合和(或)化学粘合方法制成的土工布。

2.2.1.1.2

针织土工布　knitted geotextile;GTX-K

由一根或多根纱线、长丝或其他成分弯曲成圈,并相互穿套形成的土工布。

2.2.1.1.3

机织土工布　woven geotextile;GTX-W

由两组或两组以上纱线、长丝、条带或其他成分,通常垂直相交织成的土工布。

2.2.1.2

土工布有关产品　geotextile-related product;GTP

一种平面状、可渗透的聚合物(天然或合成)材料,不遵从土工布的定义。

2.2.1.2.1

土工格栅　geogrid;GGR

整体由抗拉材料联结构成的、呈规则孔状的一种平面聚合物结构体。可以是挤压、粘合或交织而成,其网孔大于实体。

2.2.1.2.2

土工网　geonet

由多组类似的平行筋条按各种角度整体连接而成的土工合成材料。

2.2.1.2.3

土工网垫　geomat;GNT

由聚合物单丝和(或)其他聚合物材料(天然或合成)通过机械固结、化学和(或)热和(或)其他粘合方法制成的可渗透的三维结构体。

2.2.1.2.4

土工格室　geocell;GCE

由土工合成材料条带联接构成可渗透的、蜂窝状或网格状的三维聚合物(合成或天然)结构体。

2.2.1.2.5

土工筋带　geostrip;GST

在岩土工程和土木工程中,与土壤和(或)其他材料相接触使用的、其宽度不大于 200 mm 的条带状聚合物材料。

2.2.1.2.6

土工隔垫　geospacer;GSP

岩土工程和土木工程中用于在土层或其他材料中形成空气层的三维聚合物结构体。

2.2.1.3

防渗土工膜　geosynthetic barrier;GBR

用于岩土工程和土木工程中,减少或防止液体透过建筑结构体的一种低渗透性的土工合成材料。

2.2.1.3.1

聚合物防渗土工膜　polymeric geosynthetic barrier;GBR-P

由土工合成材料复合加工成型的具有防渗功能的片状材料。

注:其防渗功能取决于聚合物层,在岩土工程和土木工程中与土壤和(或)其他材料相接触使用。

2.2.1.3.2

粘土防渗土工膜　clay geosynthetic barrier;GBR-C

由土工合成材料复合加工成型的具有防渗功能的片状材料。

注：其防渗功能取决于粘土层，在岩土工程和土木工程中与土壤和(或)其他材料相接触使用。

2.2.1.3.3

沥青防渗土工膜　bituminous geosynthetic barrier;GBR-B

由土工合成材料复合加工成型的具有防渗功能的片状材料。

注：其防渗功能取决于沥青层，在岩土工程和土木工程中与土壤和(或)其他材料相接触使用。

2.2.1.4

土工复合材料　geocomposite;GCO

由两种或两种以上材料组合而成的土工材料，其中至少有一种是土工合成材料。

2.3　**性能术语**

2.3.1　**通用性能术语**

2.3.1.1

特征值　characteristic value;CV

有关标准中规定的、在一定条件下试验测得的材料性能值，该值与其假设统计分布区间相对应。

2.3.1.2

标称值　nominal value;NV

材料的生产商或供应商声称的材料性能值，而不是实际测量值。

2.3.2　**物理性能术语**

2.3.2.1

厚度　thickness

d

放置试样的参考板与对试样施加给定压力的平行压脚接触面之间的距离。

注：厚度以毫米(mm)表示。

2.3.2.2

单位面积质量　mass per unit area

ρ_A

给定尺寸的试样质量与其面积之比。

注：单位面积质量以克每平方米(g/m^2)表示。

2.3.3　**水力性能术语**

2.3.3.1

特征孔径　characteristic opening size

O_{90}

土工布的孔眼尺寸，相当于90%的土颗粒通过土工布时的最大颗粒尺寸。

注1：特征孔径以微米(μm)表示。

注2：该定义适合于土工布及其有关产品有效孔径的测定中的湿筛法。

2.3.3.2

垂直渗透系数　coefficient of permeability normal to the plane

k_n

流速 v 与水力梯度 i 的比值。

注：垂直渗透系数以米每秒(m/s)表示。

2.3.3.3

垂直水流量　flux

q_n

在指定水头压差下，垂直通过产品单位面积的液体体积流量。

注：以升每平方米秒[L/(m^2・s)]表示。

2.3.3.4

速率指数　velocity index

$v_{\text{-index}}$

在土工布垂直渗透特性的测试中，试样两侧水头差为 50 mm 时的流速。

注：以毫米每秒(mm/s)表示。

2.3.3.5

透水率　permittivity

Ψ

在层流流动状态下，单位水头压差下垂直通过产品单位面积的水和其他液体的体积流量。

注：以 s^{-1} 表示。

2.3.3.6

平面水流量　in-plane flow capacity

q_p

在一定水力梯度下通过单位宽度试样水和(或)其他液体的体积流量。

注：以升每米秒[L/(m・s)]表示。

2.3.3.7

导水率　transmissivity

θ

在水力梯度为 1 时，产品的平面水流量。

注：以升每米秒[L/(m・s)] 为单位。

2.3.3.8

平面渗透系数　coefficient of permeability in the plane

k_p

单位水力梯度下，平面渗透量与产品厚度之比。

注：以米每秒(m/s)为单位。

2.3.3.9

水力梯度　hydraulic gradient

i

在试样中两个测量点之间的水头差与其距离之比。

2.3.3.10

淤堵　colmation

由于产品的堵塞和(或)阻塞导致其水力性能降低。

2.3.3.10.1

堵塞　clogging

土粒与其他细小颗粒在土工合成材料内的淤积，导致其水力性能降低。

2.3.3.10.2

阻塞　blocking

土粒与其他细小颗粒在土工合成材料表面的淤积，导致其水力性能降低。

2.3.3.11

液密性 liquid tightness

土工合成材料的液密性符合相应的规定了测试方法和通道标准的产品规范的要求，如端点或允许最大流通量。

2.3.4 机械性能术语

2.3.4.1

拉伸应力(与横截面相关的) tensile stress(related to the cross-sectional area of the specimen)

σ

在短期拉伸试验中，在加载前任一给定时间试样每单位横截面所受的拉伸力。见图1。

注：与横截面相关的拉伸应力以兆帕(MPa)表示。

曲线1——脆性材料；

曲线2和曲线3——有屈服点的材料；

曲线4——无屈服点的柔性材料；

□——断脱点；

●——屈服点。

图1 材料横截面典型应力-应变曲线图(例：聚合物土工膜)

2.3.4.1.1

屈服点 yield point

在材料应力应变曲线上，应力开始不增加，而应变继续增加的点。该点不是断脱点。

2.3.4.1.2

屈服应力 tensile stress at yield point

σ_y

屈服点对应的应力。

注：屈服极限可能小于最大应力值。(见图1中的曲线2)

2.3.4.1.3

断脱应力 tensile stress at failure

σ_f

试样在断脱时产生的拉伸应力。见图1。

2.3.4.1.4

抗拉应力 tensile strength

σ_{max}

在拉伸试验中，试样的最大拉伸应力。如图1。

2.3.4.2

拉伸强度(相对于试样宽度的) tensile stress (related to specimen width)

T

试样在短时间拉伸实验中,任一给定时间单位宽度上受到的拉力。

注:以千牛每米(kN/m)表示。

2.3.4.2.1

断脱强度(相对于试样宽度的)　tensile stress (related to specimen width) at failure

T_f

试样断脱时受到的拉伸强力。如图2。

2.3.4.2.2

抗拉强度(相对于试样宽度的)　tensile strength (related to specimen width)

T_{max}

在拉伸试验中,试样可获得最大拉伸强力。如图2。

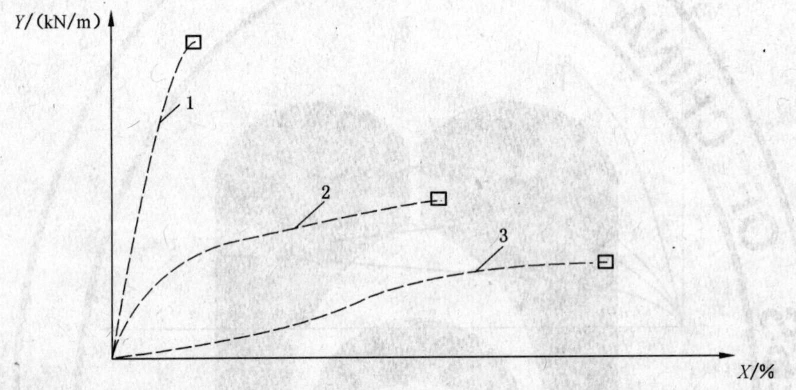

曲线1——高模量材料;

曲线2——热粘合土工布;

曲线3——机械粘合土工布;

□——断脱点。

图2　试样宽度上的典型应力-应变曲线(例:土工布)

2.3.4.2.3

定伸长拉伸应力　tensile stress at x% strain

T_ξ

在达到某指定应变时的应力。

2.3.4.3

预负荷　preload

在拉伸试样前,给试样施加预期最大负荷的1%的外加负荷,使试样每次试验获得同样的初始隔距与零应变。

2.3.4.4

预负荷伸长　elongation at prelord

预负荷下所测得隔距长度的增加值。

注:以毫米(mm)表示。

2.3.4.5

隔距长度　gauge length

在平行于拉伸负荷方向的、试样上两标记参考点之间的初始距离。

注:以毫米(mm)表示。

2.3.4.6

应变　strain

ξ

2.3.4.6.1

拉伸应变　tensile strain

初试隔距的伸长与初始隔距的比值。

注：以百分比(%)表示。

2.3.4.6.2

压缩应变　compressive strain

名义厚度的压缩量与名义厚度的比值。

注：以百分比(%)表示。

2.3.4.6.3

应变率　strain rate

隔距长度变化的速率。

注：以百分比每分(%/min)为单位。

2.3.4.7

土工布及其有关产品的接缝　seam of GTX or GTP

2.3.4.7.1

接头/接缝强度　joint/seam strength

T_{Smax}

由缝合或接合两块或多块平面结构材料所形成的联接处的最大抗拉强度。

注：以千牛每米(kN/m)为单位。

2.3.4.7.2

接头/接缝效率　joint/seam efficiency

ξ_{S}

土工材料的接头/接缝强度与在其同一方向上所测得原土工材料的断裂强度之比。

注：以百分比(%)表示。

2.3.4.8

蠕变　creep

2.3.4.8.1

拉伸蠕变　tensile creep

在恒定的拉伸负荷下，试样长度随时间的拉伸变形。

2.3.4.8.2

压缩蠕变　compressive creep

在恒定的压缩负荷下，试样厚度随时间的压缩变形。

2.3.4.8.3

蠕变断裂　creep rupture

在恒定负荷作用下，试样的破坏。

2.3.4.8.4

蠕变应变　creep strain

在恒定负荷作用下，试样产生的总应变。

注：以试样预加负荷后到加载前这一段时间相应的尺寸变形百分比来表示。

2.3.4.9

能量吸收　energy absorption

W

在拉伸试验中，拉伸试样至给定拉伸应力或应变时所做的功。

注：该值不考虑厚度计算强力，是所选点前应力应变曲线的面积积分，以千焦耳每平方米(kJ/m^2)表示。

2.3.4.10

能量吸收指数　energy absorption index

$W_{\text{-index}}$

试样受外力拉伸至最大负荷时所吸收的能量，按下式计算：

$$W_{\text{-index}} = 0.5 \times T_{\max} \times E_{\max}$$

2.3.5　界面性能

2.3.5.1

摩擦角　friction angle

Φ

两种材料之间的摩擦角，其正切值为单位面积的摩擦力与法向应力的比值。

注：两种材料如砂土与土工布。

2.3.5.2

摩擦交互作用系数　friction interaction (efficiency) coefficient

$f_{\text{s,GSY}}$

砂土与土工布摩擦角的正切值与砂土间摩擦角的正切值之比。

2.4　耐久性术语

2.4.1

耐久性　durability

产品抵抗由于天气、力学、化学、生物或其他随时间影响而发生性能退化，以保持其在使用寿命期限内所需功能的能力。

2.5　其他术语

2.5.1

产品名称　product name

某一特定产品或某类产品的名称。

2.5.2

纵向　machine direction; MD

土工合成材料产品的输出方向(机织土工布的经向)。

2.5.3

横向　cross-machine direction; CMD

与土工合成材料产品输出方向垂直的方向(机织土工布的纬向)。

3　符号

3.1　量及性能符号

3.1.1　物理量

见表1。

表 1

符号	单位	参考项	名　称
d	mm	2.3.2.1	厚度
b	m	—	宽度
l	m	—	长度
ρ_A	g/m^2	2.3.2.2	单位面积质量

3.1.2 土工布与其相关产品的水力性能

见表2。

表2

符号	单位	参考项	名　称
k_n	m/s	2.3.3.2	垂直渗透系数
k_p	m/s	2.3.3.8	平面渗透系数
Ψ	s^{-1}	2.3.3.5	透水率($\Psi=k_n/d$)
θ	L/(m·s)	2.3.3.7	导水率($\theta=k_p\cdot d$)
$v_{\text{-index}}$	mm/s	2.3.3.4	速率指数
i	—	2.3.3.9	水力梯度
q_p	L/(m·s)	2.3.3.6	平面水流量
q_n	L/(m²·s)	2.3.3.3	垂直水流量
O_{90}	μm	2.3.3.1	特征孔径

3.1.3 机械性能

3.1.3.1 拉伸性能见表3。

表3

符　号	单　位	参考项	名　称
σ_y	MPa	2.3.4.1.2	屈服应力(与横截面相关的)
T_ξ	kN/m	2.3.4.2.3	定伸长拉伸应力(如:T_3为应变在3%时的应力)
σ_f	MPa	2.3.4.1.3	断脱应力
T_f	kN/m	2.3.4.2.1	断脱强度(相对于试样宽度的)
σ_{max}	MPa	2.3.4.1.4	抗拉应力
T_{max}	kN/m	2.3.4.2.2	抗拉强度(相对于试样宽度的)
T_{Smax}	kN/m	2.3.4.7.1	接头/接缝强度
ξ_S	%	2.3.4.7.2	接头/接缝效率

3.1.3.2 摩擦性能见表4。

表4

符号	参考项	名　称
$\Phi_{s,GSY}$	2.3.5.1	土体与土工合成材料间的摩擦角
$\Phi_{GSY,GSY}$	2.3.5.1	土工合成材料间的摩擦角
$f_{s,GSY}$	2.3.5.2	土体与土工合成材料间的摩擦交互作用系数

3.1.3.3 承载性能见表5。

表 5

符号	单位	参考项	名　称
F_f	kN	—	拉伸试验中试样断开时记录的载荷
F_{max}	kN	—	拉伸试验中记录的最大载荷
F_p	kN	—	静态刺破试验中的刺破力
P_n	kN	—	压缩蠕变试验中的法向载荷
P_s	kN	—	直接剪切试验中的剪切力

3.1.3.4　其他性能见表 6。

表 6

符号	单位	名　称
D_c	mm	落锤法试验中破洞直径

3.2　图形符号

3.2.1　产品图形符号

见表 7。

表 7

GTX		土工布
GBR		防渗土工膜
GGR		土工格栅
GCO		土工复合材料
GNT	××××××××××××××××××	土工网
GBR-C		粘土防渗土工膜
GCE		土工格室
GMA		土工网垫

3.2.2　功能图形符号

隔离

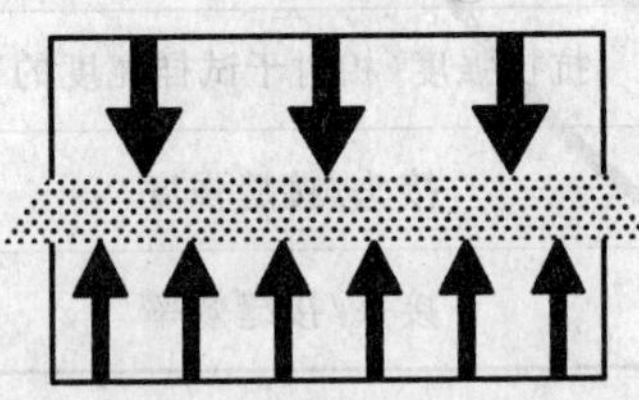

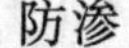

防渗

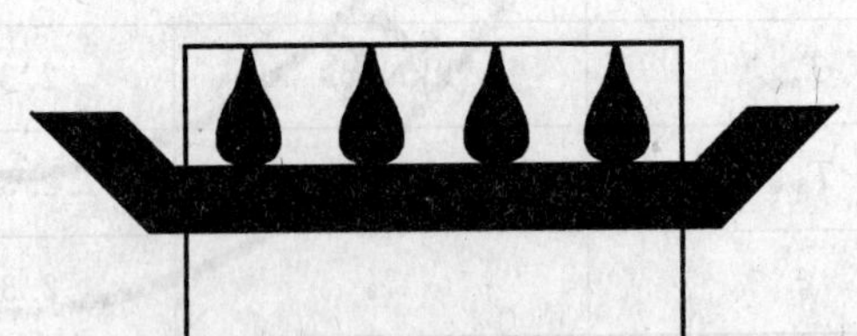

过滤

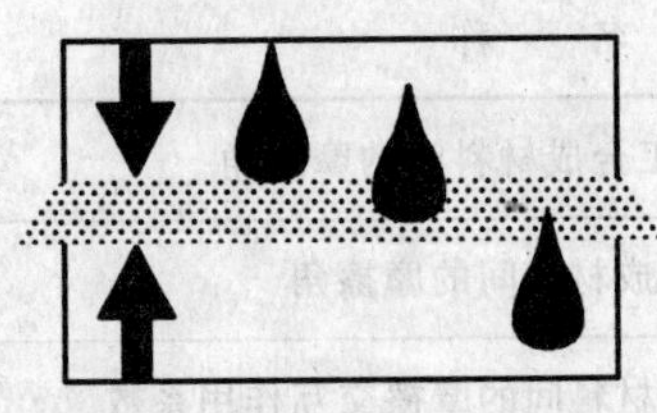

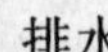

排水

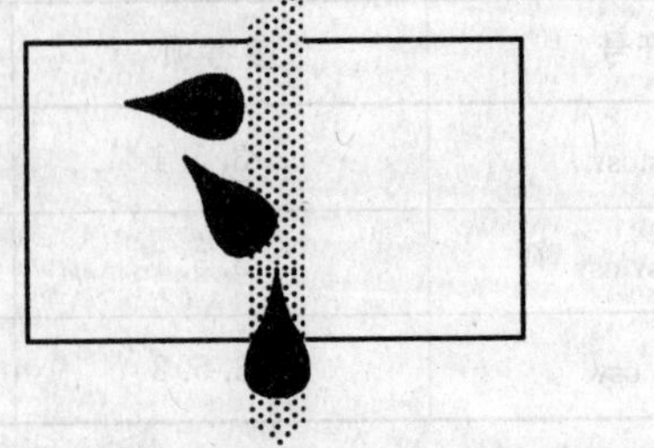

加筋

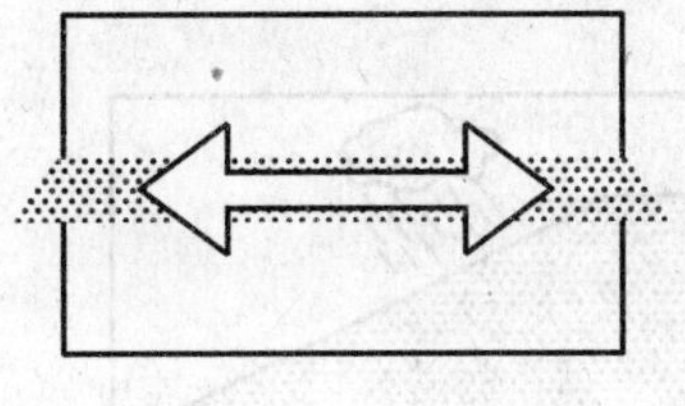

表面冲蚀防护

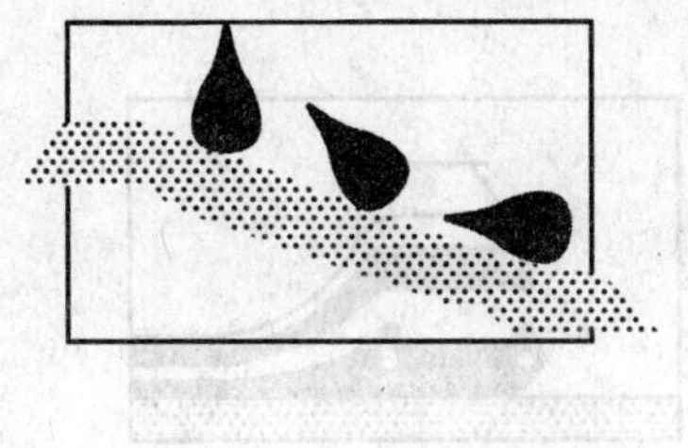

防护

3.2.3 应用图形符号

储水池与大坝

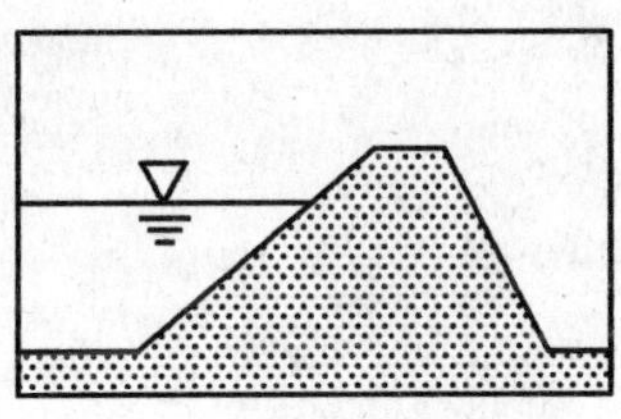

废液池

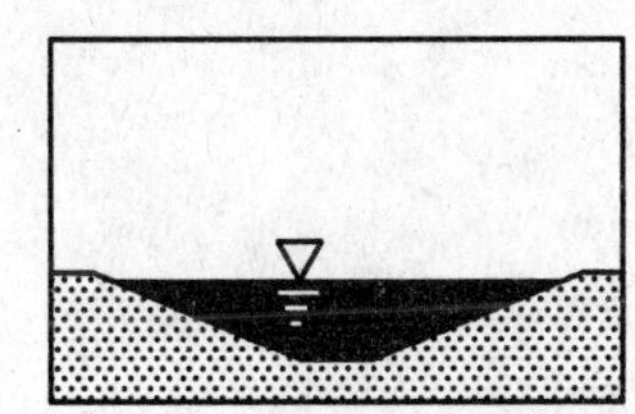

渠道

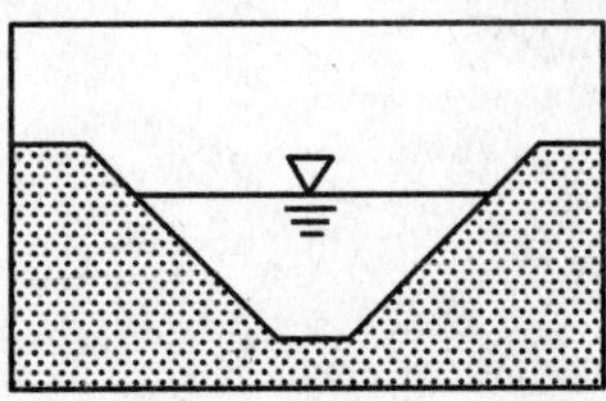

废料场

公路

地基与护岸

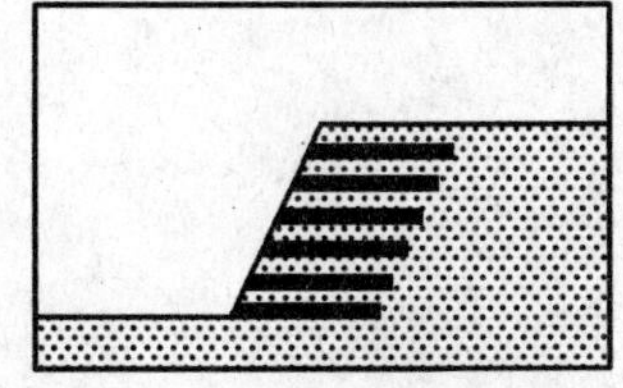

铁路

防冲蚀系统

隧道与地下结构

排水系统

附　录　A
（资料性附录）
土工合成材料及其应用列表

表 A.1　土工合成材料(GSY)(包含合成与天然聚合物材料)

可渗透		基本不渗透
土工布(GTX)	土工相关产品(GTP)	防渗土工膜(GBR)
机织(GTX-W) 非织(GTX-N) 针织(GTX-K)	土工格栅(GGR) 土工网(GNT) 土工格室(GCE) 土工筋带(GST) 土工网垫(GMA) 土工隔垫(GSP)	聚合物防渗土工膜(GBR-P) 粘土防渗土工膜(GBR-C) 沥青防渗土工膜(GBR-B)

表 A.2　土工复合材料(GCO)

隔离	过滤	排水	加筋	防护	防渗	表面冲蚀防护
GTX＋纱线	GTX＋GTX	GSP＋GTX (＋GBR-P)	GTX＋GTX	GTX＋GTX	GTX＋土 (膨润土)	GTX＋GCE
GTX＋GTX	GTX＋GMA	GNT＋GTX (＋GBR-P)	GTX＋GGR	GTX＋土	GBR-P＋土 (膨润土)	GGR＋GMA
…	…	…	…	GMA＋土 GTX＋GMA GTX＋GGR …	GNT＋土 …	GTX＋种子 …

注：所有土工合成材料可能具有多种功能。

中 文 索 引

英 文 索 引

W

Y

ICS 59.080.70
W 59

中华人民共和国国家标准

GB/T 13760—2009/ISO 9862:2005
代替 GB/T 13760—1992

土工合成材料　取样和试样准备

Geosynthetics—Sampling and preparation of test specimens

(ISO 9862:2005,IDT)

2009-06-11 发布　　　　2010-01-01 实施

中华人民共和国国家质量监督检验检疫总局
中国国家标准化管理委员会　发布

前言

本标准采用翻译法等同采用 ISO 9862:2005《土工合成材料　取样和试样准备》。本标准与 ISO 9862:2005 相比，存在以下编辑性修改：

——规范性引用文件中将国际标准由对应的国家标准代替；

——删除了范围中注的内容。

本标准代替 GB/T 13760—1992《土工布　取样和试样准备》。本标准与 GB/T 13760—1992 相比主要差异如下：

——标准名称修改为《土工合成材料　取样和试样准备》；

——增加了规范性引用文件；

——适用范围由“土工布”扩大至“土工合成材料”；

——取样和试样准备步骤细化；

——增加了 3.2.2 中注 1、注 2；

——增加了资料性附录 A。

本标准的附录 A 是资料性附录。

本标准由中国纺织工业协会提出。

本标准由全国纺织品标准化技术委员会基础标准分会(SAC/TC 209/SC 1)归口。

本标准主要起草单位：纺织工业南方科技测试中心、纺织工业标准化研究所。

本标准主要起草人：董翔、张敏洁、徐杰、章辉。

本标准所代替标准的历次版本发布情况为：

——GB/T 13760—1992。

土工合成材料　取样和试样准备

1　范围

本标准规定了土工合成材料的取样方法和试样的准备方法。

本标准中取样方法适用于卷装供应的土工合成材料。

本标准中试样的准备方法适用于所有土工合成材料。

2　规范性引用文件

下列文件中的条款通过本标准的引用而成为本标准的条款。凡是注日期的引用文件，其随后所有的修改单(不包括勘误的内容)或修订版均不适用于本标准，然而，估计根据本标准达成协议的各方研究是否可使用这些文件的最新版本。凡是不注日期的引用文件，其最新版本适用于本标准。

GB/T 14798　土工合成材料　现场鉴别标识(GB/T 14789—2008,ISO 10320:1999,IDT)

3　步骤

3.1　取样

3.1.1　卷装的选择

3.1.1.1　对于每种待测的产品，取样数量由有关双方协定(参见附录 A)。

3.1.1.2　除了试验有关要求外，所选卷装应无破损，卷装成原封不动状。

3.1.2　裁取样品

3.1.2.1　在裁取样品前，应按相关试验标准获取试样有关数量、形状和其他任何要求的信息。

3.1.2.2　卷装的头两层不应取做样品。

3.1.2.3　在卷装上沿着垂直于机器方向(生产方向即卷装长度方向)的整个宽度方向裁取样品，样品要足够长，以获得所要求的试样数量。按本标准的方法进行试样准备(见 3.2)。

3.1.2.4　除按 3.1.1.2 规定外，试样还不应有 3.2.4 中规定的损伤部分，故应避免在这些损伤部分取样；或裁取足够大的样品以获得所需要的试样数量。

3.1.3　样品的标记

按 GB/T 14798 规定的标记样品。

3.2　试样准备

3.2.1　在取样时和取样后，要注意确保样品在测试前其物理状态没有发生变化。例如，粘土防渗土工膜在取样时应保持一定的含水量。

3.2.2　如暂不裁取试样，应将样品保存在干燥、干净、避光处，防止受到化学物品浸蚀和机械损伤。

注 1：样品可以被卷起，但不能折叠。

注 2：GBR-R 样品既不能卷起也不能折叠。

3.2.3　用于每次试验的试样，应从样品中长度和宽度方向上均匀地裁取，且距样品边缘至少 100 mm。

3.2.4　除按 3.1.1.2 规定外，所裁取的试样还应均匀，不得有污垢、折痕、孔洞或其他在生产加工过程中产生的可视缺陷。

3.2.5　对同一项试验，除非试验标准中另有要求，否则应避免两个及以上的试样处在相同的纵向或横向位置上。若不可避免(如窄幅卷装)，应在试验报告中说明。

3.2.6　除需取附加试样，试样应沿着纵向和横向方向裁取。需要时标出试样的纵向，在样品上的纵向标记也需在试样上标出，或将试样分别按纵、横向独立放置，避免引起混淆。

3.2.7 应参照指定的试验标准准确裁取试样。试样在裁取时，可以在长度与宽度方向上预留一定的尺寸，调湿后再裁剪成规定尺寸的试样。

3.2.8 应根据样品上的标记来标识各个试样，以确保试样能被正确识别。

3.2.9 如果裁取试样时造成土工合成材料破碎，发生损失，则将所有脱落的碎片放到试样一起，直至进行试验。若不可避免，且会影响试验结果，则应在试验报告中注明实际情况。

3.2.10 测试前，应将试样保存在干燥、干净、避光处，防止受到化学物品浸蚀和机械损伤。

4 试验报告

试验报告应包括下列内容：

a) 说明试验是按本标准进行的；

b) 在试样选取、制取、准备过程观察到的详细情况：

——疵点的数量和类型；

——土工材料碎片的掉落；

——在做同一试验时，需在相同的纵向和横向位置上的取样情况。

c) 任何偏离取样程序的情况；

d) 取样日期，所选卷装的数量。

附 录 A
（资料性附录）
测试样品及试样数量的参考表

表 A.1 测试样品及试样数量的参考表

试验项目	参考标准	样品长度[a]/m	所需试样数量[b]
厚度	GB/T 13761	1	10
单位面积质量	GB/T 13762	1	10
拉伸性能	GB/T 15788	2	10
抗静态顶破性能	GB/T 14800	2	10
特征孔径	GB/T 17634	2	5
垂直渗透系数	GB/T 15789	1	5
平面渗流量	GB/T 17633	2	6
抗氧化性能	GB/T 17631	3	12

[a] 沿产品整个宽度方向上的长度。

[b] 样品最少数量。一些试验方法需要增加试样数量。

ICS 59.080.70
W 59

中华人民共和国国家标准

GB/T 13761.1—2009
代替 GB/T 13761—1992

土工合成材料 规定压力下厚度的测定 第1部分：单层产品厚度的测定方法

Geosynthetics—Determination of thickness at specified pressures—Part 1: Single layers

(ISO 9863-1:2005, MOD)

2009-06-19 发布 2010-02-01 实施

中华人民共和国国家质量监督检验检疫总局
中国国家标准化管理委员会 发布

前言

GB/T 13761《土工合成材料　规定压力下厚度的测定》包括以下部分：

——第1部分：单层产品厚度的测定方法；

——第2部分：多层产品中单层厚度的测定方法。

本部分为GB/T 13761的第1部分。

本部分采用重新起草法修改采用ISO 9863-1：2005《土工合成材料　规定压力下厚度的测定　第1部分：单层产品厚度的测定方法》。本部分与ISO 9863-1：2005相比，存在如下差异：

——规范性引用文件中将国际标准由对应的国家标准代替，其中ISO 554《试验用标准大气》由修改采用ISO 139的GB/T 6529代替；

——增加了表1中的注。

本部分代替GB/T 13761—1992《土工布厚度测定方法》。

本部分与GB/T 13761—1992相比主要变化如下：

——标准名称修改为《土工合成材料　规定压力下厚度的测定　第1部分：单层产品厚度的测定方法》；

——适用范围由"土工布"改为"所有土工合成材料"，并增加了注1和注2；

——规范性引用文件中删除了引用标准GB 8170；

——增加了表1；

——基准板尺寸由"基准板直径应大于压脚直径50 mm以上"改为"基准板尺寸要大于压脚表面直径的1.75倍"；

——将原标准中的操作方法作为第7章中的程序B，增加了程序A与程序C；

——结果表示中增加了注1和注2；

——增加了资料性附录A。

本部分的附录A为资料性附录。

本部分由中国纺织工业协会提出。

本部分由全国纺织品标准化技术委员会基础标准分会(SAC/TC 209/SC 1)归口。

本部分起草单位：纺织工业南方科技测试中心、纺织工业标准化研究所。

本部分主要起草人：张敏洁、董翔、须绿萍、章辉。

本部分所代替标准的历次版本发布情况为：

——GB/T 13761—1992。

土工合成材料　规定压力下厚度的测定 第1部分:单层产品厚度的测定方法

1　范围

GB/T 13761 的本部分规定了土工合成材料在规定压力下厚度的测定方法和测定其名义厚度时的压力。

测试结果可作鉴别用;或在技术数据表中使用;或作为其他试验方法的一部分,如:防水性能试验。

本部分适用于所有土工合成材料。

注1:一般情况下,只测定一层土工合成材料的厚度,当需设计两层或两层以上土工合成材料叠加在一起使用时,可根据有关方协商,按本标准中规定的测试方法测定所协商层数的土工合成材料的厚度。

注2:在测试具有特殊结构的土工合成材料时,宜确保测试结果对产品有意义。

2　规范性引用文件

下列文件中的条款通过 GB/T 13761 的本部分的引用而成为本部分的条款。凡是注日期的引用文件,其随后所有的修改单(不包括勘误的内容)或修订版均不适用于本部分,然而,鼓励根据本部分达成协议的各方研究是否可使用这些文件的最新版本。凡是不注日期的引用文件,其最新版本适用于本部分。

GB/T 6529　纺织品　调湿与试验用标准大气(GB/T 6529—2008,ISO 139:2005,MOD)

GB/T 13760　土工合成材料　取样和试样准备(GB/T 13760—2009,ISO 9862:2005,IDT)

3　术语和定义

下列术语和定义适用于 GB/T 13761 的本部分。

3.1

厚度　thickness

对试样施加规定压力的两基准板间的垂直距离。

3.2

名义厚度　nominal thickness

对于厚度均匀的聚合物、沥青防渗土工膜,在(20±0.1)kPa 压力下测得的试样厚度。

对于其他所有土工合成材料,在(2±0.01)kPa 压力下测得的试样厚度。

对于厚度不均匀的聚合物、沥青防渗土工膜,在施加(0.6±0.1)N 的力下所测得的试样厚度。

4　原理

4.1　将试样放置在基准板,用与基准板平行的圆形压脚(压脚面积要小于试样面积)对试样施加规定压力一定时间后,测量两块板之间的垂直距离。

4.2　在每个指定压力下,试验结果以所获数值的平均值表示。

5　仪器

5.1　厚度试验仪

5.1.1　表面平整光滑且可调换的圆形压脚(压脚尺寸见表1),用于测定厚度均匀的材料。对于厚度不均匀的聚合物、沥青防渗土工膜和此类其他土工合成材料厚度的测定,可参见附录A。

表 1　压脚尺寸

土工合成材料的种类	压脚尺寸
聚合物、沥青防渗土工膜	直径为(10±0.05)mm
其他土工合成材料	面积为(25±0.2)cm^2
注：经有关方协商后，可选用其他压脚尺寸，并在试验报告中注明。	

压脚应能提供垂直于试样表面 2 kPa、20 kPa 和 200 kPa 的压力，允差为±0.5%。

除聚合物、沥青防渗土工膜外，在测量厚度不匀的土工合成材料的总厚度时，应保证压脚表面与基准板平行，且至少有 3 个支撑点均匀分布在压脚表面，压脚面积需大于 25 cm^2。

5.1.2　基准板，其表面平整，在测定厚度均匀的材料时，其直径至少大于压脚直径的 1.75 倍(mm)，在测定厚度不均匀的材料的较薄部位时，其直径可以与压脚相同，或使用相同尺寸的其他支撑装置，确保能与试样的下表面完全接触。

5.1.3　测量装置，用于指示压脚与基准板之间的距离，精确到 0.01 mm。

5.2　计时器，精度为 1 s。

6　试样准备

6.1　按 GB/T 13760 规定选择和裁取试样。

6.2　从样品上裁取至少 10 块试样，其直径至少大于压脚直径的 1.75 倍(mm)。

若要在每个指定压力下测定新试样的厚度时，需至少取 30 块试样。

6.3　将试样在 GB/T 6529 规定的标准大气条件下调湿 24 h，如果能表明省略调湿步骤对试验结果没有影响，则可省略此步。

7　试验步骤

7.1　概要

当测定厚度不均匀的材料时，如土工格栅，这类材料需经有关方协商后才能测试，并应在试验报告中说明。

根据程序 A(7.2)或程序 C(7.4)来测定试样厚度时，所选压力为 2 kPa、20 kPa 和 200 kPa，允差为±0.5%(7.2)；或施加(0.6±0.1)N 的力(7.4)。

经有关方协商后，可用程序 B(7.3)代替程序 A。

经有关方协商后，可选用其他压力值。如所选压力大于 200 kPa，则每次试验时应采用新的调湿好的试样。

7.2　程序 A(在每个指定压力下测定新试样的厚度)

7.2.1　将试样放置在第 5 章中规定的基准板和压脚之间，使压脚轻轻压放在试样上，并对试样施加恒定压力 30 s(或更长时间)后，读取厚度指示值。除去压力，并取出试样。

7.2.2　重复 7.2.1，测定最少 10 块试样在(2±0.01)kPa 压力下的厚度。

7.2.3　重复 7.2.1，测定与 7.2.2 相同数量的新试样在(20±0.1)kPa 压力下的厚度。

7.2.4　重复 7.2.1，测定与 7.2.2 相同数量的新试样在(200±0.1)kPa 压力下的厚度。

7.3　程序 B(逐渐增加载荷，测定同一试样在各指定压力下的厚度)

7.3.1　将试样放置在第 5 章中规定的基准板和压脚之间，使压脚轻轻压放在试样上，并对试样施加(2±0.01)kPa 恒定压力 30 s(或更长时间)后，读取厚度指示值。

7.3.2　不取出试样，增加压力至(20±0.1)kPa，对试样继续加压 30 s(或更长时间)后读取厚度指示值。

7.3.3　不取出试样，增加压力至(200±0.1)kPa，对试样继续加压 30 s(或更长时间)后读取厚度指示值。除去压力,并取出试样。

7.3.4 重复7.3.1～7.3.3,直至测完至少10块试样。

7.4 程序C(厚度不均匀的聚合物、沥青防渗土工膜)

7.4.1 将试样放置在附录A中规定的两压头之间。两压头应为相同的形状和大小。使压头轻轻压放在试样上,并对试样施加(0.6±0.1)N的力5 s(或更长时间)后,读取厚度指示值。除去压力,并取出试样。

7.4.2 重复7.4.1直至测完至少10块试样。

7.4.3 此试验的目的是测定土工防渗膜的总厚度,而不是其组织结构中各层的厚度,故在试样上须选择合理的加压位置。

8 结果表示

计算试样在第7章中各指定压力下的平均厚度和变异系数,精确到0.01 mm。

注1:如需要,给出每块试样的测定结果。

注2:如需要,给出试样厚度的平均值与所施加压力的关系图。建议X轴用所施加的压力的对数表示,Y轴直接用厚度的平均值表示。

9 试验报告

试样报告应包括以下内容:

a) 试验是按GB/T 13761的本部分执行;

b) 在第7章中各指定压力下所测试样数量;

c) 调湿大气(见6.3)及加压时间(见7.2.1);

d) 压脚尺寸;

e) 所用程序(A、B或C);

f) 第8章中名义厚度(单位为mm)和变异系数,如需要,给出在其他压力下测得的平均厚度和变异系数;

g) 任何偏离本部分的细节;

h) 试验日期。

附 录 A
（资料性附录）
用于厚度不均匀的聚合物、沥青防渗土工膜的压头装置示意图

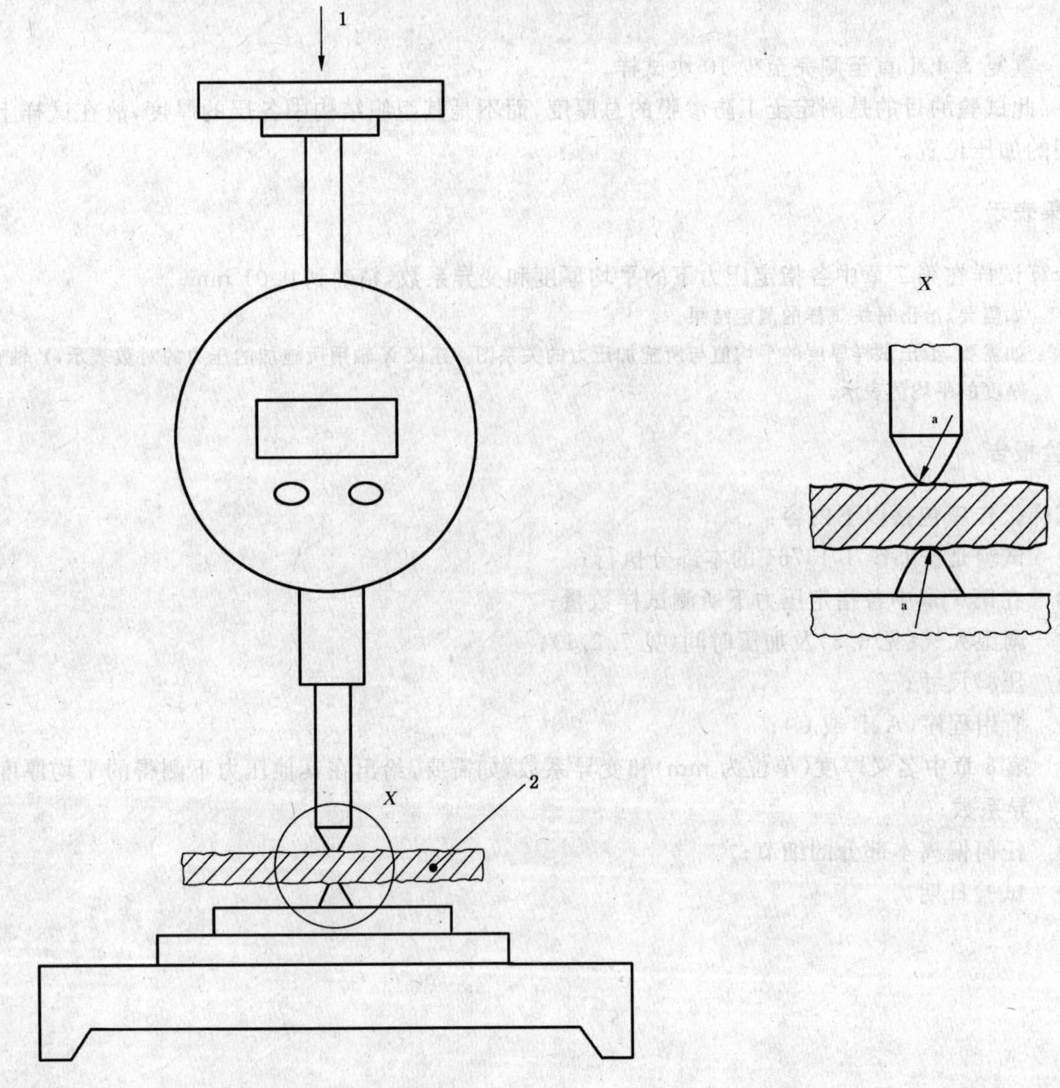

1——施加于上压头的力(0.6±0.1)N；
2——试样。
[a] 压头尖端半径为(1.0±0.1)mm。

图 A.1 用于厚度不均匀的聚合物、沥青防渗土工膜的压头装置示意图

ICS 59.080.70
W 59

中华人民共和国国家标准

GB/T 13762—2009
代替 GB/T 13762—1992

土工合成材料　土工布及土工布有关产品单位面积质量的测定方法

Geosynthetics—Test method for the determination of mass per unit area of geotextiles and geotextile-related products

(ISO 9864:2005,MOD)

2009-06-19 发布　　　　2010-02-01 实施

中华人民共和国国家质量监督检验检疫总局
中国国家标准化管理委员会　发布

前　言

本标准采用重新起草法修改采用 ISO 9864:2005《土工合成材料　土工布及土工布有关产品单位面积质量的测定方法》。本标准与 ISO 9864:2005 的主要差异如下：

——规范性引用文件中的国际标准由对应的国家标准代替。其中 ISO 554《试验用标准大气》由修改采用 ISO 139 的 GB/T 6529 代替。

本标准代替 GB/T 13762—1992《土工布单位面积质量的测定方法》。

本标准与 GB/T 13762—1992 相比主要变化如下：

——标准名称修改为《土工合成材料　土工布及土工布有关产品单位面积质量的测定方法》；

——删除了规范性引用文件中引用标准 GB 8170；

——适用范围改为"所有土工布及土工布有关产品"；

——删除了第 4 章仪器及用具；

——将原标准的第 5 章～第 7 章合并作为修订后标准的第 4 章；

——增加了土工布相关产品的取样说明；

——将原标准中的注 1 放入正文中(见 4.1)；

——称量精度由 0.001 g 改为 10 mg；

——单位面积质量的结果表示由"按 GB 8170 保留小数一位"改为"结果修约至 1 g/m^2"。

本标准由中国纺织工业协会提出。

本标准由全国纺织品标准化技术委员会基础标准分会(SAC/TC 209/SC 1)归口。

本标准起草单位：纺织工业南方科技测试中心、纺织工业标准化研究所。

本标准主要起草人：董翔、张敏洁、吴忠芳、章辉。

本标准所代替标准的历次版本发布情况为：

——GB/T 13762—1992。

土工合成材料　土工布及土工布有关产品单位面积质量的测定方法

1　范围

本标准规定了土工布及土工布有关产品单位面积质量的测定方法。

本标准适用于所有土工布及土工布有关产品。

2　规范性引用文件

下列文件中的条款通过本标准的引用而成为本标准的条款。凡是注日期的引用文件，其随后所有的修改单(不包括勘误的内容)或修订版均不适用于本标准，然而，鼓励根据本标准达成协议的各方研究是否可使用这些文件的最新版本。凡是不注日期的引用文件，其最新版本适用于本标准。

GB/T 6529　纺织品　调湿与试验用标准大气(GB/T 6529—2008,ISO 139:2005,MOD)

GB/T 13760　土工合成材料　取样和试样准备(GB/T 13760—2009,ISO 9862:2005,IDT)

3　原理

从样品的整个宽度和长度方向上裁取已知尺寸的方形或圆形试样，并对其称量，然后计算其单位面积质量。

4　步骤

4.1　试样准备

按 GB/T 13760 规定取样，裁取面积为 100 cm^2 的试样至少 10 块。

试样应具有代表性。测量精度为 0.5%。如果 100 cm^2 的试样不能代表该产品全部结构时，可以使用较大面积的试样以确保测量的精度。

对于具有相对较大网孔的土工布有关产品，如土工格栅或土工网，应从构成网孔单元两个节点连线中心处剪切试样。试样在纵向和横向都应包含至少 5 个组成单元。应分别测定每个试样的面积。

将试样在 GB/T 6529 规定的标准大气条件下调湿 24 h，如果能表明省略调湿步骤对试验结果没有影响，则可省略此步。

4.2　称量

分别对每个试样称量，精度为 10 mg。

5　结果表示

按式(1)计算每个试样的单位面积质量。

$$\rho_A = \frac{m \times 10\,000}{A} \quad \cdots\cdots(1)$$

式中：

ρ_A——单位面积质量，单位为克每平方米(g/m^2)；

m——试样质量，单位为克(g)；

A——试样面积，单位为平方厘米(cm^2)。

计算 10 块试样的单位面积质量平均值，结果修约至 1 g/m^2，并计算变异系数。

6 试验报告

试验报告应包括下列内容：

a) 说明试验是按本标准进行的；

b) 试样数量；

c) 调湿与试验用标准大气；

d) 若试样尺寸大于 100 cm^2，记录其所用尺寸，并描述其结构；

e) 单位面积质量的平均值，以克每平方米(g/m^2)表示；

f) 变异系数；

g) 任何偏移本标准的细节；

h) 试验日期。

ICS 59.080.30
W 04

中华人民共和国国家标准

GB/T 13769—2009
代替 GB/T 13769—1992

纺织品　评定织物经洗涤后外观平整度的试验方法

Textiles—Test method for assessing thc smoothness appearance of fabrics after cleansing

(ISO 7768:2006,MOD)

2009-09-30 发布　　2010-03-01 实施

中华人民共和国国家质量监督检验检疫总局
中国国家标准化管理委员会　发布

前言

本标准修改采用ISO 7768:2006《纺织品　评定织物经洗涤后外观平整度的试验方法》(英文版)。

本标准与ISO 7768:2006的主要差异如下:

——“本国际标准”一词改为“本标准”;

——删除国际标准的前言;

——规范性引用文件中的国际标准替换为国家标准;

——删除脚注1)中关于外观平整度立体标准样板的购买信息。

本标准代替GB/T 13769—1992《纺织品　耐久压烫织物经家庭洗涤和干燥后外观的评定方法》。

本标准与GB/T 13769—1992相比主要变化如下:

——标准名称改为《纺织品　评定织物经洗涤后外观平整度的试验方法》;

——范围中增加对洗衣机类型的规定,增加注1;

——规范性引用文件中增加GB/T 19981,删除GB/T 6151;

——删除术语;

——原理中增加采用规定程序的要求;

——删除对胶合板尺寸的规定;

——使用“外观平整度立体标准样板”代替“AATCC立体耐久压烫平挺度标样”;

——试样的调湿时间由“调湿2 h”改为“调湿最少4 h,最多24 h”;

——使用“SA标准样板”代替“DP标样”,并在表1中增加1.5、2.5和4.5三个等级;

——试验报告中增加样品的细节;

——增加附录A“精密度和准确度”。

本标准的附录A为资料性附录。

本标准由中国纺织工业协会提出。

本标准由全国纺织品标准化技术委员会基础标准分会(SAC/TC 209/SC 1)归口。

本标准起草单位:上海市纺织工业技术监督所、纺织工业标准化研究所。

本标准主要起草人:陈小诚、张丹。

本标准所代替标准的历次版本发布情况为:

——GB/T 13769—1992。

纺织品　评定织物经洗涤后外观平整度的试验方法

1　范围

本标准规定了一种评定织物经一次或几次洗涤处理后其原有外观平整度保持性的试验方法。

本标准主要适用于 GB/T 8629 规定的 B 型家用洗衣机的洗涤程序，也适用于 A 型洗衣机。本标准可用来评定经其他洗涤程序后织物的外观平整度。

注：印花或图案会遮盖织物上的褶皱，但这并不影响力求为消费者提供只需轻微熨烫或无需熨烫织物的外观平整度设想。

2　规范性引用文件

下列文件中的条款通过本标准的引用而成为本标准的条款。凡是注日期的引用文件，其随后所有的修改单(不包括勘误的内容)或修订版均不适用于本标准，然而，鼓励根据本标准达成协议的各方研究是否可使用这些文件的最新版本。凡是不注日期的引用文件，其最新版本适用于本标准。

GB/T 251　纺织品　色牢度试验　评定沾色用灰色样卡(GB/T 251—2008，ISO 105-A03:1993，IDT)

GB/T 6529　纺织品　调湿和试验用标准大气(GB/T 6529—2008，ISO 139:2005，MOD)

GB/T 8629　纺织品　试验用家庭洗涤和干燥程序(GB/T 8629—2001，eqv ISO 6330:2000)

GB/T 19981(所有部分)　纺织品　织物和服装的专业维护、干洗和湿洗[ISO 3175(所有部分)]

3　原理

使织物试样经受模拟洗涤操作的程序。根据有关各方的协议，采用 GB/T 8629 规定的家庭洗涤和干燥程序之一或 GB/T 19981 规定的专业程序之一。

4　设备

4.1　洗涤和干燥设备或专业护理设备

按照 GB/T 8629 或 GB/T 19981 的规定。

4.2　照明

评级区域应为暗室，采用悬挂式照明设备(见图 1)和下列设备。灯的尺寸宜进行选择，即在评级时能延伸到试样和外观平整度立体标准样板的整个观察面以外。

4.2.1　两排 CW(冷白色)荧光灯，无挡板或玻璃，每排灯管长度至少 2 m，并排放置。

4.2.2　一个白色搪瓷反射罩，无挡板或玻璃。

4.2.3　一个试样支架。

4.2.4　一块厚胶合观测板，漆成灰色，符合 GB /T 251 规定的评定沾色用灰色样卡 2 级。

4.3　外观平整度立体标准样板

用于外观平整度的级数评定(见图 2)[1)]。

---

1)　图 2 所示标准样板仅供参考。也可使用具有同等效果的产品。

单位为米

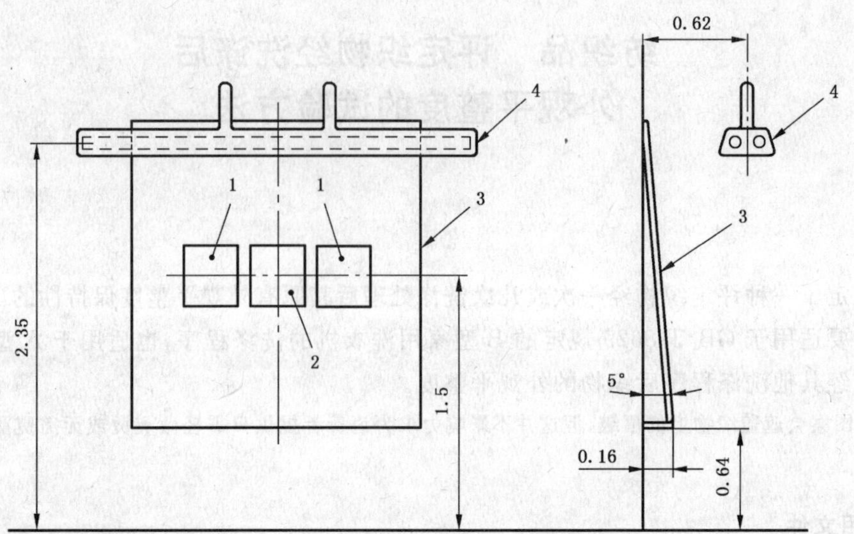

1——外观平整度立体标准样板；

2——试样；

3——观测板；

4——荧光灯安装示范。

图 1 观测试样的照明设备

图 2 外观平整度立体标准样板

5 试样

按平行于样品长度的方向裁剪三块试样，每块尺寸为 38 cm×38 cm，试样边缘剪成锯齿形以防止散边，并标明其长度方向。

6 程序

6.1 根据有关各方协议，按照 GB/T 8629 或 GB/T 19981 规定的洗涤程序之一处理每块试样。

6.2 如需要，将选定的程序重复四次，总计循环五次。

6.3 将试样按照 GB/T 6529 规定的标准大气调湿最少 4 h，最多 24 h。沿长度方向无折叠地垂直悬挂，避免其变形。

6.4 评级

6.4.1 三名观测者应各自独立地对每块经过洗涤的试样评定级数。

6.4.2 将试样沿长度方向垂直放置在观测板(4.2.4)上(见图 1)。在试样的两侧各放置一块与之外观相似的外观平整度立体标准样板(4.3)，以便比较评级。

悬挂式荧光灯(4.2.1)应为观测板的唯一光源，应关闭室内其他所有的灯。许多观测者的经验说明，靠近观测板的侧墙反射光线可能会影响评级结果。因此建议将侧墙漆成黑色，或者在观测板的两侧挂上黑色的布帘，以消除反射光线影响。

6.4.3 观测者应站在试样的正前方，离观测板 1.2 m 处。一般认为，观测者在视平线上下 1.5 m 内观察对评级结果无显著影响。

6.4.4 确定与试样外观最相似的外观平整度立体标准样板等级，当试样的外观平整度处于标准样板两个整数等级的中间而无半个等级的标准样板时，可用两个整数级之间的中间等级表示(见表 1)。

SA-5 级相当于标准样板 SA-5，它表示外观最平整，原有外观平整度保持性最佳。SA-1 级相当于标准样板 SA-1，表示外观最不平整，原有外观平整度保持性最差。

表 1 织物平整度等级

等　级	外　观
SA-5	相当于标准样板 SA-5
4.5	标准样板 SA-4 和 SA-5 的中间
SA-4	相当于标准样板 SA-4
SA-3.5	相当于标准样板 SA-3.5
SA-3	相当于标准样板 SA-3
2.5	标准样板 SA-2 和 SA-3 的中间
SA-2	相当于标准样板 SA-2
1.5	标准样板 SA-1 和 SA-2 的中间
SA-1	相当或差于标准样板 SA-1

6.4.5 同理，该观测者应独立地评定另外两块试样的级数。其他两名观测者应以同样的方式，独立地进行评级。

7 结果表示

将三名观测者对一组三块试样评定的九个级数值予以平均，计算结果修约到最接近的半级。

注：有关数据的精密度和准确度见附录 A。由于试验步骤是主观拟定的，评级次序也是给定的，所以数据应用了以频率分布为基础的统计值。

8 试验报告

试验报告应包括以下内容：

a) 说明试验是按本标准进行的；
b) 样品的细节；
c) 所采用洗涤程序的细节；
d) 所采用洗涤循环的次数；
e) 按第 7 章计算并按表 1 所示报告织物的外观平整度级数；
f) 任何偏离本标准的细节。

附 录 A
（资料性附录）
精密度和准确度

1980年在美国有8个实验室对四块织物进行了评级试验。结果表明，方差分析法对这些数据不适用，原因是这些数据不符合正态分布，而且标准样板等级有限且不连续。由各试样级数值的分布计算出实验室试验结果的期望值，并对此进行了分析。

由此得到了单个观测者对三块试样评定级数值的出现频率：

三块试样与同一块标准样板一致：0.55

两块试样与同一块标准样板一致，一块不一致：0.40

三块试样均不一致：0.05

对试样评定的级数，很少有超出相邻标准样板等级的情况。这表明观测者评级的重复性很好。

从观测者评级值的分布，计算出每个等级的标准样板（含半级）的实验室试验结果分布。整个SA标准样板的精密度得到提高。

由实验室试验结果的频率分布，计算出两个实验室试验水平之间差异的临界值 D。对于处在同一水平的实验室，差异的临界值由表A.1给出。

表 A.1 差异的临界值

差异的临界值	置信度
$D>0.17$	$P\geqslant 0.95$
$D\geqslant 0.25$	$P\geqslant 0.99$

当两个或多个实验室希望比对试验结果时，建议在进行比较之前先确定之间的实验室水平。这可以通过采用已知情况和性能的织物来实现。

实验室试验结果的差异（对同一织物，在相同的洗涤和干燥条件下）等于或大于四分之一标准样板级数的，在 P 大于0.99时，认为差异显著，表明实验室水平存在差异，需要进行实验室水平的比对。

织物经过反复家庭洗涤后外观平整度的级数值只能用试验方法来确定。没有任何其他的独立方法能确定该值。基于这种特性，本试验没有已知的偏倚。

ICS 59.080.30
W 04

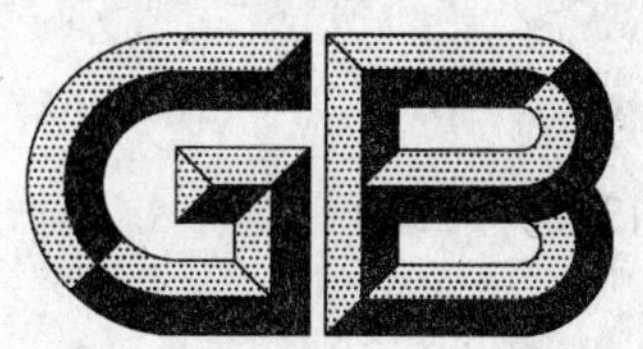

中华人民共和国国家标准

GB/T 13770—2009
代替 GB/T 13770—1992

纺织品　评定织物经洗涤后褶裥外观的试验方法

Textiles—Test method for assessing the appearance of creases in fabrics after cleansing

(ISO 7769:2006,MOD)

2009-09-30 发布　　　　2010-03-01 实施

中华人民共和国国家质量监督检验检疫总局
中国国家标准化管理委员会　发布

前　言

本标准修改采用ISO 7769:2006《纺织品　评定织物经洗涤后褶裥外观的试验方法》(英文版)。

本标准与ISO 7769:2006的主要差异如下:

——“本国际标准”一词改为“本标准”;

——删除国际标准的前言;

——规范性引用文件中的国际标准替换为国家标准;

——删除脚注1)中关于褶裥外观立体标准样板的购买信息。

本标准代替GB/T 13770—1992《纺织品　耐久压烫产品经家庭洗涤和干燥后褶裥外观的评定方法》。

本标准与GB/T 13770—1992相比主要变化如下:

——标准名称改为《纺织品　评定织物经洗涤后褶裥外观的试验方法》;

——范围中增加对洗衣机类型的规定;

——规范性引用文件中增加GB/T 19981,删除GB/T 6151;

——删除术语;

——原理中增加采用规定程序的要求;

——删除对胶合板尺寸的规定和试样支架;

——使用“褶裥外观立体标准样板”代替“AATCC塑料褶裥立体标样或AATCC褶裥标准样照”;

——试样的调湿时间由“调湿2 h”改为“调湿最少4 h,最多24 h”;

——程序中增加评级的环境条件要求,评级中将试样一侧放置立体标准样板或标准样照修改为两侧(图1相关部分修改);

——表1中增加1.5、2.5、3.5和4.5四个等级;

——试验报告中增加了样品的细节,删除评级标准的选择;

——增加附录A“精密度和偏倚”。

本标准的附录A为资料性附录。

本标准由中国纺织工业协会提出。

本标准由全国纺织品标准化技术委员会基础标准分会(SAC/TC 209/SC 1)归口。

本标准起草单位:上海市纺织工业技术监督所、纺织工业标准化研究所。

本标准主要起草人:陈小诚、张丹。

本标准所代替标准的历次版本发布情况为:

——GB/T 13770—1992。

纺织品　评定织物经洗涤后褶裥外观的试验方法

1　范围

本标准规定了一种评定织物经一次或几次洗涤处理后其压烫褶裥保持性的试验方法。由织物特性决定的镶嵌式褶裥不包括在内。

本标准主要适用于 GB/T 8629 规定的 B 型家用洗衣机的洗涤程序，也适用于 A 型洗衣机。

2　规范性引用文件

下列文件中的条款通过本标准的引用而成为本标准的条款。凡是注日期的引用文件，其随后所有的修改单(不包括勘误的内容)或修订版均不适用于本标准，然而，鼓励根据本标准达成协议的各方研究是否可使用这些文件的最新版本。凡是不注日期的引用文件，其最新版本适用于本标准。

GB/T 251　纺织品　色牢度试验　评定沾色用灰色样卡(GB/T 251—2008,ISO 105-A03:1993,IDT)

GB/T 6529　纺织品　调湿和试验用标准大气(GB/T 6529—2008,ISO 139:2005,MOD)

GB/T 8629　纺织品　试验用家庭洗涤和干燥程序(GB/T 8629—2001,eqv ISO 6330:2000)

GB/T 19981(所有部分)　纺织品　织物和服装的专业维护、干洗和湿洗[ISO 3175(所有部分)]

3　原理

3.1　使带有褶裥的织物试样经受模拟洗涤操作的程序。根据有关各方的协议，采用 GB/T 8629 规定的家庭洗涤和干燥程序之一或 GB/T 19981 规定的专业程序之一。

3.2　评定级数时，在悬挂式照明设备的适当位置补充一个聚光灯以加强褶裥区域的光照。在规定的照明条件下，对试样和褶裥外观立体标准样板进行目测比较。

4　设备

4.1　洗涤和干燥设备或专业护理设备

按照 GB/T 8629 或 GB/T 19981 的规定。

4.2　蒸汽熨斗或干熨熨斗

具有适合织物熨烫温度的调节装置。

4.3　照明

评级区域应为暗室，采用悬挂式照明设备(见图 1 和图 2)和下列设备。灯的尺寸宜进行选择，即在评级时能延伸到试样和褶裥外观立体标准样板的整个观察面以外。

4.3.1　两排 CW(冷白色)荧光灯

无挡板或玻璃，每排灯管长度至少 2 m，并排放置。

4.3.2　一个白色搪瓷反射罩

无挡板或玻璃。

4.3.3　一块厚胶合观测板

漆成灰色，符合 GB/T 251 规定的评定沾色用灰色样卡 2 级。

4.3.4 一只500 W反射泛光灯及遮光板

遮光板用于保护观测者的眼睛，避免光线直射(见图2)。

4.4 褶裥外观立体标准样板

用于褶裥外观的级数评定(见图3)[1]。

单位为米

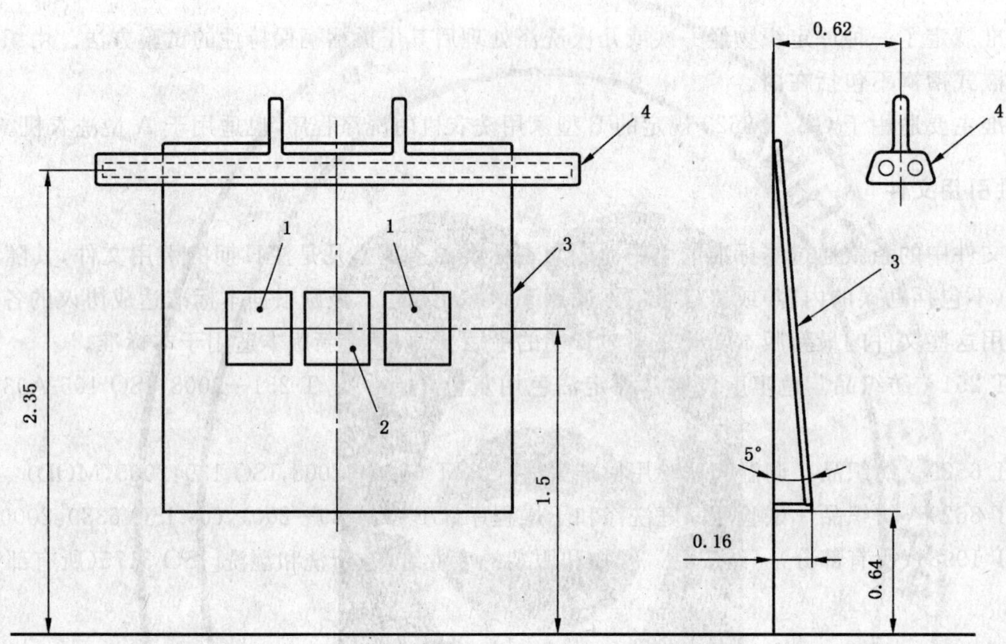

1——褶裥外观立体标准样板；
2——试样；
3——观测板；
4——荧光灯安装示范。

图1 观测试样的照明设备

1) 图3所示标准样板仅供参考。也可使用具有同等效果的产品。

单位为米

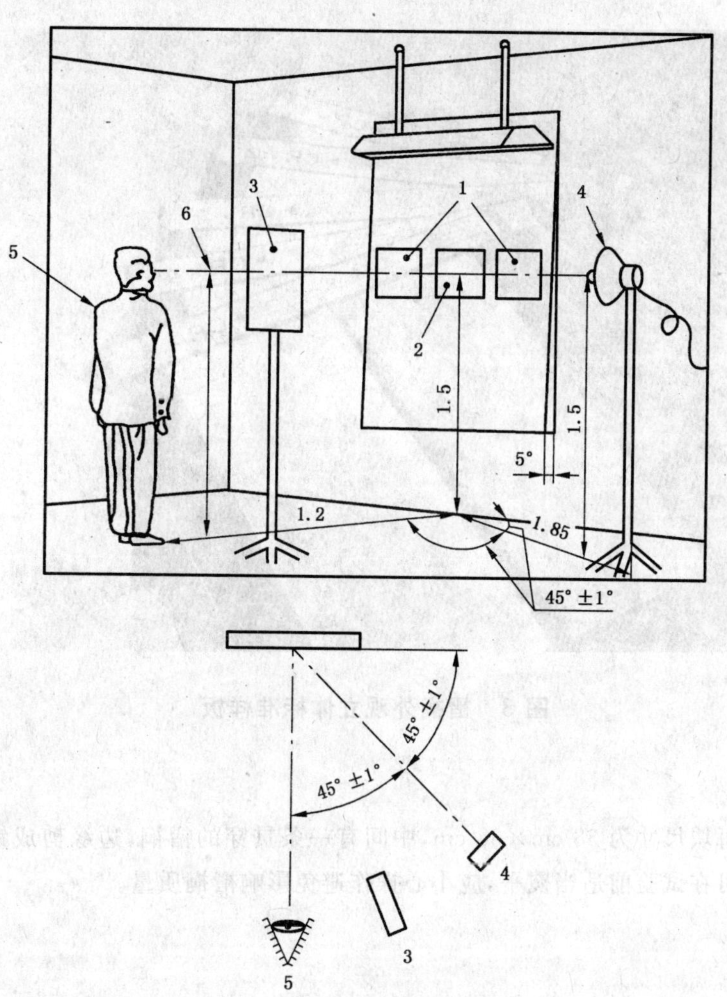

1——褶裥外观立体标准样板；

2——试样；

3——遮光板；

4——500 W 反射泛光灯；

5——观测者；

6——任意视平线。

图 2　照明及观测示意

图 3　褶裥外观立体标准样板

5　试样

准备三块试样，每块尺寸为 38 cm×38 cm，中间有一条贯穿的褶裥，边缘剪成锯齿形以防止散边。如果织物上有褶皱，可在试验前适当熨平，应小心操作避免影响褶裥质量。

6　程序

6.1　根据有关各方协议，按照 GB/T 8629 或 GB/T 19981 规定的洗涤程序之一处理每块试样。

6.2　如需要，将选定的程序重复四次，总计五次循环。

6.3　将试样按照 GB/T 6529 规定的标准大气调湿最少 4 h，最多 24 h。夹住试样的两个角或使用全宽夹持器悬挂每块试样，使褶裥保持垂直。

6.4　评级

6.4.1　三名观测者应各自独立地对每块经过洗涤的试样评定级数，方法如下。

6.4.2　将试样沿褶裥方向垂直放置在观测板(4.3.3)上(见图 1)，注意不要使褶裥变形。在试样的两侧各放置一块与之外观相似的褶裥外观立体标准样板(4.4)，以便比较评级。左侧放 1 级、3 级或 5 级，右侧放 2 级或 4 级。

6.4.3　观测者应站在试样的正前方，离观测板 1.2 m 处。一般认为，观测者在视平线上下 1.5 m 内观察对评级结果无显著影响。

悬挂式荧光灯(4.3.1)和泛光灯应为观测板的唯一光源，应关闭室内其他所有的灯。许多观测者的经验说明，靠近观测板的侧墙反射光线可能会影响评级结果。因此建议将侧墙漆成黑色，或者在观测板的两侧挂上黑色的布帘，以消除反射光线影响。

6.4.4　在暗室里采用规定的照明设备(见图 1 和图 2)，将试样与褶裥外观立体标准样板(见图 3)相比较，确定与试样外观最相似的褶裥外观立体标准样板等级(见图 3 和表 1)，或确定整数级之间的中间等级。

表 1 外观褶裥等级

等　级	外观褶裥
5	相当于标准样板 CR-5
4.5	标准样板 CR-4 和 CR-5 的中间
4	相当于标准样板 CR-4
3.5	标准样板 CR-3 和 CR-4 的中间
3	相当于标准样板 CR-3
2.5	标准样板 CR-2 和 CR-3 的中间
2	相当于标准样板 CR-2
1.5	标准样板 CR-1 和 CR-2 的中间
1	相当于或低于标准样板 CR-1

6.4.5 同理，该观测者应独立地评定另外两块试样的级数。其他两名观测者应以同样的方式，独立地进行评级。

7 结果表示

将三名观测者对一组三块试样评定的九个级数值予以平均，计算结果修约到最接近的半级。

8 试验报告

试验报告应包括以下内容：

a) 说明试验是按本标准进行的；
b) 样品的细节；
c) 所采用洗涤程序的细节；
d) 所采用洗涤循环的次数；
e) 按第 7 章计算并按表 1 所示报告织物的褶裥外观级数；
f) 任何偏离本标准的细节。

附 录 A
（资料性附录）
精密度和偏倚

A.1 预备试验

在一组(5个)立体标准样板的研究和发展过程中,实验室间进行了一系列的试验。结论如下:

a) 立体标准样板优于标准样照;

b) 立体标准样板不会改变评级水准;

c) 不采用侧面照明会提高评级水准;

d) 评级中采用半级表示法提高了准确度。

因此,采用立体标准样板、保留侧面照明且允许使用半级表示评级结果。

A.2 精密度

1985年12月,6位观测者分别在不同实验室里使用标准样照,对五种评级结果分别在1~5级的织物进行评级试验。每种织物评定三块试样,对6名观测者而言,条件一致。此数据集提供了观测者评级频率分布(或观测者评级的期望变化性)的一种无偏估计。由于标准样板等级的有限性和不连续性,方差技术对本数据集不适用,但这样的等级设置并没有限制频率分布。从数据集可以看出,对于期望级数值(E)(以半级为单位),观测者评级频率如下:

评定的级数在期望值以下一级	0.011 11
评定的级数在期望值以下半级	0.133 34
评定的级数和期望值一致(E)	0.600 00
评定的级数在期望值以上半级	0.200 00
评定的级数在期望值以上一级	0.055 55
总计	1.000 00

从分布a)开始,计算附加分布b)~f)。

a) 观测者评定的级数值近正态分布;

b) 观测者(单次评定)之间的差异概率;

c) 一名观测者就某一个期望值三次评定的级数值分布;

d) 观测者(三次评定)之间的差异概率;

e) 就某一期望值,单个实验室中三名观测者评定的级数值分布(三名观测者每人三次评定的九个级数值);

f) 实验室(各九次评定)之间的差异概率。

基于常用的置信度 $P=0.95$(或更高),由三个不同分布所确定的差异的临界值由表A.1给出。

表A.1 差异的临界值

来 源	差异的临界值(平均值)	置信度 P
在两名观测者之间(各一次评定)	1	0.97
在两名观测者之间(各三次评定)	0.67	0.98
在两个实验室之间(各九次评定)	0.33	0.95
	0.50	0.99

上述数据基于同样水平的观测者和实验室。当两个或两个以上实验室希望比对试验结果时,建议

通过采用已知褶裥外观评定级数值和性能的织物来确定之间的实验室水平。若差值大于差异的临界值(对同一织物,在相同的洗涤和干燥条件下),则显示了实验室水平的差异,表明需要消除此类偏倚。

A.3 偏倚

织物经家庭洗涤后褶裥外观的级数值只能用试验方法来确定。没有任何其他的独立方法能够确定该值。

ICS 59.080.30
W 04

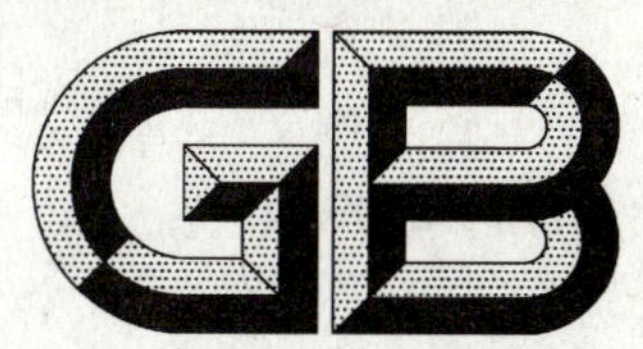

中华人民共和国国家标准

GB/T 13771—2009
代替 GB/T 13771—1992

纺织品 评定织物经洗涤后接缝外观平整度的试验方法

Textiles—Test method for assessing the smoothness appearance of seams in fabrics after cleansing

(ISO 7770:2006,MOD)

2009-09-30 发布　　2010-03-01 实施

中华人民共和国国家质量监督检验检疫总局
中国国家标准化管理委员会　发布

前　言

本标准修改采用 ISO 7770:2006《纺织品　评定织物经洗涤后接缝外观平整度的试验方法》(英文版)。

本标准与 ISO 7770:2006 的主要差异如下:

——“本国际标准”一词改为“本标准”;

——删除国际标准的前言;

——规范性引用文件中的国际标准替换为国家标准;

——删除了脚注 1)和 2)中关于接缝外观平整度标准样照和立体标准样板的购买信息。

本标准代替 GB/T 13771—1992《纺织品　耐久压烫产品经家庭洗涤和干燥后接缝外观的评定方法》。

本标准与 GB/T 13771—1992 相比主要变化如下:

——标准名称改为《纺织品　评定织物经洗涤后接缝外观平整度的试验方法》;

——范围中增加对洗衣机类型的规定;

——规范性引用文件中增加 GB/T 19981,删除 GB/T 6151;

——删除术语;

——原理中增加采用规定程序的要求;

——删除对胶合板尺寸的规定和试样支架;

——设备中增加接缝外观平整度立体标准样板,且增加相应的图示(图 4 和图 5);

——试样的调湿时间由“调湿 2 h”改为“调湿最少 4 h,最多 24 h”;

——表 1 中增加 1.5、2.5、3.5 和 4.5 四个等级;

——试验报告中增加样品的细节和所采用的评级标准。

本标准由中国纺织工业协会提出。

本标准由全国纺织品标准化技术委员会基础标准分会(SAC/TC 209/SC 1)归口。

本标准起草单位:上海市纺织工业技术监督所、纺织工业标准化研究所。

本标准主要起草人:陈小诚、张丹。

本标准所代替标准的历次版本发布情况为:

——GB/T 13771—1992。

纺织品　评定织物经洗涤后接缝外观平整度的试验方法

1　范围

本标准规定了一种评定织物经一次或几次洗涤处理后其接缝外观平整度的试验方法。本标准的目的在于评定已有的接缝，其缝制技术不包括在内。

本标准主要适用于GB/T 8629规定的B型家用洗衣机的洗涤程序，也适用于A型洗衣机。

2　规范性引用文件

下列文件中的条款通过本标准的引用而成为本标准的条款。凡是注日期的引用文件，其随后所有的修改单(不包括勘误的内容)或修订版均不适用于本标准，然而，鼓励根据本标准达成协议的各方研究是否可使用这些文件的最新版本。凡是不注日期的引用文件，其最新版本适用于本标准。

GB/T 251　纺织品　色牢度试验　评定沾色用灰色样卡(GB/T 251—2008,ISO 105-A03:1993,IDT)

GB/T 6529　纺织品　调湿和试验用标准大气(GB/T 6529—2008,ISO 139:2005,MOD)

GB/T 8629　纺织品　试验用家庭洗涤和干燥程序(GB/T 8629—2001,eqv ISO 6330:2000)

GB/T 19981(所有部分)　纺织品　织物和服装的专业维护、干洗和湿洗[ISO 3175(所有部分)]

3　原理

3.1　使缝合的织物试样经受模拟洗涤操作的程序。根据有关各方的协议，采用GB/T 8629规定的家庭洗涤和干燥程序之一或GB/T 19981规定的专业程序之一。

3.2　在规定的照明条件下，对试样和接缝外观平整度标准样照或立体标准样板进行目测比较，评定试样的接缝外观平整度级数。

4　设备

4.1　洗涤和干燥设备或专业护理设备

按照GB/T 8629或GB/T 19981的规定。

4.2　蒸汽熨斗或干熨熨斗

具有适合织物熨烫温度的调节装置。

4.3　照明

评定区域应为暗室，采用悬挂式照明和观测设备(见图1)以及下列设备。灯的尺寸宜进行选择，即在评级时能延伸到试样和接缝外观平整度标准样照或立体标准样板的整个观察面以外。

4.3.1　两排CW(冷白)荧光灯

无挡板或玻璃。每排灯管长度至少2 m，并排放置。

4.3.2　一个白色搪瓷反射罩

无挡板或玻璃。

4.3.3　一块厚胶合观测板

漆成灰色，符合GB/T 251规定的评定沾色用灰色样卡2级。

4.4 接缝外观平整度标准样照

用于接缝外观平整度(单针迹或双针迹)的级数评定(见图 2 和图 3)[1]。

4.5 接缝外观平整度立体标准样板

用于接缝外观平整度(单针迹或双针迹)的级数评定(见图 4 和图 5)[2]。

单位为米

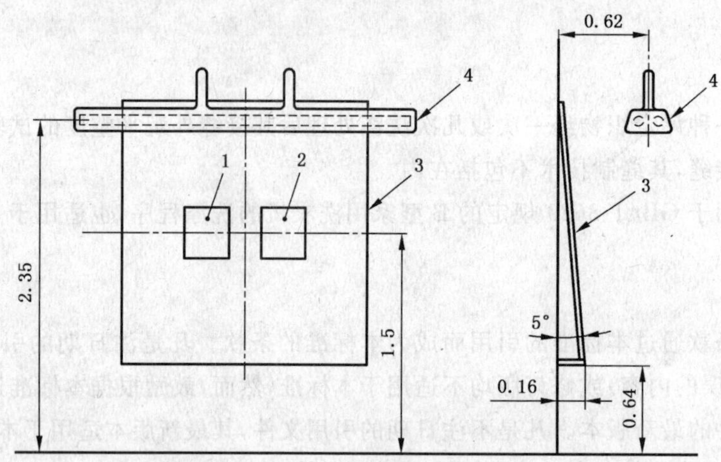

1——接缝外观平整度标准样照;
2——试样;
3——观测板;
4——荧光灯安装示范。

注:当使用立体标准样板时,试样放置在中间,立体标准样板放置在其两侧。

图 1 观测试样的照明设备

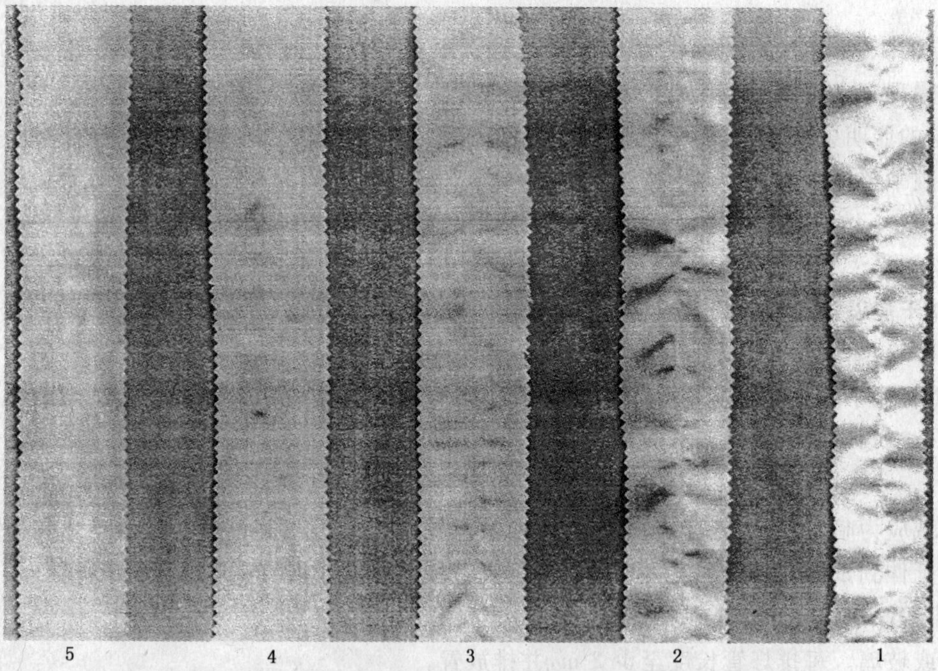

5 4 3 2 1

图 2 单针迹接缝外观平整度标准样照

1) 图 2 和图 3 所示标准样照仅供参考。也可使用具有同等效果的产品。

2) 图 4 和图 5 所示立体标准样板仅供参考。也可使用具有同等效果的产品。

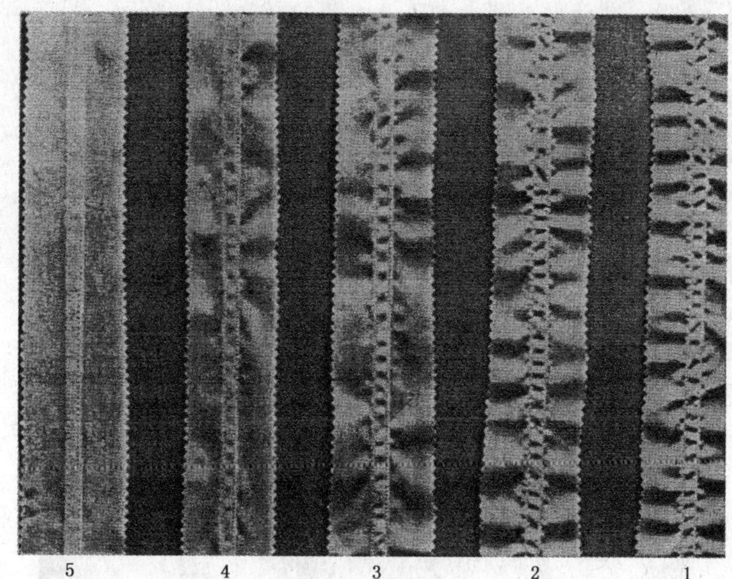

图 3　双针迹接缝外观平整度标准样照

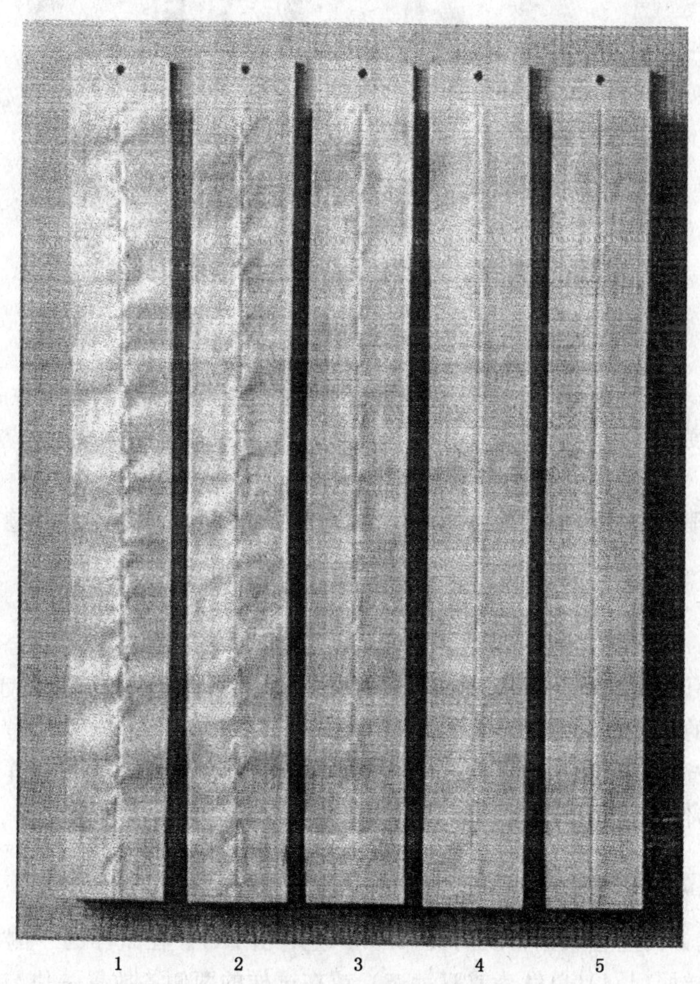

图 4　单针迹接缝外观平整度立体标准样板

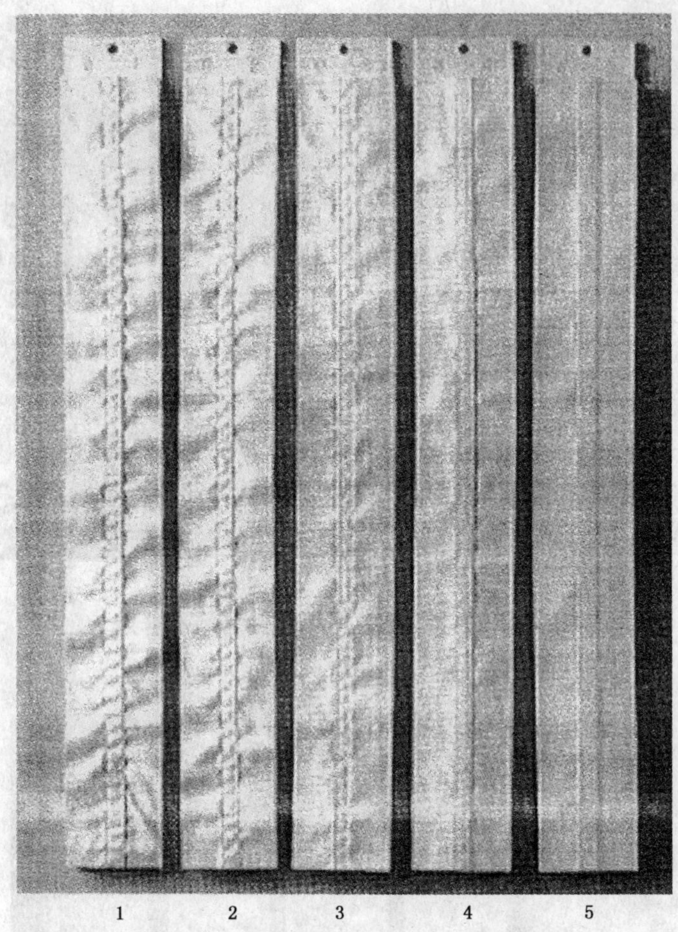

图 5　双针迹接缝外观平整度立体标准样板

5　试样

准备三块试样，每块尺寸为 38 cm×38 cm，边缘剪成锯齿形以防止散边。在每块试样中间采用相同方式缝制一条沿长度方向的接缝。如果织物上有褶皱，可在试验前适当熨平，应小心操作避免影响接缝质量。

如果预计洗涤处理后有较严重的散边现象，应在离试样边 1 cm 处使用尺寸稳定的缝线松弛地缝制一圈。

6　程序

6.1　根据有关各方协议，按照 GB/T 8629 或 GB/T 19981 规定的洗涤程序之一处理每块试样。

6.2　如需要，将选定的程序重复四次，总计循环五次。

6.3　将试样按照 GB/T 6529 规定的标准大气调湿最少 4 h，最多 24 h。夹住试样的两个角或使用全宽夹持器悬挂每块试样，使接缝保持垂直。

6.4　评级

6.4.1　三名观测者应各自独立地对每块经过洗涤的试样评定级数。

6.4.2　将试样沿接缝方向垂直放置在观测板(4.3.3)上(见图 1)。在试样的一侧放置与之外观相似的接缝外观平整度标准样照(4.4)(单针迹或双针迹)，或在试样的两侧各放置一块与之外观相似的接缝外观平整度立体标准样板(4.5)(单针迹或双针迹)，以便进行比较评级(参见图 1 的注)。

悬挂式荧光灯(4.3.1)应为观测板的唯一光源，应关闭室内其他所有的灯。许多观测者的经验说明，靠近观测板的侧墙反射光线可能会影响评级结果。因此建议将侧墙漆成黑色，或者在观测板的两侧挂上黑色的布帘，以消除反射光线影响。

6.4.3 观测者应站在试样的正前方，离观测板 1.2 m 处。一般认为，观测者在视平线上下 1.5 m 内观察对评级结果无显著影响。

6.4.4 观测只限于受接缝影响的区域，织物本身的外观不予考虑。确定与试样外观最相似的接缝外观平整度标准样照或立体标准样板的等级，或整数级之间的中间等级（见图 2，图 3，图 4 和图 5 及表 1）。

标准样照或立体标准样板的 5 级表示接缝外观平整度最佳，标准样照或立体标准样板的 1 级表示接缝外观平整度最差。

表 1 接缝外观等级

等级	接缝外观
5	相当于标准样照或样板 5
4.5	标准样照或样板 5 和 4 的中间
4	相当于标准样照或样板 4
3.5	标准样照或样板 4 和 3 的中间
3	相当于标准样照或样板 3
2.5	标准样照或样板 3 和 2 的中间
2	相当于标准样照或样板 2
1.5	标准样照或样板 2 和 1 的中间
1	相当于标准样照或样板 1

6.4.5 同理，该观测者应独立地评定另外两块试样的级数。其他两名观测者应以同样的方式，独立地进行评级。

7 结果表示

将三名观测者对一组三块试样评定的九个级数值予以平均，计算结果修约到最接近的半级。

8 试验报告

试验报告应包括以下内容：

a) 说明试验是按本标准进行的；

b) 样品的细节；

c) 所采用洗涤程序的细节；

d) 所采用洗涤循环的次数；

e) 所采用的接缝外观平整度标准样照或立体标准样板；

f) 按第 7 章计算并按表 1 所示报告织物的接缝外观平整度级数；

g) 任何偏离本标准的细节。

ICS 11.040.50
C 43

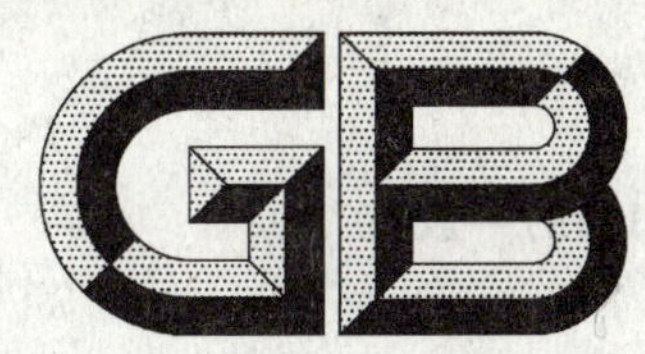

中华人民共和国国家标准

GB/T 13797—2009
代替 GB/T 13797—1992

医用 X 射线管通用技术条件

General specifications for medical X-ray tube

2009-09-30 发布 2010-02-01 实施

中华人民共和国国家质量监督检验检疫总局
中国国家标准化管理委员会 发布

前　言

本标准代替 GB/T 13797—1992《医用 X 射线管空白详细规范(可供认证用)》。

本标准与 GB/T 13797—1992 相比主要变化如下：

——标准名称改为《医用 X 射线管通用技术条件》；

——前版标准是按原电子工业部的总规范、空白规范、详细规范的格式编写的，本版是按 GB/T 1.1、GB/T 1.2 编写的；

——对原标准中的章、条重新进行了编排；

——本版采用 GB/T 10149、GB/T 12078 中的术语；

——本版采用 YY/T 0063 中的焦点尺寸测试方法；

——本版增加了 X 射线管命名方法；

——本版删除了前版中标志、订货资料、有关文件、结构相似性、附加资料等章节。

本标准由国家食品药品监督管理局提出。

本标准由全国医用电器标准化技术委员会医用 X 线设备及用具标准化分技术委员会归口。

本标准起草单位：杭州万东电子有限公司、上海医疗器械九厂。

本标准主要起草人：胡有成、俞晓妹、傅勇敏、赵翊群、钱斌。

本标准所代替标准的历次版本发布情况为：GB/T 13797—1992。

医用X射线管通用技术条件

1 范围

本标准规定了医用X射线管的定义、术语、符号、命名、要求及试验方法。

本标准适用于医用X射线管，该产品作为医用X射线设备的射线源。

2 规范性引用文件

下列文件中的条款通过本标准的引用而成为本标准的条款。凡是注日期的引用文件，其随后所有的修改单(不包括勘误的内容)或修订版均不适用于本标准，然而，鼓励根据本标准达成协议的各方研究是否可使用这些文件的最新版本。凡是不注日期的引用文件，其最新版本适用于本标准。

GB/T 1804—2000 一般公差 未注公差的线性和角度尺寸的公差

GB/T 2423.1—2001 电工电子产品环境试验 第2部分：试验方法 试验A：低温(idt IEC 60068-2-1:1990)

GB/T 2423.2—2001 电工电子产品环境试验 第2部分：试验方法 试验B：高温(idt IEC 60068-2-2:1974)

GB/T 2423.3—2006 电工电子产品环境试验 第2部分：试验方法 试验Cab：恒定湿热试验(IEC 60068-2-78:2001,IDT)

GB/T 2423.10—2008 电工电子产品环境试验 第2部分：试验方法 试验Fc：振动(正弦)(IEC 60068-2-6:1995,IDT)

GB/T 2987—1996 电子管参数符号

GB/T 4597 电子管词汇

GB 9706.1—2007 医用电气设备 第1部分：安全通用要求(IEC 60601-1:1988,IDT)

GB 9706.3—2000 医用电气设备 第2部分：诊断X射线发生装置的高压发生器安全专用要求(idt IEC 60601-2-7:1998)

GB 9706.10—1997 医用电气设备 第二部分：治疗X射线发生装置安全专用要求(idt IEC 60601-2-8:1987)

GB 9706.11—1997 医用电气设备 第二部分：医用诊断X射线源组件和X射线管组件安全专用要求(idt IEC 60601-2-28:1993)

GB/T 10149—1988 医用X射线设备术语和符号

GB/T 12078 X射线管总规范

GB/T 12079 X射线管光电性能测试方法

SJ/T 10624—1995 X射线管寿命试验方法

SJ/T 10732—2000 电子管型号命名方法

YY/T 0062—2004 X射线管组件固有滤过的测定(IEC 60552:1999,IDT)

YY/T 0063—2007 医用电气设备 医用诊断X射线管组件 焦点特性(IEC 60336:2005,IDT)

3 定义、术语、符号和命名

3.1 定义、术语、符号

GB/T 2987—1996、GB/T 4597、GB/T 10149—1988 和 GB/T 12078 确立的定义、术语和符号适用于本标准。如 GB/T 4597 与 GB/T 10149—1988 中的术语不一致，则优先采用 GB/T 10149—1988 中

的术语。

3.2 命名

X射线管的命名宜采用SJ/T 10732—2000的规定。如制造商采用其他的命名规则，应在随机文件中加以说明。

4 要求

4.1 环境条件

除非另有规定，工作环境条件应满足：

a) 环境温度：10 ℃～40 ℃；

b) 相对湿度：30%～75%；

c) 大气压力：700 hPa～1 060 hPa。

4.2 外形尺寸与电极接线

4.2.1 外形尺寸

产品标准应给出X射线管外形尺寸，外形尺寸的未注公差应符合GB/T 1804中V级的规定。

4.2.2 电极接线

产品标准应给出X射线管电极接线，X射线管接线结构应整洁、牢固。

4.3 外观及结构

4.3.1 外壳

应符合下列要求：

a) X射线管玻壳上不应有不透明的砂点和影响X射线管质量的气线、气泡和划痕等缺陷；

b) 其他材料的外壳要求，制造商应在产品标准中规定。

4.3.2 电极表面

X射线管内电极表面应不存在能影响性能的损伤，不应有异物熔在实际焦点面上。

4.3.3 零件的连接

X射线管零件的连接应牢固，不应有虚焊和松动现象。

4.3.4 管内碎屑

X射线管内不允许有影响正常工作的碎屑。

4.4 光电性能

4.4.1 标称X射线管电压

由产品标准规定。

4.4.2 超电压

由产品标准规定。

4.4.3 灯丝电压

由产品标准规定。

4.4.4 阳极标称输入功率

由产品标准规定。

4.4.5 焦点标称值

由产品标准规定。

4.4.6 照射量率

由产品标准规定。

4.4.7 固有滤过

由产品标准规定。

4.4.8 栅控X射线管电流截止特性

由产品标准规定。

4.5 环境试验

4.5.1 低温

X射线管应经受5.5.1低温试验。试验后,目视检验应无机械损伤,管外金属无锈蚀;测其标称X射线管电压应符合4.4.1要求。

4.5.2 高温

X射线管应经受5.5.2高温试验。试验后,目视检验应无机械损伤,管外金属无锈蚀;测其标称X射线管电压应符合4.4.1要求。

4.5.3 恒定湿热

X射线管应经受5.5.3湿热试验。试验后,目视检验应无机械损伤,管外金属无锈蚀;测其标称X射线管电压应符合4.4.1要求。

4.5.4 振动

X射线管应经受5.5.4振动试验。试验后,目视检验应无机械损伤,管外金属无锈蚀;测其标称X射线管电压应符合4.4.1要求。

4.6 引出线强度

X射线管引出线经试验后,其断裂根数不得超过引出线总根数的1/7。

4.7 管基及引出帽粘接强度

粘接到X射线管管壳上的管基及引出帽的粘接应牢固,不应有松动现象。

4.8 冷却系统密封性

X射线管在正常使用条件下,冷却系统应密封良好,不发生渗漏。

4.9 工作寿命

产品标准可规定X射线管工作寿命。

4.10 安全

应符合GB 9706.1—2007、GB 9706.3—2000、GB 9706.10—1997、GB 9706.11—1997的要求。

5 试验方法

5.1 试验条件

5.1.1 环境条件

应符合4.1的规定。

5.1.2 测试条件

按GB/T 12079中的规定进行。

5.2 外形尺寸与电极接线

用游标卡尺测量及目视检验。

5.3 外观及结构

5.3.1 外壳

玻壳目视检验,其他材料外壳按产品标准的规定进行。

5.3.2 电极表面

目视检验。

5.3.3 零件的连接

用手及目视检验。

5.3.4 管内碎屑

目视检验。

5.4 光电性能

5.4.1 标称 X 射线管电压

按 GB/T 12079 的规定进行。

5.4.2 超电压

按 GB/T 12079 的规定进行。

5.4.3 灯丝电压

按 GB/T 12079 规定进行。

5.4.4 阳极标称输入功率

按 GB/T 12079 的规定进行。

5.4.5 焦点标称值

按 GB/T 12079 的规定进行。

5.4.6 照射量率

按 GB/T 12079 的规定进行。

5.4.7 固有滤过

按 GB/T 12079 的规定进行。

5.4.8 栅控 X 射线管电流截止特性

按 GB/T 12079 的规定进行。

5.5 环境试验

5.5.1 低温

按 GB/T 2423.1—2001 试验 Aa 进行。除非另有规定,试验温度为－55 ℃±3 ℃,保温 2 h。

5.5.2 高温

按 GB/T 2423.2—2001 试验 Ba 进行。除非另有规定,试验温度为 85 ℃±2 ℃ ,保温 2 h。

5.5.3 恒定湿热

按 GB/T 2423.3—2006 试验 Cab 进行。除非另有规定,试验持续时间为 2 d。

5.5.4 振动

按 GB/T 2423.10—2008 试验 Fc 进行。频率范围、振动幅度和耐久试验的持续时间应从其所列的值中选取。

5.6 引出线强度

X 射线管引出线强度试验按以下方法进行:

a) 断裂试验:X 射线管软引出线末端沿 X 射线管轴向逐渐施加拉力达 9.8 N 时,其断裂根数不得超过引出线总根数的 1/7。

b) 弯曲试验:将每根引出线在距封口面 10 mm 处夹于直径 10 mm 的两根圆棒中间,来回 180°弯曲 10 次,引出线断裂根数不得超过引出线总根数的 1/7。

5.7 管基及引出帽粘接强度

将 X 射线管在 50 ℃～55 ℃的水中,至少浸 18 h。取出后在室温下冷却不超过 1 h,然后,逐渐加上表 1 规定的扭力矩时,其粘接处不应松动。

表 1 管基或引帽直径及扭力矩的关系

管基或引帽直径 mm	扭力矩 N·m
<16.5 的管基	1.3
16.5～40 的管基	2.3
>40 的管基	4.6
<12 的引出帽	0.2
≥12 的引出帽	0.4

5.8 冷却系统密封性

封堵冷却系统的冷却液出口，以制造商规定的正常使用条件下的冷却条件将冷却液注入X射线管冷却系统，应无渗漏现象。

5.9 工作寿命

X射线管寿命试验按SJ/T 10624的规定进行，具体试验规范在产品标准中规定。试验前X射线管应在产品标准规定的储存条件下存放10 d。

5.10 安全

按GB 9706.1—2007、GB 9706.3—2000 、GB 9706.10—1997、GB 9706.11—1997的规定进行。

ICS 11.180
Y 14

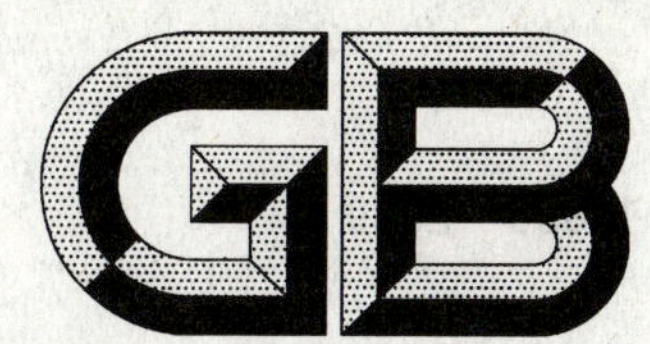

中华人民共和国国家标准

GB/T 13800—2009
代替 GB/T 13800—1992

手动轮椅车

Manual wheelchairs

2009-09-30 发布　　　　2009-12-01 实施

中华人民共和国国家质量监督检验检疫总局
中国国家标准化管理委员会　发布

前　言

本标准代替 GB/T 13800—1992《手动轮椅车》。本标准主要修订如下：

——由原产品型号命名方法改为命名原则；

——静态稳定性的测试方法引用了等同采用国际标准的 GB/T 18029.1—2008/ISO 7176-1:1999；

——强度的测试方法引用了等同采用国际标准的 GB/T 18029.8—2008/ISO 7176-8:1998；

——增加了座靠垫阻燃性的测试方法并引用了等同采用国际标准的 GB/T 18029—2000/ISO 7176-16:1997；

——文件资料和标识的要求引用了等同采用国际标准的 GB/T 18029.15—2008/ISO 7176-15:1996；

——规定了型式检验的周期。

本标准的附录 A 为资料性附录。

本标准由中华人民共和国民政部提出。

本标准由全国残疾人康复和专用设备标准化技术委员会(SAC/TC 148)归口。

本标准起草单位:国家康复辅具研究中心,国家康复辅具质量监督检验中心,上海互邦医疗器械有限公司,上海轮椅车厂。

本标准主要起草人:闫和平,赵次舜,谷慧茹,贺一峰。

本标准所代替标准的历次版本发布情况为：

——GB/T 13800—1992。

手动轮椅车

1 范围

本标准规定了手动轮椅车的术语和型号命名原则,本标准还规定了轮椅车的表面及外形要求、装配要求、性能要求、强度要求及相应的测试方法和检验规则。本标准也规定了轮椅车的文件资料信息发布、标识和包装的要求。

本标准适用于使用者质量不超过 100 kg 的残障者在室内或室外使用的手动轮椅车,包括按 GB/T 16432—2000 分类的下列轮椅车和运载工具:

由护理者操纵的手动轮椅车	12 21 03
双手后轮驱动轮椅车	12 21 06
双手前轮驱动轮椅车	12 21 09
双手摆杆驱动轮椅车	12 21 12
单侧驱动无动力轮椅车(单手或单腿)	12 21 15
脚驱动轮椅车	12 21 18

本标准不适用于残疾人使用的竞技轮椅车和舞蹈轮椅车。

2 规范性引用文件

下列文件中的条款通过本标准的引用而成为本标准的条款。凡是注日期的引用文件,其随后所有的修改单(不包括勘误内容)或修订版均不适用于本标准,然而,鼓励根据本标准达成协议的各方研究是否可使用这些文件的最新版本。凡是不注日期的引用文件,其最新版本适用于本标准。

GB/T 191 包装储运图示标志(GB/T 191—2008,ISO 780:1997,MOD)

GB/T 1702 力车轮胎

GB/T 14729 轮椅车 术语

GB/T 16432—2000 残疾人辅助器具分类和术语

GB/T 10824 充气轮胎轮辋实心轮胎

GB/T 18029—2000 轮椅车 座(靠)垫阻燃性的要求和测试方法(idt ISO 7176-16:1997)

GB/T 18029.1—2008 轮椅车 第1部分:静态稳定性的测定(ISO 7176-1:1999,IDT)

GB/T 18029.3—2008 轮椅车 第3部分:制动器的测定(ISO 7176-3:2003,IDT)

GB/T 18029.5—2008 轮椅车 第5部分:外形尺寸、质量和转向空间的测定(ISO 7176-5:1986,IDT)

GB/T 18029.7 轮椅车 第7部分:座位和车轮尺寸的测量方法(GB/T 18029.7—2009,ISO 7176-7:1998,IDT)

GB/T 18029.8—2008 轮椅车 第8部分:静态强度、冲击强度及疲劳强度的要求和测试方法(ISO 7176-8:1998,IDT)

GB/T 18029.11—2008 轮椅车 第11部分:测试用假人(ISO 7176-11:1992,IDT)

GB/T 18029.13 轮椅车 第13部分:测试表面摩擦系数的测定(GB/T 18029.13—2008,ISO 7176-13:1989,IDT)

GB/T 18029.15—2008 轮椅车 第15部分:信息发布、文件出具和标识的要求(ISO 7176-15:1996,IDT)

QB 1802 自行车轮辋(车圈)

QB/T 1888　自行车辐条和条母

3　术语和定义

GB/T 14729，GB/T 18029.1，GB/T 18029.3，GB/T 18029.5，GB/T 18029.7，GB/T 18029.8，GB/T 18029.11，GB/T 18029.13 和 GB/T 18029.15 给出的以及下列术语和定义适用于本标准。

3.1

手动轮椅车　manual wheelchair

由使用者手驱动、脚踏驱动或护理者手推为动力，至少有三个车轮的车辆，包括手动三轮轮椅车和手动四轮轮椅车。

3.2

最大使用者质量　maximum user mass

由生产商规定的乘坐者最大质量。

3.3

配重　supplementary weights

当用测试人员代替测试用假人时，用来增加重量，使轮椅车的总载荷和载荷分配与相应的假人一致(见 GB/T 18029.3—2008 的 5.5)。

3.4

指标说明　specification sheets

生产商明示的有关轮椅车性能的资料(如样本、样页)。

4　型号命名

4.1　手动轮椅车的型号由名称代号、最大使用者质量及制造商的命名组成，其组成形式如下：

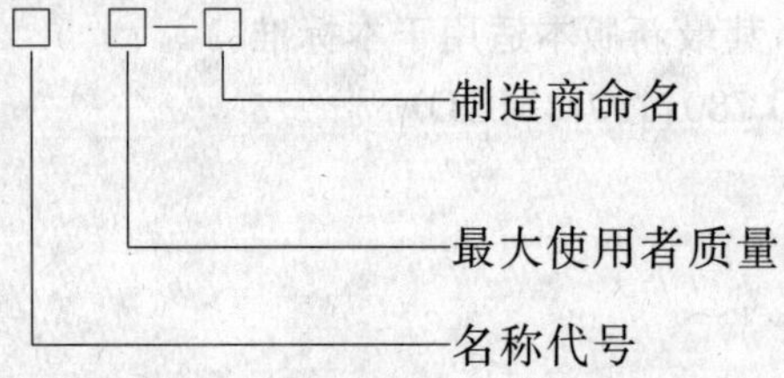

4.2　名称代号：是手动轮椅车类别名称的代号，用“手”字和“椅”字的大写汉语拼音首位字母 S 和 Y 及罗马数字Ⅲ表示手动三轮车，Ⅳ表示手动四轮车。

4.3　最大使用者质量单位：kg。

4.4　制造商命名按其企业技术规范执行，但应在其指标说明(见 3.4)中阐明型号命名原则。

5　要求

5.1　表面、外形和质量要求

5.1.1　表面要求

5.1.1.1　零部件外表面：轮椅车所有手能触及的外表面均应平整光滑，不得有锋棱、毛刺、尖角等，各管孔端部均应加有封头。

5.1.1.2　镀铬零件：主要表面应无明显的鼓泡、孔隙、粗糙、裂纹、漏镀等镀层缺陷。

5.1.1.3　镀锌零件：主要表面应平滑，无滴瘤、粗糙和刺锌，无起皮，无残留的溶剂渣。

5.1.1.4　阳极氧化零件：主要表面应色泽均匀，无色差、无可见缺陷。

5.1.1.5　涂漆表面：应平整光滑，色泽均匀，不许露底、起泡、剥落、开裂，不得有明显的擦伤、碰伤。

5.1.1.6　焊接表面：应光滑平整，不得有焊瘤或凹坑，焊缝均匀，不得有气孔、裂纹、夹渣、漏焊、烧穿等缺陷。

5.1.2 外形尺寸

轮椅车的最大外形尺寸不得大于表1的规定的数值。

表1 轮椅车外形尺寸

mm

	手动三轮轮椅车	手动四轮轮椅车	
		室外用	室内用
总长 L	2 100	1 200	1 100
总宽 B	780	700	650
总高 H	1 150	1 400	

5.1.3 质量

折叠普通型手动四轮轮椅车的质量应不大于22 kg。

注：折叠普通型指普通靠背、固定式扶手、固定腿托架的手动四轮轮椅车。

5.2 装配

5.2.1 轮椅车装配后其各项功能应能按生产商的说明正常使用，所有转动、移动部件均应运动均匀、灵活，间隙适当，不得有卡滞或松弛现象。

5.2.2 轮椅车的轮辋（车圈）应符合QB 1802的规定，辐条和条母应符合QB/T 1888的规定，轮胎应符合GB/T 1702或GB/T 10824的规定。

5.2.3 各车轮的辐条应调节均匀，辐条头不允许突出条母之外。

5.2.4 装配后的轮辋（车圈）的径向跳动和端面跳动均应小于4 mm，手圈的径向跳动应小于10 mm，端面跳动应小于5 mm。

5.2.5 传动机构应有良好的配合，链条与链轮的啮合应松紧适当，传动中不应出现掉链现象，不应有咬链声。

5.2.6 折叠式轮椅车应折合、展开灵活，不得过松或过紧。

5.2.7 折叠式轮椅车的搁脚板应易于翻动，翻起后应不会自行落下；搁脚板翻下后与脚托架的夹角应为88°～90°，内侧不应有下垂现象。

5.3 性能

轮椅车的性能应符合表2的规定。

表2 轮椅车性能指标

项目内容	性能指标		检测方法
	手动三轮轮椅车	手动四轮轮椅车	
车轮着地性	—	除提升车轮外的所有车轮必须平稳着地	7.4.1
静态稳定性（纵向前倾）	≥20°	≥10°	7.4.2
静态稳定性（纵向后倾）	≥20°	≥10°	7.4.3
静态稳定性（侧倾）	≥15°	≥15°	7.4.4
驻坡性能	≥6°	≥8°	7.4.5
滑行偏移量	—	≤350 mm	7.4.6
最小回转半径	≤2 000 mm	≤850 mm	7.4.7
最小换向宽度	—	≤1 500 mm	7.4.8

5.4 制动器

5.4.1 行驶制动距离

按 7.5.1 的规定测试后，手动三轮轮椅车和手动四轮轮椅车（手摇驱动式）的行驶制动距离均应不大于 1.5 m。

5.4.2 驻车制动器疲劳强度

按 7.5.2 的规定测试后，制动器不应有位移或制动性能变化。

5.5 座（靠）垫阻燃性

按 7.6 的规定测试后，轮椅车的座（靠）垫在测试中应不产生进行性闷烧和火焰燃烧。

5.6 强度

按 7.7 的规定测试后，轮椅车应满足 GB/T 18029.8—2008 的 4.1 中 a)、b)、d)、f)、g) 和 h) 的要求。

5.7 文件资料、标识和包装

5.7.1 指标说明中的内容

生产商在其指标说明（见 3.4）中应说明该产品所执行的标准，其指标说明的内容至少包括附录 A 中的参数。

5.7.2 轮椅车的文件

在市场上销售的轮椅车应随车具备产品质量检验合格证和 GB/T 18029.15—2008 第 7 章所规定的文件。

5.7.3 标识和包装

5.7.3.1 标识

在市场上销售的轮椅车应具备 GB/T 18029.15—2008 第 8 章规定的所有永久性标识。

5.7.3.2 包装

轮椅车包装箱上应标明产品名称、商标、数量、净重、毛重、箱体尺寸、生产商名称、地址，标志应符合 GB/T 191 的规定。

6 测试用假人

在第 7 章的测试中，需要使用测试用假人。测试用假人的规格见表 3，其结构和质量分布应符合 GB/T 18029.11 的规定。

表 3 测试用假人的规格

使用者最大质量/kg	测试用假人质量/kg
≤25	25
>25～50	50
>50～75	75
>75～100	100

根据生产商规定的轮椅车最大使用者质量，选择一个质量与之相等的测试用假人，如果没有，则选一个比轮椅车载荷稍大的测试用假人（见表 3）。

若无特殊要求，测试用假人在轮椅车上的定位，应符合 GB/T 18029.11—2008 中第 4 章的规定（某些项目的测试对假人的使用和定位有特殊要求）。

7 测试方法

7.1 测试条件

测试及记录数值应在温度为 20 ℃±15 ℃、相对湿度为 60%±35% 的条件下进行。

7.2 测试顺序

轮椅车的测试和检验应按下列顺序进行：

a) 表面检验、外形尺寸和质量测定(7.3)；

b) 性能测试(7.4)；

c) 制动器(7.5)；

d) 强度(7.7)；

e) 座靠垫阻燃性(7.6)。

7.3 外形尺寸和质量的测定

7.3.1 外形尺寸测定方法

轮椅车的总长、总宽、总高应按 GB/T 18029.5—2008 中 5.1.1、5.1.3 和 5.1.4 的规定测定。

7.3.2 质量的测定

轮椅车的质量应按 GB/T 18029.5—2008 第 6 章的规定测定。

7.4 性能测试

7.4.1 车轮着地性测定

将轮椅车放在 GB/T 18029.1—2008 中 5.1 规定的平台上，平台调至水平，轮椅车上按照标明的最大使用者质量配重后，在轮椅车的任何三个轮子下垫一张纸，在另一个轮子下塞入一 20 mm±1 mm 的垫块，三个轮子下的纸均应抽不出。

注：手动三轮轮椅车不进行此项测试。

7.4.2 静态稳定性(纵向前倾)测定

手动四轮轮椅车的纵向前倾静态稳定性应按 GB/T 18029.1—2008 第 9 章的规定测试。

手动三轮轮椅车的静态稳定性：将轮椅车放在角度可调节的测试平台(见 GB/T 18029.1—2008 的 5.1 和 5.2)上，前轮向下坡方向，逐渐增加平台的角度，直至任何一个后轮对平台的压力为零(可抽出放在后轮下的纸)。

7.4.3 静态稳定性(纵向后倾)测定

轮椅车的纵向后倾静态稳定性应按 GB/T 18029.1—2008 第 10 章和第 11 章的规定测试。

7.4.4 静态稳定性(侧倾)测定

轮椅车的侧倾静态稳定性应按 GB/T 18029.1—2008 第 12 章的规定测试。

7.4.5 驻坡性能的测定

轮椅车的驻坡性能应按 GB/T 18029.3—2008 中 7.2 的规定测试。

7.4.6 滑行偏移量的测定

注：手动三轮轮椅车不进行此项测试。

7.4.6.1 滑行用试验台

滑行用试验台由下坡面和试验轨道平面组成(见图 1)。下坡面与水平面的连接部位应平滑过渡，以免轮椅车经过时产生颠簸；两平面侧向斜度均不得超过 0.1%。在下坡面上画一条垂直于下坡面与水平面交线的直线作为零线，在水平面上画出若干条间距 100 mm 且平行于零线的直线。

7.4.6.2 测试方法

在轮椅车上按照标明的最大使用者质量配重后，然后推至下坡面的起始位置，使其右边的驱动轮与零线重合，小脚轮调至向前滚动的方向，制动器放松。使轮椅车沿下坡面下滑。观察并记录测试轨道的终点处轮椅车右轮偏移零线的距离。

尺寸单位为毫米

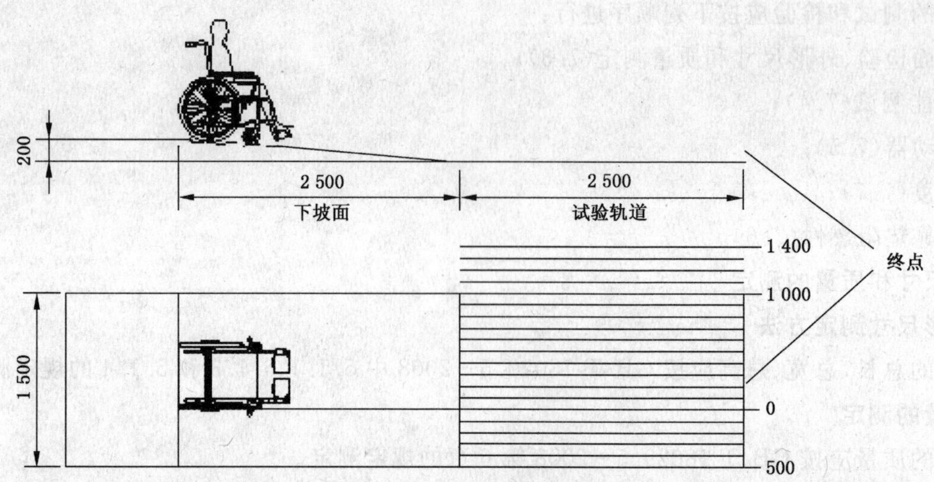

图 1 滑行偏移量的测定

此项测试进行三次，以三次数据的平均值为测试结果。

7.4.7 最小回转半径的测定

轮椅车的最小回转半径应按 GB/T 18029.5—2008 中 7.1 的规定测定。

7.4.8 最小换向宽度的测定

注：手动三轮轮椅车不进行此项测试。

轮椅车的最小换向宽度应按 GB/T 18029.5—2008 中 7.2 的规定测定。

7.5 制动器

7.5.1 行驶制动距离的测定

将轮椅车放置在坡度为 6°的水泥路面测试道上(见图 2)，操作人员坐在轮椅车上，并放上配重(见 3.3)，以椅座前沿距坡底 2 m 处为起点，依靠势能向下滚动，当后轮到达坡底时立即刹车，待轮椅车停止后测量后轮走过的距离。

路面平直度：2 mm/1 000 mm

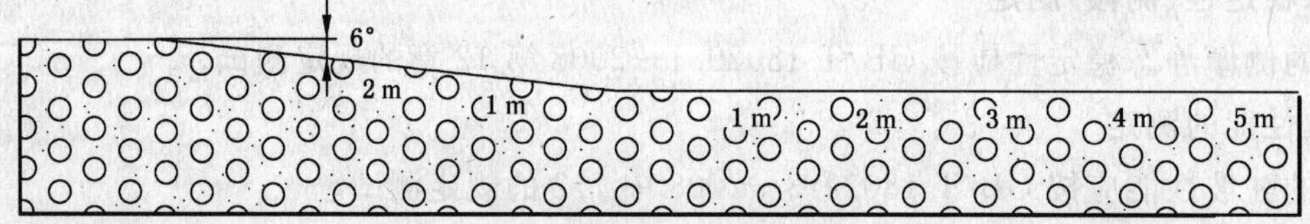

图 2 制动距离测试道

此项测试进行三次，以三次数据的平均值为测试结果。

7.5.2 驻车制动器疲劳强度测试

轮椅车驻车制动器疲劳强度应按 GB/T 18029.3—2008 第 8 章的规定测试。

7.6 座(靠)垫阻燃性测试

轮椅车座(靠)垫的阻燃性应按 GB/T 18029—2000 第 10 章的规定测试。

7.7 强度

7.7.1 静态强度测试

按照 GB/T 18029.8—2008 中第 8 章的规定进行测试。

7.7.2 冲击强度测试

按照 GB/T 18029.8—2008 中第 9 章的规定进行测试。

7.7.3 整车冲击

将空载手动轮椅车(若是可折叠的应处于展开状态)水平抬至400 mm高,然后使其水平自由落地。此项检验进行三次。

7.7.4 椅座冲击

将手动轮椅车平放在测试台上,使装有铁砂(直径3.5 mm)的质量为25 kg±0.5 kg的5号足球自250 mm的高处自由落下至椅座部分。

7.7.5 疲劳强度测试

轮椅车的双辊滚动测试应按GB/T 18029.8—2008中10.4的规定测试;

跌落测试应按GB/T 18029.8—2008中10.5的规定测试。

8 检验报告

检验报告应包括下列内容:

a) 产品型号及名称、产品出厂编号(日期);
b) 生产商的名称和地址;
c) 被测轮椅车的图片;
d) 检验机构的名称和地址;
e) 第5章测试项目的参考值;
f) 所用的测试用假人的质量;
g) 测试日期和检测人员的签名;
h) 关于被测轮椅车是否满足本标准要求的结论。

9 检验规则

9.1 出厂检验

9.1.1 每台轮椅车应经生产商质量检验部门检验合格并附有合格证方能出厂。

9.1.2 出厂检验按下列内容进行:

a) 外观质量(按5.1.1的要求检验);
b) 装配质量(按5.2的要求检验);
c) 零配件的供货商提供的相关质量证明;
d) 制动性能(按5.4.1的要求检验)。

9.2 型式检验

9.2.1 送交型式检验的轮椅车应是经出厂检验合格的产品。

9.2.2 有下列情况之一,应进行型式检验:

a) 新产品或老产品转厂生产的试制定型鉴定时;
b) 正式生产后,结构、材料、工艺有较大改变,可能影响产品性能时;
c) 正常生产,每年应进行一次型式检验,年产量超过30万辆时,每半年应进行一次型式检验。
d) 产品停产一年后,恢复生产时;
e) 出厂检验结果与上次型式检验结果有较大差异时;
f) 国家质量检验机构提出进行型式检验要求时。

9.2.3 型式检验按第5章的全部内容进行。

9.3 抽样和判定原则

9.3.1 抽样车辆应从生产商出厂检验合格的产品中任意抽取。

9.3.2 型式检验在出厂检验合格产品的任一批次中,抽样比率按每3 000辆抽取3辆,不足3 000辆也要抽3辆进行。

9.3.3 抽样基数

抽样在成品库房进行时,基数应不少于50辆,在其他环节进行时,视情况而定。

9.3.4 进行型式检验的三辆样车中,有两辆及其以上不合格时,则本批视为不合格。

9.3.5 进行型式检验的三辆样车中,有一辆不合格时,允许抽取双倍数量的样车重复进行不合格项目的检验,若重复检验中仍有一辆不合格时,则本批视为不合格。

9.3.6 对判不合格的产品,允许生产商对该批次不合格项进行修整后重新提交检验。

9.3.7 主要项目一项不合格视为不合格,次要项目三项不合格视为不合格。

注:主要项目系指5.3中的车轮着地性、静态稳定性、驻坡性能、最小回转半径和最小转换宽度、5.4、5.5、5.6和5.7,次要项目系指5.1、5.2和5.3中的滑行偏移量。

附　录　A
（资料性附录）
手动轮椅车的主要尺寸参数

A.1　主要尺寸及结构参数

A.1.1　外形尺寸(见 GB/T 18029.5)

——总长,mm;

——总宽,mm;

——总高,mm;

——折叠宽度,mm。

A.1.2　座位宽度,mm(见 GB/T 18029.7)。

A.1.3　座位深度,mm(见 GB/T 18029.7)。

A.1.4　座位离地高(前端),mm(见 GB/T 18029.7)。

A.1.5　扶手高度,mm(见 GB/T 18029.7)。

A.1.6　扶手间距离,mm(见 GB/T 18029.7)。

A.1.7　靠背高度,mm(见 GB/T 18029.7)。

A.1.8　脚托离地高,mm(见 GB/T 18029.7)。

A.1.9　质量,kg(见 GB/T 18029.5)。

A.1.10　最大使用者质量,kg(见 GB/T 18029.5)。

A.1.11　前轮规格,mm(见 GB/T 18029.7)。

A.1.12　后轮规格,mm(见 GB/T 18029.7)。

ICS 13.030
Z 68

中华人民共和国国家标准

GB 13801—2009
代替 GB 13801—1992

燃油式火化机大气污染物排放限值

Emission limit value of air pollutants for fuel oil cremator

2009-09-30 发布　　　　2009-12-01 实施

中华人民共和国国家质量监督检验检疫总局
中国国家标准化管理委员会　发布

前言

本标准的全部技术内容为强制性。

本标准代替 GB 13801—1992《燃油式火化机污染物排放限值及监测方法》。

本标准与 GB 13801—1992 相比主要变化如下：

——增加了烟道污染物氯化氢排放浓度限值和总量限值(见表 1 和表 2)；

——增加了烟道污染物汞排放浓度限值和总量限值(见表 1 和表 2)；

——增加了烟道污染物二噁英排放浓度限值和总量限值(见表 1 和表 2)；

——取消了火化间污染物浓度限值要求及其监测方法(1992 年版的第 5 章和 3.1.2)；

——取消了噪声强度限值(1992 年版的 3.1.5 和 3.1.6)；

——通过引用规范性文件，精简了监测方法(1992 年版的第 4 章；本版的第 4 章)；

——调整了烟道污染物监测的取样时段(1992 年版表 1 的脚注；本版的 3.1.1)；

——调整了烟道污染物排放浓度和总量限值(1992 年版的表 1 和表 3；本版的表 1 和表 2)；

——确定了火化机烟气排放黑度限值的观测时段(见 3.1.3)；

——火化机烟道污染物排放总量限值单位不再沿用 kg/h，而改用 kg/具或 μg TEQ/具(1992 年版的表 3；本版的表 2)；

——燃油式火化机适用区域的等级划分引用了相应的国家标准(1992 年版的 3.2；本版的 3.2)。

本标准由中华人民共和国民政部提出。

本标准由全国殡葬标准化技术委员会归口并解释。

本标准起草单位：民政部一零一研究所、民政部社会事务司、哈尔滨市殡葬管理所。

本标准主要起草人：肖成龙、王玮、李伯森、左永仁、李大涛、姜思朋、鲁琦、朴文伯、王贵领、高善东。

本标准所代替标准的历次版本发布情况为：

—— GB 13801—1992。

燃油式火化机大气污染物排放限值

1 范围

本标准规定了燃油式火化机大气污染物排放的浓度限值、总量限值、烟气黑度限值、等级划分及其监测方法。

本标准适用于各种结构的燃油式火化机。

2 规范性引用文件

下列文件中的条款通过本标准的引用而成为本标准的条款。凡是注日期的引用文件，其随后所有的修改单(不包括勘误的内容)或修订版均不适用于本标准，然而，鼓励根据本标准达成协议的各方研究是否可使用这些文件的最新版本。凡是不注日期的引用文件，其最新版本适用于本标准。

GB 3095 环境空气质量标准

GB/T 16157 固定污染源排气中颗粒物测定与气态污染物采样方法

HJ/T 398 固定污染源排放 烟气黑度的测定 林格曼烟气黑度图法

《空气和废气监测分析方法》2003-09 国家环境保护总局

3 污染物排放限值与等级划分

3.1 排放限值

3.1.1 浓度限值

燃油式火化机大气污染物排放的浓度按取样时间分为任何一次峰值、三具值和平均值。

任何一次峰值为火化单具正常遗体所排放污染物的浓度值，每次测试时应在三具火化遗体中取其单具最大浓度值；

三具值为连续火化三具正常遗体所排放污染物的浓度值；

平均值为火化三具正常遗体过程中，每次测试所获得三个浓度值的算术平均值。

燃油式火化机大气污染物的排放浓度应小于表1的限值。

表1 大气污染物排放浓度限值

污染物名称	取样时间	浓度限值/(mg/m^3)		
		一级标准	二级标准	三级标准
烟尘	平均值	30	80	150
	任何一次峰值	40	100	180
二氧化硫	平均值	15	30	60
	任何一次峰值	20	40	80
氮氧化物(以 NO_2 计)	平均值	50	100	200
	任何一次峰值	80	150	300
一氧化碳	平均值	80	150	300
	任何一次峰值	150	300	500
氯化氢	平均值	30	50	80
	任何一次峰值	40	60	100

表 1（续）

污染物名称	取样时间	浓度限值/(mg/m³)		
		一级标准	二级标准	三级标准
硫化氢	平均值	2	6	10
	任何一次峰值	3	9	15
氨气	平均值	2	6	10
	任何一次峰值	3	9	15
汞	平均值	0.2	0.4	0.6
	任何一次峰值	0.4	0.6	0.8
二噁英	三具值	0.5(ng TEQ/m³)	1.0(ng TEQ/m³)	2.0(ng TEQ/m³)

注：在计算烟尘和二噁英排放浓度时，以 11% O_2（干烟气）作为换算基准。

换算公式为 $c=10/(21-O_s)\times C_s$

式中：c——标准状态下烟尘经换算后的排放浓度，单位为毫克每立方米（mg/m³）；

O_s——烟气中氧气的浓度，%；

C_s——标准状态下烟尘的实际排放浓度，单位为毫克每立方米（mg/m³）。

3.1.2 总量限值

燃油式火化机大气污染物的排放总量以火化单具遗体计算，取连续火化三具遗体所排放总量的算术平均值。

燃油式火化机大气污染物的排放总量应小于表 2 的限值。

表 2 大气污染物排放总量限值

污染物名称	总量限值/(kg/具)		
	一级标准	二级标准	三级标准
烟尘	0.045	0.120	0.225
二氧化硫	0.068	0.135	0.270
氮氧化物	0.225	0.450	0.900
一氧化碳	0.36	0.68	1.35
氯化氢	0.135	0.225	0.360
硫化氢	0.009	0.027	0.045
氨气	0.009	0.027	0.045
汞	0.000 9	0.001 8	0.002 7
二噁英	0.75 (μg TEQ/具)	1.50(μg TEQ/具)	3.00(μg TEQ/具)

3.1.3 烟气黑度限值

在火化单具遗体的观测时段内，燃油式火化机烟气排放的黑度限值划分为三级标准。各级标准的排烟黑度应符合其相应要求。

3.1.3.1 一级标准

燃油式火化机在正常运行状况下，排烟黑度应为林格曼零级；在起炉等特殊条件下，排烟黑度应不大于林格曼一级，连续时间应不大于 20 s。

3.1.3.2 二级标准

燃油式火化机在正常运行状况下，排烟黑度应为林格曼零级；在起炉等特殊条件下，排烟黑度应不大于林格曼一级，连续时间应不大于 40 s。

3.1.3.3 三级标准

燃油式火化机在正常运行状况下，排烟黑度应不大于林格曼一级；在起炉等特殊条件下，排烟黑度应小于林格曼二级，连续时间应不大于 60 s。

3.2 等级划分

燃油式火化机按照其使用区域的环境空气质量要求分为三个等级，使用环境空气质量功能区的划分按 GB 3095 中规定执行，其执行标准的级别如下：

——使用区域环境空气质量为一类功能区的执行一级标准；

——使用区域环境空气质量为二类功能区的执行二级及以上标准；

——使用区域环境空气质量为三类功能区的执行三级及以上标准。

4 监测方法

4.1 燃油式火化机烟尘、二氧化硫、氮氧化物、一氧化碳、氯化氢、硫化氢、氨气和汞的现场采样按 GB/T 16157 中的相应方法执行。

4.2 燃油式火化机烟尘、二氧化硫、氮氧化物、一氧化碳、氯化氢、硫化氢、氨气、汞和二噁英的监测分析按《空气和废气监测分析方法》和环保行业统一使用的有关固定污染源排气中污染物监测分析方法执行。

4.3 燃油式火化机排烟黑度的观测采用 HJ/T 398 规定或与其等效的方法。

ICS 77.120.60
J 31

中华人民共和国国家标准

GB/T 13818—2009
代替 GB/T 13818—1992

压铸锌合金

Die casting zinc alloys

2009-04-01 发布　　2009-12-01 实施

中华人民共和国国家质量监督检验检疫总局
中国国家标准化管理委员会　发布

前　言

本标准修改采用 ASTM B 86—06《铸造及压铸锌和锌铝合金标准规范》。

本标准和 ASTM B 86—06 相比，在主要技术内容上存在如下差异：

——在结构上作了较大的编辑性修改；

——未采用 ASTM B 86—06 中的订货信息和引用文件；

——增加了压铸锌合金牌号和代号的表示方法；

——增加了附录 A 锌合金牌号对照表。

本标准代替 GB/T 13818—1992《压铸锌合金》。

本标准与 GB/T 13818—1992 相比，主要技术内容变化如下：

——删除了力学性能要求；

——修改了牌号表示方法；

——增加了三种高铝锌合金；

——本标准的附录 A 为资料性附录。

本标准由中国机械工业联合会提出。

本标准由全国铸造标准化技术委员会(SAT/TC 54)归口。

本标准起草单位：一汽铸造有限公司、东莞市石碣华丰五金厂、湛江德利化油器有限公司、宁波万安股份有限公司、创金美科技(深圳)有限公司。

本标准主要起草人：马顺龙、刘海峰、梁焕操、赵炳华、何经元、李远发。

本标准所代替标准的历次版本发布情况为：

——GB/T 13818—1992。

压 铸 锌 合 金

1 范围

本标准规定了压铸锌合金的牌号及代号表示方法、技术要求、试验方法及检验规则、包装、运输和贮存等要求。

本标准适用于压铸锌合金材料。

2 规范性引用文件

下列文件中的条款通过本标准的引用而成为本标准的条款。凡是注日期的引用文件，其随后所有的修改单(不包括勘误的内容)或修订版均不适用于本标准，然而，鼓励根据本标准达成协议的各方研究是否可使用这些文件的最新版本。凡是不注日期的引用文件，其最新版本适用于本标准。

GB/T 12689.1 锌及锌合金化学分析方法 铝量的测定 铬天青 S-聚乙二醇辛基苯基醚-溴化十六烷基吡啶分光光度法、CAS 分光光度法和 EDTA 滴定法

GB/T 12689.3 锌及锌合金化学分析方法 镉量的测定 火焰原子吸收光谱法

GB/T 12689.4 锌及锌合金化学分析方法 铜量的测定 二乙基二硫代氨基甲酸铅分光光度法、火焰原子吸收光谱法和电解法

GB/T 12689.5 锌及锌合金化学分析方法 铁量的测定 磺基水杨酸分光光度法和火焰原子吸收光谱法

GB/T 12689.6 锌及锌合金化学分析方法 铅量的测定 示波极谱法

GB/T 12689.7 锌及锌合金化学分析方法 镁量的测定 火焰原子吸收光谱法

GB/T 12689.10 锌及锌合金化学分析方法 锡量的测定 苯芴酮-溴化十六烷基三甲胺分光光度法

3 合金牌号及代号表示方法

3.1 牌号的表示方法

压铸锌合金牌号是由锌及主要合金元素的化学符号组成。主要合金元素后面跟有表示其名义百分含量的数字(名义百分含量为该元素的平均百分含量的修约化整值)。

在合金牌号前面以字母“Y”、“Z”(“压”、“铸”两字汉语拼音的第一字母)表示用于压力铸造。

3.2 代号的表示方法

本标准中合金代号由字母“Y”、“X”(“压”、“锌”两字汉语拼音的第一字母)表示压铸锌合金。合金代号后面由三位阿拉伯数字以及一位字母组成。YX 后面前两位数字表示合金中化学元素铝的名义百分含量，第三个数字表示合金中化学元素铜的名义百分含量，末位字母用以区别成分略有不同的合金。

4 技术要求

4.1 压铸锌合金化学成分

压铸锌合金化学成分见表 1。

表 1 压铸锌合金化学成分

质量分数/%

序号	合金牌号	合金代号	主要成分				杂质含量(不大于)			
			Al	Cu	Mg	Zn	Fe	Pb	Sn	Cd
1	YZZnAl4A	YX040A	3.9～4.3	≤0.1	0.030～0.060	余量	0.035	0.004	0.001 5	0.003
2	YZZnAl4B	YX040B	3.9～4.3	≤0.1	0.010～0.020	余量	0.075	0.003	0.001 0	0.002
3	YZZnAl4Cu1	YX041	3.9～4.3	0.7～1.1	0.030～0.060	余量	0.035	0.004	0.001 5	0.003
4	YZZnAl4Cu3	YX043	3.9～4.3	2.7～3.3	0.025～0.050	余量	0.035	0.004	0.001 5	0.003
5	YZZnAl8Cu1	YX081	8.2～8.8	0.9～1.3	0.020～0.030	余量	0.035	0.005	0.005 0	0.002
6	YZZnAl11Cu1	YX111	10.8～11.5	0.5～1.2	0.020～0.030	余量	0.050	0.005	0.005 0	0.002
7	YZZnAl27Cu2	YX272	25.5～28.0	2.0～2.5	0.012～0.020	余量	0.070	0.005	0.005 0	0.002
注：YZZnAl4B Ni 含量为 0.005～0.020。										

5 试验方法及检验规则

5.1 化学成分

5.1.1 化学成分检验按 GB/T 12689.1、GB/T 12689.3～12689.7、GB/T 12689.10 规定执行。在保证分析精度的条件下，允许使用其他方法，其化学成分应符合表 1 的规定。为了防止争议的发生，分析方法需经供需双方商定。

5.1.2 化学成分的检验频率每炉取样一组，如有特殊要求，由供需双方商定。

5.1.3 化学成分第一次检验不合格，允许重新取样，如仍不合格则判定该炉合金不合格。

6 包装、运输和贮存

6.1 包装应保证在运输和存放过程中防止潮湿。

6.2 包装的标志应有：名称、数量、合金牌号、检验合格印记和生产日期。

6.3 运输方式由双方商定。

附 录 A
（资料性附录）
锌合金牌号对照

表 A.1 锌合金牌号对照表

中国，合金代号	YX040A	YX040B	YX041	YX043	YX081	YX111	YX272
北美商业标准（NADCA）	No. 3	No. 7	No. 5	No. 2	ZA-8	ZA-12	ZA-27
美国材料试验学会（ASTM）	AG-40A	AG-40B	AG-41A	—	—	—	—

ICS 77.120.60
J 31

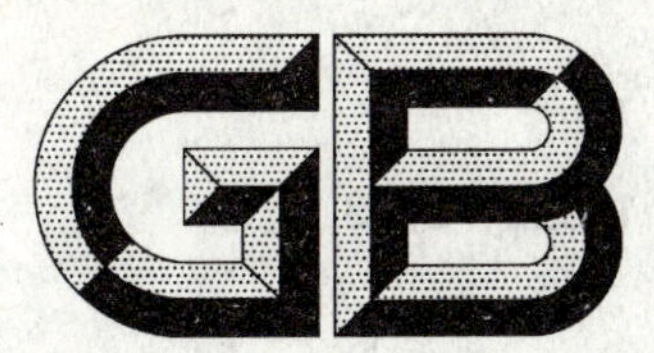

中华人民共和国国家标准

GB/T 13821—2009
代替 GB/T 13821—1992

锌合金压铸件

Zinc alloy die castings

2009-04-01 发布　　　　2009-12-01 实施

中华人民共和国国家质量监督检验检疫总局
中国国家标准化管理委员会　发布

前　言

本标准修改采用 ASTM B 240—07《锌和锌铝合金铸件和压铸件标准规范》。

本标准和 ASTM B 240—07 相比，在主要技术内容上存在如下差异：

——未采用 ASTM B 240—07 的术语和订货信息；

——未采用 ASTM B 240—07 的引用文件，用我国的标准代替相对应的 ASTM 标准；

——增加了附录 B 压铸锌合金牌号对照及典型力学、物理性能表，性能表中部分采用了 ASTM B 86-06 附表中的典型力学和物理性能；

——增加了锌合金压铸件的分类和分级；

——增加了压铸件尺寸和其他技术要求。

本标准代替 GB/T 13821—1992《锌合金压铸件》。

本标准与 GB/T 13821—1992 相比，主要技术内容变化如下：

——修改了锌合金压铸件的分类；

——增加了压铸件的化学成分；

——增加了压铸锌合金牌号对照及典型力学、物理性能表。

本标准的附录 A、附录 B 为资料性附录。

本标准由中国机械工业联合会提出。

本标准由全国铸造标准化技术委员会(SAC/TC 54)归口。

本标准起草单位：一汽铸造有限公司、东莞市石碣华丰五金厂、湛江德利化油器有限公司、宁波万安股份有限公司、创金美科技(深圳)有限公司。

本标准主要起草人：刘海峰、马顺龙、梁焕操、赵炳华、何经元、李远发。

本标准所代替标准的历次版本发布情况为：

——GB/T 13821—1992。

锌合金压铸件

1 范围

本标准规定了锌合金压铸件的分类、分级和标记，技术要求，试验方法及检验规则，包装、运输和贮存等要求。

本标准适用于锌合金压铸件。

2 规范性引用文件

下列文件中的条款通过本标准的引用而成为本标准的条款。凡是注日期的引用文件，其随后所有的修改单(不包括勘误的内容)或修订版均不适用于本标准，然而，鼓励根据本标准达成协议的各方研究是否可使用这些文件的最新版本。凡是不注日期的引用文件，其最新版本适用于本标准。

GB/T 228 金属材料 室温拉伸试验方法

GB/T 231.1 金属布氏硬度试验 第1部分:试验方法

GB/T 2828.1 计数抽样检验程序 第1部分:按接收质量限(AQL)检索的逐批检验抽样计划

GB/T 2829 周期检验计数抽样程序及表(适用于对过程稳定性的检验)

GB/T 5678 铸造合金光谱分析取样方法

GB/T 6060.1 表面粗糙度比较样块 铸造表面

GB/T 6060.3 表面粗糙度比较样块 第3部分:电火花、抛(喷)丸、喷砂、研磨、锉、抛光加工表面

GB/T 6414 铸件尺寸公差与机械加工余量

GB/T 12689.1 锌及锌合金化学分析方法 铝量的测定 铬天青 S-聚乙二醇辛基苯基醚-溴化十六烷基吡啶分光光度法、CAS分光光度法和EDTA滴定法

GB/T 12689.3 锌及锌合金化学分析方法 镉量的测定 火焰原子吸收光谱法

GB/T 12689.4 锌及锌合金化学分析方法 铜量的测定 二乙基二硫代氨基甲酸铅分光光度法、火焰原子吸收光谱法和电解法

GB/T 12689.5 锌及锌合金化学分析方法 铁量的测定 磺基水杨酸分光光度法和火焰原子吸收光谱法

GB/T 12689.6 锌及锌合金化学分析方法 铅量的测定 示波极谱法

GB/T 12689.7 锌及锌合金化学分析方法 镁量的测定 火焰原子吸收光谱法

GB/T 12689.10 锌及锌合金化学分析方法 锡量的测定 苯芴酮-溴化十六烷基三甲胺分光光度法

GB/T 13822 压铸有色合金试样

3 铸件的分类、分级和标记

3.1 锌合金压铸件的分类

锌合金压铸件按使用要求分为两类，见表1。

表1 锌合金压铸件的分类

类别	使用要求	检验项目
1	具有结构和功能性要求	尺寸公差、表面质量、化学成分、其他特殊要求
2	无特殊要求的零部件	表面质量、化学成分、尺寸公差

3.2 锌合金压铸件表面分级

锌合金压铸件表面按使用要求分为三级，见表 2。分级条件可按照表 2 中的说明，并参考附录 A 确定分级。如果有更高要求的部位，应在图样中有关表面分别注明。

表 2 锌合金压铸件的表面分级

级别	符号	使用范围	表面粗糙度 *Ra*
1	Y1	镀、抛光、研磨的表面，相对运动的配合面，危险应力区表面	不大于 1.6 μm
2	Y2	要求密封的表面、装配接触面等	不大于 3.2 μm
3	Y3	保护性的涂覆表面及紧固接触面，油漆打腻表面，其他表面	不大于 6.3 μm

3.3 铸件标记

铸件应有零件号、生产班次、日期等具有可追溯的标记。

4 技术要求

4.1 化学成分

化学成分应符合表 3 的规定。

表 3 化学成分(质量分数)

序号	合金牌号	合金代号	主要成分/%				杂质含量(不大于)/%			
			Al	C	Mg	Zn	Fe	Pb	Sn	Cd
1	YZZnAl4A	YX040A	3.5～4.3	≤0.25	0.02～0.06	余量	0.10	0.005	0.003	0.004
2	YZZnAl4B	YX040B	3.5～4.3	≤0.25	0.005～0.02	余量	0.075	0.003	0.001	0.002
3	YZZnAl4Cu1	YX041	3.5～4.3	0.75～1.25	0.03～0.08	余量	0.10	0.005	0.003	0.004
4	YZZnAl4Cu3	YX043	3.5～4.3	2.5～3.0	0.02～0.05	余量	0.10	0.005	0.003	0.004
5	YZZnAl8Cu1	YX081	8.0～8.8	0.8～1.3	0.015～0.03	余量	0.075	0.006	0.003	0.006
6	YZZnAl11Cu1	YX111	10.5～11.5	0.5～1.2	0.015～0.03	余量	0.075	0.006	0.003	0.006
7	YZZnAl27Cu2	YX272	25.0～28.0	2.0～2.5	0.010～0.02	余量	0.075	0.006	0.003	0.006

4.2 力学性能

4.2.1 除非在合同、订单或图样上有具体规定，本标准列出的压铸件不以拉伸试验所测定的力学性能作为检验依据。

4.2.2 本标准附录 B 中列出了在严格控制条件下压铸试样的典型力学性能。

4.3 压铸件尺寸

4.3.1 压铸件的几何形状和尺寸应符合铸件图样的规定。

4.3.2 压铸件的尺寸公差应符合 GB/T 6414 的规定。有特殊规定或要求时，须在图样上注明。

4.3.3 压铸件的尺寸公差不包括铸造斜度。其不加工表面：包容面以小端为基准，被包容面以大端为基准；待加工表面：包容面以大端为基准，被包容面以小端为基准。有特殊规定和要求时，须在图样上注明。

4.4 加工余量

压铸件加工余量按 GB/T 6414 的规定执行。若有特殊规定和要求时，其加工余量须在图样上注明。

4.5 表面质量

4.5.1 铸件表面粗糙度应符合图样或客户的要求。

4.5.2 铸件不允许有裂纹、欠铸和任何穿透性缺陷。

4.5.3 铸件允许存在的擦伤、凹陷、缺肉和网状毛刺等缺陷，其缺陷的程度和数量应与供需双方商定的标准相一致。

4.5.4 铸件的浇口、飞边、溢流口、隔皮、顶杆痕迹等应进行清理，其允许留有的痕迹，由供需双方商定。

4.5.5 如图样无特殊规定，有关压铸工艺的设置，如顶杆位置、分型线的位置、浇口和溢流口的位置等，由供方自行确定。

4.5.6 压铸件需要特殊加工的表面，如抛光、喷丸、抛丸、镀铬、涂覆、阳极氧化、化学氧化等应在图样上注明。

4.6 内部质量

4.6.1 压铸件如能满足其使用要求，则压铸件气孔、缩孔缺陷不作为报废的依据。

4.6.2 在不影响压铸件使用的条件下，经需方同意，供方可以对压铸件进行浸渗、修补和变形校正处理。

4.6.3 对本标准未列项目验收时，由供需双方商定。

5 质量保证

5.1 当供需双方在合同或协议中有规定时，供方应对合同中规定的所有试验和检验项目负责。合同或协议中无规定时，经需方同意，供方可以用自己适宜的手段执行本标准所规定的试验和要求。需方有权对标准中的任何试验和检验项目进行检验，其质量标准应根据供需双方之间的协议而定。

5.2 根据压铸生产特点，规定一个检验批量是指每台压铸设备在正常操作情况下，一个班次的生产量。设备、模具和操作连续性的任何重大变化都应视为一个新的批量的开始。

供方对每批压铸件都要随机或统计地抽样检验，确定是否符合全部技术要求或图样的规定，检验结果应予以记录。

6 检验方法及规则

6.1 化学成分

6.1.1 化学成分的检验方法分别按 GB/T 12689.1、GB/T 12689.3～12689.7、GB/T 12689.10 的规定执行。在保证分析精度的条件下，允许使用其他方法，其化学成分应符合表 3 的规定。为了防止争议的发生，分析方法需经供需双方商定。

6.1.2 化学成分的检验频率：每炉次或班次取样一组。如有特殊要求，由供需双方商定。

6.1.3 化学成分第一次检验不合格，允许重新取样，如仍不合格则该炉合金可判为不合格。

6.1.4 化学成分的试样也可取自压铸件，但检验结果应符合表 3 的规定。

6.1.5 光谱分析的取样方法按 GB/T 5678 规定执行。

6.2 力学性能

6.2.1 合金力学性能的检验方法按照 GB/T 228 和 GB/T 231.1 的规定执行。

6.2.2 采用压铸试棒进行检验时，试样每组三根。如受检的三根试样中有两根力学性能不合格，则判定该批铸件性能不合格。允许用加倍的试样进行第二次检验，如果第二次检验中有两根试样不合格，但总的平均值合格时，可认为该批铸件性能合格。如不合格的试样多于两根，则认为该批铸件性能不合格。

6.2.3 压铸试棒的制取应符合 GB/T 13822 的规定。

6.2.4 采用压铸件本体检验时，取样部位、试样尺寸和力学性能由供需双方商定。

6.3 几何尺寸

压铸件几何尺寸的检验可按检验批量抽验或按 GB/T 2828.1、GB/T 2829 的规定执行，抽检结果应符合 4.3 的规定。

6.4 **表面质量**

6.4.1 压铸件表面质量应逐件检查，抽检结果应符合 4.5 的规定。

6.4.2 铸件表面粗糙度用 GB/T 6060.1、GB/T 6060.3 规定的比较样块测定。

6.4.3 压铸件需喷丸、抛丸、喷砂加工的表面粗糙度按 GB/T 6060.3 的规定执行。

6.5 **内部质量**

6.5.1 压铸件内部质量的试验方法及检验规则由供需双方商定。可以包括无损检测、耐压试验、金相图片和压铸件解剖等，其检验结果应符合 4.6 的规定。

6.5.2 经浸渗和修补处理后的压铸件应做相应的质量检验。

7 压铸件的交付、包装和贮运

7.1 当在合同或协议中有要求时，供方应向需方提交检验报告，以证明每批压铸件的取样、试验和检验符合本标准的规定。

7.2 合格压铸件交付时，应附有检验合格证。

合格证上应写明产品名称、产品编号、数量、制造厂名、检验合格印记和交付时间。

有特殊检验项目时，应在检验合格证上注明检验的条件和结果。

7.3 压铸件的包装、运输与贮存，由供需双方商定。

附 录 A
（资料性附录）
锌合金压铸件表面质量分级

表 A.1 锌合金压铸件表面质量分级表

<table>
<tr><th rowspan="2">序号</th><th rowspan="2" colspan="2">缺陷名称</th><th rowspan="2">检验范围</th><th colspan="3">表面质量级别</th><th rowspan="2">说明</th></tr>
<tr><th>1 级</th><th>2 级</th><th>3 级</th></tr>
<tr><td>1</td><td colspan="2">花纹麻面
有色斑点</td><td>三者面积不超过总面积的百分数/%</td><td>5</td><td>25</td><td>40</td><td></td></tr>
<tr><td rowspan="2">2</td><td rowspan="2" colspan="2">流痕</td><td>深度/mm</td><td>≤0.05</td><td>≤0.07</td><td>≤0.15</td><td></td></tr>
<tr><td>面积不大于总面积百分数/%</td><td>5</td><td>15</td><td>30</td><td></td></tr>
<tr><td rowspan="5">3</td><td rowspan="5" colspan="2">冷隔</td><td>深度/mm</td><td rowspan="5">不允许</td><td>≤1/5 壁厚</td><td>≤1/4 壁厚</td><td rowspan="5">在同一部位对应处不允许同时存在。
长度是指缺陷流向的展开长度</td></tr>
<tr><td>长度不大于铸件最大轮廓尺寸/mm</td><td>1/10</td><td>1/5</td></tr>
<tr><td>所在面上不允许超过的数量</td><td>2 处</td><td>2 处</td></tr>
<tr><td>离铸件边缘距离/mm</td><td>≥4</td><td>≥4</td></tr>
<tr><td>两冷隔间距/mm</td><td>≥10</td><td>≥10</td></tr>
<tr><td rowspan="2">4</td><td rowspan="2" colspan="2">擦伤</td><td>深度(≤)/mm</td><td>0.05</td><td>0.01</td><td>0.25</td><td rowspan="2">除 1 级表面外，浇口部位允许增加一倍</td></tr>
<tr><td>面积不大于总面积百分数/%</td><td>3</td><td>5</td><td>10</td></tr>
<tr><td>5</td><td colspan="2">凹陷</td><td>凹入深度/mm</td><td>≤0.10</td><td>≤0.30</td><td>≤0.50</td><td></td></tr>
<tr><td rowspan="2">6</td><td rowspan="2" colspan="2">粘附物痕迹</td><td>整个铸件不允许超过</td><td rowspan="2">不允许</td><td>1 处</td><td>2 处</td><td></td></tr>
<tr><td>占带缺陷表面积百分数/%</td><td>5</td><td>10</td><td></td></tr>
<tr><td rowspan="2">7</td><td rowspan="2" colspan="2">边角残缺深度</td><td>铸件边长≤100 mm 时</td><td>0.3</td><td>0.5</td><td>1.0</td><td rowspan="2">不超过边长度的 5%</td></tr>
<tr><td>铸件边长>100 mm 时</td><td>0.5</td><td>0.8</td><td>1.2</td></tr>
<tr><td rowspan="8">8</td><td rowspan="8">气泡</td><td rowspan="4">平均直径≤3 mm</td><td>每 100 cm^2 缺陷个数不超过个数</td><td rowspan="4">不允许</td><td>1</td><td>2</td><td rowspan="4">允许两种气泡同时存在，但大气泡≤3 个，总数≤10 个，且边距≥10 mm</td></tr>
<tr><td>整个铸件不超过个数</td><td>3</td><td>7</td></tr>
<tr><td>离铸件边缘距离/mm</td><td>≥3</td><td>≥3</td></tr>
<tr><td>气泡凸起高度/mm</td><td>≤0.2</td><td>≤0.3</td></tr>
<tr><td rowspan="4">平均直径 3 mm～6 mm</td><td>每 100 cm^2 缺陷个数不超过</td><td rowspan="4">不允许</td><td>1</td><td>1</td><td></td></tr>
<tr><td>整个铸件气泡不超过</td><td>1</td><td>3</td><td></td></tr>
<tr><td>离铸件边缘距离/mm</td><td>≥5</td><td>≥5</td><td></td></tr>
<tr><td>气泡凸起高度/mm</td><td>≤0.3</td><td>≤0.5</td><td></td></tr>
<tr><td rowspan="3">9</td><td rowspan="3" colspan="2">顶杆痕迹</td><td>凹入铸件深度不超过该处壁厚的</td><td rowspan="3">不允许</td><td>1/10</td><td>1/10</td><td></td></tr>
<tr><td>最大凹入量</td><td>0.4</td><td>0.4</td><td></td></tr>
<tr><td>凸起高度/mm</td><td>≥0.2</td><td>≥0.2</td><td></td></tr>
</table>

表 A.1（续）

序号	缺陷名称	检验范围	表面质量级别			说明
			1级	2级	3级	
10	网状痕迹	凸起或凹下/mm	不允许	≤0.2	≤0.2	
11	各类缺陷总和	面积不超过总面积的百分数/%	5	30	50	

附 录 B
（资料性附录）
锌合金牌号对照及典型的力学、物理性能

表 B.1 锌合金牌号对照及典型的力学、物理性能表

锌压铸合金							
中国合金代号	YX040A	YX040B	YX041	YX043	YX081	YX111	YX272
北美商业标准(NADCA)	No.3	No.7	No.5	No.2	ZA-8	ZA-12	ZA-27
美国材料试验学会(ASTM)	AG-40A	AG-40B	AG-41A	—	—	—	—
力学性能							
极限抗拉强度/MPa	283	283	328	359	372	400	426
屈服强度/MPa	221	221	269	283	283～296	310～331	359～370
抗压屈服强度/MPa	414	414	600	641	252	269	358
伸长率/%	10	13	7	7	6～10	4～7	2.0～3.5
布氏硬度/HBW	82	80	91	100	100～106	95～105	116～122
抗剪强度/MPa	214	214	262	317	275	296	325
冲击强度/J	58	58	65	47.5	32～48	20～37	9～16
疲劳强度/MPa	47.6	47.6	56.5	58.6	103	—	145
杨氏模量/GPa	—	—	—	—	85.5	83	77.9
物理性能							
密度/(g/cm³)	6.6	6.6	6.7	6.6	6.3	6.03	5.00
熔化温度范围/℃	381～387	381～387	380～386	379～390	375～404	377～432	372～484
比热容/(J/kg℃)	419	419	419	419	435	450	525
热膨胀系数×10^{-6}/K^{-1}	27.4	27.4	27.4	27.8	23.2	24.1	26.0
热传导率/($Wm^{-1}K^{-1}$)	113	113	109	104.7	115	116	122.5
泊松比	0.30	0.30	0.30	0.30	0.30	0.30	0.30
注：本附录力学性能数据是采用专用试样模具获得的单铸试样进行试验而得到的参考结果。							

ICS 21.160
J 26

中华人民共和国国家标准

GB/T 13828—2009
代替 GB/T 13828—1992

多股圆柱螺旋弹簧

Stranded wire cylindrical helical springs

2009-03-16 发布

2009-11-01 实施

中华人民共和国国家质量监督检验检疫总局
中国国家标准化管理委员会 发布

前　言

本标准是对GB/T 13828—1992《多股圆柱螺旋弹簧》的修订。修订时仍保留GB/T 13828—1992《多股圆柱螺旋弹簧》中有效的部分，对已不适应的内容进行重新修订。本标准与被修订标准版本的主要技术差异如下：

——对原标准按GB/T 1.1进行了编辑性修改；

——对引用的材料标准进行了全面查新，使用已修订过的最新版本代替原标准所引用的旧版本；

——按GB/T 1805—2001《弹簧术语》，对原标准涉及扭矩、刚度、变形量等符号进行修订；

——对原标准进行章节调整；

——将正文中的工作图放入附录。

本标准的附录B为规范性附录，附录A、附录C为资料性的附录。

本标准由中国机械工业联合会提出。

本标准由全国弹簧标准化技术委员会(SAC/TC 235)归口。

本标准负责起草单位：国营昆仑机械厂、中机生产力促进中心。

本标准参加起草单位：杭州钱江弹簧有限公司、杭州兴发弹簧有限公司、立洲集团控股有限公司、浙江美力弹簧有限公司、浙江金昌弹簧有限公司、常州市铭锦弹簧有限公司。

本标准主要起草人：包希增、陆培根、姜膺、屠世润、王卫、张桂军、梁泉、邵承玉、严世平。

本标准所代替标准的历次版本发布情况为：

——GB/T 13828—1992。

多股圆柱螺旋弹簧

1 范围

本标准规定了多股圆柱螺旋压缩弹簧、拉伸弹簧、扭转弹簧的设计计算、技术要求、试验方法和检验规则。

本标准适用于普通多股圆柱螺旋压缩、拉伸和扭转弹簧(以下简称弹簧)。

2 规范性引用文件

下列文件中的条款通过本标准的引用而成为本标准的条款。凡是注日期的引用文件,其随后所有的修改单(不包括勘误的内容)或修订版均不适用于本标准,然而,鼓励根据本标准达成协议的各方研究是否可使用这些文件的最新版本。凡是不注日期的引用文件,其最新版本适用于本标准。

GB/T 1805 弹簧术语

GB/T 4357—1989 碳素弹簧钢丝(neq JIS G3521:1984)

GB/T 18983 油淬火-回火弹簧钢丝(GB/T 18983—2003,ISO/FDIS 8458,MOD)

JB/T 7944 普通圆柱螺旋弹簧抽样方法

YB/T 5311 重要用途碳素弹簧钢丝

3 术语和符号

本标准使用的术语和符号应符合 GB/T 1805 和表 1 的规定。

表 1

参数名称	代 号	单 位
钢索索径	d_c	mm
钢索索距	t_c	
钢索拧角	β	(°)
钢丝展开长度	L	mm
三(四)股钢丝展开长度	L_1	
材料切变模量	G	MPa
材料弹性模量	E	
材料抗拉强度	R_m	
工作切应力	τ	
许用切应力	$[\tau]$	
试验切应力	τ_s	
弯曲应力	σ	
许用弯曲应力	$[\sigma]$	
试验弯曲应力	σ_s	
钢索股数	m	
捻索系数	i	

4 材料

4.1 弹簧常用材料见表 2。若所需用其他材料时，由供需双方商定。

表 2

标准号	标准名称	切变模量 G MPa	弹性模量 E MPa	推荐使用温度 温度范围 ℃	性 能
GB/ T 4357—1989	碳素弹簧钢丝	78.5×10^3	206×10^3	−40～150	强度高，性能好。B级用于低应力弹簧，C级用于中等应力弹簧，D级用于高应力弹簧
YB/T 5311	重要用途碳素弹簧钢丝			−40～150	强度高，韧性好。用于重要用途弹簧
GB/T 18983	油淬火-回火弹簧钢丝[a]			−40～210	强度高，韧性好。用于普通机械用弹簧

[a] 采用 GB/T 18983 油淬火-回火弹簧钢丝中 VDC、FDC、TDC。

4.2 弹簧材料的质量应符合相应材料标准的有关规定，必须备有材料制造商的质量证明书，并经复验合格后方可使用。

5 设计计算

5.1 产品分组及许用应力的选取

5.1.1 产品分组

弹簧根据工作性质分为两组，见表 3。弹簧的组别应根据表 3 确定，并在产品图样中注明。

5.1.2 许用应力的选取

许用应力的选取按照表 3。

表 3

组别	工作性质	变形速度 V m/s	许用切应力$[\tau]$ MPa	许用弯曲应力$[\sigma]$ MPa
Ⅰ	动负荷	$8<V\leqslant13$	$(0.43\sim0.52)R_m$	$(0.68\sim0.75)R_m$
	重要弹簧	$5<V\leqslant8$		
Ⅱ	一般弹簧	$V\leqslant5$	$(0.57\sim0.62)R_m$	$(0.86\sim0.97)R_m$

注：对重要的，其损坏对整个机械有重大影响的弹簧，许用切应力及许用弯曲应力应适当降低。R_m 取下限值。

5.2 基本参数及计算公式

5.2.1 钢索索距

三股簧的 t_c 应在 3～14 倍钢丝直径范围内选取。

四股簧的 t_c 应在 8～12 倍钢丝直径范围内选取。

5.2.2 钢索拧角

钢索拧角 β 可根据不同的股数及 t_c/d 值，按表4选取。

表4

t_c/d		8	9	10	11	12	13	14
三股	β	24.97°	22.37°	20.25°	18.49°	17.00°	15.74°	14.64°
	d_c/d	2.19	2.18	2.17	2.17	2.17	2.17	2.16
四股	β	31.13°	27.78°	25.08°	22.85°	20.99°		
	d_c/d	2.54	2.51	2.49	2.48	2.47		

钢索拧角 β 按公式(1)计算：

$$\beta = \arctan\frac{\pi d_2}{t_c} \qquad \cdots\cdots(1)$$

式中：

d_2——钢丝中心在钢索横截面上所成的圆周直径。

三股钢索：

$$d_2 = \frac{2d\cos\varphi}{\sqrt{1+2\cos2\varphi}} \qquad \cdots\cdots(2)$$

四股钢索：

$$d_2 = \frac{2d\cos\varphi}{\sqrt{2\cos2\varphi}} \qquad \cdots\cdots(3)$$

式中：

φ——与钢丝周长对钢索索距的比值有关的角度。

$$\tan\varphi = \frac{\pi d}{t_c} \qquad \cdots\cdots(4)$$

5.2.3 钢索索径

钢索索径 d_c，按公式(5)计算：

$$d_c = d + d_2 \qquad \cdots\cdots(5)$$

5.2.4 弹簧强度

5.2.4.1 压缩、拉伸弹簧工作切应力，按公式(6)计算：

$$\tau = \frac{8FD\cos\beta}{\pi d^3 im} \qquad \cdots\cdots(6)$$

5.2.4.2 扭转弹簧弯曲应力，按公式(7)计算：

$$\sigma = \frac{32T}{\pi d^3 m} \qquad \cdots\cdots(7)$$

5.2.5 弹簧刚度

5.2.5.1 压缩、拉伸弹簧刚度，按公式(8)计算：

$$F' = \frac{F}{f} = \frac{Gd^4 mi}{8D^3 n} \qquad \cdots\cdots(8)$$

5.2.5.2 扭转弹簧刚度，按公式(9)计算：

$$T' = \frac{Ed^4 m}{64Dn} \text{或} T' = \frac{Ed^4 m}{8\,670Dn} \qquad \cdots\cdots(9)$$

5.2.6 试验负荷

试验负荷 F_s 为测定弹簧特性时，弹簧允许承受的最大负荷，其值按公式(10)计算：

$$F_s = \frac{\pi d^3 im}{8D\cos\beta}\tau_s \quad \cdots\cdots(10)$$

式中 τ_s 为试验切应力，其最大值按表 5 选取。

在有些情况下可取 $\tau_s = (1.2 \sim 1.3)[\tau]$。

表 5

单位为兆帕

材料	油淬火-退火弹簧钢丝	碳素弹簧钢丝、重要用途碳素弹簧钢丝
试验切应力 τ_s	$0.6R_m$	$0.55R_m$

5.2.7 弹簧材料直径

5.2.7.1 压缩、拉伸弹簧的材料直径，按公式(11)计算：

$$d = \sqrt[3]{\frac{8FD\cos\beta}{\pi im[\tau]}} \quad \cdots\cdots(11)$$

5.2.7.2 扭转弹簧的材料直径，按公式(12)计算：

$$d = \sqrt[3]{\frac{32T}{\pi m[\sigma]}} \quad \cdots\cdots(12)$$

5.2.8 捻索系数 i 的选取

捻索系数 i 与钢索股数 m 和钢索拧角 β 有关。

当 $m=3$，β 在 15°～25°时，取 $i=1.05 \sim 1.2$。

当 $m=4$，β 在 20°～30°时，取 $i=1.1 \sim 1.3$。

5.2.9 弹簧其他几何参数的计算

5.2.9.1 弹簧展开长度，按公式(13)计算：

$$L = \frac{\pi D n_1}{\cos\alpha} \quad \cdots\cdots(13)$$

5.2.9.2 三(四)股钢丝展开长度，按公式(14)计算：

$$L_1 = \frac{\pi D n_1 m}{\cos\alpha\cos\beta} \quad \cdots\cdots(14)$$

5.3 设计实例

设计实例参见附录 A。

6 技术要求

6.1 弹簧制造

6.1.1 压缩弹簧与扭转弹簧的钢索拧向应与弹簧旋向相反，拉伸弹簧的钢索拧向应与弹簧旋向相同。

6.1.2 拧钢索和缠弹簧可在专用机床上同时进行，亦可分为两道工序分别进行。

6.1.3 弹簧需要焊接簧头时，应在产品图样中注明。不带支承圈的弹簧，不应焊接簧头。

6.1.4 焊接簧头时可用铜焊或气焊。用铜焊时，焊接部位长度应小于二倍钢索索径(最长不应大于 10 mm)，加热长度应小于 1 个簧圈，焊后应打磨平滑。用气焊时，焊接部位应低温回火。

6.1.5 不焊簧头的弹簧，端头钢索不应有明显的松散。端头应去毛刺或倒棱。

6.2 尺寸及极限偏差

6.2.1 钢索索径及钢索索距

6.2.1.1 当拧钢索和缠弹簧同时进行时，钢索索径与钢索索距作为参考值，但钢索索距应均匀。

6.2.1.2 当拧钢索和缠弹簧分两道工序进行时，钢索索径与钢索索距的极限偏差应在产品图样中注明。

6.2.2 弹簧外径或内径的极限偏差按表 6 的规定。

表 6

单位为毫米

旋绕比	弹簧组别	
	Ⅰ	Ⅱ
	极限偏差	
≤4	±0.015D 最小±0.2	±0.025D 最小±0.4
>4～8	±0.02D 最小±0.3	±0.03D 最小±0.5
>8～15	±0.03D 最小±0.5	±0.04D 最小±0.7

6.2.3 自由高度(长度)、自由角度

6.2.3.1 压缩(拉伸)弹簧自由高度(长度)的极限偏差按表 7 规定。当规定测定两点(F_1、F_2)或两点以上负荷时，则弹簧的自由高度(长度)作为参考值。

表 7

单位为毫米

自由高度(长度)H_0	弹簧组别	
	Ⅰ	Ⅱ
	极限偏差	
≤50	±0.06H_0	±0.08H_0
>50～100	±0.05H_0	±0.06H_0
>100～300	±0.04H_0	±0.05H_0
>300～500	±0.03H_0	±0.04H_0

6.2.3.2 扭转弹簧自由角度的极限偏差，按表 8 的规定。

表 8

单位为度

有效圈数 n	弹簧组别	
	Ⅰ	Ⅱ
	极限偏差	
≤3	±10	±15
>3～10	±15	±20
>10～20	±20	±30
>20～30	±30	±40

6.2.4 总圈数

弹簧总圈数的极限偏差，按表 9 的规定。

表 9

单位为圈

总圈数 n_1	弹簧组别	
	Ⅰ	Ⅱ
	极限偏差	
≤15	±0.25	±0.50
>15～30	±0.50	±0.75
>30～50	±0.75	±1.00
>50	±1.00	±1.50

6.2.5 弹簧尺寸的极限偏差，必要时可以不对称使用，其公差值不变。

6.2.6 节距均匀度

在自由状态下，压缩弹簧节距应均匀，弹簧在压缩到全变形量的80%时，其正常节距圈不得接触。

6.2.7 压并高度

压缩弹簧压并高度的极限偏差，应包括钢索索径偏差，圈数偏差和簧圈弯曲度引起的轴向偏差。压并高度一般不作规定，当需要规定时，应在产品图样中注明。

6.2.8 端部

6.2.8.1 压缩弹簧应按产品图样规定的要求和方法压平支承圈，有效圈与支承圈末端的间距(δ)应在产品图样中注明。

允许用加热的方法压平支承圈，但加热部位不应影响有效圈。

6.2.8.2 拉伸弹簧与扭转弹簧不允许用加热的方法弯曲端部。

6.3 弹簧特性及极限偏差

6.3.1 弹簧特性

极限偏差的选取，当产品图样未规定弹簧特性与尺寸的偏差时，按弹簧的组别分别选取。

6.3.1.1 在指定高度或变形量下的负荷，弹簧变形量应在试验负荷下变形量的20%～80%之间。

6.3.1.2 图样规定需要测量弹簧刚度时，弹簧变形量应在试验负荷下变形量的30%～70%之间。

6.3.2 极限偏差

6.3.2.1 压缩(拉伸)弹簧，指定高度(长度)时的负荷(F)的极限偏差，按表10规定。

6.3.2.2 扭转弹簧指定角度时的扭矩(T)的极限偏差，按表10规定。

表 10

组别	极限偏差	
Ⅰ组弹簧	±10%F	±10%T
Ⅱ组弹簧	±15%F	±15%T

6.3.3 弹簧特性的极限偏差，根据供需双方协议，可以不对称使用，其公差值不变。

6.4 外观

弹簧表面不应有裂纹、层裂、结疤、锈蚀及端部因加热而产生的缺陷。允许存在因加工而产生的深度不超过钢丝直径公差之半的局部纵向划痕，弹簧内表面允许存在因加工而产生的轻微压痕。

6.5 热处理

弹簧在成形后均应进行去应力退火，退火次数不限，硬度不予考核。

6.6 表面处理

弹簧表面处理应在产品图样中注明，表面处理的介质、方法应符合相应的环境保护法规，但弹簧应尽量避免采用可能导致氢脆的表面处理，弹簧不宜进行喷丸处理。

6.7 速压或疲劳寿命

100%承受速压试验的弹簧，折断数应小于2%。疲劳寿命按图样要求。

6.8 其他

根据需要，可在产品图样中注明下列要求：

a) 立定处理；

b) 强压处理；

c) 加温强压处理；

d) 疲劳试验。

6.9 根据特殊需要，由供需双方协议，可提出本标准以外的技术要求及试验或检验项目，并在产品图样中注明。产品典型图样见附录B。

7 试验方法

7.1 钢索索径与钢索索距

7.1.1 当拧钢索和缠弹簧同时进行时,钢索索径与钢索索距可不检验,目测钢索索距应均匀。

7.1.2 当拧钢索和缠弹簧分两道工序进行时,应用通用或专用量规检验钢索索径和钢索索距。

7.2 直径

弹簧直径用通用或专用量规测量。

7.2.1 用塞规检验弹簧内径时,弹簧在自由状态下,塞规应自由通过。塞规长度一般应比弹簧自由高度长10%以上。

7.2.2 用环规检验弹簧外径时,弹簧在工作状态下,环规应自由通过。环规高度一般应比弹簧压并高度低10%。

7.2.3 用通用量规检验弹簧外径时,量规的测量面应大于1.5倍弹簧节距。

7.3 压并高度

压缩弹簧的压并高度在产品图样上有偏差要求时,应进行检验。检验压并高度,可与强压处理、加温强压处理或测定特性同时进行。

7.4 自由高度(长度)

对只测一点负荷的弹簧测量其自由高度(长度)时,将弹簧水平地放置在平台上。压缩弹簧测量两端最大距离;拉伸弹簧测量两钩环内侧最大距离。

7.5 自由角度、扭臂长度

用专用量规测量弹簧的自由角度及扭臂长度。

7.6 弹簧特性的测定

7.6.1 弹簧特性的测定,应在立定处理、强压处理或加温强压处理后进行。

7.6.2 弹簧特性的测定,应在精度不低于1%的弹簧负荷(扭矩)试验机上进行,压缩弹簧测定时,应采用带斜面的垫座,垫座结构参见附录C。

7.7 速压试验或疲劳试验

做速压试验或疲劳试验的弹簧,应在工作行程($H_1 \sim H_2$)范围内进行。弹簧的装夹应符合实际工作情况,变形速度按产品图样规定。

7.8 立定处理,强压处理或加温强压处理

产品图样规定或供需双方协议,弹簧需做立定处理、强压处理或加温强压处理时,可按以下方法进行。

7.8.1 立定处理

将弹簧成品用试验负荷压缩(拉伸)3～5次,每次保持3 s～5 s,测量自由高度(长度),其值应在公差范围内。

试验负荷是按表5规定的试验切应力计算出的负荷,试验负荷比压并负荷大时,就以压并负荷作为试验负荷。

7.8.2 强压、强拉、强扭处理

a) 压缩弹簧——压缩至各圈接触而无显著间隙;

b) 拉伸弹簧——拉伸至试验负荷长度的1.05倍;

c) 扭转弹簧——扭转角度最大为工作扭转角的1.05倍。

在上述状态下保持的时间,按产品图样规定进行。当产品图样未做规定时,Ⅰ组弹簧为24 h。Ⅱ组弹簧为6 h。

7.8.3 加温强压处理

处理方法与强压处理相同,加热温度按产品图样规定进行。

7.9 焊接质量

压缩弹簧的支承圈及簧端头的焊接质量目测。

7.10 外观

弹簧外观用目测检查，必要时应用5倍放大镜检查。

7.11 表面质量

弹簧表面处理的质量，按有关标准或技术协议规定进行检查。

8 检验规则

8.1 产品的验收抽样检查按JB/T 7944的规定，也可按供需双方商定。

8.2 产品检验项目

按产品检验相关项目。

a) 外径或内径；

b) 钢索索径；

c) 自由高度(自由长度)；

d) 自由角度；

e) 扭臂长度；

f) 总圈数；

g) 压并高度；

h) 弹簧特性；

i) 表面质量；

j) 表面处理；

k) 外观；

l) 速压试验或疲劳试验(需要时进行)。

8.3 弹簧检查项目分类

弹簧检查项目分类见表11。

表11

A缺陷项目	B缺陷项目	C缺陷项目
疲劳寿命	内径或外径、弹簧特性、表面质量	自由高度(自由长度)、自由角度、扭臂长度、总圈数、外观、压并高度、表面处理、钢索索径
注：疲劳寿命按需要进行。		

9 标志、包装、运输、贮存

9.1 包装

a) 产品在包装前应清洁，用适宜的包装材料进行包装。

b) 包装应保证在正常运输中不致使弹簧损伤。

9.2 合格证

包装内应附有产品合格证。合格证包括下列内容：

a) 制造商名称；

b) 产品名称、型号或零件号；

c) 制造日期或生产批号；

d) 质量检查部门签章。

9.3 标志

包装外部应标明：

a) 发往地址及收货单位名称；

b) 产品名称、型号或零件号、数量；

c) 制造商名称、商标、地址；

d) “轻放”、“防潮”等字样或符号；

e) 出厂日期。

9.4 贮存

产品应存放在通风和干燥的仓库内。在正常保管情况下，自出厂之日起，制造商应保证在 12 个月内不致锈蚀。

9.5 其他

对包装、标志、运输与贮存有特殊要求的，由供需双方商定。

附 录 A
(资料性附录)
设计实例

设计自动车床用复位三股弹簧,要求弹簧中径 $D=18$ mm,安装高度 $H_1=400$ mm,安装负荷 $F_1=100$ N,弹簧从安装高度压缩 140 mm,弹簧工作负荷 $F_2=275$ N,弹簧在工作时受动负荷,变形速度较大($v>8$ m/s)。

A.1 材料选择

根据弹簧工作条件,确定为Ⅰ组弹簧。选用碳素弹簧钢丝 C 级(GB/T 4357—1989),初步假设钢丝直径 $d=1.8$ mm。

由表 2 查得材料切变模量 $G=78.5\times10^3$ MPa;

查得材料抗拉强度极限 $R_m=1\ 716$ MPa;根据表 3 Ⅰ组弹簧取许用切应力$[\tau]=0.5R_m=0.5\times1\ 716=858$ MPa。

A.2 确定钢索索距和钢丝直径

由 5.2.1 选取 $t_c=24$ mm,即 $t_c/d=13.33$。

由表 4 查得钢索拧角 $\beta\approx15.37°$。

由 5.2.8 选取捻索系数 $i=1.10$。

按公式(11)计算材料直径。

$$d=\sqrt[3]{\frac{8F_2D\cos\beta}{\pi im[\tau]}}=\sqrt[3]{\frac{8\times275\times18\times\cos15.37°}{3.14\times1.10\times3\times858}}=1.63\ \text{mm}$$

与原假设接近。

A.3 计算钢索索径

根据 $t_c/d=13.33$,取 $t_c/d=13$。

由表 4 查得 $d_c/d=2.17$,$d_c=2.17\times1.8=3.9$ mm。

A.4 弹簧内外径

弹簧内径:$D_1=D-d_c=18-3.9=14.1$ mm;

弹簧外径:$D_2=D+d_c=18+3.9=21.9$ mm。

A.5 弹簧刚度和变形

弹簧刚度由公式(8)计算:

$$F'=\frac{F}{f}=\frac{F_2-F_1}{f_2-f_1}=\frac{275-100}{140}=1.25N/\text{mm}$$

弹簧工作负荷变形量:

$$f_1=\frac{F_1}{F'}=\frac{100}{1.25}=80\ \text{mm}$$

$$f_2=\frac{F_2}{F'}=\frac{275}{1.25}=220\ \text{mm}$$

A.6 弹簧圈数

由公式(8)计算：

$$n=\frac{Gd^4mi}{8D^3F'}=\frac{78\ 500\times1.8^4\times3\times1.1}{8\times18^3\times1.25}=46.63\ 圈$$

取 $n=47$ 圈，取支承圈 $n_z=2$ 圈，则总圈数 $n_1=n+2=47+2=49$ 圈。

A.7 其他结构参数

自由高度 $H_0=H_1+F_1=400+80=480\ \text{mm}$

安装高度 $H_1=400\ \text{mm}$

工作负荷下的高度 $H_2=H_1-140=400-140-260\ \text{mm}$

压并高度 $H_b=(n_1+1)d_c=(49+1)\times3.9=195\ \text{mm}$

压并变形量 $f_b=H_0-H_b=480-195=285\ \text{mm}$

节距 $t=\dfrac{H_0-3d_c}{n}=\dfrac{480-3\times3.9}{47}=9.96\ \text{mm}$

弹簧展开长度由公式(13)计算：

$$L=\frac{\pi Dn_1}{\cos\alpha}=\frac{3.14\times18\times49}{\cos9.99^\circ}\approx2\ 813.5\ \text{mm}$$

三股钢丝展开长度由公式(14)计算：

$$L_1\approx\frac{\pi Dn_1m}{\cos\alpha\cos\beta}\approx\frac{3.14\times18\times49\times3}{\cos9.99^\circ\cos15.37^\circ}\approx8\ 753.7\ \text{mm}$$

A.8 试验负荷和试验负荷下的高度和变形量

查表 5 可得试验切应力：

$\tau_s=0.55R_m=0.55\times1\ 716=943.8\ \text{MPa}$

由公式(10)计算试验负荷：

$$F_s=\frac{\pi d^3im}{8D\cos\beta}\tau_s=\frac{3.14\times1.8^3\times1.1\times3}{8\times18\times\cos15.37^\circ}\times943.8=411\ \text{N}$$

由公式(8)计算试验负荷下的变形量：

$$f_s'=\frac{F_s}{F'}=\frac{411}{1.25}=328.8\ \text{mm}$$

由于 $f_s>f_b$，取 $f_s=f_b=285\ \text{mm}$，即试验负荷下的高度 $H_s=H_b=195\ \text{mm}$。

因而得试验负荷：

$F_s(F_b)=F'f_s=F'f_b=1.25\times285=356.25\ \text{N}$

由公式(10)计算试验切应力：

$$\tau_s(\tau_b)=\frac{8F_sD\cos\beta}{\pi d^3im}=\frac{8\times356.25\times18\times\cos15.37^\circ}{3.14\times1.8^3\times3\times1.1}=818.1\ \text{MPa}$$

A.9 特性校核

$$\frac{f_1}{f_s}=\frac{80}{285}=0.28 \qquad \frac{f_2}{f_s}=\frac{220}{285}=0.77$$

满足 $0.2f_s\leqslant f_{1,2}\leqslant0.8f_s$ 的要求。

A.10 弹簧典型工作图样参见图 A.1

单位为毫米

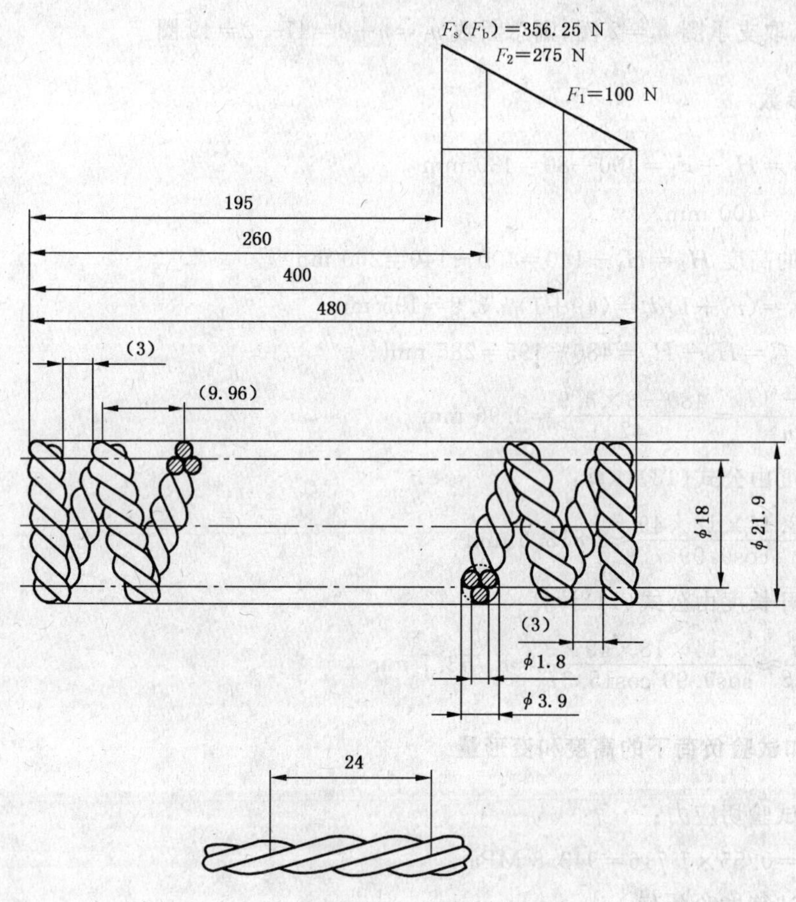

图 A.1 弹簧工作图

技术要求：

a) 碳素弹簧钢丝；

b) 弹簧组别：Ⅰ组；

c) 钢索拧向：左旋；

d) 弹簧旋向：右旋；

e) 有效圈数：47 圈；

f) 总圈数：49 圈±0.75 圈；

g) 弹簧展开长度：$L=2\ 813.5$ mm；

h) 三股钢丝展开总长度：$L_1=8\ 753.7$ mm；

i) 压并应力：$\tau_b=818.1$ MPa；

j) 试验切应力：$\tau_s=\tau_b$；

k) 热处理：去应力退火；

l) 表面处理：热涂油；

m) 其余按 GB/T 13828 规定。

附 录 B
（规范性附录）
弹簧工作图样

弹簧典型工作图见图 B.1 和图 B.2。

图 B.1 三股压缩弹簧工作图

图 B.2 四股压缩弹簧工作图

技术要求：

a） 材料；

b） 弹簧组别；

c） 钢索拧向；

d） 弹簧旋向；

e） 有效圈数；

f） 总圈数；

g） 弹簧展开长度；

h） 三(四)股钢丝展开长度；

i） 压并应力；

j） 试验切应力；

k） 热处理；

l） 表面处理；

m） 其余按 GB/T 13828 规定。

附 录 C
（资料性附录）
压缩弹簧特性测定用座垫

压缩弹簧特性测定用座垫见图 C.1。

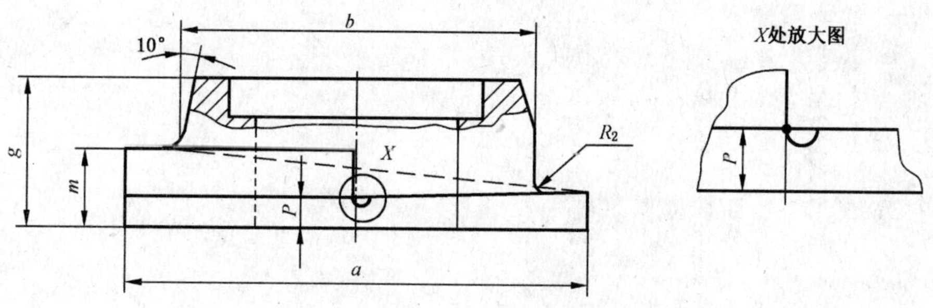

图 C.1 压缩弹簧特性测定用座垫

图中有关尺寸按表 C.1 选取。

表 C.1

单位为毫米

a	b	g	m	P
$D_2-(1\sim2)$	D_2-2d_c-2	$2d_c$	d_c	$<0.5d_c$

ICS 59.060.01
W 20

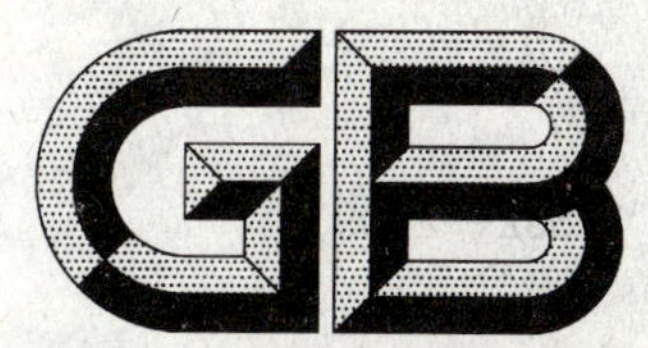

中华人民共和国国家标准

GB/T 13832—2009
代替 GB/T 13832—1992

安哥拉兔(长毛兔)兔毛

Angora rabbit hair

2009-04-23 发布 2009-09-01 实施

中华人民共和国国家质量监督检验检疫总局
中国国家标准化管理委员会 发布

前言

本标准代替 GB/T 13832—1992《长毛兔兔毛》。

本标准与 GB/T 13832—1992 相比主要变化如下：

——增加并修改了术语和定义(1992 版的第 3 章；本版的第 3 章)；

——Ⅰ类兔毛技术指标中增加了平均直径和粗毛率，取消了含杂率(1992 版的 5.1；本版的 5.1.1)；

——增加了Ⅱ类兔毛技术要求(本版的 5.2.1)；

——增加了不能混有肉兔毛、獭兔毛等其他动物毛的规定(本版 5.3.3)；

——增加了笼黄毛、虫蛀毛、重剪毛、草杂毛、癣毛和结块毛应分拣且单独包装的规定(本版 5.3.4)；

——增加了公定回潮率为 15%的规定(本版的 5.4)；

——增加了标准含杂率为 0.1%的规定(本版的 5.5)；

——修改了粗毛率检验(1992 版的 6.4；本版的 7.1.3)；

——增加了公量检验的方法与计算公式(本版的 7.2.3)；

——修改了检验规则的内容，增加了复验和仲裁检验的规定(1992 版的第 7 章；本版的第 8 章)；

——增加了对包装材料和包装尺寸的要求(本版 9.1)；

——取消了标签图样，修改了标志的要求与内容(1992 版的 8.2.2；本版 9.2.1 和 9.2.2)；

——增加了防虫蛀、防霉的具体做法(本版 9.3.3)；

——增加了在运输过程中，兔毛不得被污染等规定(本版 9.4.2)。

本标准由中国纤维检验局提出并归口。

本标准起草单位：四川省纤维检验局、浙江省纤维检验局、陕西省纤维检验局、江苏出入境检验检疫局、安徽省纤维检验局。

本标准主要起草人：曾蓉、余素英、贠秀琴、王晓萍、于春光、赵瑞方、柴捷。

本标准所代替标准的历次版本发布情况为：

——GB/T 13832—1992。

安哥拉兔(长毛兔)兔毛

1 范围

本标准规定了安哥拉兔(长毛兔)兔毛的分类、技术要求、检验方法、检验规则及检验证书、包装、标志、储存、运输的要求。

本标准适用于安哥拉兔兔毛的质量评定。

2 规范性引用文件

下列文件中的条款通过本标准的引用而成为本标准的条款。凡是注日期的引用文件,其随后所有的修改单(不包括勘误的内容)或修订版均不适用于本标准,然而,鼓励根据本标准达成协议的各方研究是否可使用这些文件的最新版本。凡是不注日期的引用文件,其最新版本适用于本标准。

GB/T 8170 数值修约规则与极限数值的表示和判定

GB/T 13835.1 兔毛纤维试验方法 第1部分:取样

GB/T 13835.2 兔毛纤维试验方法 第2部分:平均长度和短毛率 手排法

GB/T 13835.3 兔毛纤维试验方法 第3部分:含杂率、粗毛率和松毛率

GB/T 13835.4 兔毛纤维试验方法 第4部分:回潮率 烘箱法

GB/T 13835.6 兔毛纤维试验方法 第6部分:直径 投影显微镜法

3 术语和定义

下列术语和定义适用于本标准。

3.1

安哥拉兔毛 Angora rabbit hair

从安哥拉兔(长毛兔)身上取得的毛。

3.2

粗毛 coarse hair

直径大于等于 30 μm,且有两列及以上毛髓而无卷曲的兔毛纤维。

3.3

细毛 fine hair

直径小于 30 μm 的兔毛纤维。

3.4

两型毛 hetero typical fibres

在一根纤维上,同时具有粗毛和细毛特征的兔毛纤维。

3.5

平均长度 average length

以各组纤维根数为权的纤维平均长度值。

3.6

短毛率 percentage of short hair

长度小于等于 20 mm 的兔毛纤维总根数除以试样总根数,以百分率表示。

3.7

平均直径 average diameter

兔毛细毛直径的加权平均数。

3.8

松毛率 percentage of loosen hair

松毛和易于撕开而不损品质的毛的质量之和除以试样总质量(除杂后),以百分率表示。

3.9

粗毛率 percentage of coarse hair

粗毛和两型毛的质量之和除以试样总质量(除杂后),以百分率表示。

3.10

含杂率 percentage of foreign matter

兔毛中夹杂物的质量除以试样总质量,以百分率表示。

3.11

笼黄毛 dung-urine-coated hair

被粪尿、污水沾污的兔毛。

3.12

虫蛀毛 pest-damaged hair

被虫蛀的兔毛。

3.13

草杂毛 vegetable matter-cotaminated hair

夹有植物性杂质的兔毛。

3.14

重剪毛 re-shearing hair

剪毛时未贴近皮肤,毛茬太长,再剪第二刀,使兔毛长度缩短,有时会剪下皮肤或皮屑混于毛中所形成的兔毛。

3.15

癣毛 acariasis hair

患癣病的兔身上所剪的兔毛。

3.16

结块毛 blocked hair

粘合结块且无法撕开的兔毛。

4 产品分类

安哥拉兔兔毛按粗毛率分为Ⅰ类和Ⅱ类。Ⅰ类安哥拉兔兔毛的粗毛率≤10%,Ⅱ类安哥拉兔兔毛的粗毛率>10%。

5 技术要求

5.1 Ⅰ类安哥拉兔兔毛

5.1.1 分级技术指标

技术指标包括平均长度、平均直径、粗毛率、松毛率、短毛率和外观特征六项。

5.1.2 分级技术要求

Ⅰ类安哥拉兔毛分级技术要求见表1。

表 1 Ⅰ类安哥拉兔兔毛分级技术要求

级别	平均长度/mm ≥	平均直径/μm ≤	粗毛率/% ≤	松毛率/% ≥	短毛率/% ≤	外观特征
优级	55.0	14.0	8.0	100.0	5.0	颜色自然洁白，有光泽，毛形清晰，蓬松
一级	45.0	15.0	10.0	100.0	10.0	颜色自然洁白，有光泽，毛形清晰，较蓬松
二级	35.0	16.0	10.0	99.0	15.0	颜色自然洁白，光泽稍暗，毛形较清晰
三级	25.0	17.0	10.0	98.0	20.0	自然白色，光泽稍暗，毛形较乱

5.2 Ⅱ类安哥拉兔兔毛

5.2.1 分级技术指标

技术指标包括平均长度、粗毛率、松毛率、短毛率和外观特征五项。

5.2.2 分级技术要求

Ⅱ类安哥拉兔毛分级技术要求见表 2。

表 2 Ⅱ类安哥拉兔兔毛分级技术要求

级别	平均长度/mm ≥	粗毛率/% ≥	松毛率/% ≥	短毛率/% ≤	外观特征
优级	60.0	15.0	100.0	5.0	颜色自然洁白，有光泽，毛形清晰，蓬松
一级	50.0	12.0	100.0	10.0	颜色自然洁白，有光泽，毛形清晰，较蓬松
二级	40.0	10.1	99.5	15.0	颜色自然洁白，光泽稍暗，毛形较清晰
三级	30.0	10.1	99.0	20.0	自然白色，光泽稍暗，毛形较乱

5.3 定级原则

5.3.1 本标准以 5.1.2 和 5.2.2 规定的分级技术要求为定级依据。其中，Ⅰ类兔毛以平均长度、平均直径和外观特征作为主要考核指标，Ⅱ类兔毛以平均长度和外观特征作为主要考核指标，两类均以主要考核指标中低的一项定级，其余指标有两项及以上不符合的则降一级。

5.3.2 凡不符合表 1 和表 2 规定的最低分级技术要求，有使用价值的安哥拉兔兔毛为级外毛。

5.3.3 不能混有肉兔毛、獭兔毛等其他动物毛。

5.3.4 笼黄毛、虫蛀毛、重剪毛、草杂毛、癣毛和结块毛应分拣且单独包装。

5.4 公定回潮率

兔毛公定回潮率为 15%。

5.5 标准含杂率

兔毛标准含杂率为 0.1%。

6 抽样

抽样方法及数量按照 GB/T 13835.1 规定进行。

7 检验方法

7.1 品质检验

7.1.1 外观特征检验

按照 GB/T 13835.1 的规定抽取批样样品，从批样样品中抽出约 400 g 作为外观特征检验试样，将其放在北向昼光或光照度约 750 lx 的条件下平铺在试验台上，按照 5.1.2 和 5.2.2 规定的外观特征要求评定等级。

7.1.2 长度和短毛率试验

按照 GB/T 13835.2 进行。

7.1.3 粗毛率和松毛率试验

按照 GB/T 13835.3 进行。

7.1.4 平均直径试验

按照 GB/T 13835.6 进行。

7.2 公量检验

7.2.1 含杂率检验

按照 GB/T 13835.3 进行。

7.2.2 回潮率检验

按照 GB/T 13835.4 进行。

7.2.3 公量检验

7.2.3.1 兔毛以批为单位进行公量检验。

7.2.3.2 逐一称取毛包的质量。

7.2.3.3 随机抽取 2 个毛包，开包称取包装物质量，计算单个包装物的平均质量。

7.2.3.4 每批兔毛的净重按式(1)计算。

$$m_2 = m_1 - n \times m_3 \qquad \cdots\cdots (1)$$

式中：

m_1——每批兔毛毛包质量，单位为千克(kg)；

m_2——每批兔毛净重，单位为千克(kg)；

n——兔毛毛包数量；

m_3——单个兔毛毛包包装物平均质量，单位为千克(kg)。

7.2.3.5 每批兔毛的公定质量(公量)按式(2)计算。

$$m = m_2 \times \frac{(100 - \bar{z}) \times (100 + R_0)}{(100 - z_0) \times (100 + \bar{R})} \qquad \cdots\cdots (2)$$

式中：

m——每批兔毛公定质量，单位为千克(kg)；

$\bar{z}$——每批兔毛平均含杂率，%；

z_0——兔毛标准含杂率(0.1%)，%；

$\bar{R}$——每批兔毛平均回潮率，%；

R_0——兔毛公定回潮率(15%)，%。

7.3 数值修约

试验结果计算至小数点后两位，修约至一位小数。数值修约按 GB/T 8170 的规定进行。

8 检验规则

8.1 检验项目

Ⅰ类安哥拉兔兔毛检验项目为平均长度、平均直径、粗毛率、松毛率、短毛率和外观特征六项，Ⅱ类安哥拉兔兔毛检验项目为平均长度、粗毛率、松毛率、短毛率和外观特征五项。

8.2 复验和仲裁检验

8.2.1 交易双方的一方对检验结果有异议需复验时，应在收到检验证书后十五日内向原验单位申请，复验应在接到复验申请后十五日内进行。复验用备样进行。

8.2.2 交易双方对复验结果有争议时，双方共同扦样报当地的专业纤维检验机构按本标准进行仲裁检验。如交易双方仍有异议时，报上一级专业纤维检验机构复验，以复验结果作为终局结果。

8.2.3 终局复验按标准的规定重新抽样进行。

8.3 检验证书

内容包括：产品名称、产地、加工单位、批号、包数、质量、类别、等级、检验项目及检验结果、出证日期。

9 包装、标志、储存和运输

9.1 包装

9.1.1 包装应以便于管理、储存和运输，且保证其品质不受影响为原则。

9.1.2 包装应使用通风、透气的材料。

9.1.3 内包装应用防潮材料，外层应用坚固材料，并以数道捆扎绳带均匀外扎成包。

9.1.4 兔毛每包标准质量为75 kg，外形尺寸为800 mm×600 mm×400 mm，若需方有特殊要求，供需双方自行商定。

9.2 标志

9.2.1 成包兔毛每包应有标志。标志的字迹应醒目、清晰、持久。

9.2.2 兔毛的标志包括以下内容：产品名称、产地、类别等级、批号、毛重、净重、包号、交货单位。

9.3 储存

9.3.1 应在干燥通风的库房内储存，毛包不得与地面直接接触，不得被污染。

9.3.2 以批为单位堆放，将刷有标志的包面朝外整齐排列。

9.3.3 堆放处的垛底应放置适量的防虫剂。

9.4 运输

9.4.1 运输时按同类同级放置。运输工具应具备洁净、防腐、防潮、防包装破裂损伤的条件。

9.4.2 运输过程中，兔毛不得被污染，不得使用有损包装的器械。

ICS 59.060.01
W 20

中华人民共和国国家标准

GB/T 13835.1—2009
代替 GB/T 13835.1—1992

兔毛纤维试验方法 第1部分:取样

Test method for rabbit hair—Part 1:Sampling

2009-04-23 发布　　　　2009-09-01 实施

中华人民共和国国家质量监督检验检疫总局
中国国家标准化管理委员会　发布

前 言

GB/T 13835《兔毛纤维试验方法》包括以下九个部分：

——第1部分：取样；

——第2部分：平均长度和短毛率 手排法；

——第3部分：含杂率、粗毛率和松毛率；

——第4部分：回潮率 烘箱法；

——第5部分：单纤维断裂强度和断裂伸长率；

——第6部分：直径 投影显微镜法；

——第7部分：白度；

——第8部分：乙醚萃取物含量；

——第9部分：卷曲性能。

本部分为GB/T 13835的第1部分。

本部分代替GB/T 13835.1—1992《兔毛纤维试验取样方法》。

本部分与GB/T 13835.1—1992相比主要变化如下：

——修改了抽取批样和回潮率批样的方法和数量(1992版的4.1；本版的4.1)；

——修改了实验室样品和试验样品的取样方法(1992版的4.2和4.3；本版的4.2和4.3)；

——回潮率批样抽取后到定重的时间由原来的24 h内改为4 h内(1992版的4.1.3；本版的4.1.1)。

本部分由中国纤维检验局提出并归口。

本部分起草单位：四川省纤维检验局、浙江省纤维检验局、江苏出入境检验检疫局。

本部分主要起草人：何浩、曾蓉、余素英、刘才容、王晓萍。

本部分所代替标准的历次版本发布情况为：

——GB/T 13835.1—1992。

兔毛纤维试验方法
第1部分:取样

1 范围

GB/T 13835 的本部分规定了抽取兔毛批样、实验室样品、试验样品的方法及数量。

本部分适用于兔毛检验和试验时的取样。

2 方法提要

从同类、同级毛包中随机抽取批样,从批样中抽取实验室样品,从实验室样品中抽取试验样品。

3 仪器与工具

3.1 天平,分度值 0.1 g。

3.2 密闭容器。

4 取样方法

4.1 批样

4.1.1 抽取样包数量的确定

机械打包按总包数的 20%抽取样品;软包 20 包及以下逐包抽取,20 包以上增加部分按 30%抽取,不足 1 包按 1 包计;散毛 20 kg 按 1 包计。回潮率批样:24 包及以下逐包抽取;24 包以上随机确定抽样包,共抽 24 包,每 3 包产生 1 份试样,共产生 8 份试样,每份试样不少于 50 g,分别装入 8 个密闭容器中,总质量不少于 400 g。回潮率批样抽取后立即放于密闭容器中,并在 4 h 内定重。

4.1.2 抽取批样方法和数量

采用开包多点方法分别从确定的样包中均匀抽取兔毛,组成批样,每个样包中的抽取量根据确定的样包数计算,抽取批样的质量不少于 500 g,其中首先抽取 90 g 试样(分 3 份)分别置于抽样袋内,供含杂率和松毛率试验用,余下的批样先作外观特征检验,然后用作实验室样品。

4.2 实验室样品

将批样平铺在试验台上进行充分混合,用对分法分成两等份,一份为实验室样品,一份留作备样。

4.3 试验样品

将实验室样品充分混合,采用多点法(不少于 40 点)从正、反两面随机抽取试验样品。

4.4 试验试样

各试验项目中抽取试验试样的数量和份数如表 1 所示。

表 1 试验试样抽取数量和份数

试验项目	抽取份数	每份样品量/g
平均长度和短毛率	3	0.05
含杂率和松毛率	3	30
粗毛率	3	0.5
回潮率	8	50
断裂强度和断裂伸长率	1	0.05～0.1

表 1（续）

试验项目	抽取份数	每份样品量/g
直径	3	0.01
白度	3	10
乙醚萃取物含量	4	3
卷曲性能	1	0.04

ICS 59.060.01
W 20

中华人民共和国国家标准

GB/T 13835.2—2009
代替 GB/T 13835.2—1992

兔毛纤维试验方法 第2部分:平均长度和短毛率 手排法

Test method for rabbit hair—Part 2: Average length and percentage of short hair—Hand-arrange method

2009-04-23 发布 2009-09-01 实施

中华人民共和国国家质量监督检验检疫总局
中国国家标准化管理委员会 发布

前　言

GB/T 13835《兔毛纤维试验方法》包括以下九个部分：

——第1部分：取样；

——第2部分：平均长度和短毛率　手排法；

——第3部分：含杂率、粗毛率和松毛率；

——第4部分：回潮率　烘箱法；

——第5部分：单纤维断裂强度和断裂伸长率；

——第6部分：直径　投影显微镜法；

——第7部分：白度；

——第8部分：乙醚萃取物含量；

——第9部分：卷曲性能。

本部分为GB/T 13835的第2部分。

本部分代替GB/T 13835.2—1992《兔毛纤维长度试验方法》。

本部分与GB/T 13835.2—1992相比主要变化如下：

——删除梳片法(1992版)；

——将手排长度从附录提到正文中(1992版的附录A;本版标准正文)；

——在规范性引用文件中增加了GB/T 6529(本版的第2章)；

——修改了仪器和用具(1992版的第5章;本版的第4章)；

——增加了预调湿、调湿和试验用标准大气(本版的第5章)；

——修改了试样制备(1992版的附录A3.2.1;本版的第6章)；

——修改了手排长度中的排图和作图方法(1992版的附录A4;本版的7.1和7.2)；

——修改了手排长度中平均长度的计算方法(1992版的附录A5;本版的8.1和8.2)。

本部分由中国纤维检验局提出并归口。

本部分起草单位：四川省纤维检验局、江苏出入境检验检疫局、陕西省纤维检验局、浙江省纤维检验局。

本部分主要起草人：曾蓉、王晓萍、黄超、沈德隆、王一薇。

本部分所代替标准的历次版本发布情况为：

——GB/T 13835.2—1992。

兔毛纤维试验方法
第2部分:平均长度和短毛率
手排法

1 范围

GB/T 13835 的本部分规定了手排法测定兔毛纤维平均长度和短毛率的方法。

本部分适用于兔毛纤维长度和短毛率的测定。

2 规范性引用文件

下列文件中的条款通过 GB/T 13835 的本部分的引用而成为本部分的条款。凡是注日期的引用文件,其随后所有的修改单(不包括勘误的内容)或修订版均不适用于本部分,然而,鼓励根据本部分达成协议的各方研究是否可使用这些文件的最新版本。凡是不注日期的引用文件,其最新版本适用于本部分。

GB/T 6529 纺织品 调湿和试验用标准大气

GB/T 8170 数值修约规则与极限数值的表示和判定

GB/T 13835.1 兔毛纤维试验方法 第1部分:取样

3 原理

用手工方法将兔毛纤维整理成一端平齐的毛束,将纤维由长到短、自左向右均匀排列成底线平齐的纤维长度分布图。作图计算纤维平均长度及短毛率指标。

4 仪器和用具

4.1 天平,分度值 0.01 g。

4.2 曲线尺。

4.3 绒板。

4.4 坐标纸。

5 调湿和试验用标准大气

5.1 预调湿

将试验样品放置在相对湿度 10%~25%,温度不超过 50 ℃的大气条件下,使之接近平衡。若试验样品的回潮率高于标准平衡回潮率(14%)时,需进行预调湿处理。

5.2 调湿和试验用标准大气

在 GB/T 6529 规定的标准大气(温度为 20 ℃±2 ℃,相对湿度为 65%±4%)下进行调湿和试验,调湿时间不少于 2 h。

6 取样和试样制备

按照 GB/T 13835.1 的规定,将充分混合后的实验室样品平铺在工作台上,用多点法从正、反两面随机抽取纤维(不少于 40 个点)约 150 mg,平分成三份,其中两份用于平行试验,一份留作备样。

7 试验步骤

7.1 排图

将抽取的试样用手整理成一端接近平齐且纤维自然顺直的小束，右手握住小束平齐的一端，将另一端贴于绒板并用左手的大拇指摁住该端，将纤维由长至短从毛束中缓缓拔出，使逐次拔出的纤维沿绒板左上端自上而下、自左而右、一端平齐地贴覆在绒板上，当手中的纤维全部拔完后用镊子将试样起出，再理成小束。如此操作 3～5 遍，直至将试样均匀地排成底边长度为(250±10)mm、纤维分布均匀的长度分布图(如图 1 所示)。

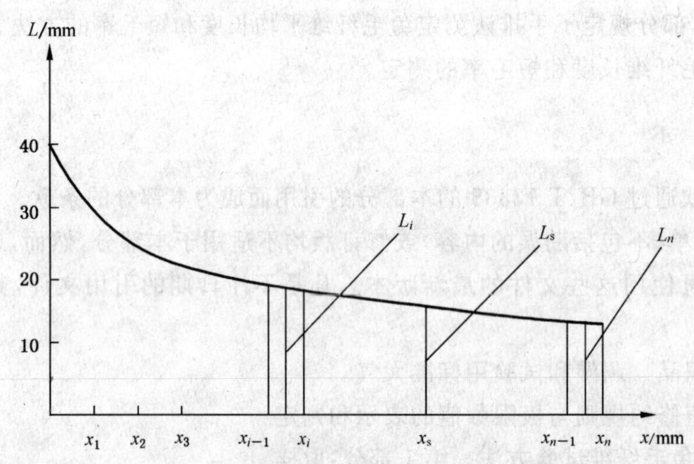

图 1 纤维长度分布图

7.2 作图

用曲线尺将排好的纤维长度分布图形移至坐标纸上，以底边为横坐标，以纤维长度为纵坐标，从原点自左向右每间隔 10 mm 标出横坐标 x_1、x_2、…x_i、…x_{n-1}，如果末组组距小于 10 mm，标出终点坐标点 x_n，测量每一组组中值对应的纤维长度 L_1、L_2、…L_i、…L_n。长度分布图底边总长度为 x_n。

8 试验结果计算

8.1 平均长度按式(1)计算。

$$L = \frac{10\sum_{i=1}^{n-1} L_i + (x_n - x_{n-1})L_n}{x_n} \quad \cdots\cdots(1)$$

式中：

L——平均长度，单位为毫米(mm)；

L_i——第 i 组组中值坐标对应的纤维长度，单位为毫米(mm)；

x_n——长度分布图底边总长度，单位为毫米(mm)；

L_n——末组组中值坐标对应的纤维长度，单位为毫米(mm)。

8.2 短毛率按式(2)计算。

$$S = \frac{x_n - x_s}{x_n} \times 100 \quad \cdots\cdots(2)$$

式中：

S——短毛率，%；

x_s——20 mm 长度纤维(≤20 mm 长度纤维为短毛)L_s 对应的横坐标值，单位为毫米(mm)。

8.3 以两份试样平均长度的平均值为试验结果，当两份试样平均长度的差异率超过10%时，应增试第三份试样，并以三份试样平均长度的平均值作为最终结果。

9 数值修约

试验结果计算至小数点后两位，修约至一位小数。数值修约按GB/T 8170的规定进行。

10 试验报告

试验报告包括平均长度和短毛率的试验结果，并写明样品编号、试样类别、温湿度条件和试验日期等。

ICS 59.060.01
W 20

中华人民共和国国家标准

GB/T 13835.3—2009
代替 GB/T 13835.3—1992

兔毛纤维试验方法 第3部分:含杂率、粗毛率和松毛率

Test method for rabbit hair—
Part 3:Percentage of foreign matter,coarse hair and loosen hair

2009-04-23 发布　　2009-09-01 实施

中华人民共和国国家质量监督检验检疫总局
中国国家标准化管理委员会
发布

前　言

GB/T 13835《兔毛纤维试验方法》包括以下九个部分：

——第1部分：取样；

——第2部分：平均长度和短毛率　手排法；

——第3部分：含杂率、粗毛率和松毛率；

——第4部分：回潮率　烘箱法；

——第5部分：单纤维断裂强度和断裂伸长率；

——第6部分：直径　投影显微镜法；

——第7部分：白度；

——第8部分：乙醚萃取物含量；

——第9部分：卷曲性能。

本部分为GB/T 13835的第3部分。

本部分代替GB/T 13835.3—1992《兔毛含杂率试验方法》。

本部分与GB/T 13835.3—1992相比主要变化如下：

——在规范性引用文件中增加了GB/T 6529(本版的第2章)；

——删除了方法提要(1992版的第4章)；

——增加了两型毛、粗毛、松毛率、粗毛率和含杂率术语(本版的第3章)；

——增加了预调湿、调湿和试验用标准大气(本版的第5章)；

——增加了粗毛率取样方法(本版的6.2)；

——增加了粗毛率试验与计算方法(本版的7.2和8.3)。

本部分由中国纤维检验局提出并归口。

本部分起草单位：四川省纤维检验局。

本部分主要起草人：何浩、曾蓉、赵瑞方、胡宇安、谯瑾。

本部分所代替标准的历次版本发布情况为：

——GB/T 13835.3—1992。

兔毛纤维试验方法 第3部分:含杂率、粗毛率和松毛率

1 范围

GB/T 13835的本部分规定了用手拣法测定兔毛的含杂率、粗毛率和松毛率的方法。

本部分适用于兔毛含杂率、粗毛率和松毛率的测定。

2 规范性引用文件

下列文件中的条款通过GB/T 13835的本部分的引用而成为本部分的条款。凡是注日期的引用文件,其随后的所有修改单(不包括勘误内容)或修订版均不适用于本部分,然而,鼓励根据本部分达成协议的各方研究是否可使用这些文件的最新版本。凡是不注日期的引用文件,其最新版本适用于本部分。

GB/T 6529 纺织品 调湿和试验用标准大气

GB/T 8170 数值修约规则与极限数值的表示和判定

GB/T 13835.1 兔毛纤维试验方法 第1部分:取样

3 术语和定义

下列术语和定义适用于GB/T 13835的本部分。

3.1

夹杂物 impurity

夹杂在兔毛中的皮块、杂色毛、植物质、粪块、尘砂及其他非兔毛纤维物质。

3.2

两型毛 hetero typical fibres

在一根纤维上,同时具有粗毛和细毛特征的兔毛纤维。

3.3

粗毛 coarse hair

直径大于等于30 μm,且有两列及以上毛髓而无卷曲的兔毛纤维。

3.4

松毛率 percentage of loosen hair

松毛和易于撕开而不损品质的毛的质量之和除以试样总质量(除杂后),以百分率表示。

3.5

粗毛率 percentage of coarse hair

粗毛和两型毛的质量之和除以试样总质量(除杂后),以百分率表示。

3.6

含杂率 percentage of foreign matter

兔毛中夹杂物的质量除以试样总质量,以百分率表示。

4 仪器和用具

4.1 天平,分度值0.001 g。

4.2 不锈钢镊子,120 mm~150 mm。

4.3 网孔 1 cm×1 cm 的金属丝网。

4.4 黑绒板，15 cm×25 cm。

4.5 搪瓷缸盘、称量皿。

5 调湿和试验用标准大气

5.1 预调湿

将试验样品放置在相对湿度 10%～25%，温度不超过 50 ℃的大气条件下，使之接近平衡。若试验样品的回潮率高于标准平衡回潮率（14%）时，需进行预调湿处理。

5.2 调湿和试验用标准大气

在 GB/T 6529 规定的标准大气（温度为 20 ℃±2 ℃，相对湿度为 65%±4%）下进行调湿和试验，调湿时间不少于 2 h。

6 取样

6.1 含杂率和松毛率取样：按照 GB/T 13835.1 规定抽取批样，从批样中随机抽取约 30 g 的试验试样三份，分别置于抽样袋内。

6.2 粗毛率取样：从做完松毛率试验后的松毛试验试样中随机多点抽取约 0.5 g 的试验试样三份。

7 试验步骤

7.1 含杂率和松毛率试验

7.1.1 将试样连同抽样袋一起称量，记录质量 m_1；将试样取出轻放在内铺有白光纸，上覆金属丝网的搪瓷盘上，称取抽样袋的质量 m_2。

7.1.2 用手逐步松解试样，拣出不易撕开或撕开后会损伤纤维品质的结块毛，抖动其余试样，使尘砂等夹杂物落入盘中。

7.1.3 将试验试样置于绒板上，从试样中用镊子拣出其余夹杂物。

7.1.4 分别称取夹杂物质量 m_3（含尘砂）和松毛质量 m_4。

7.2 粗毛率试验

7.2.1 称取称量皿质量，记为 m_5。

7.2.2 将试样置于称量皿中称量，记为 m_6。

7.2.3 将试样取出置于绒板上，拣出粗毛和两型毛（两型毛归属于粗毛）放入称量皿中称量，记为 m_7。

8 试验结果计算

8.1 含杂率按式(1)计算。

$$Z = \frac{m_3}{m_1 - m_2} \times 100 \qquad \cdots\cdots(1)$$

式中：

Z——含杂率，%；

m_1——抽样袋和试样质量，单位为克(g)；

m_2——抽样袋质量，单位为克(g)；

m_3——夹杂物质量，单位为克(g)。

8.2 松毛率按式(2)计算。

$$S = \frac{m_4}{m_1 - m_2 - m_3} \times 100 \qquad \cdots\cdots(2)$$

式中：

S——松毛率，%；

m_4——松毛质量，单位为克(g)。

8.3 粗毛率按式(3)计算。

$$C = \frac{m_7 - m_5}{m_6 - m_5} \times 100 \quad \cdots\cdots(3)$$

式中：

C——粗毛率，%；

m_5——称量皿质量，单位为克(g)；

m_6——称量皿和试样质量，单位为克(g)；

m_7——粗毛、两型毛和称量皿质量，单位为克(g)。

8.4 以三次试验结果算术平均值作为该批兔毛含杂率、松毛率和粗毛率的最终结果。

9 数值修约

试验结果计算至小数点后两位，修约至一位小数。数值修约按 GB/T 8170 的规定进行。

10 试验报告

试验报告包括含杂率、粗毛率和松毛率的试验结果，并写明样品编号、温湿度条件和试验日期等。

ICS 59.060.01
W 20

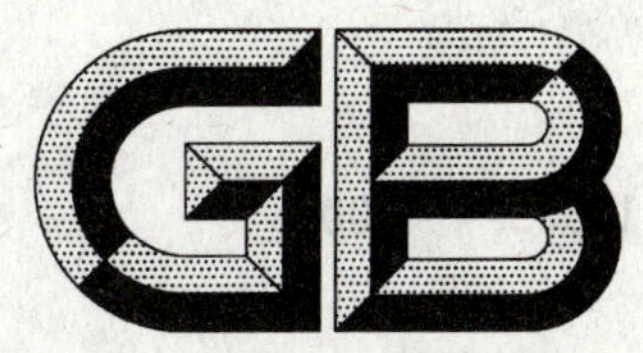

中华人民共和国国家标准

GB/T 13835.4—2009
代替 GB/T 13835.4—1992

兔毛纤维试验方法 第4部分:回潮率 烘箱法

Test method for rabbit hair—
Part 4:Moisture regain—Drying oven method

2009-04-23 发布　　2009-09-01 实施

中华人民共和国国家质量监督检验检疫总局
中国国家标准化管理委员会　发布

前 言

GB/T 13835《兔毛纤维试验方法》包括以下九个部分：

——第 1 部分：取样；

——第 2 部分：平均长度和短毛率 手排法；

——第 3 部分：含杂率、粗毛率和松毛率；

——第 4 部分：回潮率 烘箱法；

——第 5 部分：单纤维断裂强度和断裂伸长率；

——第 6 部分：直径 投影显微镜法；

——第 7 部分：白度；

——第 8 部分：乙醚萃取物含量；

——第 9 部分：卷曲性能。

本部分为 GB/T 13835 的第 4 部分。

本部分代替 GB/T 13835.4—1992《兔毛回潮率试验方法》。

本部分与 GB/T 13835.4—1992 相比主要变化如下：

——在规范性引用文件中增加了 GB/T 6529(本版的第 2 章)；

——删除了方法提要(1992 版的第 3 章)；

——修改了仪器和用具(1992 版的第 4 章；本版的第 3 章)；

——增加了试验用标准大气(本版的第 4 章)；

——完善了回潮率取样方法并增加了试验样品制备方法(1992 版的第 5 章；本版的第 5 章)；

——完善了试验步骤(1992 版的第 6 章；本版的第 6 章)；

——增加了规范性附录 A(本版的附录 A)。

本部分的附录 A 为规范性附录。

本部分由中国纤维检验局提出并归口。

本部分起草单位：四川省纤维检验局、陕西省纤维检验局。

本部分主要起草人：何浩、曾蓉、段朝霞、兰繁、孙红。

本部分所代替标准的历次版本发布情况为：

——GB/T 13835.4—1992。

兔毛纤维试验方法
第4部分:回潮率 烘箱法

1 范围

GB/T 13835的本部分规定了用烘箱法测定兔毛纤维回潮率的方法。

本部分适用于箱内热称法测定兔毛纤维的回潮率。

2 规范性引用文件

下列文件中的条款通过GB/T 13835的本部分的引用而成为本部分的条款。凡是注日期的引用文件,其随后所有的修改单(不包括勘误的内容)或修订版均不适用于本部分,然而,鼓励根据本部分达成协议的各方研究是否可使用这些文件的最新版本。凡是不注日期的引用文件,其最新版本适用于本部分。

GB/T 6529 纺织品 调湿和试验用标准大气

GB/T 8170 数值修约规则与极限数值的表示和判定

GB/T 13835.1 兔毛纤维试验方法 第1部分:取样

3 仪器和用具

3.1 八篮恒温烘箱。

3.2 天平,分度值0.01 g。

3.3 盛样容器。

4 试验用标准大气

4.1 试验在GB/T 6529规定的标准大气(温度为20 ℃±2 ℃,相对湿度为65%±4%)下进行。

4.2 试验如在非标准大气下进行,应将测得的试验试样的烘干质量修正到标准大气条件下的数值。根据烘验时烘箱周围大气的温湿度,查修正系数表得到修正系数,烘干质量乘以修正系数即为修正到标准大气条件下的烘干质量数值。修正系数表见附录A。

5 取样和试验样品制备

5.1 按照GB/T 13835.1的规定,抽取回潮率检验的试验样品。

5.2 称取烘前试验试样质量:从盛样容器中快速取出试验样品,用天平称准50 g试验试样,精确至0.01 g,每称准一个试验试样不应超过1 min。共8个试验试样。

5.3 烘前应将称好的试验试样撕松,撕松时下面放一张光面纸,撕落的杂物应全部放回至试验试样中。

6 试验步骤

6.1 摘下烘箱烘篮,开启烘箱电源、分源开关,将称好、撕松的试验试样蓬松地放入烘篮内,将烘篮逐只对号挂入烘箱内烘篮钩上,关闭箱门。

6.2 待箱内温度回升至规定温度105 ℃±2 ℃时,记录时间。

6.3 预烘时间:不同型号烘箱的预烘时间不同,普通八篮恒温烘箱预烘时间为90 min,达到预烘时间后,关闭转篮和风扇电源,记录时间,进行第一次箱内称量,做好记录。

6.4　称毕，开启转篮和风扇电源，待箱内温度回升至 105 ℃±2 ℃后续烘 10 min，再按上述要求进行称量直至两次称量差异不超过后一次称量的 0.05%时，则后一次称得的质量为烘干质量。

6.5　每次称完 8 个试验试样不应超过 5 min。

7　试验结果计算

7.1　回潮率

回潮率按式(1)计算。

$$R_i = \frac{m_i - m_{i0}}{m_{i0}} \times 100 \qquad \cdots\cdots(1)$$

式中：

R_i——第 i 个试样回潮率，%；

m_i——第 i 个试样烘前质量，单位为克(g)；

m_{i0}——第 i 个试样烘干质量，单位为克(g)。

7.2　平均回潮率

平均回潮率按式(2)计算。

$$R = \frac{\sum_{i=1}^{n} R_i}{n} \qquad \cdots\cdots(2)$$

式中：

R——平均回潮率，%；

n——试验试样数。

8　数值修约

试验结果计算至小数点后三位，修约至两位小数。数值修约按 GB/T 8170 的规定进行。

9　试验报告

试验报告包括回潮率和平均回潮率的试验结果，并写明样品编号、烘箱型号、温湿度条件和试验日期等。

附 录 A
（规范性附录）
非标准大气条件下烘干质量的修正系数表

表 A.1 非标准大气条件下烘干质量的修正系数表

环境温度/℃	环境相对湿度/%								
	15	25	35	45	55	65	75	85	95
6	1.005	1.004	1.004	1.004	1.003	1.003	1.003	1.002	1.002
8	1.004	1.004	1.004	1.003	1.003	1.003	1.002	1.002	1.002
10	1.004	1.004	1.004	1.003	1.003	1.002	1.002	1.002	1.001
12	1.004	1.004	1.003	1.003	1.002	1.002	1.002	1.001	1.001
14	1.004	1.004	1.003	1.003	1.002	1.002	1.001	1.001	1.000
16	1.004	1.004	1.003	1.002	1.002	1.001	1.001	1.000	0.999
18	1.004	1.003	1.003	1.002	1.001	1.000	0.999	0.999	0.999
20	1.004	1.003	1.002	1.002	1.001	1.000	0.999	0.999	0.999
22	1.004	1.003	1.002	1.001	1.000	0.999	0.998	0.998	0.997
24	1.004	1.003	1.002	1.001	1.000	0.999	0.998	0.997	0.996
26	1.003	1.002	1.001	1.000	0.999	0.998	0.997	0.995	0.994
28	1.003	1.002	1.001	0.999	0.998	0.997	0.996	0.994	0.993
30	1.003	1.002	1.000	0.999	0.997	0.996	0.994	0.993	0.991
32	1.003	1.001	1.000	0.998	0.996	0.995	0.993	0.991	0.990
34	1.002	1.001	0.999	0.997	0.995	0.993	0.992	0.990	0.989
36	1.002	1.000	0.998	0.996	0.994	0.992	0.990	0.988	0.986
38	1.002	1.000	0.997	0.995	0.993	0.990	0.988	0.986	0.983
40	1.001	0.999	0.996	0.994	0.991	0.989	0.986	0.983	0.981

ICS 59.060.01
W 20

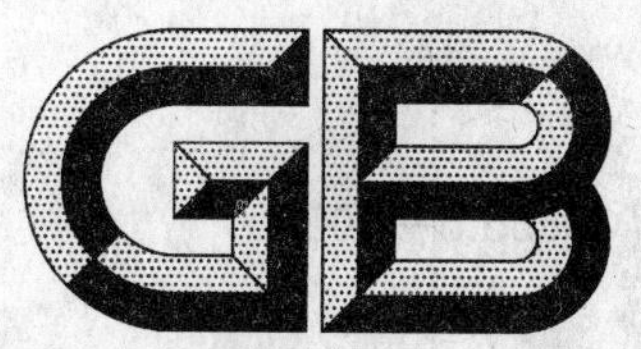

中华人民共和国国家标准

GB/T 13835.5—2009
代替 GB/T 13835.5—1992

兔毛纤维试验方法 第5部分:单纤维断裂强度和断裂伸长率

Test method for rabbit hair—
Part 5: Breaking tenacity and elongation at break of single fibre

2009-04-23 发布　　2009-09-01 实施

中华人民共和国国家质量监督检验检疫总局
中国国家标准化管理委员会　发布

前 言

GB/T 13835《兔毛纤维试验方法》包括以下九个部分：

——第1部分：取样；

——第2部分：平均长度和短毛率　手排法；

——第3部分：含杂率、粗毛率和松毛率；

——第4部分：回潮率　烘箱法；

——第5部分：单纤维断裂强度和断裂伸长率；

——第6部分：直径　投影显微镜法；

——第7部分：白度；

——第8部分：乙醚萃取物含量；

——第9部分：卷曲性能。

本部分为 GB/T 13835 的第5部分。

本部分代替 GB/T 13835.5—1992《兔毛单纤维断裂强度和伸长试验方法》。

本部分与 GB/T 13835.5—1992 相比主要变化如下：

——修改了术语和定义(1992版的第3章；本版第3章)；

——删除等速牵引型强力试验机(CRT)的使用及标准中与之相关的内容(1992版的3.5，6.1.1，6.1.5和9.3.1)；

——删除附录A(1992版的附录A)；

——删除试验样品细毛的规定(1992版的9.4)；

——修改了预调湿、调湿和试验用标准大气(1992版的第5章；本版的第6章)。

本部分由中国纤维检验局提出并归口。

本部分起草单位：四川省纤维检验局、浙江省纤维检验局。

本部分主要起草人：冯祥云、曾蓉、翁宏力、李方、赵瑞方。

本部分所代替标准的历次版本发布情况为：

——GB/T 13835.5—1992。

兔毛纤维试验方法
第5部分:单纤维断裂强度和断裂伸长率

1 范围

GB/T 13835的本部分规定了测定单纤维断裂强度和断裂伸长率的方法。

本部分适用于兔毛单纤维平均断裂强度和平均断裂伸长率的测定。

2 规范性引用文件

下列文件中的条款通过GB/T 13835的本部分的引用而成为本部分的条款。凡是注日期的引用文件,其随后的所有的修改单(不包括勘误的内容)或修订版均不适用于本部分,然而,鼓励根据本部分达成协议的各方研究是否可使用这些文件的最新版本。凡是不注日期的引用文件,其最新版本适用于本部分。

GB/T 6529 纺织品 调湿和试验用标准大气

GB/T 8170 数值修约规则与极限数值的表示和判定

GB/T 13835.1 兔毛纤维试验方法 第1部分:取样

3 术语和定义

下列术语和定义适用于GB/T 13835的本部分。

3.1

粗毛 coarse hair

直径大于等于30 μm,且有两列及以上毛髓而无卷曲的兔毛纤维。

3.2

细毛 fine hair

直径小于30 μm的兔毛纤维。

3.3

断裂强力 breaking strength

拉伸试验中,纤维抵抗至断裂时最大的力。单位用牛顿(N)或厘牛顿(cN)表示。

3.4

断裂强度 breaking tenacity

纤维单位线密度(未拉伸前)的断裂强力。一般以组合单位厘牛顿每分特(cN/dtex)表示。

3.5

断裂伸长 breaking extension

纤维拉伸至受最大负荷断裂时的伸长。

3.6

断裂伸长率 elongation at break

纤维试样的断裂伸长对拉伸前长度的百分率。

3.7

隔距长度 gauge length

纤维拉伸试验时,两夹钳钳口之间的试样(已加规定预张力)长度。

4 原理

在一定条件下，用等速伸长方式拉伸单根纤维，直至断裂，通过适当的装置指示出纤维断裂强力和断裂伸长，由断裂强力和线密度计算出断裂强度。

5 仪器和工具

5.1 等速伸长型强力试验机(CRE)。

5.2 预加张力夹 0.1 cN,0.5 cN。

5.3 烘箱。

5.4 天平 分度值 0.001 g。

5.5 其他：镊子、绒板、小钢尺。

6 调湿和试验用标准大气

6.1 预调湿

将试验样品放置在相对湿度 10%～25%，温度不超过 50 ℃的大气条件下，使之接近平衡。若试验样品的回潮率高于标准平衡回潮率(14%)时，需进行预调湿处理。

6.2 调湿和试验用标准大气

在 GB/T 6529 规定的标准大气(温度为 20 ℃±2 ℃，相对湿度为 65%±4%)下进行调湿和试验，调湿时间不少于 2 h。

7 取样和试样制备

7.1 取样

按照 GB/T 13835.1 的规定，将充分混合后的实验室样品平铺在工作台上，从实验室样品中多点、均匀抽取 50 mg～100 mg 试验样品。

7.2 试样制备

用手排方法将取得的试验样品反复整理成一端平齐的小束(去除 20 mm 以下短毛)，握持平齐的一端，依次将另一端纤维由长到短沿绒板底线排列 2～3 次，使兔毛纤维按长短排列均匀，并将试样排列的底线长度等分为五组，各组随机抽取试验试样 20 根，对每根纤维的中间部位进行测定。

8 试验步骤

8.1 从排列的试验试样中，用张力钳(细毛一般采用 0.1 cN，粗毛一般采用 0.5 cN)分组抽取兔毛纤维，并将抽取兔毛纤维的中间部位夹入强力试验机上、下夹持器中，隔距长度为 10 mm，并设置拉伸速度为 10 mm/min。

8.2 启动强力机直至纤维断裂，记录断裂强力和断裂伸长值。

8.3 不得用手接触试样的测试部位。试验中如发现纤维明显滑移或测试时纤维断裂在钳口的测试数据应废弃，废弃数量不应超过试验根数的 10%，如超过需重做，或检查夹持器有否异常，如有异常应予以修理或调换。

8.4 试验根数 100 根。

9 试验结果计算

9.1 平均断裂强力、标准差和变异系数

平均断裂强力、标准差和变异系数分别按式(1)、式(2)和式(3)计算。

$$\overline{F} = \frac{\sum_{i=1}^{n} F_i}{n} \tag{1}$$

$$S_1 = \sqrt{\frac{\sum_{i=1}^{n} (F_i - \overline{F})^2}{n-1}} \tag{2}$$

$$CV_1 = \frac{S_1}{\overline{F}} \times 100 \tag{3}$$

式中：

$\overline{F}$——平均断裂强力，单位为厘牛(cN)；

F_i——第 i 根纤维的断裂强力，单位为厘牛(cN)；

S_1——断裂强力的标准差，单位为厘牛(cN)；

CV_1——断裂强力的变异系数，%；

n——试验根数。

9.2 断裂强度

断裂强度按式(4)计算。

$$F_T = \frac{\overline{F}}{D_T} \tag{4}$$

式中：

F_T——断裂强度，单位为厘牛每分特(cN/dtex)；

D_T——线密度，单位为分特(dtex)。

$D_T = 7.854 \times \rho \times d^2 \times 10^{-3}$。其中：$\rho$ 为兔毛纤维密度，细毛 $\rho = 1.12\ g/cm^3$，d 为兔毛纤维平均直径。

9.3 平均断裂伸长值、标准差、变异系数

平均断裂伸长值、标准差、变异系数分别按式(5)、式(6)、式(7)计算。

$$\overline{L} = \frac{\sum_{i=1}^{n} L_i}{n} \tag{5}$$

$$S_2 = \sqrt{\frac{\sum_{i=1}^{n} (L_i - \overline{L})^2}{n-1}} \tag{6}$$

$$CV_2 = \frac{S_2}{\overline{L}} \times 100 \tag{7}$$

式中：

$\overline{L}$——平均断裂伸长值，单位为毫米(mm)；

L_i——第 i 根纤维断裂伸长值，单位为毫米(mm)；

S_2——断裂伸长的标准差，单位为毫米(mm)；

CV_2——断裂伸长的变异系数，%。

9.4 断裂伸长率

断裂伸长率按式(8)计算。

$$\varepsilon = \frac{\overline{L}}{10} \times 100 \tag{8}$$

式中：

ε——断裂伸长率，%。

10 数值修约

试验结果计算至小数点后三位，修约至两位小数。数值修约按 GB/T 8170 的规定进行。

11 试验报告

试验报告包括平均断裂强力、标准差和变异系数、断裂强度和断裂伸长率的试验结果，并写明样品编号、温湿度条件和试验日期等。

ICS 59.060.01
W 20

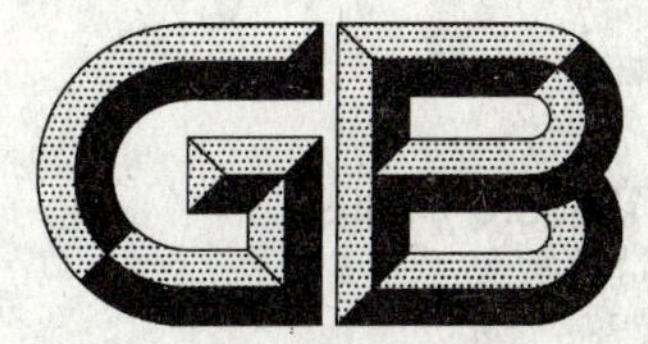

中华人民共和国国家标准

GB/T 13835.6—2009
代替 GB/T 13835.6—1992

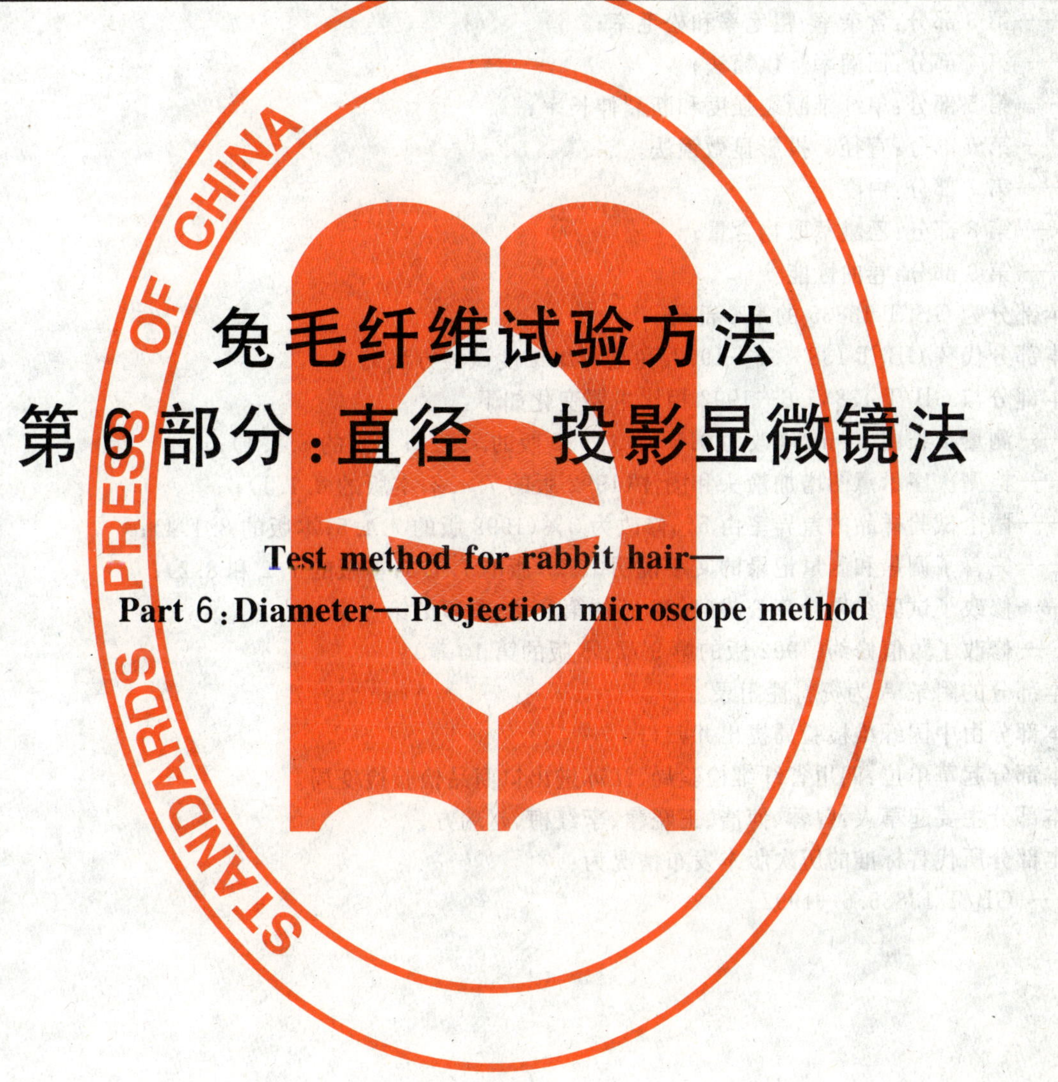

兔毛纤维试验方法 第6部分:直径 投影显微镜法

Test method for rabbit hair—
Part 6: Diameter—Projection microscope method

2009-04-23 发布　　　　2009-09-01 实施

中华人民共和国国家质量监督检验检疫总局
中国国家标准化管理委员会　发布

前　言

GB/T 13835《兔毛纤维试验方法》包括以下九个部分：

——第1部分：取样；

——第2部分：平均长度和短毛率　手排法；

——第3部分：含杂率、粗毛率和松毛率；

——第4部分：回潮率　烘箱法；

——第5部分：单纤维断裂强度和断裂伸长率；

——第6部分：直径　投影显微镜法；

——第7部分：白度；

——第8部分：乙醚萃取物含量；

——第9部分：卷曲性能。

本部分为 GB/T 13835 的第6部分。

本部分代替 GB/T 13835.6—1992《兔毛纤维细度试验方法》。

本部分与 GB/T 13835.6—1992 相比主要变化如下：

——测量步长由1 mm修改为0.5 mm(1992版的7.4.2；本版的8.1.1)；

——检测次序示意图增加箭头和图注(1992版的7.4.2；本版的8.1.1)；

——两个试验样品的差异率由5%修改为3%(1992版的7.4.5；本版的8.1.4)；

——完善了调焦和测量记录的文字说明(1992版的7.4.3；本版的7.2和8.2)；

——修改了试验结果计算公式(1992版的第8章；本版的第9章)；

——修改了数值修约(1992版的第9章；本版的第10章)。

本部分的附录A为资料性附录。

本部分由中国纤维检验局提出并归口。

本部分起草单位：四川省纤维检验局、江苏进出口商品检验检疫局。

本部分主要起草人：曾蓉、何浩、王晓萍、李红梅、赵瑞方。

本部分所代替标准的历次版本发布情况为：

——GB/T 13835.6—1992。

兔毛纤维试验方法
第6部分:直径　投影显微镜法

1　范围

GB/T 13835的本部分规定了用投影显微镜法测定兔毛纤维直径的方法。

本部分适用于兔毛纤维直径的测定。

2　规范性引用文件

下列文件中的条款通过GB/T 13835的本部分的引用而成为本部分的条款。凡是注日期的引用文件,其随后的所有修改单(不包括勘误内容)或修订版均不适用于本部分,然而,鼓励根据本部分达成协议的各方研究是否可使用这些文件的最新版本。凡是不注日期的引用文件,其最新版本适用于本部分。

GB/T 6529　纺织品　调湿和试验用标准大气

GB/T 8170　数值修约规则与极限数值的表示和判定

GB/T 13835.1　兔毛纤维试验方法　第1部分:取样

3　原理

把兔毛纤维片段的轮廓放大像投影到屏幕上,用楔尺测量屏幕圆内的纤维直径,逐次记录测量结果,并计算出纤维直径平均值。

4　仪器和用具

4.1　投影显微镜。

4.2　双刀片或纤维切片器。

4.3　载玻片、盖玻片。

4.4　封固介质:液体石蜡,或温度20 ℃时折射率为1.43～1.53的液体介质。

5　调湿和试验用标准大气

5.1　预调湿

将试验样品放置在相对湿度10%～25%,温度不超过50 ℃的大气条件下,使之接近平衡。若试验样品的回潮率高于标准平衡回潮率(14%)时,需进行预调湿处理。

5.2　调湿和试验用标准大气

在GB/T 6529规定的标准大气(温度为20 ℃±2 ℃,相对湿度为65%±4%)下进行调湿和试验,调湿时间不少于2 h。

6　取样和试样制备

6.1　取样

按照GB/T 13835.1的规定,将充分混合后的实验室样品平铺在工作台上,用多点法正反各16点抽取约30 mg试验样品,分成3份试验试样。

6.2　试样制备

6.2.1　将每份试验试样整理成平行小束,用纤维切片器或双刀片在纤维的中部切取试样,切取

0.2 mm～0.4 mm 长的纤维片段。

6.2.2 将纤维片段置于玻璃皿中充分混合均匀，在载玻片上滴上少许封固介质，用镊子在玻璃皿中夹取纤维片段并放在载玻片上与封固介质充分混合，使纤维片段均匀分布在介质中，盖上载玻片，以没有介质溢出为宜。

7 仪器调整

7.1 仪器校准

将分度为 0.01 mm 的接物测微尺放在载物台上，投影在屏幕上的测微尺的 20 个分度(0.20 mm)应精确地被放大为 100 mm，这时放大倍数为 500 倍。

7.2 调焦

当透镜太靠近玻片时，纤维的边缘显示白色的线；当透镜离盖玻片太远时，纤维边缘显示黑色边线[如图 1 b)所示]。

当在焦平面上时，纤维边缘显示一细线，没有白色或黑色边线[如图 1a)所示]。纤维映像的两边不是经常同时在焦平面上的，调焦时使一个边缘在焦点上而另一边显示白线，然后测量在焦点上的边缘到白线内侧的宽度。

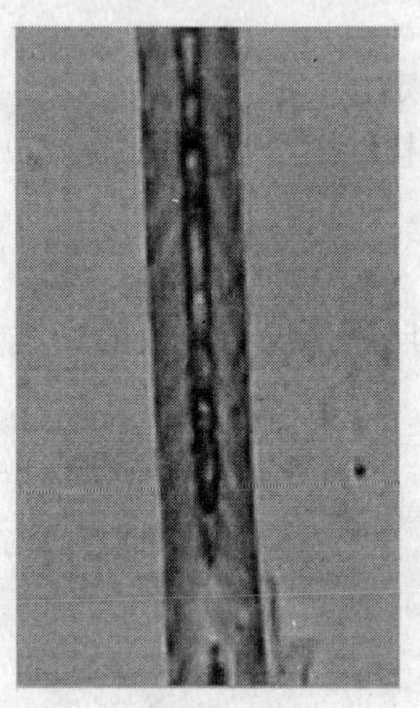

a) 调焦正确

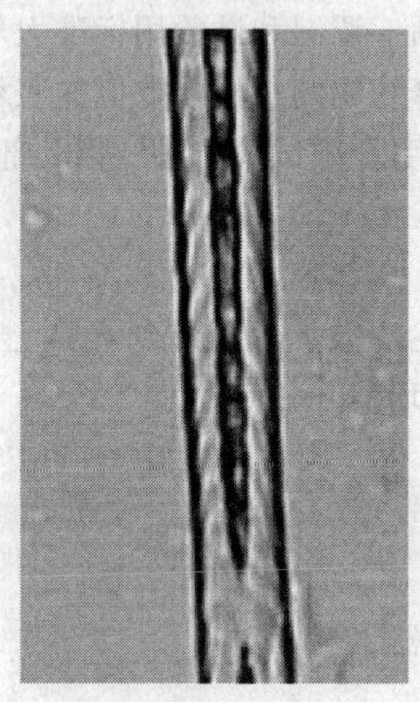

b) 调焦不正确

图 1 纤维调焦状况比较

8 试验步骤

8.1 测量

8.1.1 测量的行进路线

把载有试样的载玻片放在显微镜载物台上，盖玻片面对物镜，开始时首先对盖玻片的角 A 进行调焦(见图 2)，纵向移动载玻片 0.5 mm 到 B，再横向移动 0.5 mm，这两步将在屏幕上取得第一个视野。按照此规则测量视野圆周内的每根纤维直径。

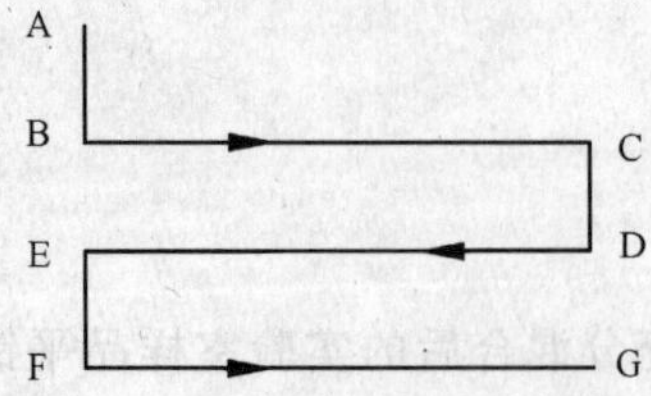

图 2 测量行进路线示意图

在第一个视野内的纤维测量完毕后，将载玻片横向移动 0.5 mm，这样在屏幕上出现第二个视野，沿载玻片的整个长度按相同方法继续进行，在到达盖玻片右边 C 处时，将载玻片纵向移动 0.5 mm 至 D 处，并继续以 0.5 mm 步程横向移动测量。按图 2 所示的 A、B、C、D、E、F、G 的次序检验整个载玻片的试样，操作者不可随便选择被测量的纤维；纤维明显一端粗、另一端细时，测其居中部位，否则舍去。

8.1.2 不予测量的纤维

下列纤维不予测量：

a) 纤维影像长度有一半及以上在视场外；

b) 纤维影像不清晰；

c) 纤维影像严重畸形；

d) 纤维影像在测量段交叉、重叠、破裂；

e) 纤维影像边缘呈现明显的曲线。

8.1.3 试验根数的确定

在允许误差率 3% 情况下以变异系数的大小确定试验根数，参见附录 A。

8.1.4 测试次数

测量应由两名操作者各自独立进行，以两者测得结果的平均值表示。若两者测得的结果差异大于两者平均值的 3% 时，应测量第三个试样，最终结果取三个试样实测数值的平均值。

8.2 测量记录

测量每根纤维都要使楔形尺的一边与对准焦点的纤维一边相切，在纤维的另一边与楔形尺另一边相交处读出数值。纤维的两条边中，一条边清晰而另一条边不清晰时，可先用楔形尺的一条线对准纤维清晰的一边，然后调节清晰度，再找出另一条边与楔形尺的交叉点，读出数值。测量结果记在楔形尺纸上。

9 试验结果计算

9.1 单次试验平均直径、标准差和变异系数

单次试验平均直径、标准差和变异系数分别按式(1)、式(2)和式(3)计算。

$$\overline{X}_i = \frac{\sum(A \times n)}{\sum n} \qquad \cdots\cdots(1)$$

$$S_i = \sqrt{\frac{\sum n(A-\overline{X})^2}{\sum n}} \qquad \cdots\cdots(2)$$

$$CV_i = \frac{S}{\overline{X}} \times 100 \qquad \cdots\cdots(3)$$

式中：

$\overline{X}_i$——第 i 次试验的平均直径，单位为微米(μm)；

A——组中值，单位为微米(μm)；

n——测量根数；

S_i——第 i 次试验的标准差，单位为微米(μm)；

CV_i——第 i 次试验的变异系数，%。

9.2 平行试验平均直径、标准差和变异系数

平行试验平均直径、标准差和变异系数平均直径分别按式(4)、式(5)和式(6)计算。

$$\overline{X} = \frac{\sum \overline{X}_i}{c} \qquad \cdots\cdots(4)$$

$$S = \sqrt{\frac{\sum S_i^2}{c}} \qquad \cdots\cdots(5)$$

$$CV = \frac{S}{\overline{X}} \times 100 \qquad \cdots\cdots(6)$$

式中：

$\overline{X}$——平均直径，单位为微米(μm)；

c——测试次数；

S——标准差，单位为微米(μm)；

CV——变异系数，%。

10 数值修约

试验结果计算至小数点后三位，修约至两位小数。数值修约按 GB/T 8170 的规定进行。

11 试验报告

试验报告包括平均直径、标准差和变异系数的试验结果，并写明样品编号、温湿度条件和试验日期等。

附 录 A
（资料性附录）
允许误差率和试验纤维根数的确定

A.1 一般一只试验样品中被测量的纤维比例很小，因此试验样品平均值有随机抽样误差，对兔毛纤维在95%置信水平下的允许误差率和对应需测试的根数按式(A.1)和(A.2)计算：

$$E = t\frac{CV}{\sqrt{n}} \qquad \cdots\cdots(A.1)$$

$$n = \left(\frac{t \cdot CV}{E}\right)^2 \qquad \cdots\cdots(A.2)$$

式中：

E——允许误差率，%；

t——置信水平为95%时，取值为1.96；

CV——变异系数，%；

n——测量根数。

A.2 当变异系数为25%时，在95%置信水平下的允许误差率及纤维测量根数近似值见表A.1。

表 A.1

允许误差率(置信水平95%)	测量根数
1%	2 400
2%	600
3%	270
4%	150

ICS 59.060.01
W 20

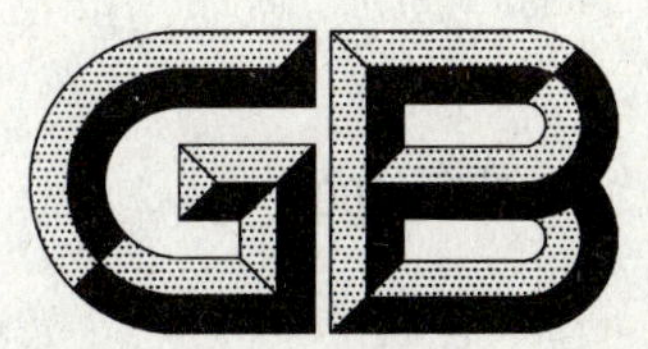

中华人民共和国国家标准

GB/T 13835.7—2009
代替 GB/T 13835.7—1992

兔毛纤维试验方法 第7部分：白度

Test method for rabbit hair—Part 7：Whiteness

2009-04-23 发布　　　　2009-09-01 实施

中华人民共和国国家质量监督检验检疫总局
中国国家标准化管理委员会　发布

前　言

GB/T 13835《兔毛纤维试验方法》包括以下九个部分：

——第1部分：取样；

——第2部分：平均长度和短毛率　手排法；

——第3部分：含杂率、粗毛率和松毛率；

——第4部分：回潮率　烘箱法；

——第5部分：单纤维断裂强度和断裂伸长率；

——第6部分：直径　投影显微镜法；

——第7部分：白度；

——第8部分：乙醚萃取物含量；

——第9部分：卷曲性能。

本部分为GB/T 13835的第7部分。

本部分代替GB/T 13835.7—1992《兔毛纤维白度试验方法》。

本部分与GB/T 13835.7—1992相比主要变化如下：

——增加了白度术语和定义(本版的3.3)；

——修改了预调湿、调湿和试验用标准大气(1992版的第5章；本版的第7章)。

本部分由中国纤维检验局提出并归口。

本部分起草单位：四川省纤维检验局、浙江省纤维检验局。

本部分主要起草人：冯祥云、翁宏力、曾蓉、刘文、刘才容。

本部分所代替标准的历次版本发布情况为：

——GB/T 13835.7—1992。

兔毛纤维试验方法　第7部分:白度

1　范围

GB/T 13835 的本部分规定了用白度仪测定兔毛白度的方法。

本部分适用于兔毛白度的测定。

2　规范性引用文件

下列文件中的条款通过 GB/T 13835 的本部分的引用而成为本部分的条款。凡是注日期的引用文件,其随后的所有修改单(不包括勘误内容)或修订版均不适用于本部分,然而,鼓励根据本部分达成协议的各方研究是否可使用这些文件的最新版本。凡是不注日期的引用文件,其最新版本适用于本部分。

GB/T 6529　纺织品　调湿和试验用标准大气

GB/T 8170　数值修约规则与极限数值的表示和判定

GB/T 13835.1　兔毛纤维试验方法　第1部分:取样

3　术语和定义

下列术语和定义适用于 GB/T 13835 的本部分。

3.1

明度指数 *L*　transparency index *L*

CIE 规定的 Lab 制色空间三维直角坐标系统中的明度坐标。

3.2

色度指数 *a* 和 *b*　chroma index *a* and *b*

CIE 规定的 Lab 制色空间三维直角坐标系统中的色度指数。

3.3

白度　whiteness

在 CIE 规定的色系统中,对白色物质表面白色程度的一维评价。

4　原理

用白度仪在同一稳定和同一色温光源的照射下,以标准白度板为基准,对兔毛纤维进行反射率的对比测定,用适当的装置指示出兔毛的白度值,或计算白度值的相应参数。

5　仪器和工具

5.1　可选用符合下列指标的任一型号的白度仪:

a)　测量窗口;

b)　白度仪的光学条件可采用:垂直/漫射(0/d)、漫射/垂直(d/0)、45°/垂直(45/0)和垂直/45°(0/45)的任何一种;

c)　稳定性:仪器应在开机 0.5 h 后,零点漂移不大于 0.3,示值漂移不大于 0.5;

d)　仪器的重复性应为用一试样在相同条件下,每隔 0.5 h 测定一次,三次测定结果中任意两者的差不大于 0.3%;

e)　仪器应配有试样盒,试样盒的透光元件应为光学玻璃;

f)　工作标准白度板应在检定周期内。

5.2 天平:分度值 0.001 g。

5.3 其他:镊子、黑绒板、挑针、塑料袋等。

6 仪器调整

6.1 预热

6.1.1 将电源连接线按规定插入各相应的插座。

6.1.2 将滤光片调整到需选用的挡上,在仪器测量窗口放置工作标准板。

6.1.3 打开稳压器电源开关,预热 0.5 h,同时打开预热器开关。

6.2 校正

6.2.1 取下工作标准板,用样品压板遮住测量窗口,调节调整旋钮使指示装置显“0”。

6.2.2 将工作标准白度板放在样品盒中,然后将样品盒放在测试窗口上。

6.2.3 调整量程旋钮,使指示装置显示工作标准白度板的标定值。

6.2.4 取下样品盒,取出工作标准白度板并妥为保管。

6.2.5 仪器每隔 0.5 h 校正一次。

7 调湿和试验用标准大气

7.1 预调湿

将试验样品放置在相对湿度 10%～25%,温度不超过 50 ℃的大气条件下,使之接近平衡。若试验样品的回潮率高于标准平衡回潮率 (14%)时,需进行预调湿处理。

7.2 调湿和试验用标准大气

在 GB/T 6529 规定的标准大气(温度为 20 ℃±2 ℃,相对湿度为 65%±4%)下进行调湿和试验,调湿时间不少于 2 h。

7.3 实验室及周围环境应无强磁场、强光辐射和腐蚀性气体。

8 取样和试样制备

按照 GB/T 13835.1 的规定,将充分混合后的实验室样品平铺在工作台上,从实验室样品中多点、均匀抽取约 10 g 试验样品共三份。

9 试验步骤

9.1 根据试样盒的大小,称取适量兔毛置于试样盒中,确保试样盒中每立方厘米体积内含有 0.16 g 的兔毛。

9.2 使测试面平整,盖紧后盖。

9.3 拉开样品压板,将试样盒放入测试窗口。

9.4 待白度仪指示装置显示的数值稳定后,记录指示值 L、b。

9.5 取下试样盒,重复 9.1～9.4,继续测试待测试样。

10 试验结果计算

10.1 白度值按式(1)计算。

$$W = L - 3b \qquad \cdots\cdots(1)$$

式中:

W——兔毛纤维的白度值;

L——明度指数;

b——色度指数。

10.2 该批兔毛纤维的白度值，以三个试样的算术平均值作为最终结果。

11 数值修约

试验结果计算至小数点后两位，修约至一位小数。数值修约按 GB/T 8170 的规定进行。

12 试验报告

试验报告包括平均白度的试验结果，并写明样品编号、温湿度条件和试验日期等。

ICS 59.060.01
W 20

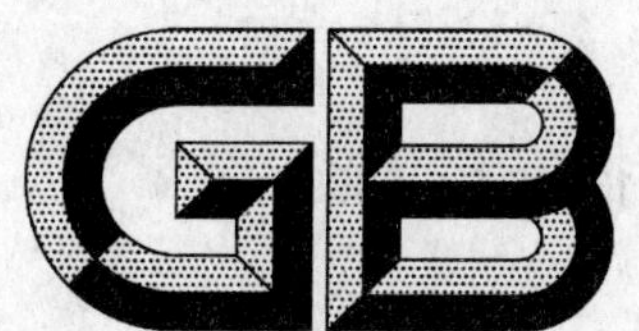

中华人民共和国国家标准

GB/T 13835.8—2009
代替 GB/T 13835.8—1992

兔毛纤维试验方法 第8部分:乙醚萃取物含量

Test method for rabbit hair—Part 8: Extractable matter by ether

2009-04-23 发布 2009-09-01 实施

中华人民共和国国家质量监督检验检疫总局
中国国家标准化管理委员会 发布

前言

GB/T 13835《兔毛纤维试验方法》包括以下九个部分：

——第1部分：取样；

——第2部分：平均长度和短毛率 手排法；

——第3部分：含杂率、粗毛率和松毛率；

——第4部分：回潮率 烘箱法；

——第5部分：单纤维断裂强度和断裂伸长率；

——第6部分：直径 投影显微镜法；

——第7部分：白度；

——第8部分：乙醚萃取物含量；

——第9部分：卷曲性能。

本部分为GB/T 13835的第8部分。

本部分代替GB/T 13835.8—1992《兔毛乙醚萃取物试验方法》。

本部分与GB/T 13835.8—1992相比主要变化如下：

——增加了对乙醚溶剂纯度的要求(本版的5.4)；

——完善了取样和试样制备(1992版的第6章；本版的第6章)。

本部分由中国纤维检验局提出并归口。

本部分起草单位：四川省纤维检验局、陕西省纤维检验局。

本部分主要起草人：曾蓉、冯祥云、兰繁、黄超、刘建萍。

本部分所代替标准的历次版本发布情况为：

——GB/T 13835.8—1992。

兔毛纤维试验方法
第8部分:乙醚萃取物含量

1 范围

GB/T 13835 的本部分规定了测定兔毛乙醚萃取物含量的方法。

本部分适用于兔毛乙醚萃取物含量的测定。

2 规范性引用文件

下列文件中的条款通过 GB/T 13835 的本部分的引用而成为本部分的条款。凡是注日期的引用文件,其随后所有的修改单(不包括勘误的内容)或修订版均不适用于本部分,然而,鼓励根据本部分达成协议的各方研究是否可使用这些文件的最新版本。凡是不注日期的引用文件,其最新版本适用于本部分。

GB/T 8170 数值修约规则与极限数值的表示和判定

GB/T 13835.1 兔毛纤维试验方法 第1部分:取样

3 术语和定义

下列术语和定义适用于 GB/T 13835 的本部分。

3.1

乙醚萃取物 extractable matter

用乙醚为溶剂,从兔毛纤维中萃取的物质。

4 原理

将试样置于索氏脂肪浸抽器中用乙醚反复萃取,将萃取物烘干称量,计算得到乙醚萃取物的含量。

5 仪器、工具和试剂

5.1 索氏脂肪浸抽器(配 250 mL 接收瓶)。

5.2 天平,分度值 0.000 1 g。

5.3 烘箱、恒温水浴锅、干燥器、铝盒、定性滤纸。

5.4 乙醚(化学纯)。

6 取样和试样制备

按照 GB/T 13835.1 的规定,将充分混合后的实验室样品平铺在工作台上,从实验室样品中多点、均匀抽取四份试验试样,每份称量约 3 g,两份作平行试验用,两份备用。

7 试验步骤

7.1 在恒温水浴锅上安装索氏脂肪浸抽器,连接冷却水管,通入冷却水,打开电源,加热水浴锅。

7.2 将试样用定性滤纸包好,分别放在浸抽器内,其高度不要超过虹吸管口,从浸抽器上部倒入乙醚,浸没试样并越过虹吸管,产生回流,再接上冷凝器。

7.3 保持水浴温度,以使接收瓶中乙醚微沸。回流 2 h,回流次数不少于 20 次。

7.4 回流完毕取下冷凝器,用夹子从浸抽器里取出试样,挤干溶剂。再接上冷凝器,回收乙醚,关闭电源和冷却水。

7.5 把试样上的滤纸剥掉后,将试样放入铝盒并在通风处晾干,然后连同接收瓶一起送入 105 ℃±2 ℃的烘箱内烘 2 h,取出置于干燥器中冷却至室温称量,反复烘干直至恒量。接收瓶在测试前应预先在同样温度下烘至恒量。

8 试验结果计算

8.1 乙醚萃取物含量按式(1)计算。

$$Q=\frac{m_1}{m_1+m_2}\times 100 \quad \cdots\cdots(1)$$

式中:

Q——乙醚萃取物含量,%;

m_1——乙醚萃取物质量,单位为克(g);

m_2——萃取后试样烘干质量,单位为克(g)。

8.2 若两试样结果差异值与两试样结果的平均值之比超过 25%,再做两只平行样,最后以四只试样结果的平均值为最终结果。

9 数值修约

试验结果计算至小数点后四位,修约至三位小数。数值修约按 GB/T 8170 的规定进行。

10 试验报告

试验报告包括平均乙醚萃取物含量的试验结果,并写明样品编号、温湿度条件和试验日期等。

ICS 59.060.01
W 20

中华人民共和国国家标准

GB/T 13835.9—2009
代替 GB/T 13835.9—1992

兔毛纤维试验方法 第9部分：卷曲性能

Test method for rabbit hair— Part 9：Crimp properties

2009-04-23 发布　　　　2009-09-01 实施

中华人民共和国国家质量监督检验检疫总局
中国国家标准化管理委员会　发布

前言

GB/T 13835《兔毛纤维试验方法》包括以下九个部分：

——第1部分：取样；

——第2部分：平均长度和短毛率　手排法；

——第3部分：含杂率、粗毛率和松毛率；

——第4部分：回潮率　烘箱法；

——第5部分：单纤维断裂强度和断裂伸长率；

——第6部分：直径　投影显微镜法；

——第7部分：白度；

——第8部分：乙醚萃取物含量；

——第9部分：卷曲性能。

本部分为GB/T 13835的第9部分。

本部分代替GB/T 13835.9—1992《兔毛纤维卷曲性能试验方法》。

本部分与GB/T 13835.9—1992相比主要变化如下：

——增加了细毛术语和定义(本版的3.1)；

——修改了预调湿、调湿和试验用标准大气(1992版的第6章；本版的第6章)；

——抽取试验试样由5束变为4束(1992版的8.2；本版的8.1)；

——增加了夹持位置应尽量控制在兔毛纤维中部的要求(本版的8.2)；

——增加了读取卷曲峰和卷曲谷数的方法(本版的8.3)；

——测试根数由50根修改为40根(1992版的8.8；本版的8.6)；

——增加了单根纤维卷曲数的计算公式(本版的9.1)。

本部分由中国纤维检验局提出并归口。

本部分起草单位：四川省纤维检验局、陕西省纤维检验局、浙江省纤维检验局。

本部分主要起草人：曾蓉、刘才容、段朝霞、赵瑞方、余素英、陈淑蓉。

本部分所代替标准的历次版本发布情况为：

——GB/T 13835.9—1992。

兔毛纤维试验方法
第9部分:卷曲性能

1 范围

GB/T 13835 的本部分规定了测定兔毛卷曲性能的方法。

本部分适用于兔毛中细毛纤维卷曲性能的测定。

2 规范性引用文件

下列文件中的条款通过 GB/T 13835 的本部分的引用而成为本部分的条款。凡是注日期的引用文件,其随后所有的修改单(不包括勘误的内容)或修订版均不适用于本部分,然而,鼓励根据本部分达成协议的各方研究是否可使用这些文件的最新版本。凡是不注日期的引用文件,其最新版本适用于本部分。

GB/T 6529 纺织品 调湿和试验用标准大气

GB/T 8170 数值修约规则与极限数值的表示和判定

GB/T 13835.1 兔毛纤维试验方法 第1部分:取样

3 术语和定义

下列术语和定义适用于 GB/T 13835 的本部分。

3.1

细毛 fine hair

直径小于 30 μm 的兔毛纤维。

3.2

卷曲数 crimp frequency

纤维单位长度内的卷曲个数。

3.3

卷曲率(度) crimp degree

表示纤维卷曲程度的指标。为具有卷曲的纤维的伸直长度 L_1 与卷曲长度 L_0 的差数(L_1-L_0)对伸直长度 L_1 的百分率。

3.4

卷曲弹性回复率 crimp elastic recovery rate

卷曲纤维伸直长度 L_1 与伸直后回复长度 L_2 的差数(L_1-L_2)对伸直长度 L_1 与卷曲长度 L_0 的差数(L_1-L_0)的百分率。

3.5

卷曲回复率 crimp recovery rate

卷曲纤维的伸直长度 L_1 与伸直后回复长度 L_2 的差数(L_1-L_2)对伸直长度 L_1 的百分率。

4 原理

兔毛纤维的卷曲性能指标是根据纤维在不同张力情况下,在一定的时间内,以纤维长度的变化率来计算卷曲率、卷曲回复率和卷曲弹性回复率。

5 仪器和工具

5.1 纤维卷曲弹性仪。

5.2 黑绒板。

5.3 镊子。

5.4 不锈钢尺。

6 调湿和试验用标准大气

6.1 预调湿

将试验样品放置在相对湿度10%～25%，温度不超过50 ℃的大气条件下，使之接近平衡。若试验样品的回潮率高于标准平衡回潮率（14%）时，需进行预调湿处理。

6.2 调湿和试验用标准大气

在GB/T 6529规定的标准大气（温度为20 ℃±2 ℃，相对湿度为65%±4%）下进行调湿和试验，调湿时间不少于2 h。

7 取样和试样制备

按照GB/T 13835.1的规定，将充分混合后的实验室样品平铺在工作台上，从实验室样品中多点、均匀抽取约40 mg试验样品。

8 试验步骤

8.1 从试验样品中随机抽取4束纤维放在黑绒板上。

8.2 用镊子从任意一束纤维中随机夹起不短于30 mm的纤维一根悬挂于卷曲仪的天平平衡臂上，然后用镊子将纤维另一端置于下夹持器中，夹持位置应尽量控制在兔毛纤维的中部（在松弛状态下，使纤维实际长度大于25 mm）。

8.3 加轻负荷2 mg，测纤维卷曲长度 L_0，读取25 mm内全部卷曲峰和卷曲谷个数 J_A。

8.4 加重负荷150 mg，经30 s后，测定纤维伸直长度 L_1，除去重负荷，恢复2 min。

8.5 加轻负荷2 mg，过30 s后，测定纤维伸直长度 L_2。

8.6 进行下一根纤维测试，每束试样随机测试10根纤维，测试总根数不得少于40根。

9 试验结果计算

9.1 单根纤维卷曲数和平均卷曲数

单根纤维卷曲数和平均卷曲数分别按式(1)和式(2)计算。

$$J_m = \frac{J_A}{2 \times 2.5} \qquad \cdots\cdots(1)$$

$$\overline{J}_m = \frac{\sum_{i=1}^{n} J_{mi}}{n} \qquad \cdots\cdots(2)$$

式中：

J_m——单根纤维的卷曲数，单位为10毫米的个数（个/10 mm）；

J_A——单根纤维全部卷曲峰和卷曲谷个数，单位为25毫米的个数（个/25 mm）；

$\overline{J}_m$——平均卷曲数，单位为10毫米的个数（个/10 mm）；

J_{mi}——第 i 根纤维的卷曲数，单位为10毫米的个数（个/10 mm）；

n——试验总根数。

9.2 单根纤维卷曲率和平均卷曲率

单根纤维卷曲率和平均卷曲率分别按式(3)和式(4)计算。

$$J=\frac{L_1-L_0}{L_1}\times 100 \qquad \cdots\cdots(3)$$

$$\overline{J}=\frac{\sum_{i=1}^{n}J_i}{n} \qquad \cdots\cdots(4)$$

式中：

J——单根纤维的卷曲率，%；

$\overline{J}$——平均卷曲率，%；

J_i——第 i 根纤维的卷曲率，%；

L_0——纤维在轻负荷下测得的长度，单位为毫米(mm)；

L_1——纤维在重负荷下测得的长度，单位为毫米(mm)。

9.3 单根纤维卷曲回复率和平均卷曲回复率

单根纤维卷曲回复率和平均卷曲回复率分别按式(5)和式(6)计算。

$$T_w=\frac{L_1-L_2}{L_1}\times 100 \qquad \cdots\cdots(5)$$

$$\overline{T}_w=\frac{\sum_{i=1}^{n}T_{wi}}{n} \qquad \cdots\cdots(6)$$

式中：

T_w——卷曲回复率，%；

$\overline{T}_w$——平均卷曲回复率，%；

T_{wi}——第 i 根纤维卷曲回复率，%。

9.4 单根纤维卷曲弹性回复率和平均卷曲弹性回复率

单根纤维卷曲弹性回复率和平均卷曲弹性回复率分别按式(7)和式8)计算。

$$J_a=\frac{L_1-L_2}{L_1-L_0}\times 100 \qquad \cdots\cdots(7)$$

$$\overline{J}_a=\frac{\sum_{i=1}^{n}J_{ai}}{n} \qquad \cdots\cdots(8)$$

式中：

J_a——卷曲弹性回复率，%；

$\overline{J}_a$——单根纤维平均卷曲弹性回复率，%；

J_{ai}——第 i 根纤维卷曲弹性回复率，%；

L_2——纤维在除去重负荷，经 2 min 回复，再在轻负荷下经 30 s 后测得的长度，单位为毫米(mm)。

10 数值修约

试验结果计算至小数点后两位，修约至一位小数。数值修约按 GB/T 8170 的规定进行。

11 试验报告

试验报告包括卷曲数、卷曲率、卷曲回复率和卷曲弹性回复率的试验结果，并写明样品编号、温湿度条件和试验日期等。

ICS 47.020.30
U 57

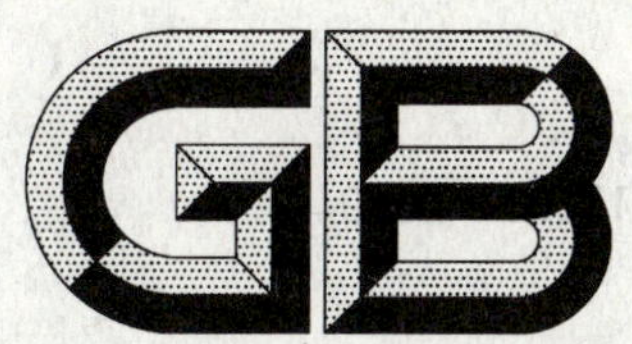

中华人民共和国国家标准

GB/T 13852—2009
代替 GB/T 13852—1992

船用液压控制阀技术条件

General specification of hydraulic control valves for ship

2009-03-09 发布　　2009-11-01 实施

中华人民共和国国家质量监督检验检疫总局
中国国家标准化管理委员会　发布

前　言

本标准代替 GB/T 13852—1992《船用液压控制阀技术条件》。

本标准与 GB/T 13852—1992 相比，主要有以下变化：

——增加术语与定义章节；

——增加船用液压控制阀接口要求。

本标准的附录 A 和附录 B 为规范性附录。

本标准由中国船舶重工集团公司提出。

本标准由全国船用机械标准化技术委员会归口。

本标准起草单位：中国船舶重工集团公司第七〇四研究所。

本标准主要起草人：乐懿、张晓东、金蓓、富贵根、陈图。

本标准所代替标准的历次版本发布情况为：

——GB/T 13852—1992。

船用液压控制阀技术条件

1 范围

本标准规定了民船用液压控制阀(以下简称船用液压阀)的分类、要求、试验方法及检验规则等。

本标准适用于以石油基液压油为工作介质的船用液压阀(除比例液压阀、伺服阀、插装阀及迭加阀外)的设计、验收。

2 规范性引用文件

下列文件中的条款通过本标准的引用而成为本标准的条款。凡是注日期的引用文件,其随后所有的修改单(不包括勘误的内容)或修订版均不适用于本标准,然而,鼓励根据本标准达成协议的各方研究是否可使用这些文件的最新版本。凡是不注日期的引用文件,其最新版本适用于本标准。

GB/T 786.1 液压气动图形符号

GB/T 2514 液压传动 四油口方向控制阀安装面(GB/T 2514—2008,ISO 4401:2005,MOD)

GB/T 2878 液压元件螺纹连接 油口型式和尺寸(GB/T 2878—1993,neq ISO 6149:1980)

GB/T 3098.1—2000 紧固件机械性能 螺栓、螺钉和螺柱(idt ISO 898-1:1999)

GB/T 7935—2005 液压元件 通用技术条件

GB/T 8098 液压传动 带补偿的流量控制阀 安装面(GB/T 8098—2003,ISO 6263:1997,MOD)

GB/T 8100 液压传动 减压阀、顺序阀、卸荷阀、节流阀和单向阀 安装面(GB/T 8100—2006,ISO 5781:2000,MOD)

GB/T 8101 液压溢流阀 安装面(GB/T 8101—2002,ISO 6264:1998,MOD)

GB/T 8104—1987 流量控制阀试验方法(neq ISO/DIS 6403)

GB/T 8105—1987 压力控制阀试验方法(neq ISO/DIS 6403)

GB/T 8106—1987 方向控制阀试验方法(neq ISO/DIS 4411)

GB/T 13384 机电产品包装通用技术条件

GB/T 14039—2002 液压传动 油液 固体颗粒污染等级代号(ISO 4406:1999,MOD)

GB/T 17446 流体传动系统及元件 术语(GB/T 17446—1998,idt ISO 5598:1985)

GB/T 18854 液压传动 液体自动颗粒计数器的校准(GB/T 18854—2002,ISO 11171:1999,MOD)

GB/T 20082 液压传动 液体污染 采用光学显微镜测定颗粒污染度的方法(GB/T 20082—2006,ISO 4407:2002,IDT)

CB 1146.2 舰船设备环境试验与工程导则 低温

CB 1146.3 舰船设备环境试验与工程导则 高温

CB 1146.4 舰船设备环境试验与工程导则 湿热

CB 1146.6 舰船设备环境试验与工程导则 冲击

CB 1146.9 舰船设备环境试验与工程导则 振动(正弦)

CB 1146.11 舰船设备环境试验与工程导则 霉菌

CB 1146.12 舰船设备环境试验与工程导则 盐雾

JB/T 7858 液压元件 清洁度评定方法及液压元件清洁度指标

ISO 6164 液压传动 25 MPa～40 MPa 压力下使用的四螺栓整体方法兰

3 术语和定义

GB/T 17446 确立的以及下列术语和定义适用于本标准。

3.1

响应时间 response time

动作指令发出到阀芯(仅对电磁换向阀)或主阀芯(仅对电液换向阀、液动换向阀)完成该动作为止所需的时间,单位为毫秒(ms)。

压力控制阀、流量控制阀瞬态特性曲线中,流量由 0 变化到最终稳态流量的 90%所需的时间或压力由最终稳态压力的 10%变化到最终稳态压力的 90%所需的时间,单位为毫秒(ms)。

3.2

建压(卸压)时间 loading(unloading)pressure time

压力控制阀建压(卸压)特性曲线中,压力由最终稳态压力的 10%(90%)变化到最终稳态压力的 90%(10%)所需的时间,单位为毫秒(ms)。

3.3

压力(流量)超调率 exceeding rate of pressure(flow)

压力控制阀、流量控制阀瞬态特性曲线中,最高压力(最大流量)、最终稳态压力(最终稳态流量)两者之差与最终稳态压力(最终稳态流量)的比值。

3.4

瞬态恢复时间 instantaneous recovery time

压力控制阀、流量控制阀瞬态特性曲线中,压力(流量)由最终稳态压力(最终稳态流量)的 90%变化到最终稳态压力(最终稳态流量)的 105%所需的时间,单位为毫秒(ms)。

4 分类及基本参数

4.1 分类

4.1.1 船用液压阀按功能可分为:

a) 方向控制阀;

b) 压力控制阀;

c) 流量控制阀。

其中方向控制阀包括电磁换向阀、电液换向阀、液动换向阀、手动换向阀、行程换向阀及单向阀、液控单向阀;压力控制阀包括溢流阀、电磁溢流阀、远程调压阀、顺序阀、单向顺序阀、卸荷阀、单向卸荷阀及减压阀、单向减压阀;流量控制阀包括节流阀、单向节流阀、行程节流阀、单向行程节流阀及调速阀、单向调速阀、溢流节流阀。

4.1.2 船用液压阀按连接方式可分为:

a) 螺纹连接控制阀;

b) 板式连接控制阀;

c) 法兰连接控制阀。

4.2 基本参数

船用液压阀的基本参数应分别按表 A.1~表 A.10 的相关规定。

5 要求

5.1 外观质量

船用液压阀的所有零件应无加工毛刺、切屑及铸造残留物等。

5.2 材料

5.2.1 船用液压阀所用的材料应耐其所接触的液压油(工作介质,下同)的腐蚀。

5.2.2 船用液压阀的零件应采用冲击韧性 A_k>25 J 及延伸率 δ>5%的材料。

5.3 设计与结构

5.3.1 船用液压阀应符合 GB/T 7935—2005 中第 1 章的规定。

5.3.2 船用液压阀的压力、流量、行程调节、自锁及应急手动机构应能按其使用手册的规定动作。

5.3.3 螺纹连接船用液压阀的油口连接螺纹应采用端面密封结构。

5.3.4 板式连接船用液压阀的安装螺钉的强度应不低于 GB/T 3098.1—2000 规定的 10.9 级。

5.3.5 对于安装在须承受外部液压部位的船用液压阀应设置能承受外部液压和防止外向内渗漏的密封结构。

5.3.6 安装于露天甲板或有可能与海水接触的船用液压阀,其外表面、外露的调节、操纵或自锁机构及连接件等应有相应的防护、防蚀措施。

5.3.7 用于可燃气体环境下的船用液压阀应有相应的防爆措施。

5.4 性能

5.4.1 耐压性

船用液压阀应能承受 1.5 倍该阀公称压力的压力而无渗漏和永久变形。

5.4.2 固体颗粒污染等级

船用液压阀内腔油液的固体颗粒污染等级应不低于 GB/T 14039—2002 规定的—/19/16。

5.4.3 内腔清洁度

船用液压阀内腔的清洁度应符合 JB/T 7858 的规定。

5.4.4 主要性能参数

5.4.4.1 方向控制阀

5.4.4.1.1 方向控制阀的主要性能参数应符合下列要求:

a) 电磁换向阀的主要性能参数应按表 A.1 的规定;

b) 电液换向阀的主要性能参数应按表 A.2 的规定;

c) 液动换向阀的主要性能参数应按表 A.3 的规定;

d) 手动换向阀、行程换向阀的主要性能参数应按表 A.4 的规定;

e) 单向阀、液控单向阀的主要性能参数应按表 A.5 的规定。

5.4.4.1.2 方向控制阀换向、复位时应无卡死现象。其中涉及的电磁铁应无异常声响、抖动。

5.4.4.1.3 手动换向阀的操纵力应小于 70 N。

5.4.4.1.4 单向阀、液控单向阀的内泄漏量应小于每分钟 4 滴。

5.4.4.1.5 除单向阀、液控单向阀外的方向控制阀的稳态压差-流量特性、压力-内泄漏量特性、工作范围应能分别从各自的稳态压差-流量特性曲线、压力-内泄漏量特性曲线以及工作范围图中得到反映。单向阀、液控单向阀的正、反向(仅对液控单向阀)稳态压差-流量特性、控制压力特性(仅对液控单向阀)、压力-控制活塞泄漏量特性(仅对液控单向阀)也应能从其正(反)向稳态压差-流量特性曲线、流量-反向打开该阀的最低控制压力特性曲线和流量-反向关闭该阀的最高控制压力特性曲线及压力-控制活塞泄漏量特性曲线中得到反映。

5.4.4.2 压力控制阀

5.4.4.2.1 压力控制阀的主要性能参数应符合下列要求:

a) 溢流阀、电磁溢流阀及远程调压阀的主要性能参数应按表 A.6 的规定;

b) 顺序阀、单向顺序阀、卸荷阀及单向卸荷阀的主要性能参数应按表 A.7 的规定;

c) 减压阀、单向减压阀的主要性能参数应按表 A.8 的规定。

5.4.4.2.2 压力控制阀的进油口压力-内泄漏量特性(除减压阀、单向减压阀外)、流量-正、反向(仅对单向顺序阀、单向卸荷阀)压力损失特性(除减压阀、单向减压阀外)、稳态压力-流量特性、调节压力-调节力矩特性、顺序阀的进油口压力-外泄漏量特性、电磁溢流阀、先导型溢流阀的流量-卸荷压力特性、减压阀、单向减压阀的进油口压力-出油口调定压力特性应能分别从各自的进油口压力-内泄漏量特性曲线、流量-正(反)向压力损失特性曲线、稳态压力-流量特性曲线、调节压力-调节力矩特性曲线、进油口压力-外泄漏量特性曲线、流量-卸荷压力特性曲线及进油口压力-出油口调定压力特性曲线中得到反映。

5.4.4.3 流量控制阀

5.4.4.3.1 流量控制阀的主要性能参数应符合下列要求:

a) 节流阀、单向节流阀、行程节流阀及单向行程节流阀的主要性能参数应按表 A.9 的规定;

b) 调速阀、单向调速阀及溢流节流阀的主要性能参数应按表 A.10 的规定。

5.4.4.3.2 流量控制阀的稳态压差-流量特性、流量-调节力矩特性、调速阀、溢流节流阀的开度-流量特性及温度补偿的调速阀、温度补偿的单向调速阀、温度补偿的溢流节流阀的油温-调节流量特性应能分别从各自的稳态压差-流量特性曲线、流量-调节力矩特性曲线、开度-流量特性曲线及油温-调节流量特性曲线中得到反映。

5.5 环境适应性

船用液压阀应在下列环境下能正常工作,其中 c)、g)、h)仅适用于电磁换向阀、电液换向阀的先导电磁换向阀及电磁溢流阀:

a) 低温:−25 ℃(船用液压阀进口处的工作介质温度为−15 ℃);

b) 高温:55 ℃(船用液压阀进口处的工作介质温度为 65 ℃);

c) 交变湿热:温度为 25 ℃±3 ℃～40 ℃±2 ℃,相对湿度为 90%～96%;

d) 摇摆:±7.5°(纵摇,周期分别为 3 s、5 s、7 s);±22.5°(横摇,周期分别为 5 s、7 s、10 s);

e) 冲击:按表 1 的规定;

f) 振动:按表 2 的规定;

g) 霉菌:温度为 28 ℃～38 ℃,相对湿度为 90%～98%,长霉程度为 1 级;

h) 盐雾:温度为 35 ℃±2 ℃,pH 值为 6.5～7.2。

表 1 冲击环境参数表

安装姿态	锤 向	背 向	侧 向
落锤高度/m	0.3	0.3	0.3
摆角	37°	37°	37°
冲击次数	3	3	3

表 2 振动环境参数表

振动参数			
频率/Hz	位移幅值/mm	加速度幅值	时间/min
2～10	1.00±0.01	—	20
>10～100	—	(0.70±0.01)g	

5.6 接口

5.6.1 螺纹连接控制阀的连接油口型式和尺寸应符合 GB/T 2878 的规定。

5.6.2 板式连接(方向)控制阀的接口应符合 GB/T 2514 的规定。

5.6.3 板式连接(压力)控制阀(不含溢流阀)的接口应符合 GB/T 8100 的规定。

5.6.4 板式连接溢流阀的接口应符合 GB/T 8101 的规定。

5.6.5　板式连接(流量)控制阀的接口应符合 GB/T 8098 的规定。

5.6.6　法兰连接控制阀的接口应符合 ISO 6164 的规定。

6　试验方法

6.1　外观质量

用目视法检查被试阀的所有零件。其结果应符合 5.1 的要求。

6.2　材料

检查被试阀的材质保证书。其结果应符合 5.2 的要求。

6.3　性能

6.3.1　耐压性

将被试阀置于专用试验台架,其中被试阀各泄油口与油箱相连。然后对该阀以每秒该阀公称压力的 1.5%的递增速率施压至 1.5 倍该阀的公称压力,并保压 5 min,观察该阀的状况。其结果应符合 5.4.1 的要求。

6.3.2　固体颗粒污染等级

按 GB/T 18854、GB/T 20082 规定的方法对被试阀内腔油液的固体颗粒的污染等级进行检查。其结果应符合 5.4.2 的要求。

6.3.3　内腔清洁度

按 JB/T 7858 规定的方法对被试阀内腔的清洁度进行检查。其结果应符合 5.4.3 的要求。

6.3.4　主要性能参数

6.3.4.1　方向控制阀之电磁换向阀

6.3.4.1.1　用量具测量被试阀的公称通径。其结果应符合 5.4.4.1.1a)的相关要求。

6.3.4.1.2　将被试阀置于 GB/T 8106—1987 中规定的试验装置,并按下列步骤进行试验:

a)　将该阀阀芯置于各通油位置,使通过该阀的流量为该阀的试验流量,测量该阀各油口的压力 p_P、p_A、p_B、p_T(被试阀滑阀机能和结构如图 1 所示,下同)。当油流方向为 P→A、B→T 时,压力损失为 $\Delta p_{PA}=p_P-p_A$、$\Delta p_{BT}=p_B-p_T$;当油流方向为 P→B、A→T 时,压力损失为 $\Delta p_{PB}=p_P-p_B$、$\Delta p_{AT}=p_A-p_T$;

b)　对于 M、H 型被试阀,将该阀阀芯置于各通油位置,当通过该阀的试验流量符合下列要求时,测量该阀 P 油口、T 油口的压力 p_P、p_T。此时油流方向为 P→T,压力损失为 $\Delta p_{PT}=p_P-p_T$。

　1)　公称通径为 6 mm 的 M 型被试阀,试验流量应为 8 L/min;公称通径为 6 mm 的 H 型被试阀,试验流量应为 9 L/min;

　2)　公称通径为 10 mm 的 M 型被试阀,试验流量应为 20 L/min;公称通径为 10 mm 的 H 型被试阀,试验流量应为 26 L/min。

其结果应符合 5.4.4.1.1a)的相关要求。

6.3.4.1.3　将被试阀置于 GB/T 8106—1987 中规定的试验装置,使该阀 P 油口的压力为该阀的公称压力。当该阀完成 10 次换向全过程 30 s 后,在图 1 所示"*"处测量该阀阀芯于各不同位置的内泄漏量,而后对其求和。其结果应符合 5.4.4.1.1a)的相关要求。此外,按 GB/T 8106—1987 中 4.1.1.3 的规定对该阀进行内部泄漏量特性试验,并绘制该阀压力-内泄漏量特性曲线。其结果应符合 5.4.4.1.5 的相关要求。

6.3.4.1.4　将被试阀置于 GB/T 8106—1987 中规定的试验装置,使该阀 P 油口的压力为该阀的公称压力,T 油口的压力为该阀的背压,通过该阀的流量为该阀的试验流量。待电磁铁处于最高稳定温度状态时,将电磁铁的供电电压降至其额定电压的 85%,然后按下列步骤进行试验:

a)　对该阀电磁铁连续实施不少于 10 次的通电和断电(相当于发出换向和复位指令,下同),并检查该阀的换向和复位情况;

b） 让该阀阀芯在原始位置和换向位置上分别停留 5 min，而后再对该阀电磁铁实施通电和断电，记录该阀相应的换向和复位响应时间，并检查该阀的换向和复位情况。

其结果应符合 5.4.4.1.1a）及 5.4.4.1.2 的相关要求。

6.3.4.1.5 将被试阀置于 GB/T 8106—1987 中规定的试验装置，使该阀 P 油口的压力为该阀的公称压力，T 油口的压力为该阀的背压，通过该阀的流量为该阀的试验流量。让该阀以每分钟 60 次的频率连续换向，统计该阀连续换向的次数（相当于该阀的寿命）。其结果应符合 5.4.4.1.1a）的相关要求。

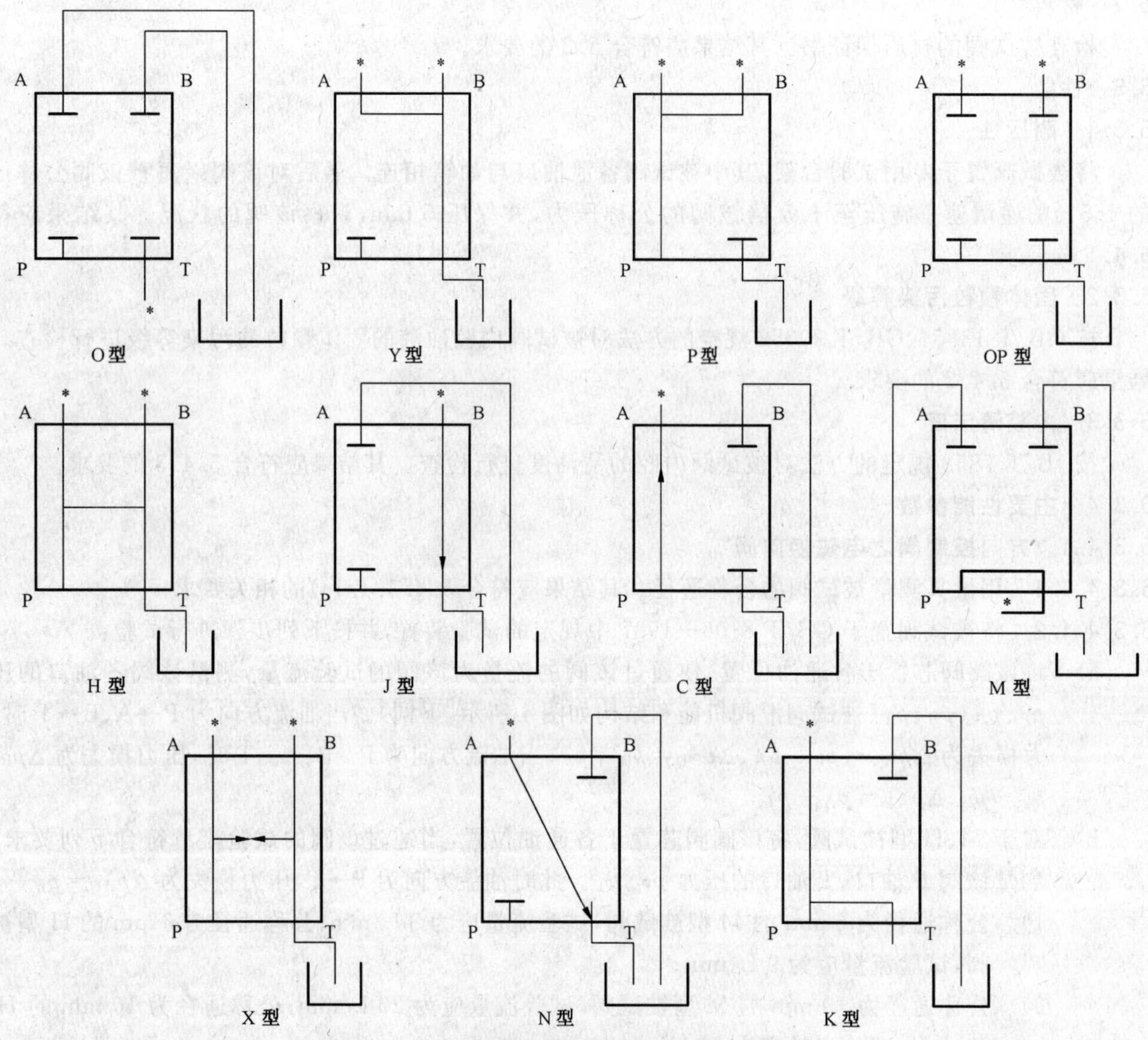

图 1 方向控制阀滑阀机能和结构示意图

6.3.4.1.6 分别按 GB/T 8106—1987 中 4.1.1.2、4.1.1.4 的规定对被试阀进行稳态压差-流量特性试验及工作范围试验。其结果应符合 5.4.4.1.5 的相关要求。

6.3.4.1.7 采用试验回路如图 2 所示的液压装置，并按下列步骤进行环境适应性试验。试验时，只是将与上述液压装置相连的被试阀置于环境平台［如温度试验箱（室）、湿热试验箱（室）、霉菌试验箱（室）、盐雾试验箱（室）、摇摆试验台、冲击试验机、振动试验台］并使该阀处于工作状态。另外，允许增设能保证被试阀环境适应性试验正常进行的有关调节压力、流量、方向控制的组件。

a） 按 CB 1146.2 的规定，将环境温度降至 －25 ℃±2 ℃，保温 0.5 h，然后供油，使被试阀工作 10 min。其结果应符合 5.5a）的要求；

b） 按 CB 1146.3 的规定，将环境温度升至 55 ℃±2 ℃，保温 2 h，然后供油，使被试阀工作10 min。其结果应符合 5.5b）的要求；

c） 按 CB 1146.4 规定的方法及 5.5c）规定的参数对被试阀进行交变湿热试验。其结果应符合

5.5c)的要求；

d) 按5.5d)规定的参数对被试阀进行摇摆试验。其结果应符合5.5d)的要求；

e) 按CB 1146.6规定的方法及表1规定的参数对被试阀进行冲击试验。其结果应符合5.5e)的要求；

f) 按CB 1146.9规定的方法及表2规定的参数对被试阀进行振动试验。其结果应符合5.5f)的要求；

g) 按CB 1146.11规定的方法对被试阀进行霉菌试验。其结果应符合5.5g)的要求；

h) 按CB 1146.12规定的方法对被试阀进行盐雾试验。其结果应符合5.5h)的要求。

1——液压油源；
2——电磁溢流阀；
3——截止阀；
4——压力表；
5——被试阀；
6——节流阀；
7——流量计；
8——滤器。

图2 船用液压阀环境适应性试验试验回路示意图

6.3.4.1.8 用量具测量被试阀的各接口尺寸。其结果应符合5.6的相关要求。

6.3.4.2 方向控制阀之电液换向阀

6.3.4.2.1 用量具测量被试阀的公称通径。其结果应符合5.4.4.1.1b)的相关要求。

6.3.4.2.2 按6.3.4.1.2规定的方法对被试阀进行试验。其结果应符合5.4.4.1.1b)的相关要求。而对于M、H型被试阀，当检测压力损失$\Delta p_{PT}=p_P-p_T$时，通过该阀的试验流量应符合下列要求：

a) 公称通径为16 mm的M型被试阀，试验流量应为80 L/min；公称通径为16 mm的H型被试阀，试验流量应为130 L/min；

b) 公称通径为20 mm的M型被试阀，试验流量应为210 L/min；公称通径为20 mm的H型被试阀，试验流量应为250 L/min；

c) 公称通径为32 mm的M型被试阀，试验流量应为360 L/min；公称通径为32 mm的H型被试阀，试验流量应为420 L/min；

d) 公称通径为50 mm的M型被试阀，试验流量应为420 L/min；公称通径为50 mm的H型被试阀，试验流量应为530 L/min；

e) 公称通径为63 mm的M型被试阀，试验流量应为630 L/min；公称通径为63 mm的H型被试阀，试验流量应为800 L/min；

f) 公称通径为80 mm的M型被试阀，试验流量应为950 L/min；公称通径为80 mm的H型被试阀，试验流量应为 1 200 L/min。

6.3.4.2.3 按 6.3.4.1.3 规定的方法对被试阀进行试验。其结果应符合 5.4.4.1.1b)及 5.4.4.1.5 的相关要求。

6.3.4.2.4 将被试阀组装成外部控制形式，使该阀的控制压力为其最低控制压力(对于内部回油被试阀，则为其最低控制压力加背压)，按 6.3.4.1.4 规定的方法对该阀进行试验。其结果应符合 5.4.4.1.1b)及 5.4.4.1.2 的相关要求。

6.3.4.2.5 将被试阀组装成外部控制形式，使该阀的控制压力大于其最低控制压力，按 6.3.4.1.5 规定的方法对该阀进行试验。其结果应符合 5.4.4.1.1b)的相关要求。

6.3.4.2.6 分别按 GB/T 8106—1987 中 4.1.2.2、4.1.2.4 的规定对被试阀进行稳态压差-流量特性试验及工作范围试验。其结果应符合 5.4.4.1.5 的相关要求。

6.3.4.2.7 对于被试电液换向阀的先导电磁换向阀，试验方法同 6.3.4.1.7；其他类型被试阀的试验方法除 6.3.4.1.7c)、6.3.4.1.7g)、6.3.4.1.7h)外同 6.3.4.1.7。

6.3.4.2.8 试验方法同 6.3.4.1.8。

6.3.4.3 方向控制阀之液动换向阀

6.3.4.3.1 用量具测量被试阀的公称通径。其结果应符合 5.4.4.1.1c)的相关要求。

6.3.4.3.2 按 6.3.4.2.2 规定的方法对被试阀进行试验。其结果应符合 5.4.4.1.1c)的相关要求。

6.3.4.3.3 按 6.3.4.1.3 规定的方法对被试阀进行试验。其结果应符合 5.4.4.1.1c)及 5.4.4.1.5 的相关要求。

6.3.4.3.4 按 6.3.4.2.4 规定的方法对被试阀进行试验。其结果应符合 5.4.4.1.1c)及 5.4.4.1.2 的相关要求。

6.3.4.3.5 按 6.3.4.2.5 规定的方法对被试阀进行试验。其结果应符合 5.4.4.1.1c)的相关要求。

6.3.4.3.6 试验方法同 6.3.4.2.6。

6.3.4.3.7 试验方法除 6.3.4.1.7c)、6.3.4.1.7g)、6.3.4.1.7h)外同 6.3.4.1.7。

6.3.4.3.8 试验方法同 6.3.4.1.8。

6.3.4.4 方向控制阀之手动换向阀、行程换向阀

6.3.4.4.1 用量具测量被试阀的公称通径。其结果应符合 5.4.4.1.1d)的相关要求。

6.3.4.4.2 按 6.3.4.1.2、6.3.4.2.2 规定的方法对被试阀进行试验。其结果应符合 5.4.4.1.1d)的相关要求。

6.3.4.4.3 按 6.3.4.1.3 规定的方法对被试阀进行试验。其结果应符合 5.4.4.1.1d)及 5.4.4.1.5 的相关要求。

6.3.4.4.4 将被试阀置于 GB/T 8106—1987 中规定的试验装置，使该阀 P 油口的压力为该阀的公称压力，T 油口的压力为该阀的背压，通过该阀的流量为该阀的试验流量，并按下列步骤进行试验：

a) 操纵手柄或行程阀芯，连续动作 10 次，检查该阀的换向和复位情况；
b) 让该阀阀芯在原始位置和换向位置上分别停留 5 min，然后操纵手柄或行程阀芯，使之动作，检查该阀的换向和复位情况。

其结果应符合 5.4.4.1.2 的相关要求。

6.3.4.4.5 操纵被试阀，用测力计测量该操纵力。其结果应符合 5.4.4.1.3 的相关要求。

6.3.4.4.6 试验方法同 6.3.4.2.6。

6.3.4.4.7 试验方法同 6.3.4.3.7。

6.3.4.4.8 试验方法同 6.3.4.1.8。

6.3.4.5 方向控制阀之单向阀、液控单向阀

6.3.4.5.1 用量具测量被试阀的公称通径。其结果应符合 5.4.4.1.1e)的相关要求。

6.3.4.5.2 将被试阀置于 GB/T 8106—1987 中规定的试验装置，并按下列步骤进行试验：

a) 使通过该阀的流量为该阀的试验流量(流向为正),测量该阀正向的压力损失(进、出油口的压差,下同。对于液控单向阀,应分控制压力为零和被试阀全开两种情况);

b) 对于液控单向阀,使该阀全开且反向[与6.3.4.5.2a)规定的流向相反]通过该阀的流量为该阀的试验流量,测量该阀反向的压力损失。

其结果应符合5.4.4.1.1e)的相关要求。

6.3.4.5.3 按GB/T 8106—1987中4.2.3规定的方法对被试阀进行试验。其结果应符合5.4.4.1.1e)的相关要求。

6.3.4.5.4 对于液控单向阀,按GB/T 8106—1987中4.2.4规定的方法对被试阀进行试验。其结果应符合5.4.4.1.1e)及5.4.4.1.5的相关要求。

6.3.4.5.5 对于液控单向阀,将被试阀置于GB/T 8106—1987中规定的试验装置,使该阀进、出油口的压力均为该阀的公称压力,测量该阀控制活塞的泄漏量(对于内泄式,测点在该阀的控制油口处;对于外泄式,测点在该阀的泄油口处)。其结果应符合5.4.4.1.1e)的相关要求。此外,调节该阀正向进油口的压力[流向按6.3.4.5.2a)的规定,下同]自零以每秒该阀公称压力的2%的递增速率升至该阀的公称压力,同时记录该阀相应的控制活塞的泄漏量,并绘制该阀压力-控制活塞泄漏量特性曲线。其结果应符合5.4.4.1.5的相关要求。

6.3.4.5.6 将被试阀与任一电液换向阀串联并置于GB/T 8106—1987中规定的试验装置,使该阀进油口的压力为该阀的公称压力,通过该阀的流量为该阀的试验流量,利用电液换向阀使该阀以每分钟60次的频率连续动作,统计该阀连续动作的次数(相当于该阀的寿命)。其结果应符合5.4.4.1.1e)的相关要求。

6.3.4.5.7 按GB/T 8106—1987中4.2.5规定的方法对被试阀进行试验。其结果应符合5.4.4.1.4的相关要求。

6.3.4.5.8 按GB/T 8106—1987中4.2.2的规定对被试阀进行正(反,仅对液控单向阀,下同)向稳态压差-流量特性试验,并绘制该阀正(反)向稳态压差-流量特性曲线。其结果应符合5.4.4.1.5的相关要求。

6.3.4.5.9 试验方法同6.3.4.3.7。

6.3.4.5.10 试验方法同6.3.4.1.8。

6.3.4.6 压力控制阀之溢流阀、电磁溢流阀及远程调压阀

6.3.4.6.1 用量具测量被试阀的公称通径。其结果应符合5.4.4.2.1a)的相关要求。

6.3.4.6.2 将被试阀置于GB/T 8105—1987中规定的试验装置,使通过该阀的流量为该阀的试验流量,并按下列步骤进行试验:

a) 调节该阀的调节机构自全松至全紧,观察该阀进油口压力的上升与下降情况,重复次数应不少于3次,同时,测量该阀的调压范围;

b) 调节该阀的压力至其调压范围的最高值,测量该阀的压力振摆值及1 min内的压力偏移值。

其结果应符合5.4.4.2.1a)的相关要求。

6.3.4.6.3 将被试阀置于GB/T 8105—1987中规定的试验装置,使通过该阀的流量为该阀的试验流量,调节该阀进油口的压力至其调压范围的最高值,然后再调节上述试验装置的系统压力,使之降至该阀调压范围最高值的75%,30 s后,测量该阀出油口的内泄漏量(对于外控式被试阀,应从外部引入控制油,并按上述要求调节控制油的压力)。其结果应符合5.4.4.2.1a)的相关要求。此外,调节该阀进油口的压力自其调压范围最高值的75%以每秒该阀调压范围最高值的2%的递减速率降至零,同时记录该阀相应的出油口的内泄漏量,并绘制该阀进油口压力-内泄漏量特性曲线。其结果应符合5.4.4.2.2的相关要求。

6.3.4.6.4 对于电磁溢流阀、先导型溢流阀,将被试阀置于GB/T 8105—1987中规定的试验装置,使通过该阀的流量为该阀的试验流量,对该阀电磁铁或上述试验装置的先导电磁阀通电,让该阀卸荷,测量该阀的卸荷压力(进、出油口的压差,下同)。其结果应符合 5.4.4.2.1a)的相关要求。此外,调节通过该阀的流量自零以每秒该阀试验流量的 2%的递增速率增至该阀的试验流量,同时对该阀电磁铁或上述试验装置的先导电磁阀通电,让该阀卸荷,记录该阀相应的卸荷压力,并绘制该阀流量-卸荷压力特性曲线。其结果应符合 5.4.4.2.2 的相关要求。

6.3.4.6.5 将被试阀置于 GB/T 8105—1987 中规定的试验装置,使通过该阀的流量为该阀的试验流量,同时调节该阀的调节机构至全松,测量该阀的压力损失。其结果应符合 5.4.4.2.1a)的相关要求。此外,调节通过该阀的流量自零以每秒该阀试验流量的 2%的递增速率增至该阀的试验流量,同时记录该阀相应的压力损失,并绘制该阀流量-压力损失特性曲线。其结果应符合 5.4.4.2.2 的相关要求。

6.3.4.6.6 对于溢流阀、电磁溢流阀,将被试阀置于 GB/T 8105—1987 中规定的试验装置,使通过该阀的流量为该阀的试验流量,并按下列步骤进行试验:

a) 调节该阀的调压范围至其调压范围的最高值,然后再调节上述试验装置的溢流阀,使系统降压,当压力降至相应于该阀闭合率下的闭合压力时,测量通过该阀的溢流量(对于外控式被试阀,应从外部引入控制油,并按上述要求调节控制油的压力);

b) 调节该阀的调压范围至其调压范围的最高值,然后再调节上述试验装置的溢流阀,使系统从该阀不溢流开始升压,当压力升至相应于该阀开启率下的开启压力时,测量通过该阀的溢流量(对于外控式被试阀,应从外部引入控制油,并按上述要求调节控制油的压力)。

其结果应符合 5.4.4.2.1a)的相关要求。

6.3.4.6.7 对于溢流阀、电磁溢流阀,按 GB/T 8105—1987 中 4.1.3 的规定对被试阀进行流量阶跃压力响应特性试验。其结果应符合 5.4.4.2.1a)的相关要求。

6.3.4.6.8 对于先导型溢流阀、电磁溢流阀,按 GB/T 8105—1987 中 4.1.4 的规定对被试阀进行建压、卸压特性试验。其结果应符合 5.4.4.2.1a)的相关要求。

6.3.4.6.9 对于溢流阀、电磁溢流阀,按 GB/T 8105—1987 中 4.1.2 的规定对被试阀进行调节力矩特性试验,并绘制该阀调节压力-调节力矩特性曲线。其结果应符合 5.4.4.2.1a)及 5.4.4.2.2 的相关要求。

6.3.4.6.10 对于溢流阀、电磁溢流阀,将被试阀置于 GB/T 8105—1987 中规定的试验装置,使通过该阀的流量为该阀的试验流量,调节该阀的压力至其调压范围的最高值,用噪声测量仪在以距离该阀外壁 1 m 为半径的近似球面上,测量 6 个均匀分布位置的噪声值。其结果应符合 5.4.4.2.1a)的相关要求。

6.3.4.6.11 将被试阀置于 GB/T 8105—1987 中规定的试验装置,使通过该阀的流量为该阀的试验流量,调节该阀的压力至其调压范围的最高值,对于电磁溢流阀,启动其自带的电磁换向阀;对于先导型溢流阀,启动上述试验装置的先导控制电磁换向阀;对于直动型溢流阀,启动上述试验装置的卸荷液控单向阀的先导电磁换向阀,使被试阀以每分钟(20～40)次的频率连续动作,统计该阀连续动作的次数(相当于该阀的寿命)。其结果应符合 5.4.4.2.1a)的相关要求。

6.3.4.6.12 按 GB/T 8105—1987 中 4.1.1 的规定对被试阀进行稳态压力-流量特性试验。其结果应符合 5.4.4.2.2 的相关要求。

6.3.4.6.13 对于被试电磁溢流阀,试验方法同 6.3.4.1.7;其他类型的被试阀的试验方法同 6.3.4.3.7。

6.3.4.6.14 试验方法同 6.3.4.1.8。

6.3.4.7 压力控制阀之顺序阀、单向顺序阀、卸荷阀及单向卸荷阀

6.3.4.7.1 用量具测量被试阀的公称通径。其结果应符合 5.4.4.2.1b)的相关要求。

6.3.4.7.2 按 6.3.4.6.2 规定的方法对被试阀进行试验。其结果应符合 5.4.4.2.1b)的相关要求。

6.3.4.7.3 按 6.3.4.6.3 规定的方法对被试阀进行试验(试验时,将试验装置的系统压力调至被试阀调压范围最高值的 50%,另外,在对被试阀进行进油口压力-内泄漏量特性试验时,该阀进油口的压力也应从该阀调压范围最高值的 50%往下降)。其结果应符合 5.4.4.2.1b)及 5.4.4.2.2 的相关要求。

6.3.4.7.4 将被试阀置于 GB/T 8105—1987 中规定的试验装置，使通过该阀的流量为该阀的试验流量，该阀进油口的压力为该阀的公称压力，阻断该阀出油口的油路，测量该阀泄油口的外泄漏量（对于外控式被试阀，应从外部引入控制油，并将控制油的压力调至该阀调压范围的最高值）。其结果应符合 5.4.4.2.1b）的相关要求。此外，对于顺序阀，调节该阀进油口的压力自其调压范围最高值的 50%以每秒该阀调压范围最高值的 2%的递减速率降至零，同时记录该阀相应的泄油口外泄漏量，并绘制该阀进油口压力-外泄漏量特性曲线。其结果应符合 5.4.4.2.2 的相关要求。

6.3.4.7.5 按下列步骤进行：

a） 按 6.3.4.6.5 规定的方法对被试阀进行试验（此时流向为正）。其结果应符合 5.4.4.2.1b）及 5.4.4.2.2 的相关要求；

b） 按 6.3.4.6.5 规定的方法对被试阀进行试验[此时流向与 6.3.4.7.5a）的规定相反]并测量该阀反向的压力损失。其结果应符合 5.4.4.2.1b）的相关要求。

此外，对于单向顺序阀、单向卸荷阀，按 6.3.4.7.5b）规定的流向，调节通过该阀的流量自零以每秒该阀试验流量的 2%的递增速率增至该阀的试验流量，同时记录该阀相应的反向的压力损失，并绘制该阀流量-反向压力损失特性曲线。其结果应符合 5.4.4.2.2 的相关要求。

6.3.4.7.6 按 6.3.4.6.6 规定的方法对被试阀进行试验。其结果应符合 5.4.4.2.1b）的相关要求。

6.3.4.7.7 按下列步骤进行：

a） 按 6.3.4.6.7 规定的方法对被试阀进行试验（此时流向为正，对应被试阀的进油口）。其结果应符合 5.4.4.2.1b）的相关要求；

b） 按 6.3.4.6.7 规定的方法对被试阀进行试验[此时流向与 6.3.4.7.7a）的规定相反，对应被试阀的出油口]。其结果应符合 5.4.4.2.1b）的相关要求。

6.3.4.7.8 对于先导型顺序阀、先导型单向顺序阀，按下列步骤进行：

a） 按 6.3.4.6.8 规定的方法对被试阀进行试验（此时流向为正，对应被试阀的进油口）。其结果应符合 5.4.4.2.1b）的相关要求；

b） 按 6.3.4.6.8 规定的方法对被试阀进行试验[此时流向与 6.3.4.7.8a）的规定相反，对应被试阀的出油口]。其结果应符合 5.4.4.2.1b）的相关要求。

6.3.4.7.9 按 6.3.4.6.9 规定的方法对被试阀进行试验。其结果应符合 5.4.4.2.1b）的相关要求。

6.3.4.7.10 按 6.3.4.6.10 规定的方法对被试阀进行试验。其结果应符合 5.4.4.2.1b）的相关要求。

6.3.4.7.11 按 6.3.4.6.11 规定的方法对被试阀进行试验（对于直动型被试阀，启动 6.3.4.6.11 所述试验装置的卸荷液控单向阀的先导电磁换向阀；对于先导型被试阀，启动 6.3.4.6.11 所述试验装置的先导控制电磁换向阀）。其结果应符合 5.4.4.2.1b）的相关要求。

6.3.4.7.12 按 6.3.4.6.12 规定的方法对被试阀进行试验。其结果应符合 5.4.4.2.2 的相关要求。

6.3.4.7.13 试验方法同 6.3.4.3.7。

6.3.4.7.14 试验方法同 6.3.4.1.8。

6.3.4.8 压力控制阀之减压阀、单向减压阀

6.3.4.8.1 用量具测量被试阀的公称通径。其结果应符合 5.4.4.2.1c）的相关要求。

6.3.4.8.2 将被试阀置于 GB/T 8105—1987 中规定的试验装置，使通过该阀的流量为该阀的试验流量（此时流向为正），该阀进油口的压力为该阀的公称压力，并按下列步骤进行试验：

a） 调节该阀的调压机构自全松至全紧（同时调节上述试验装置中该阀的出口节流阀），观察该阀出油口压力的上升与下降情况，并测量该阀的调压范围，重复次数应不少于 3 次；

b） 调节该阀的压力至该阀调压范围的最高值，测量该阀出油口的压力振摆值；

c） 调节该阀的压力至该阀调压范围的最低值（调压范围最低值低于 1.5 MPa 时，则调至 1.5 MPa），测量该阀 1 min 内的压力偏移值。

其结果应符合 5.4.4.2.1c）的相关要求。

6.3.4.8.3　对于先导型减压阀、先导型单向减压阀，将被试阀置于 GB/T 8105—1987 中规定的试验装置，调节该阀出油口的压力至该阀调压范围的最低值(调压范围最低值低于 1.5 MPa 时，则调至 1.5 MPa)，使通过该阀的流量分别为零和该阀的试验流量，然后调节上述试验装置的溢流阀，使该阀进油口的压力为该阀的公称压力，测量经过先导阀的外泄漏量。其结果应符合 5.4.4.2.1c)的相关要求。

6.3.4.8.4　将被试阀置于 GB/T 8105—1987 中规定的试验装置，使反向通过该阀的流量为该阀的试验流量，测量该阀反向的压力损失。其结果应符合 5.4.4.2.1c)的相关要求。

6.3.4.8.5　将被试阀置于 GB/T 8105—1987 中规定的试验装置，把该阀出油口的压力调至该阀调压范围的最低值(调压范围最低值低于 1.5 MPa 时，则调至 1.5 MPa)，并使通过该阀的流量为该阀的试验流量，然后按下列步骤进行试验：

a)　调节上述试验装置的溢流阀，使被试阀进油口的压力在比该阀出油口的调定压力高 2 MPa 至该阀的公称压力之间变化，同时记录该阀出油口的压力，测量该阀出油口压力的变化量，并按公式(1)计算该阀的相对出油口调定压力变化率：

$$\delta = \frac{\Delta p_2}{p_2} \times 100\% / \Delta p_1 \qquad \cdots\cdots(1)$$

式中：

δ——给定的出油口调定压力下，进油口压力变化时的相对出油口调定压力变化率，百分数每兆帕(%/MPa)；

Δp_2——进油口的压力变化时，出油口压力的最大变化值，单位为兆帕(MPa)；

p_2——出油口调定压力，即被试阀调压范围的最低值(调压范围最低值低于 1.5 MPa 时，即为 1.5 MPa)，单位为兆帕(MPa)；

Δp_1——进油口压力的变化量，单位为兆帕(MPa)。

b)　调节上述试验装置的溢流阀及被试阀出油口的节流阀，使被试阀进油口的压力为该阀的公称压力，且通过被试阀的流量在零至该阀的试验流量之间变化，测量被试阀出油口压力的变化量，并按公式(2)计算该阀的相对出油口调定压力变化率：

$$\varepsilon = \frac{\Delta p_{2L}}{p_2} \times 100\% / \Delta q \qquad \cdots\cdots(2)$$

式中：

ε——给定的出油口调定压力下，流量变化时的相对出油口调定压力变化率，百分数每升每分[%/(L/min)]；

Δp_{2L}——流量变化时，出油口压力的最大变化值，单位为兆帕(MPa)；

p_2——出油口调定压力，即被试阀调压范围的最低值(调压范围最低值低于 1.5 MPa 时，即为 1.5 MPa)，单位为兆帕(MPa)；

Δq——流量的变化量，单位为升每分(L/min)。

其结果应符合 5.4.4.2.1c)的相关要求。此外，再将被试阀出油口的压力分别调至该阀调压范围的中间值、最高值，重复 6.3.4.8.5a)试验，并绘制该阀 3 个不同出油口调定压力下的进油口压力-出油口调定压力特性曲线。其结果应符合 5.4.4.2.2 的相关要求。

6.3.4.8.6　分别按 GB/T 8105—1987 中 4.2.3、4.2.4、4.2.5 的规定对被试阀进行进油口压力阶跃压力响应特性试验、出油口流量阶跃压力响应特性试验及卸压、建压特性试验(仅对先导型减压阀、先导型单向减压阀)。其结果应符合 5.4.4.2.1c)的相关要求。

6.3.4.8.7　按 GB/T 8105—1987 中 4.2.2 的规定对被试阀进行调节力矩特性试验，并绘制该阀调节压力—调节力矩特性曲线。其结果应符合 5.4.4.2.1c)及 5.4.4.2.2 的相关要求。

6.3.4.8.8　将被试阀置于 GB/T 8105—1987 中规定的试验装置，使该阀进油口的压力为该阀的公称压力，且通过该阀的流量为该阀的试验流量。然后调节该阀，使该阀出油口的压力为该阀调压范围的最低值(调压范围最低值低于 1.5 MPa 时,则调至 1.5 MPa)和最高值。用噪声测量仪在以距离该阀外壁 1 m 为半径的近似球面上,测量 6 个均匀分布位置的噪声值。其结果应符合 5.4.4.2.1c)的相关要求。

6.3.4.8.9 将被试阀置于 GB/T 8105—1987 中规定的试验装置,使该阀进油口的压力为该阀的公称压力,且通过该阀的流量为该阀的试验流量。然后调节该阀,使该阀出油口的压力为该阀调压范围的最低值(调压范围最低值低于 1.5 MPa 时,则调至 1.5 MPa)。利用液控单向阀以每分钟(20～40)次的频率使该阀的进油口反复卸压、建压,统计该阀进油口反复卸压、建压的次数(相当于该阀的寿命)。其结果应符合 5.4.4.2.1c)的相关要求。

6.3.4.8.10 按 GB/T 8105—1987 中 4.2.1 的规定对被试阀进行稳态压力-流量特性试验。其结果应符合 5.4.4.2.2 的相关要求。

6.3.4.8.11 试验方法同 6.3.4.3.7。

6.3.4.8.12 试验方法同 6.3.4.1.8。

6.3.4.9 流量控制阀之节流阀、单向节流阀、行程节流阀及单向行程节流阀

6.3.4.9.1 用量具测量被试阀的公称通径。其结果应符合 5.4.4.3.1a)的相关要求。

6.3.4.9.2 将被试阀置于 GB/T 8104—1987 中规定的试验装置,使该阀进、出油口的压差为该阀最低工作的压力值。调节该阀自全开至全闭,再从全闭到全开,观察通过该阀流量的变化情况,测量该阀流量的调节范围,重复次数应不少于 3 次。其结果应符合 5.4.4.3.1a)的相关要求。

6.3.4.9.3 将被试阀置于 GB/T 8104—1987 中规定的试验装置,并按下列步骤进行试验:

a) 调节该阀至全开位置,使通过该阀的流量为该阀的试验流量(此时流向为正),测量该阀正向的压力损失(进、出油口的压差,下同);
b) 对于单向节流阀、单向行程节流阀,调节该阀至全闭位置,使通过该阀的流量为该阀的试验流量[流向与 6.3.4.9.3a)的规定相反],测量该阀反向的压力损失。

其结果应符合 5.4.4.3.1a)的相关要求。

6.3.4.9.4 将被试阀置于 GB/T 8104—1987 中规定的试验装置,并按下列步骤进行试验:

a) 调节被试阀至全闭位置,再调节上述试验装置的溢流阀,使被试阀进油口的压力为该阀的公称压力。重新调节被试阀,使之开启再完全关闭,30 s 后测量被试阀出油口的内泄漏量;
b) 对于行程节流阀、单向行程节流阀,调节被试阀至全开位置,再调节上述试验装置的回油节流阀,使被试阀出油口的压力为该阀公称压力的 90%,30 s 后测量被试阀泄油口的外泄漏量。

其结果应符合 5.4.4.3.1a)的相关要求。

6.3.4.9.5 对节流阀、单向节流阀,按 GB/T 8104—1987 中 5.1.3 的规定对被试阀进行调节力矩特性试验,并绘制该阀流量-调节力矩特性曲线。其结果应符合 5.4.4.3.1a)及 5.4.4.3.2 的相关要求。

6.3.4.9.6 按 GB/T 8104—1987 中 5.1.1 的规定对被试阀进行稳态压差-流量特性试验。其结果应符合 5.4.4.3.2 的相关要求。

6.3.4.9.7 试验方法同 6.3.4.3.7。

6.3.4.9.8 试验方法同 6.3.4.1.8。

6.3.4.10 流量控制阀之调速阀、单向调速阀及溢流节流阀

6.3.4.10.1 用量具测量被试阀的公称通径。其结果应符合 5.4.4.3.1b)的相关要求。

6.3.4.10.2 按 6.3.4.9.2 规定的方法对被试阀进行试验。其结果应符合 5.4.4.3.1b)的相关要求。

6.3.4.10.3 对于调速阀、单向调速阀,将被试阀置于 GB/T 8104—1987 中规定的试验装置,使该阀出油口接回油,调节该阀使通过该阀的流量为该阀的最小控制流量。然后调节上述试验装置的溢流阀,使被试阀进油口的压力在该阀的工作压力范围内变化,按公式(3)计算被试阀在进油口压力变化时的相对流量变化率:

$$\phi = \frac{\Delta q_1}{q} \times 100\% / \Delta p_1 \qquad \cdots\cdots(3)$$

式中：

ϕ——给定的调定流量下，进油口压力变化时的相对流量变化率，百分数每兆帕（%/MPa）；

Δq_1——进油口压力变化时，流量的最大变化值，单位为升每分（L/min）；

q——调定流量，即被试阀的最小控制流量，单位为升每分（L/min）；

Δp_1——进油口压力的变化量，单位为兆帕（MPa）。

其结果应符合 5.4.4.3.1b）的相关要求。

6.3.4.10.4　将被试阀置于 GB/T 8104—1987 中规定的试验装置，调节上述试验装置的溢流阀，使被试阀进油口的压力为该阀的公称压力；调节被试阀，使通过该阀的流量为该阀的最小控制流量。然后再调节上述试验装置的被试阀的出口节流阀，使被试阀出油口的压力在该阀公称压力的 5%～90%之间变化，按公式（4）计算被试阀在出油口压力变化时的相对流量变化率：

$$\varphi = \frac{\Delta q_2}{q} \times 100\% / \Delta p_2 \qquad \cdots\cdots\cdots\cdots(4)$$

式中：

φ——给定的调定流量下，出油口压力变化时的相对流量变化率，百分数每兆帕（%/MPa）；

Δq_2——出油口压力变化时，流量的最大变化值，单位为升每分（L/min）；

q——调定流量，即被试阀的最小控制流量，单位为升每分（L/min）；

Δp_2——出油口压力的变化量，单位为兆帕（MPa）。

其结果应符合 5.4.4.3.1b）的相关要求。

6.3.4.10.5　将带温度补偿的被试阀置于 GB/T 8104—1987 中规定的试验装置，使该阀进油口的压力为 6.3 MPa，出油口接回油，并使通过该阀的流量分别为 2 倍该阀的最小控制流量及该阀的试验流量。把该阀进油口的油温从 20 ℃升至 30 ℃，每升 1 ℃测量 1 次该阀的流量，分别绘制上述两种情况下该阀油温-调节流量影响特性曲线，并按公式（5）计算该阀油温变化时的相对流量变化率：

$$\gamma = \frac{\Delta q}{q} \times 100\% / \Delta t \qquad \cdots\cdots\cdots\cdots(5)$$

式中：

γ——给定的调定流量下，油温变化时的相对流量变化率，百分数每摄氏度（%/℃）；

Δq——油温变化时，流量的最大变化值，单位为升每分（L/min）；

q——调定流量，即 2 倍该阀的最小控制流量或该阀的试验流量，单位为升每分（L/min）；

Δt——油温的变化量，单位为摄氏度（℃）。

其结果应符合 5.4.4.3.1b）及 5.4.4.3.2 的相关要求。

6.3.4.10.6　对单向调速阀，按 6.3.4.9.3b）规定的方法对被试阀进行试验。其结果应符合5.4.4.3.1b）的相关要求。

6.3.4.10.7　对溢流节流阀，按 6.3.4.9.3a）规定的方法对被试阀进行试验。其结果应符合5.4.4.3.1b）的相关要求。

6.3.4.10.8　按 6.3.4.9.4a）规定的方法对被试阀进行试验。其结果应符合 5.4.4.3.1b）的相关要求。

6.3.4.10.9　按 GB/T 8104—1987 中 5.1.4 的规定对被试阀进行瞬态特性试验。其结果应符合 5.4.4.3.1b）的相关要求。

6.3.4.10.10　按 6.3.4.9.5 规定的方法对被试阀进行试验。其结果应符合 5.4.4.3.1b）及 5.4.4.3.2 的相关要求。

6.3.4.10.11　按 6.3.4.9.6 规定的方法对被试阀进行试验。其结果应符合 5.4.4.3.2 的相关要求。

6.3.4.10.12　将被试阀置于 GB/T 8104—1987 中规定的试验装置，使该阀进、出油口的压差为该阀的最低工作压力。调节该阀自全开至全闭，记录相应该阀所通过的流量，并绘制该阀开度-流量特性曲线。其结果应符合 5.4.4.3.2 的相关要求。

6.3.4.10.13 试验方法同 6.3.4.3.7。

6.3.4.10.14 试验方法同 6.3.4.1.8。

7 检验规则

7.1 检验分类

本标准规定的检验分类如下：

a) 型式检验；

b) 出厂检验。

7.2 型式检验

7.2.1 检验时机

属下列情况之一者，应进行型式检验：

a) 新产品(指船用液压阀，下同)的研制和批量生产的鉴定(含产品转厂生产)；

b) 产品设计、工艺或所用材料的改变可能导致产品的性能变化；

c) 出厂检验与以前进行的型式检验结果相差 10%以上；

d) 制造厂本身或主管部门进行产品定期质量检查，或用户反映产品的性能下降 10%以上。

7.2.2 检验条件

7.2.2.1 除另有规定外，船用液压阀的试验流量应大于其额定流量。

7.2.2.2 其他要求应符合 GB/T 7935—2005 中 2.1、2.2、2.3 的规定。

7.2.3 检验项目和顺序

7.2.3.1 电磁换向阀的检验项目和顺序应按表 B.1 的规定。

7.2.3.2 电液换向阀的检验项目和顺序应按表 B.2 的规定。

7.2.3.3 液动换向阀的检验项目和顺序应按表 B.3 的规定。

7.2.3.4 手动、行程换向阀的检验项目和顺序应按表 B.4 的规定。

7.2.3.5 单向阀、液控单向阀的检验项目和顺序应按表 B.5 的规定。

7.2.3.6 溢流阀、电磁溢流阀、远程调压阀的检验项目和顺序应按表 B.6 的规定。

7.2.3.7 顺序阀、单向顺序阀、卸荷阀、单向卸荷阀的检验项目和顺序应按表 B.7 的规定。

7.2.3.8 减压阀、单向减压阀的检验项目和顺序应按表 B.8 的规定。

7.2.3.9 节流阀、单向节流阀、行程节流阀、单向行程节流阀的检验项目和顺序应按表 B.9 的规定。

7.2.3.10 调速阀、单向调速阀、溢流节流阀的检验项目和顺序应按表 B.10 的规定。

7.2.4 受检样品数

从每种船用液压阀的每种规格中抽取 3 只，对其中 1 只进行全项目试验，而对另外 2 只则仅进行性能试验。

7.2.5 合格判据

当船用液压阀所有检验项目均符合要求时，则判该船用液压阀为型式检验合格；当船用液压阀有任一检验项目不符合要求时，允许加倍抽取同类受检样品后再对其实施该检验项目的复验，若符合要求，则判该船用液压阀为型式检验合格；若仍不符合要求，则判该船用液压阀为型式检验不合格。

7.3 出厂检验

7.3.1 检验条件

7.3.1.1 船用液压阀的试验流量应符合下列规定：

a) 当被试阀的额定流量小于或等于 200 L/min 时，试验流量应为额定流量；

b) 当被试阀的额定流量大于 200 L/min 时，试验流量应为 200 L/min。

7.3.1.2 同 7.2.2.2。

7.3.2 检验项目和顺序

同 7.2.3。

7.3.3 受检样品数

出厂检验分为全数检验和抽样检验。抽样检验时，抽样方法应符合下列要求：

a) 对小批量(产品数小于或等于25只)生产的产品，抽样数应按表3的规定；

b) 对大批量(产品数大于25只)生产的产品，分为下列两种情况：

1)当产品数小于或等于100只时，应在前25只产品中任选5只，其后再任选1只；

2)当产品数大于100只时，前100只按1)的方法抽取，从101只开始，每100只任选(1～2)只(不足100，按100计)。

表3 产品抽样方法表

产品数/只	<3	3～8	9～15	16～25
抽样数/只	全数	3	4	5

7.3.4 合格判据

当船用液压阀所有检验项目均符合要求时，则判该船用液压阀为出厂检验合格；当船用液压阀有任一检验项目不符合要求时，允许采取纠正措施后再对该阀实施该检验项目的复验，若符合要求，则判该船用液压阀为出厂检验合格；若仍不符合要求，则判该船用液压阀为出厂检验不合格。

8 标志、包装、运输与贮存

8.1 船用液压阀的铭牌应耐腐蚀。

8.2 船用液压阀的标志应符合GB/T 7935—2005中第3章的要求。

8.3 船用液压阀的包装应符合GB/T 13384的要求。

8.4 船用液压阀运输时不应采用抛、滑或其他容易引起碰击的方法，也不应采用电磁搬运。

8.5 船用液压阀贮存时应符合下列要求：

a) 应水平放置，防止滑动、碰伤；

b) 应防止曝晒、受潮、雨淋及接触腐蚀性气体。

附 录 A
（规范性附录）
船用液压控制阀性能表

A.1 船用液压控制阀性能表见表 A.1～表 A.10。

表 A.1 电磁换向阀性能表

<table>
<tr><th rowspan="2">公称通径/mm</th><th rowspan="2">公称压力/MPa</th><th rowspan="2">公称流量/(L/min)</th><th rowspan="2">额定流量/(L/min)</th><th rowspan="2">滑阀机能</th><th colspan="2">背压/MPa</th><th colspan="2">压力损失/MPa ⩽</th><th rowspan="2">内泄漏量/(mL/min) ⩽</th><th colspan="2">寿命/万次 ⩾</th></tr>
<tr><th>干式电磁铁</th><th>湿式电磁铁</th><th>P→A、B→T
P→B、A→T</th><th>P→T</th><th>干式电磁铁</th><th>湿式电磁铁</th></tr>
<tr><td rowspan="11">6</td><td rowspan="22">31.5</td><td rowspan="11">38</td><td rowspan="7">15</td><td>O</td><td rowspan="22">6.3</td><td rowspan="22">7.0</td><td rowspan="22">0.8</td><td rowspan="6">—</td><td rowspan="3">130</td><td rowspan="22">300</td><td rowspan="22">1 000</td></tr>
<tr><td>Y</td></tr>
<tr><td>P</td></tr>
<tr><td>J</td><td rowspan="3">200</td></tr>
<tr><td>N</td></tr>
<tr><td>C</td></tr>
<tr><td>M</td><td rowspan="2">0.4</td><td rowspan="3">300</td></tr>
<tr><td rowspan="3">12</td><td>H</td></tr>
<tr><td>K</td><td rowspan="11">—</td></tr>
<tr><td>X</td><td>200</td></tr>
<tr><td>15</td><td>OP</td><td>130</td></tr>
<tr><td rowspan="11">10</td><td rowspan="11">100</td><td rowspan="7">40</td><td>O</td><td rowspan="3">240</td></tr>
<tr><td>Y</td></tr>
<tr><td>P</td></tr>
<tr><td>J</td><td rowspan="3">300</td></tr>
<tr><td>N</td></tr>
<tr><td>C</td></tr>
<tr><td>M</td><td rowspan="2">0.4</td><td rowspan="3">400</td></tr>
<tr><td rowspan="3">35</td><td>H</td></tr>
<tr><td>K</td><td rowspan="3">—</td></tr>
<tr><td>X</td><td>300</td></tr>
<tr><td>40</td><td>OP</td><td>240</td></tr>
</table>

<table>
<tr><th rowspan="3">公称通径/mm</th><th colspan="8">响应时间/ms ⩽</th></tr>
<tr><th colspan="2">交流干式电磁铁</th><th colspan="2">直流干式电磁铁</th><th colspan="2">交流湿式电磁铁</th><th colspan="2">直流湿式电磁铁</th></tr>
<tr><th>换向</th><th>复位</th><th>换向</th><th>复位</th><th>换向</th><th>复位</th><th>换向</th><th>复位</th></tr>
<tr><td>6</td><td>23</td><td>31</td><td>30</td><td>38</td><td>30</td><td>40</td><td>45</td><td>55</td></tr>
<tr><td>10</td><td>33</td><td>41</td><td>40</td><td>51</td><td>40</td><td>54</td><td>60</td><td>73</td></tr>
</table>

表 A.2 电液换向阀性能表

公称通径/mm	公称压力/MPa	公称流量/(L/min)	额定流量/(L/min)	滑阀机能	背压/MPa				压力损失/MPa ≤		内泄漏量/(mL/min) ≤	寿命/万次 ≥	
					电磁铁		电磁铁		P→A、B→T P→B、A→T	P→T		电磁铁	
					干式	湿式	干式	湿式				干式	湿式
			150	O									
				Y									
				P						—	450		
			145	J									
				N									
16		300		C									
				M						0.4			
			140	H									
				K							840		
			145	X									
				OP									
			320	O									
				Y						—			
				P							500		
			300	J									
				N									
25	31.5	625		C	6.3	7.0	25.0		0.8			300	1 000
				M						0.4			
			260	H									
			300	K									
			280	X									
			300	OP									
				O							1 000		
				Y						—			
			470	P									
				J									
				N									
32		1 000		C									
			300	M						0.4			
			470	H									
			400	K							2 000		
			470	X						—			
				OP									

表 A.2（续）

<table>
<tr><th rowspan="3">公称通径/mm</th><th rowspan="3">公称压力/MPa</th><th rowspan="3">公称流量/(L/min)</th><th rowspan="3">额定流量/(L/min)</th><th rowspan="3">滑阀机能</th><th colspan="4">背压/MPa</th><th colspan="2">压力损失/MPa
≤</th><th rowspan="3">内泄漏量/(mL/min)
≤</th><th colspan="2">寿命/万次
≥</th></tr>
<tr><th colspan="2">电磁铁</th><th colspan="2">电磁铁</th><th rowspan="2">P→A、B→T
P→B、A→T</th><th rowspan="2">P→T</th><th colspan="2">电磁铁</th></tr>
<tr><th>干式</th><th>湿式</th><th>干式</th><th>湿式</th><th>干式</th><th>湿式</th></tr>
<tr><td rowspan="11">50</td><td rowspan="33">31.5</td><td rowspan="11">1 100</td><td rowspan="6">900</td><td>O</td><td rowspan="33">6.3</td><td rowspan="33">7.0</td><td rowspan="33" colspan="2">25.0</td><td rowspan="33">0.8</td><td rowspan="6">—</td><td rowspan="6">1 900</td><td rowspan="33">300</td><td rowspan="33">1 000</td></tr>
<tr><td>Y</td></tr>
<tr><td>P</td></tr>
<tr><td>J</td></tr>
<tr><td>N</td></tr>
<tr><td>C</td></tr>
<tr><td rowspan="4">600</td><td>M</td><td rowspan="2">0.4</td><td rowspan="5">3 600</td></tr>
<tr><td>H</td></tr>
<tr><td>K</td><td rowspan="9">—</td></tr>
<tr><td>X</td></tr>
<tr><td>900</td><td>OP</td></tr>
<tr><td rowspan="11">63</td><td rowspan="11">1 600</td><td rowspan="6">1 350</td><td>O</td><td rowspan="6">3 800</td></tr>
<tr><td>Y</td></tr>
<tr><td>P</td></tr>
<tr><td>J</td></tr>
<tr><td>N</td></tr>
<tr><td>C</td></tr>
<tr><td rowspan="4">900</td><td>M</td><td rowspan="2">0.4</td><td rowspan="5">7 500</td></tr>
<tr><td>H</td></tr>
<tr><td>K</td><td rowspan="9">—</td></tr>
<tr><td>X</td></tr>
<tr><td>1 350</td><td>OP</td></tr>
<tr><td rowspan="11">80</td><td rowspan="11">2 300</td><td rowspan="6">2 000</td><td>O</td><td rowspan="6">4 900</td></tr>
<tr><td>Y</td></tr>
<tr><td>P</td></tr>
<tr><td>J</td></tr>
<tr><td>N</td></tr>
<tr><td>C</td></tr>
<tr><td rowspan="4">1 350</td><td>M</td><td rowspan="2">0.4</td><td rowspan="5">9 720</td></tr>
<tr><td>H</td></tr>
<tr><td>K</td><td rowspan="3">—</td></tr>
<tr><td>X</td></tr>
<tr><td>2 000</td><td>OP</td></tr>
</table>

表 A.2（续）

<table>
<tr><th rowspan="3">公称通径/mm</th><th rowspan="3">最低控制压力/MPa
≤</th><th colspan="8">响应时间/ms
≤</th></tr>
<tr><th colspan="2">交流干式电磁铁</th><th colspan="2">直流干式电磁铁</th><th colspan="2">交流湿式电磁铁</th><th colspan="2">直流湿式电磁铁</th></tr>
<tr><th>换向</th><th>复位</th><th>换向</th><th>复位</th><th>换向</th><th>复位</th><th>换向</th><th>复位</th></tr>
<tr><td rowspan="3">16</td><td>0.9[a]</td><td rowspan="3">55</td><td rowspan="3">65</td><td rowspan="3">60</td><td rowspan="3">75</td><td rowspan="3">60</td><td rowspan="3" colspan="2">75</td><td rowspan="3">90</td></tr>
<tr><td>1.2[b]</td></tr>
<tr><td>5.0[c]</td></tr>
<tr><td rowspan="3">25</td><td>1.3[a]</td><td rowspan="3">80</td><td rowspan="3">90</td><td rowspan="3">85</td><td rowspan="3">100</td><td rowspan="3">85</td><td rowspan="3" colspan="2">100</td><td rowspan="6">115</td></tr>
<tr><td>1.9[b]</td></tr>
<tr><td>5.0[c]</td></tr>
<tr><td rowspan="3">32</td><td>1.5[a]</td><td rowspan="3">98</td><td rowspan="3">110</td><td rowspan="3">105</td><td rowspan="3" colspan="2">120</td><td rowspan="3">135</td><td rowspan="3">100</td></tr>
<tr><td>3.0[b]</td></tr>
<tr><td>5.0[c]</td></tr>
<tr><td rowspan="3">50</td><td>1.8[a]</td><td rowspan="3">118</td><td rowspan="3">130</td><td rowspan="3">125</td><td rowspan="3">140</td><td rowspan="3">125</td><td rowspan="3">130</td><td rowspan="3">140</td><td rowspan="3">155</td></tr>
<tr><td>4.8[b]</td></tr>
<tr><td>5.0[c]</td></tr>
<tr><td rowspan="3">63</td><td>2.2[a]</td><td rowspan="3">153</td><td rowspan="3">170</td><td rowspan="3">160</td><td rowspan="3">184</td><td rowspan="3">160</td><td rowspan="3">184</td><td rowspan="3">180</td><td rowspan="3">203</td></tr>
<tr><td>7.6[b]</td></tr>
<tr><td>5.0[c]</td></tr>
<tr><td rowspan="3">80</td><td>2.6[a]</td><td rowspan="3">210</td><td rowspan="3">230</td><td rowspan="3">220</td><td rowspan="3">224</td><td rowspan="3">220</td><td rowspan="3">244</td><td rowspan="3">240</td><td rowspan="3">263</td></tr>
<tr><td>12.0[b]</td></tr>
<tr><td>5.0[c]</td></tr>
</table>

[a] 对应额定(试验)流量时的最低控制压力。

[b] 对应公称流量时的最低控制压力。

[c] 对应瞬态试验时的最低控制压力。

表 A.3 液动换向阀性能表

<table>
<tr><th rowspan="2">公称通径/mm</th><th rowspan="2">公称压力/MPa</th><th rowspan="2">公称流量/(L/min)</th><th rowspan="2">额定流量/(L/min)</th><th rowspan="2">滑阀机能</th><th rowspan="2">背压/MPa
≤</th><th colspan="2">压力损失/MPa
≤</th><th rowspan="2">内泄漏量/(mL/min)
≤</th><th rowspan="2">寿命/万次
≥</th></tr>
<tr><th>P→A、B→T
P→B、A→T</th><th>P→T</th></tr>
<tr><td rowspan="7">16</td><td rowspan="7">31.5</td><td rowspan="7">300</td><td>150</td><td>O</td><td rowspan="7">25</td><td rowspan="7">0.8</td><td rowspan="6">—</td><td rowspan="6">450</td><td rowspan="7">1 000</td></tr>
<tr><td rowspan="6">145</td><td>Y</td></tr>
<tr><td>P</td></tr>
<tr><td>J</td></tr>
<tr><td>N</td></tr>
<tr><td>C</td></tr>
<tr><td>M</td><td>0.4</td><td>840</td></tr>
</table>

表 A.3（续）

<table>
<tr><th rowspan="2">公称通径/mm</th><th rowspan="2">公称压力/MPa</th><th rowspan="2">公称流量/(L/min)</th><th rowspan="2">额定流量/(L/min)</th><th rowspan="2">滑阀机能</th><th rowspan="2">背压/MPa ≤</th><th colspan="2">压力损失/MPa ≤</th><th rowspan="2">内泄漏量/(mL/min) ≤</th><th rowspan="2">寿命/万次 ≥</th></tr>
<tr><th>P→A、B→T
P→B、A→T</th><th>P→T</th></tr>
<tr><td rowspan="4">16</td><td rowspan="37">31.5</td><td rowspan="4">300</td><td rowspan="2">140</td><td>H</td><td rowspan="37">25</td><td rowspan="37">0.8</td><td>0.4</td><td rowspan="4">840</td><td rowspan="37">1 000</td></tr>
<tr><td>K</td><td rowspan="10">—</td></tr>
<tr><td rowspan="2">145</td><td>X</td></tr>
<tr><td>OP</td></tr>
<tr><td rowspan="11">25</td><td rowspan="11">625</td><td>320</td><td>O</td><td rowspan="6">500</td></tr>
<tr><td rowspan="6">300</td><td>Y</td></tr>
<tr><td>P</td></tr>
<tr><td>J</td></tr>
<tr><td>N</td></tr>
<tr><td>C</td></tr>
<tr><td>M</td><td rowspan="2">0.4</td><td rowspan="11">1 000</td></tr>
<tr><td>260</td><td>H</td></tr>
<tr><td>300</td><td>K</td><td rowspan="9">—</td></tr>
<tr><td>280</td><td>X</td></tr>
<tr><td>300</td><td>OP</td></tr>
<tr><td rowspan="11">32</td><td rowspan="11">1 000</td><td rowspan="6">470</td><td>O</td></tr>
<tr><td>Y</td></tr>
<tr><td>P</td></tr>
<tr><td>J</td></tr>
<tr><td>N</td></tr>
<tr><td>C</td></tr>
<tr><td>300</td><td>M</td><td rowspan="2">0.4</td><td rowspan="5">2 000</td></tr>
<tr><td>470</td><td>H</td></tr>
<tr><td>400</td><td>K</td><td rowspan="9">—</td></tr>
<tr><td rowspan="2">470</td><td>X</td></tr>
<tr><td>OP</td></tr>
<tr><td rowspan="11">50</td><td rowspan="11">1 100</td><td rowspan="6">900</td><td>O</td><td rowspan="6">1 900</td></tr>
<tr><td>Y</td></tr>
<tr><td>P</td></tr>
<tr><td>J</td></tr>
<tr><td>N</td></tr>
<tr><td>C</td></tr>
<tr><td rowspan="4">600</td><td>M</td><td rowspan="2">0.4</td><td rowspan="5">3 600</td></tr>
<tr><td>H</td></tr>
<tr><td>K</td><td rowspan="3">—</td></tr>
<tr><td>X</td></tr>
<tr><td>900</td><td>OP</td></tr>
</table>

表 A.3（续）

公称通径/mm	公称压力/MPa	公称流量/(L/min)	额定流量/(L/min)	滑阀机能	背压/MPa ≤	压力损失/MPa ≤ P→A、B→T P→B、A→T	压力损失/MPa ≤ P→T	内泄漏量/(mL/min) ≤	寿命/万次 ≥
63	31.5	1 600	1 350	O	25	0.8	—	3 800	1 000
				Y					
				P					
				J					
				N					
				C					
			900	M			0.4	7 500	
				H					
				K			—		
				X					
			1 350	OP					
80		2 300	2 000	O				4 900	
				Y					
				P					
				J					
				N					
				C					
			1 350	M			0.4	9 720	
				H					
				K			—		
				X					
			2 000	OP					

公称通径/mm	最低控制压力/MPa ≤	响应时间/ms ≤ 换向	响应时间/ms ≤ 复位
16	0.9[a]	30	45
	1.2[b]		
	5.0[c]		
25	1.3[a]		
	1.9[b]		
	5.0[c]		
32	1.5[a]	75	80
	3.0[b]		
	5.0[c]		

表 A.3（续）

<table>
<tr><th rowspan="2">公称通径/mm</th><th rowspan="2">最低控制压力/MPa
≤</th><th colspan="2">响应时间/ms
≤</th></tr>
<tr><th>换向</th><th>复位</th></tr>
<tr><td rowspan="3">50</td><td>1.5[a]</td><td rowspan="3">95</td><td rowspan="3">100</td></tr>
<tr><td>3.0[b]</td></tr>
<tr><td>5.0[c]</td></tr>
<tr><td rowspan="3">63</td><td>2.2[a]</td><td rowspan="3">120</td><td rowspan="3">130</td></tr>
<tr><td>7.6[b]</td></tr>
<tr><td>5.0[c]</td></tr>
<tr><td rowspan="3">80</td><td>2.6[a]</td><td rowspan="3">180</td><td rowspan="3">190</td></tr>
<tr><td>12.0[b]</td></tr>
<tr><td>5.0[c]</td></tr>
<tr><td colspan="4">a 对应额定(试验)流量时的最低控制压力。
b 对应公称流量时的最低控制压力。
c 对应瞬态试验时的最低控制压力。</td></tr>
</table>

表 A.4 手动、行程换向阀性能表

<table>
<tr><th rowspan="2">公称通径/mm</th><th rowspan="2">公称压力/MPa</th><th rowspan="2">公称流量/(L/min)</th><th rowspan="2">额定流量/(L/min)</th><th rowspan="2">滑阀机能</th><th rowspan="2">背压/MPa
≤</th><th colspan="2">压力损失/MPa
≤</th><th rowspan="2">内泄漏量/(mL/min)
≤</th></tr>
<tr><th>P→A、B→T
P→B、A→T</th><th>P→T</th></tr>
<tr><td rowspan="11">6</td><td rowspan="18">31.5</td><td rowspan="11">38</td><td rowspan="7">15</td><td>O</td><td rowspan="18">25</td><td rowspan="18">0.8</td><td rowspan="6">—</td><td rowspan="3">130</td></tr>
<tr><td>Y</td></tr>
<tr><td>P</td></tr>
<tr><td>J</td><td rowspan="3">200</td></tr>
<tr><td>N</td></tr>
<tr><td>C</td></tr>
<tr><td>M</td><td rowspan="2">0.4</td><td rowspan="3">300</td></tr>
<tr><td rowspan="3">12</td><td>H</td></tr>
<tr><td>K</td><td rowspan="10">—</td></tr>
<tr><td>X</td><td>200</td></tr>
<tr><td>15</td><td>OP</td><td>130</td></tr>
<tr><td rowspan="7">10</td><td rowspan="7">100</td><td rowspan="7">40</td><td>O</td><td rowspan="3">240</td></tr>
<tr><td>Y</td></tr>
<tr><td>P</td></tr>
<tr><td>J</td><td rowspan="3">300</td></tr>
<tr><td>N</td></tr>
<tr><td>C</td></tr>
<tr><td>M</td><td>0.4</td><td>400</td></tr>
</table>

表 A.4（续）

<table>
<tr><th rowspan="2">公称通径/mm</th><th rowspan="2">公称压力/MPa</th><th rowspan="2">公称流量/(L/min)</th><th rowspan="2">额定流量/(L/min)</th><th rowspan="2">滑阀机能</th><th rowspan="2">背压/MPa ≤</th><th colspan="2">压力损失/MPa ≤</th><th rowspan="2">内泄漏量/(mL/min) ≤</th></tr>
<tr><th>P→A、B→T
P→B、A→T</th><th>P→T</th></tr>
<tr><td rowspan="4">10</td><td rowspan="37">31.5</td><td rowspan="4">100</td><td rowspan="3">35</td><td>H</td><td rowspan="37">25</td><td rowspan="37">0.8</td><td>0.4</td><td rowspan="2">400</td></tr>
<tr><td>K</td><td rowspan="9">—</td></tr>
<tr><td>X</td><td>300</td></tr>
<tr><td>40</td><td>OP</td><td>240</td></tr>
<tr><td rowspan="11">16</td><td rowspan="11">300</td><td>150</td><td>O</td><td rowspan="6">450</td></tr>
<tr><td rowspan="6">145</td><td>Y</td></tr>
<tr><td>P</td></tr>
<tr><td>J</td></tr>
<tr><td>N</td></tr>
<tr><td>C</td></tr>
<tr><td>M</td><td rowspan="2">0.4</td><td rowspan="5">840</td></tr>
<tr><td rowspan="2">140</td><td>H</td></tr>
<tr><td>K</td><td rowspan="9">—</td></tr>
<tr><td rowspan="2">145</td><td>X</td></tr>
<tr><td>OP</td></tr>
<tr><td rowspan="11">25</td><td rowspan="11">625</td><td>320</td><td>O</td><td rowspan="6">500</td></tr>
<tr><td rowspan="6">300</td><td>Y</td></tr>
<tr><td>P</td></tr>
<tr><td>J</td></tr>
<tr><td>N</td></tr>
<tr><td>C</td></tr>
<tr><td>M</td><td rowspan="2">0.4</td><td rowspan="11">1 000</td></tr>
<tr><td>260</td><td>H</td></tr>
<tr><td>300</td><td>K</td><td rowspan="9">—</td></tr>
<tr><td>280</td><td>X</td></tr>
<tr><td>300</td><td>OP</td></tr>
<tr><td rowspan="11">32</td><td rowspan="11">1 000</td><td rowspan="6">470</td><td>O</td></tr>
<tr><td>Y</td></tr>
<tr><td>P</td></tr>
<tr><td>J</td></tr>
<tr><td>N</td></tr>
<tr><td>C</td></tr>
<tr><td>300</td><td>M</td><td rowspan="2">0.4</td><td rowspan="5">2 000</td></tr>
<tr><td>470</td><td>H</td></tr>
<tr><td>400</td><td>K</td><td rowspan="3">—</td></tr>
<tr><td rowspan="2">470</td><td>X</td></tr>
<tr><td>OP</td></tr>
</table>

表 A.4（续）

<table>
<tr><th rowspan="2">公称通径/mm</th><th rowspan="2">公称压力/MPa</th><th rowspan="2">公称流量/(L/min)</th><th rowspan="2">额定流量/(L/min)</th><th rowspan="2">滑阀机能</th><th rowspan="2">背压/MPa ≤</th><th colspan="2">压力损失/MPa ≤</th><th rowspan="2">内泄漏量/(mL/min) ≤</th></tr>
<tr><th>P→A、B→T
P→B、A→T</th><th>P→T</th></tr>
<tr><td rowspan="12">50</td><td rowspan="12">31.5</td><td rowspan="12">2 000</td><td rowspan="6">900</td><td>O</td><td rowspan="12">25</td><td rowspan="12">0.8</td><td rowspan="6">—</td><td rowspan="6">1 900</td></tr>
<tr><td>Y</td></tr>
<tr><td>P</td></tr>
<tr><td>J</td></tr>
<tr><td>N</td></tr>
<tr><td>C</td></tr>
<tr><td rowspan="5">600</td><td>M</td><td rowspan="2">0.4</td><td rowspan="6">3 600</td></tr>
<tr><td>H</td></tr>
<tr><td>K</td><td rowspan="3">—</td></tr>
<tr><td>X</td></tr>
<tr><td>900</td><td>OP</td></tr>
</table>

表 A.5 单向阀、液控单向阀性能表

<table>
<tr><th rowspan="2">阀类别</th><th rowspan="2">公称通径/mm</th><th rowspan="2">公称压力/MPa</th><th rowspan="2">公称流量/(L/min)</th><th rowspan="2">额定流量/(L/min)</th><th colspan="2">压力损失/MPa ≤</th></tr>
<tr><th>正向</th><th>反向</th></tr>
<tr><td rowspan="12">单向阀</td><td rowspan="2">10</td><td rowspan="18">31.5</td><td rowspan="2">63</td><td rowspan="2">50</td><td>0.4</td><td rowspan="12">—</td></tr>
<tr><td>1.0</td></tr>
<tr><td rowspan="2">20</td><td rowspan="2">200</td><td rowspan="2">160</td><td>0.4</td></tr>
<tr><td>1.0</td></tr>
<tr><td rowspan="2">32</td><td rowspan="2">400</td><td rowspan="2">320</td><td>0.4</td></tr>
<tr><td>1.0</td></tr>
<tr><td rowspan="2">50</td><td rowspan="2">800</td><td rowspan="2">630</td><td>0.4</td></tr>
<tr><td>1.0</td></tr>
<tr><td rowspan="2">63</td><td rowspan="2">1 250</td><td rowspan="2">1 000</td><td>0.4</td></tr>
<tr><td>1.0</td></tr>
<tr><td rowspan="2">80</td><td rowspan="2">2 000</td><td rowspan="2">1 600</td><td>0.4</td></tr>
<tr><td>1.0</td></tr>
<tr><td rowspan="6">液控单向阀</td><td rowspan="2">10</td><td rowspan="2">63</td><td rowspan="2">50</td><td>0.4</td><td rowspan="6">0.4</td></tr>
<tr><td>1.0</td></tr>
<tr><td rowspan="2">20</td><td rowspan="2">200</td><td rowspan="2">160</td><td>0.4</td></tr>
<tr><td>1.0</td></tr>
<tr><td rowspan="2">32</td><td rowspan="2">400</td><td rowspan="2">320</td><td>0.4</td></tr>
<tr><td>1.0</td></tr>
</table>

表 A.5（续）

<table>
<tr><th rowspan="2">阀类别</th><th rowspan="2">公称通径/mm</th><th rowspan="2">公称压力/MPa</th><th rowspan="2">公称流量/(L/min)</th><th rowspan="2">额定流量/(L/min)</th><th colspan="2">压力损失/MPa ≤</th></tr>
<tr><th>正向</th><th>反向</th></tr>
<tr><td rowspan="6">液控单向阀</td><td rowspan="2">50</td><td rowspan="6">31.5</td><td rowspan="2">800</td><td rowspan="2">630</td><td>0.4</td><td rowspan="6">0.4</td></tr>
<tr><td>1.0</td></tr>
<tr><td rowspan="2">63</td><td rowspan="2">1 250</td><td rowspan="2">1 000</td><td>0.4</td></tr>
<tr><td>1.0</td></tr>
<tr><td rowspan="2">80</td><td rowspan="2">2 000</td><td rowspan="2">1 600</td><td>0.4</td></tr>
<tr><td>1.0</td></tr>
</table>

<table>
<tr><th rowspan="2">阀类别</th><th rowspan="2">公称通径/mm</th><th rowspan="2">开启压力/MPa</th><th colspan="2">反向开启最低控制压力/MPa ≤</th><th rowspan="2">反向关闭最高控制压力/MPa ≥</th><th rowspan="2">控制活塞泄漏量/(mL/min) ≤</th><th rowspan="2">寿命/万次 ≥</th></tr>
<tr><th>内泄式</th><th>外泄式</th></tr>
<tr><td rowspan="12">单向阀</td><td rowspan="2">10</td><td>0.05±0.01</td><td colspan="4" rowspan="12">—</td><td rowspan="24">15</td></tr>
<tr><td>0.50±0.10</td></tr>
<tr><td rowspan="2">20</td><td>0.05±0.01</td></tr>
<tr><td>0.50±0.10</td></tr>
<tr><td rowspan="2">32</td><td>0.05±0.01</td></tr>
<tr><td>0.50±0.10</td></tr>
<tr><td rowspan="2">50</td><td>0.05±0.01</td></tr>
<tr><td>0.50±0.10</td></tr>
<tr><td rowspan="2">63</td><td>0.05±0.01</td></tr>
<tr><td>0.50±0.10</td></tr>
<tr><td rowspan="2">80</td><td>0.05±0.01</td></tr>
<tr><td>0.50±0.10</td></tr>
<tr><td rowspan="12">液控单向阀</td><td rowspan="2">10</td><td>0.05±0.01</td><td>29.5</td><td>8.5</td><td>0.15</td><td rowspan="2">80</td></tr>
<tr><td>0.50±0.10</td><td>30.0</td><td>9.0</td><td>0.30</td></tr>
<tr><td rowspan="2">20</td><td>0.05±0.01</td><td>29.5</td><td>8.5</td><td>0.15</td><td rowspan="2">200</td></tr>
<tr><td>0.50±0.10</td><td>30.0</td><td>9.0</td><td>0.30</td></tr>
<tr><td rowspan="2">32</td><td>0.05±0.01</td><td>29.5</td><td>8.5</td><td>0.15</td><td rowspan="2">400</td></tr>
<tr><td>0.50±0.10</td><td>30.0</td><td>9.0</td><td>0.30</td></tr>
<tr><td rowspan="2">50</td><td>0.05±0.01</td><td>29.5</td><td>8.5</td><td>0.15</td><td rowspan="2">800</td></tr>
<tr><td>0.50±0.10</td><td>30.0</td><td>9.0</td><td>0.30</td></tr>
<tr><td rowspan="2">63</td><td>0.05±0.01</td><td>29.5</td><td>8.5</td><td>0.15</td><td rowspan="2">1 200</td></tr>
<tr><td>0.50±0.10</td><td>30.0</td><td>9.0</td><td>0.30</td></tr>
<tr><td rowspan="2">80</td><td>0.05±0.01</td><td>29.5</td><td>8.5</td><td>0.15</td><td rowspan="2">1 800</td></tr>
<tr><td>0.50±0.10</td><td>30.0</td><td>9.0</td><td>0.30</td></tr>
</table>

表 A.6 溢流阀、电磁溢流阀及远程调压阀性能表

阀类别	公称通径/mm	公称压力/MPa	公称流量/(L/min)	额定流量/(L/min)	调压范围/MPa	压力振摆/MPa	压力偏移/MPa
先导型溢流阀、电磁溢流阀	10	31.5	63	50	0.6～8.0	±0.3	±0.2
					4.0～16.0	±0.4	±0.3
					8.0～20.0	±0.5	±0.4
					16.0～31.5	±0.6	
	20		200	160	0.6～8.0	±0.3	±0.2
					4.0～16.0	±0.4	±0.3
					8.0～20.0	±0.5	±0.4
					16.0～31.5	±0.6	
	32		400	320	0.6～8.0	±0.3	±0.2
					4.0～16.0	±0.4	±0.3
					8.0～20.0	±0.5	±0.4
					16.0～31.5	±0.6	
	50		800	630	0.6～8.0	±0.3	±0.2
					4.0～16.0	±0.4	±0.3
					8.0～20.0	±0.5	±0.4
					16.0～31.5	±0.6	
	63		1 250	1 000	0.6～8.0	±0.3	±0.2
					4.0～16.0	±0.4	±0.3
					8.0～20.0	±0.5	±0.4
					16.0～31.5	±0.6	
	80		2 000	1 600	0.6～8.0	±0.3	±0.2
					4.0～16.0	±0.4	±0.3
					8.0～20.0	±0.5	±0.4
					16.0～31.5	±0.6	
直动型溢流阀	6	5.0	30		1.2～5.0	±0.3	±0.2
		10.0			3.2～10.0		±0.3
		20.0	38	35	6.0～20.0	±0.5	±0.4
		31.5	44	40	9.0～31.5		±0.6
		40.0	50		16.0～40.0	±0.6	±0.8
	10	5.0	70	50	1.2～5.0	±0.3	±0.2
		10.0	75	60	3.2～10.0		±0.3
		20.0	90	80	6.0～20.0	±0.5	±0.4
		31.5	105	100	9.0～31.5		±0.6
		40.0	120		16.0～40.0	±0.6	±0.8

表 A.6（续）

阀类别	公称通径/mm	公称压力/MPa	公称流量/(L/min)	额定流量/(L/min)	调压范围/MPa	压力振摆/MPa	压力偏移/MPa
直动型溢流阀	20	5.0	160	150	1.2～5.0	±0.3	±0.2
		10.0	170		3.2～10.0		±0.3
		20.0	200	200	6.0～20.0	±0.5	±0.4
		31.5	230		9.0～31.5	±0.5	±0.6
		40.0			16.0～40.0	±0.6	±0.8
	32	5.0	250	150	0.6～8.0	±0.3	±0.2
		10.0		200	4.0～6.0	±0.4	±0.3
		20.0	300		8.0～20.0	±0.5	±0.4
		31.5	330		16.0～31.5	±0.6	
远程调压阀	6	31.5	4	2.5	0.6～10.0	±0.3	±0.2
					4.0～16.0	±0.4	±0.3
					8.0～20.0	±0.5	±0.4
					16.0～31.5	±0.6	

阀类别	公称通径/mm	调压范围/MPa	内泄漏量/(mL/min) ≤	卸荷压力/MPa ≤	压力损失/MPa ≤	调节力矩/N·m ≤	噪声/dB ≤
先导型溢流阀、电磁溢流阀	10	0.6～8.0	50	0.35	0.4	0.35	74
		4.0～16.0	70			0.60	76
		8.0～20.0	100			0.70	78
		16.0～31.5	150			1.10	80
	20	0.6～8.0	60			0.35	74
		4.0～16.0	100			0.60	76
		8.0～20.0	120			0.70	78
		16.0～31.5	180			1.10	80
	32	0.6～8.0	80			0.35	76
		4.0～16.0	120			0.60	78
		8.0～20.0	160			0.70	80
		16.0～31.5	240			1.10	82
	50	0.6～8.0	120			0.35	78
		4.0～16.0	180			0.60	80
		8.0～20.0	230			0.70	82
		16.0～31.5	320			1.10	84
	63	0.6～8.0	180			0.35	78
		4.0～16.0	270			0.60	80
		8.0～20.0	340			0.70	82
		16.0～31.5	490			1.10	84
	80	0.6～8.0	230			0.35	78
		4.0～16.0	320			0.60	80
		8.0～20.0	420			0.70	82
		16.0～31.5	600			1.10	84

表 A.6（续）

阀类别	公称通径/mm	调压范围/MPa	内泄漏量/(mL/min) ≤	卸荷压力/MPa ≤	压力损失/MPa ≤	调节力矩/N·m ≤	噪声/dB ≤
直动型溢流阀	6	1.2～5.0	70	—	1.7	0.15	74
		3.2～10.0	140		2.0		76
		6.0～20.0	290		2.6		
		9.0～31.5	450		5.0	0.20	78
		16.0～40.0	570		6.0	0.25	80
	10	1.2～5.0	80		0.8	0.15	74
		3.2～10.0	160		1.0		76
		6.0～20.0	310		3.0		
		9.0～31.5	480		2.5	0.20	78
		16.0～40.0	610		1.0	0.28	80
	20	1.2～5.0	100		1.2	0.18	74
		3.2～10.0	180				76
		6.0～20.0	330		1.5	0.28	
		9.0～31.5	510			0.42	78
		16.0～40.0	650			0.53	80
	32	1.2～5.0	120		1.0	0.21	76
		3.2～10.0	200			0.40	78
		6.0～20.0	370			0.76	
		9.0～31.5	700		2.0	1.18	80
远程调压阀	6	0.6～10.0	5		0.4	—	
		4.0～16.0	10				
		8.0～20.0	15				
		16.0～31.5	20				

阀类别	公称通径/mm	调压范围/MPa	等压力(启闭)特性			寿命/万次 ≥
			溢流量/(L/min)	开启率/%	闭合率/%	
先导型溢流阀、电磁溢流阀	10	0.6～8.0	1.00	90	86	50
		4.0～16.0				40
		8.0～20.0				30
		16.0～31.5				15
	20	0.6～8.0	2.50			50
		4.0～16.0				40
		8.0～20.0		92	88	30
		16.0～31.5				15

表 A.6（续）

阀类别	公称通径/mm	调压范围/MPa	等压力(启闭)特性 溢流量/(L/min)	开启率/%	闭合率/%	寿命/万次 ≥
先导型溢流阀、电磁溢流阀	32	0.6～8.0	5.00	90	86	50
		4.0～16.0		92		40
		8.0～20.0			88	30
		16.0～31.5				15
	50	0.6～8.0	12.50	90	86	40
		4.0～16.0		92		30
		8.0～20.0				20
		16.0～31.5				10
	63	0.6～8.0	20.00	90	88	40
		4.0～16.0		92		30
		8.0～20.0				20
		16.0～31.5				10
	80	0.6～8.0	31.25	90		40
		4.0～16.0		92		30
		8.0～20.0				20
		16.0～31.5				10
直动型溢流阀	6	1.2～5.0	0.750	71	66	60
		3.2～10.0	0.775	73	68	50
		6.0～20.0	0.950	75	70	40
		9.0～31.5	1.100			30
		16.0～40.0	1.250			20
	10	1.2～5.0		71	66	60
		3.2～10.0	1.500	73	68	50
		6.0～20.0	2.000	75	70	40
		9.0～31.5	2.500			30
		16.0～40.0	1.500			20
	20	1.2～5.0	3.750	71	66	60
		3.2～10.0		73	68	50
		6.0～20.0	5.000	75	70	40
		9.0～31.5				30
		16.0～40.0				20
	32	1.2～5.0	3.750	71	66	60
		3.2～10.0	5.000	73	68	50
		6.0～20.0		75	70	40
		9.0～31.5				30

表 A.6（续）

阀类别	公称通径/mm	调压范围/MPa	瞬态特性 瞬态恢复时间/ms ≤	建压时间/ms ≤	卸荷时间/ms ≤	压力超调率/% ≤
先导型溢流阀、电磁溢流阀	10	0.6～8.0	20	11	9	25
		4.0～16.0		22	18	
		8.0～20.0	25	28	22	
		16.0～31.5		44	36	
	20	0.6～8.0		11	9	
		4.0～16.0		22	18	
		8.0～20.0	30	28	22	
		16.0～31.5		44	36	
	32	0.6～8.0		11	9	
		4.0～16.0		22	18	
		8.0～20.0	35	28	22	
		16.0～31.5		44	36	
	50	0.6～8.0		11	9	
		4.0～16.0		22	18	
		8.0～20.0	40	28	22	
		16.0～31.5		44	36	
	63	0.6～8.0		11	9	
		4.0～16.0		22	18	
		8.0～20.0	45	28	22	
		16.0～31.5		44	36	
	80	0.6～8.0		11	9	
		4.0～16.0		22	18	
		8.0～20.0	50	28	22	
		16.0～31.5		44	36	
直动型溢流阀	6	1.2～5.0	20	—		20
		3.2～10.0				
		6.0～20.0				
		9.0～31.5	25			25
		16.0～40.0	30			30
	10	1.2～5.0	25			20
		3.2～10.0				
		6.0～20.0				
		9.0～31.5	30			25
		16.0～40.0	35			30

表 A.6（续）

阀类别	公称通径/mm	调压范围/MPa	瞬态特性			
			瞬态恢复时间/ms ≤	建压时间/ms ≤	卸荷时间/ms ≤	压力超调率/% ≤
直动型溢流阀	20	1.2～5.0	30	—		20
		3.2～10.0				
		6.0～20.0				
		9.0～31.5	35			25
		16.0～40.0	40			30
	32	1.2～5.0	35			20
		3.2～10.0				
		6.0～20.0				
		9.0～31.5	40			25

表 A.7　顺序阀、单向顺序阀、卸荷阀及单向卸荷阀性能表

阀类别	公称通径/mm	公称压力/MPa	公称流量/(L/min)	额定流量/(L/min)	调压范围/MPa	压力振摆/MPa	压力偏移/MPa	调节力矩/N·m ≤	噪声/dB ≤	寿命/万次 ≥
①	10	31.5	63	50	0.6～1.6	—		0.3	70	100
					1.6～4.0			0.4	72	80
					4.0～8.0			0.6	74	60
					4.0～16.0	±0.4	±0.3	0.8	76	40
	20		200	160	0.6～1.6			0.5	70	100
					1.6～4.0	±0.3	±0.2	0.6	72	80
					4.0～8.0			0.8	74	60
					4.0～16.0	±0.4	±0.3	1.0	76	40
	32		400	320	0.6～1.6			0.7	70	100
					1.6～4.0	±0.3	±0.2	1.2	72	80
					4.0～8.0			1.6	74	60
					4.0～16.0	±0.4	±0.3	2.0	76	40
	50		800	630	0.6～1.6			1.0	70	80
					1.6～4.0	±0.3	±0.2	1.5	72	60
					4.0～8.0			2.0	74	40
					4.0～16.0	±0.4	±0.3	2.5	76	20
②	10		150	50	0.8～21.0	±0.5	±0.4	0.6	78	40
	20		300	160				0.8		
	32		450	320				1.6		

表 A.7（续）

<table>
<tr><th rowspan="3">阀类别</th><th rowspan="3">公称通径/mm</th><th rowspan="3">调压范围/MPa</th><th rowspan="3">内泄漏量/(mL/min)≤</th><th rowspan="3">外泄漏量/(mL/min)≤</th><th colspan="2">压力损失/MPa≤</th><th colspan="3">等压力(启闭)特性</th></tr>
<tr><th rowspan="2">正向</th><th rowspan="2">反向</th><th rowspan="2">流量/(L/min)</th><th rowspan="2">开启率/%</th><th rowspan="2">闭合率/%</th></tr>
<tr></tr>
<tr><td rowspan="16">①</td><td rowspan="4">10</td><td>0.6～1.6</td><td>30</td><td rowspan="4">700</td><td colspan="2" rowspan="19">0.4</td><td rowspan="4">1.0</td><td rowspan="16">80</td><td rowspan="16">62</td></tr>
<tr><td>1.6～4.0</td><td>80</td></tr>
<tr><td>4.0～8.0</td><td>160</td></tr>
<tr><td>4.0～16.0</td><td>320</td></tr>
<tr><td rowspan="4">20</td><td>0.6～1.6</td><td>50</td><td rowspan="4">900</td><td rowspan="4">2.5</td></tr>
<tr><td>1.6～4.0</td><td>140</td></tr>
<tr><td>4.0～8.0</td><td>280</td></tr>
<tr><td>4.0～16.0</td><td>560</td></tr>
<tr><td rowspan="4">32</td><td>0.6～1.6</td><td>70</td><td rowspan="4">1 100</td><td rowspan="4">5.0</td></tr>
<tr><td>1.6～4.0</td><td>200</td></tr>
<tr><td>4.0～8.0</td><td>400</td></tr>
<tr><td>4.0～16.0</td><td>800</td></tr>
<tr><td rowspan="4">50</td><td>0.6～1.6</td><td>100</td><td rowspan="4">1 400</td><td rowspan="4">12.5</td></tr>
<tr><td>1.6～4.0</td><td>300</td></tr>
<tr><td>4.0～8.0</td><td>600</td></tr>
<tr><td>4.0～16.0</td><td>1 200</td></tr>
<tr><td rowspan="3">②</td><td>10</td><td rowspan="3">0.8～21.0</td><td>240</td><td>700</td><td>1.0</td><td rowspan="3">90</td><td rowspan="3">86</td></tr>
<tr><td>20</td><td>350</td><td>900</td><td>2.5</td></tr>
<tr><td>32</td><td>500</td><td>1 100</td><td>5.0</td></tr>
</table>

<table>
<tr><th rowspan="3">阀类别</th><th rowspan="3">公称通径/mm</th><th rowspan="3">调压范围/MPa</th><th colspan="8">瞬　态　特　性</th></tr>
<tr><th colspan="2">瞬态恢复时间/ms≤</th><th colspan="2">建压时间/ms≤</th><th colspan="2">卸压时间/ms≤</th><th colspan="2">压力超调率/%</th></tr>
<tr><th>进油口</th><th>出油口</th><th>进油口</th><th>出油口</th><th>进油口</th><th>出油口</th><th>进油口</th><th>出油口</th></tr>
<tr><td rowspan="11">①</td><td rowspan="4">10</td><td>0.6～1.6</td><td rowspan="2">25</td><td rowspan="2">20</td><td colspan="4" rowspan="11">—</td><td rowspan="11">35</td><td rowspan="11">15</td></tr>
<tr><td>1.6～4.0</td></tr>
<tr><td>4.0～8.0</td><td rowspan="4">30</td><td rowspan="4">15</td></tr>
<tr><td>4.0～16.0</td></tr>
<tr><td rowspan="4">20</td><td>0.6～1.6</td></tr>
<tr><td>1.6～4.0</td></tr>
<tr><td>4.0～8.0</td><td rowspan="4">35</td><td rowspan="4">20</td></tr>
<tr><td>4.0～16.0</td></tr>
<tr><td rowspan="3">32</td><td>0.6～1.6</td></tr>
<tr><td>1.6～4.0</td></tr>
<tr><td>4.0～8.0</td><td>40</td><td>25</td></tr>
</table>

表 A.7（续）

阀类别	公称通径/mm	调压范围/MPa	瞬态特性							
			瞬态恢复时间/ms ≤		建压时间/ms ≤		卸压时间/ms ≤		压力超调率/%	
			进油口	出油口	进油口	出油口	进油口	出油口	进油口	出油口
①	32	4.0～16.0	40	25	—				35	15
	50	0.6～1.6								
		1.6～4.0								
		4.0～8.0	45	30						
		4.0～16.0								
②	10	0.8～21.0	20	10	30	28	22	20	25	10
	20		30	15						
	30		35	20						

注：①表示内、外控顺序阀、内、外控单向顺序阀、卸荷阀、单向卸荷阀(均为直动型)；②表示内、外控顺序阀、内、外控单向顺序阀(均为先导型)。

表 A.8 减压阀、单向减压阀性能表

阀类别	公称通径/mm	公称压力/MPa	公称流量/(L/min)	额定流量/(L/min)	调压范围/MPa	压力振摆/MPa	压力偏移/MPa	调节力矩/N·m ≤	噪声/dB ≤	寿命/万次 ≥
先导型减压阀、先导型单向减压阀	10	31.5	63	50	0.6～8.0	±0.3	±0.2	0.35	74	50
					4.0～16.0			0.60	76	40
					8.0～20.0	±0.5		0.70	78	30
					16.0～30.5			1.10	80	15
	20		160	125	0.6～8.0	±0.3		0.35	74	50
					4.0～16.0			0.60	76	40
					8.0～20.0	±0.5		0.70	78	30
					16.0～30.5			1.10	80	15
	32		300	250	0.6～8.0	±0.3		0.35	74	50
					4.0～16.0			0.60	76	40
					8.0～20.0	±0.5		0.70	78	30
					16.0～30.5			1.10	80	15
	50		630	560	0.6～8.0	±0.3		0.35	74	40
					4.0～16.0			0.60	76	30
					8.0～20.0	±0.5		0.70	78	20
					16.0～30.5			1.10	80	10

表 A.8（续）

阀类别	公称通径/mm	公称压力/MPa	公称流量/(L/min)	额定流量/(L/min)	调压范围/MPa	压力振摆/MPa	压力偏移/MPa	调节力矩/N·m ≤	噪声/dB ≤	寿命/万次 ≥
直动型减压阀、直动型单向减压阀	6	31.5	30		1.8～2.5	±0.3	±0.3	1.60	74	30
					1.8～7.5			1.80	76	
					1.8～15.0			2.00	78	20
					1.8～21.0	±0.5		3.40	80	
	10		50	40	1.8～2.5	±0.3		1.60	74	30
					1.8～7.5			1.80	76	
					1.8～15.0			2.00	78	20
					1.8～21.0	±0.5		3.40	80	

阀类别	公称通径/mm	调压范围/MPa	外泄漏量/(mL/min) ≤	反向压力损失/MPa ≤	减压稳定特性	
					进油口压力变化时的相对出油口调定压力变化率/(%/MPa) ≤	流量变化时的相对出油口调定压力变化率/(%/L/min) ≤
先导型减压阀、先导型单向减压阀	10	0.6～8.0	1 200	0.4	1.2	1.000
		4.0～16.0	1 080		0.4	0.300
		8.0～20.0	960		0.2	0.125
		16.0～30.5	840		0.1	0.050
	20	0.6～8.0	2 040		1.2	0.380
		4.0～16.0	1 920		0.4	0.120
		8.0～20.0	1 800		0.2	0.050
		16.0～30.5	1 680		0.1	0.020
	32	0.6～8.0	2 760		1.2	0.190
		4.0～16.0	2 580		0.4	0.060
		8.0～20.0	2 400		0.2	0.025
		16.0～30.5	1 890		0.1	0.010
	50	0.6～8.0	3 600		1.2	0.090
		4.0～16.0	3 240		0.4	0.030
		8.0～20.0	3 120		0.2	0.012
		16.0～30.5	2 760		0.1	0.005

表 A.8（续）

阀类别	公称通径/mm	调压范围/MPa	外泄漏量/(mL/min) ≤	反向压力损失/MPa ≤	减压稳定特性：进油口压力变化时的相对出油口调定压力变化率/(%/MPa) ≤	减压稳定特性：流量变化时的相对出油口调定压力变化率/(%/L/min) ≤
直动型减压阀、直动型单向减压阀	6	1.8～2.5	—	0.4	1.60	1.850
		1.8～7.5				
		1.8～15.0				
		1.8～21.0				
	10	1.8～2.5			1.90	1.700
		1.8～7.5				
		1.8～15.0				
		1.8～21.0				

阀类别	公称通径/mm	调压范围/MPa	瞬态特性：瞬态恢复时间/ms ≤	瞬态特性：流量阶跃变化时的相对出油口调定压力变化率/(%/L/min) ≤	瞬态特性：建压时间/ms ≤	瞬态特性：卸压时间/ms ≤	瞬态特性：压力超调率/% ≤
先导型减压阀、先导型单向减压阀	10	0.6～8.0	50	1.000	20	15	80
		4.0～16.0		0.300	40	30	60
		8.0～20.0	40	0.125	60	45	40
		16.0～30.5		0.050	80	60	30
	20	0.6～8.0	60	0.380	20	15	80
		4.0～16.0		0.120	40	30	60
		8.0～20.0	50	0.050	60	45	40
		16.0～30.5		0.020	80	60	30
	32	0.6～8.0	70	0.190	20	15	80
		4.0～16.0		0.060	40	30	60
		8.0～20.0	60	0.025	60	45	40
		16.0～30.5		0.010	80	60	30
	50	0.6～8.0	80	0.090	20	15	80
		4.0～16.0		0.030	40	30	60
		8.0～20.0	70	0.012	60	45	40
		16.0～30.5		0.005	80	60	30

表 A.8（续）

阀类别	公称通径/mm	调压范围/MPa	瞬态特性				
			瞬态恢复时间/ms ≤	流量阶跃变化时的相对出油口调定压力变化率/(%/L/min) ≤	建压时间/ms ≤	卸压时间/ms ≤	压力超调率/% ≤
直动型减压阀、直动型单向减压阀	6	1.8～2.5	30	1.850	—		50
		1.8～7.5					
		1.8～15.0					
		1.8～21.0					
	10	1.8～2.5	40	1.700			
		1.8～7.5					
		1.8～15.0					
		1.8～21.0					

表 A.9　节流阀、单向节流阀、行程节流阀及单向行程节流阀性能表

阀类别	公称通径/mm	公称压力/MPa	公称流量/(L/min)	额定流量/(L/min)	工作压力范围/MPa	流量调节范围/(L/min)
节流阀	10	31.5	63	50	0.6～31.5	1.6～50.0
	20		200	160		3.0～160.0
	32		400	320		4.0～320.0
	50		800	630		10.0～630.0
单向节流阀	10		63	50		1.6～50.0
	20		200	160		3.0～160.0
	32		400	320		4.0～320.0
	50		800	630		10.0～630.0
单向节流阀（截止型）	6		25	15	2.0～31.5	1.6～15.0
	8		40	30		3.0～30.0
	10		63	50		5.0～50.0
	16		160	120		10.0～120.0
	20		200	160		15.0～160.0
	32		400	320		30.0～320.0
行程节流阀	10		63	50	0.6～31.5	1.6～50.0
	20		200	160		3.0～160.0
	32		400	320		4.0～320.0
单性行程节流阀	10		63	50		1.6～50.0
	20		200	160		3.0～160.0
	32		400	320		4.0～320.0

表 A.9（续）

阀类别	公称通径/mm	内泄漏量/(mL/min) ≤	外泄漏量/(mL/min) ≤	调节力矩/Nm ≤	压力损失/MPa ≤ 正向	压力损失/MPa ≤ 反向
节流阀	10	300	—	2.5	0.4	—
	20	450				
	32	700				
	50	1 100				
单向节流阀	10	300				0.5
	20	450				
	32	700				
	50	1 100				
单向节流阀（截止型）	6	0.8		5.0		
	8	1.0				
	10	2.0				
	16					
	20	3.0				
	32	5.5				
行程节流阀	10	300	150	—		—
	20	450	225			
	32	700	350			
单性行程节流阀	10	300	150			0.5
	20	450	225			
	32	700	350			

表 A.10 调速阀、单向调速阀及溢流节流阀性能表

阀类别	公称通径/mm	公称压力/(MPa)	公称流量/(L/min)	额定流量/(L/min)	工作压力范围/MPa	流量调节范围/(L/min)
调速阀	8	31.5	25	25	1.0～31.5	0.8～25.0
	10		100	80		2.0～80.0
	20		160	125		3.2～125.0
	32		320	250		6.4～250.0
单向调速阀	8		25	25		0.8～25.0
	10		100	80		2.0～80.0
	20		160	125		3.2～125.0
	32		320	250		6.4～250.0
①	8	20.0	25	25	1.0～20.0	0.8～25.0
	10		100	80		2.0～80.0
②	8		25	25		0.8～25.0
	10		100	80		2.0～80.0
③						2.0～80.0

表 A.10（续）

<table>
<tr><th>阀类别</th><th>公称通径/
mm</th><th>最小控制流量/
(L/min)
≤</th><th>正向压力损失/
MPa
≤</th><th>反向压力损失/
MPa
≤</th><th>内泄漏量/
(mL/min)
≤</th><th>外泄漏量/
(mL/min)
≤</th><th>调节力矩/
N·m
≤</th></tr>
<tr><td rowspan="4">调速阀</td><td>8</td><td>0.8</td><td rowspan="4">—</td><td rowspan="12">—</td><td>120</td><td>20</td><td rowspan="8">1.0</td></tr>
<tr><td>10</td><td>2.0</td><td>200</td><td>35</td></tr>
<tr><td>20</td><td>3.2</td><td>350</td><td>60</td></tr>
<tr><td>32</td><td>6.4</td><td>580</td><td>100</td></tr>
<tr><td rowspan="4">单向调速阀</td><td>8</td><td>0.8</td><td rowspan="4">0.5</td><td>120</td><td>20</td></tr>
<tr><td>10</td><td>2.0</td><td>200</td><td>35</td></tr>
<tr><td>20</td><td>3.2</td><td>350</td><td>60</td></tr>
<tr><td>32</td><td>6.4</td><td>580</td><td>100</td></tr>
<tr><td rowspan="2">①</td><td>8</td><td>0.8</td><td rowspan="2">—</td><td>80</td><td rowspan="5">—</td><td rowspan="5">2.5</td></tr>
<tr><td>10</td><td>2.0</td><td>140</td></tr>
<tr><td rowspan="2">②</td><td>8</td><td>0.8</td><td rowspan="2">0.5</td><td>80</td></tr>
<tr><td rowspan="2">10</td><td rowspan="2">2.0</td><td rowspan="2">140</td></tr>
<tr><td>③</td><td>—</td><td>0.4</td></tr>
<tr><th rowspan="2">阀类别</th><th rowspan="2">公称通径/
mm</th><th colspan="2">相对流量变化率/(%/MPa)
≤</th><th rowspan="2">油温变化时的相对流量变化率/
(%/℃)
≤</th><th colspan="3">瞬态特性</th></tr>
<tr><th>进油口压力变化时</th><th>出油口压力变化时</th><th>响应时间/
ms
≤</th><th>瞬态恢复时间/
ms
≤</th><th>流量超调率/
%
≤</th></tr>
<tr><td rowspan="4">调速阀</td><td>8</td><td colspan="2" rowspan="8">0.20</td><td rowspan="8">—</td><td rowspan="13">80</td><td>160</td><td>40</td></tr>
<tr><td>10</td><td>170</td><td rowspan="3">50</td></tr>
<tr><td>20</td><td>180</td></tr>
<tr><td>32</td><td>190</td></tr>
<tr><td rowspan="4">单向调速阀</td><td>8</td><td>160</td><td>40</td></tr>
<tr><td>10</td><td>170</td><td rowspan="3">50</td></tr>
<tr><td>20</td><td>180</td></tr>
<tr><td>32</td><td>190</td></tr>
<tr><td rowspan="2">①</td><td>8</td><td colspan="2" rowspan="4">0.15</td><td rowspan="5">0.12</td><td>160</td><td>40</td></tr>
<tr><td>10</td><td>170</td><td>50</td></tr>
<tr><td rowspan="2">②</td><td>8</td><td>160</td><td>40</td></tr>
<tr><td>10</td><td>170</td><td rowspan="2">50</td></tr>
<tr><td>③</td><td>10</td><td colspan="2">—</td><td>160</td></tr>
<tr><td colspan="8">注：①表示带温度补偿的调速阀；②表示带温度补偿的单向调速阀；③表示带温度补偿的溢流节流阀。</td></tr>
</table>

附 录 B
（规范性附录）
船用液压控制阀检验项目和顺序表

B.1 船用液压控制阀检验项目和顺序表见表 B.1～表 B.10。

表 B.1 电磁换向阀检验项目表

序号	检验项目			型式检验	出厂检验	要求章条号	试验方法章条号
1	加工质量			●	●	5.1	6.1
2	材料			●	●	5.2	6.2
3	性能	耐压性		●	●	5.4.1	6.3.1
4		固体颗粒污染等级		●	●(抽检)	5.4.2	6.3.2
5		内腔清洁度		●	—	5.4.3	6.3.3
6		公称通径		●	●	5.4.4.1.1a)	6.3.4.1.1
7		压力损失		●	●(抽检)	5.4.4.1.1a)	6.3.4.1.2
8		内泄漏量		●	●	5.4.4.1.1a)	6.3.4.1.3
9		换向、复位响应时间		●	●	5.4.4.1.1a)	6.3.4.1.4
10		寿命		●	—	5.4.4.1.1a)	6.3.4.1.5
11		换向、复位情况		●	●	5.4.4.1.2	6.3.4.1.4
12		内泄漏量特性		●	—	5.4.4.1.5	6.3.4.1.3
13		稳态压差-流量特性		●	—	5.4.4.1.5	6.3.4.1.6
14	环境适应性		低温	●	—	5.5a)	6.3.4.1.7a)
15			高温	●	—	5.5b)	6.3.4.1.7b)
16			交变湿热	●	—	5.5c)	6.3.4.1.7c)
17			摇摆	●	—	5.5d)	6.3.4.1.7d)
18			冲击	●	—	5.5e)	6.3.4.1.7e)
19			振动	●	—	5.5f)	6.3.4.1.7f)
20			霉菌	●	—	5.5g)	6.3.4.1.7g)
21			盐雾	●	—	5.5h)	6.3.4.1.7h)
22	接口			●	●	5.6	6.3.4.1.8
注：●表示必检项目；—表示不检项目。							

表 B.2　电液换向阀检验项目表

序号	检验项目			型式检验	出厂检验	要求章条号	试验方法章条号
1	加工质量			●	●	5.1	6.1
2	材料			●	●	5.2	6.2
3	性能	耐压性		●	●	5.4.1	6.3.1
4		固体颗粒污染等级		●	●(抽检)	5.4.2	6.3.2
5		内腔清洁度		●	—	5.4.3	6.3.3
6		公称通径		●	●	5.4.4.1.1b)	6.3.4.2.1
7		压力损失		●	●(抽检)	5.4.4.1.1b)	6.3.4.2.2
8		内泄漏量		●	●	5.4.4.1.1b)	6.3.4.2.3
9		换向、复位响应时间		●	●	5.4.4.1.1b)	6.3.4.2.4
10		寿命		●	—	5.4.4.1.1b)	6.3.4.2.5
11		换向、复位情况		●	●	5.4.4.1.2	6.3.4.2.4
12		内泄漏量特性		●	—	5.4.4.1.5	6.3.4.2.3
13		稳态压差-流量特性		●	—	5.4.4.1.5	6.3.4.2.6
14	环境适应性		低温	●	—	5.5a)	6.3.4.1.7a)
15			高温	●	—	5.5b)	6.3.4.1.7b)
16			交变湿热[a]	●	—	5.5c)	6.3.4.1.7c)
17			摇摆	●	—	5.5d)	6.3.4.1.7d)
18			冲击	●	—	5.5e)	6.3.4.1.7e)
19			振动	●	—	5.5f)	6.3.4.1.7f)
20			霉菌[a]	●	—	5.5g)	6.3.4.1.7g)
21			盐雾[a]	●	—	5.5h)	6.3.4.1.7h)
22	接口			●	●	5.6	6.3.4.2.8
注：●表示必检项目；—表示不检项目。							
[a] 仅对电液换向阀的先导电磁换向阀。							

表 B.3　液动换向阀检验项目表

序号	检验项目		型式检验	出厂检验	要求章条号	试验方法章条号
1	加工质量		●	●	5.1	6.1
2	材料		●	●	5.2	6.2
3	性能	耐压性	●	●	5.4.1	6.3.1
4		固体颗粒污染等级	●	●(抽检)	5.4.2	6.3.2
5		内腔清洁度	●	—	5.4.3	6.3.3
6		公称通径	●	●	5.4.4.1.1c)	6.3.4.3.1
7		压力损失	●	●(抽检)	5.4.4.1.1c)	6.3.4.3.2
8		内泄漏量	●	●	5.4.4.1.1c)	6.3.4.3.3
9		换向、复位响应时间	●	●	5.4.4.1.1c)	6.3.4.3.4
10		寿命	●	—	5.4.4.1.1c)	6.3.4.3.5
11		换向、复位情况	●	●	5.4.4.1.2	6.3.4.3.4
12		内泄漏量特性	●	—	5.4.4.1.5	6.3.4.3.3
13		稳态压差-流量特性	●	—	5.4.4.1.5	6.3.4.3.6

表 B.3（续）

序号	检验项目		型式检验	出厂检验	要求章条号	试验方法章条号
14	环境适应性	低温	●	—	5.5a)	6.3.4.1.7a)
15		高温	●	—	5.5b)	6.3.4.1.7b)
16		摇摆	●	—	5.5d)	6.3.4.1.7d)
17		冲击	●	—	5.5e)	6.3.4.1.7e)
18		振动	●	—	5.5f)	6.3.4.1.7f)
19	接口		●	●	5.6	6.3.4.3.8
注：●表示必检项目；—表示不检项目。						

表 B.4 手动换向阀、行程换向阀检验项目表

序号	检验项目		型式检验	出厂检验	要求章条号	试验方法章条号
1	加工质量		●	●	5.1	6.1
2	材料		●	●	5.2	6.2
3	性能	耐压性	●	●	5.4.1	6.3.1
4		固体颗粒污染等级	●	●(抽检)	5.4.2	6.3.2
5		内腔清洁度	●	—	5.4.3	6.3.3
6		公称通径	●	●	5.4.4.1.1d)	6.3.4.4.1
7		压力损失	●	●(抽检)	5.4.4.1.1d)	6.3.4.4.2
8		内泄漏量	●	●	5.4.4.1.1d)	6.3.4.4.3
9		换向、复位情况	●	●	5.4.4.1.2	6.3.4.4.4
10		操纵力	●	—	5.4.4.1.3	6.3.4.4.5
11		内泄漏量特性	●	—	5.4.4.1.5	6.3.4.4.3
12		稳态压差-流量特性	●	—	5.4.4.1.5	6.3.4.4.6
13	环境适应性	低温	●	—	5.5a)	6.3.4.1.7a)
14		高温	●	—	5.5b)	6.3.4.1.7b)
15		摇摆	●	—	5.5d)	6.3.4.1.7d)
16		冲击	●	—	5.5e)	6.3.4.1.7e)
17		振动	●	—	5.5f)	6.3.4.1.7f)
18	接口		●	●	5.6	6.3.4.4.8
注：●表示必检项目；—表示不检项目。						

表 B.5 单向阀、液控单向阀检验项目表

序号	检验项目			型式检验	出厂检验	要求章条号	试验方法章条号
1	加工质量			●	●	5.1	6.1
2	材料			●	●	5.2	6.2
3	性能	耐压性		●	●	5.4.1	6.3.1
4		固体颗粒污染等级		●	●(抽检)	5.4.2	6.3.2
5		内腔清洁度		●	—	5.4.3	6.3.3
6		公称通径		●	●	5.4.4.1.1e)	6.3.4.5.1
7		正、反向压力损失[a]		●	●(抽检)	5.4.4.1.1e)	6.3.4.5.2
8		反向开启最低控制压力		●	●	5.4.4.1.1e)	6.3.4.5.3
9		反向关闭最高控制压力[b]		●	●(抽检)	5.4.4.1.1e)	6.3.4.5.4
10		控制活塞泄漏量[b]		●	●(抽检)	5.4.4.1.1e)	6.3.4.5.5
11		寿命		●	—	5.4.4.1.1e)	6.3.4.5.6
12		内泄漏量		●	●	5.4.4.1.4	6.3.4.5.7
13		控制压力特性[b]		●	—	5.4.4.1.5	6.3.4.5.4
14		压力-控制活塞泄漏量特性[b]		●	—	5.4.4.1.5	6.3.4.5.5
15		稳态压差-流量特性[c]		●	—	5.4.4.1.5	6.3.4.5.8
16	环境适应性		低温	●	—	5.5a)	6.3.4.1.7a)
17			高温	●	—	5.5b)	6.3.4.1.7b)
18			摇摆	●	—	5.5d)	6.3.4.1.7d)
19			冲击	●	—	5.5e)	6.3.4.1.7e)
20			振动	●	—	5.5f)	6.3.4.1.7f)
21	接口			●	●	5.6	6.3.4.5.10

注：●表示必检项目；—表示不检项目。

[a] 反向压力损失检验仅对液控单向阀。

[b] 仅对液控单向阀。

[c] 反向稳态压差-流量特性试验仅对液控单向阀。

表 B.6 溢流阀、电磁溢流阀及远程调压阀检验项目表

序号	检验项目		型式检验	出厂检验	要求章条号	试验方法章条号
1	加工质量		●	●	5.1	6.1
2	材料		●	●	5.2	6.2
3	性能	耐压性	●	●	5.4.1	6.3.1
4		固体颗粒污染等级	●	●(抽检)	5.4.2	6.3.2
5		内腔清洁度	●	—	5.4.3	6.3.3
6		公称通径	●	●	5.4.4.2.1a)	6.3.4.6.1
7		调压范围	●	●	5.4.4.2.1a)	6.3.4.6.2a)
8		压力振摆值、压力偏移值	●	●	5.4.4.2.1a)	6.3.4.6.2b)

表 B.6（续）

序号	检验项目		型式检验	出厂检验	要求章条号	试验方法章条号
9	性能	内泄漏量	●	●	5.4.4.2.1a)	6.3.4.6.3
10		卸荷压力[a]	●	●(抽检)	5.4.4.2.1a)	6.3.4.6.4
11		压力损失	●	●(抽检)	5.4.4.2.1a)	6.3.4.6.5
12		溢流量[b]	●	●	5.4.4.2.1a)	6.3.4.6.6
13		流量阶跃压力响应特性[b]	●	●	5.4.4.2.1a)	6.3.4.6.7
14		建压、卸压特性[a]	●	●	5.4.4.2.1a)	6.3.4.6.8
15		调节力矩[b]	●	●	5.4.4.2.1a)	6.3.4.6.9
16		噪声[b]	●	●	5.4.4.2.1a)	6.3.4.6.10
17		寿命	●	—	5.4.4.2.1a)	6.3.4.6.11
18		压力-内泄漏量特性	●	—	5.4.4.2.2	6.3.4.6.3
19		流量-卸荷压力特性[a]	●	—	5.4.4.2.2	6.3.4.6.4
20		流量-压力损失特性	●	—	5.4.4.2.2	6.3.4.6.5
21		调节压力-调节力矩特性[b]	●	—	5.4.4.2.2	6.3.4.6.9
22		稳态压力-流量特性	●	—	5.4.4.2.2	6.3.4.6.12
23	环境适应性	低温	●	—	5.5a)	6.3.4.1.7a)
24		高温	●	—	5.5b)	6.3.4.1.7b)
25		交变湿热[c]	●	—	5.5c)	6.3.4.1.7c)
26		摇摆	●	—	5.5d)	6.3.4.1.7d)
27		冲击	●	—	5.5e)	6.3.4.1.7e)
28		振动	●	—	5.5f)	6.3.4.1.7f)
29		霉菌[c]	●	—	5.5g)	6.3.4.1.7g)
30		盐雾[c]	●	—	5.5h)	6.3.4.1.7h)
31	接口		●	●	5.6	6.3.4.6.14

注：●表示必检项目；—表示不检项目。

[a] 仅对电磁溢流阀、先导型溢流阀。

[b] 仅对溢流阀、电磁溢流阀。

[c] 仅对电磁溢流阀。

表 B.7 顺序阀、单向顺序阀、卸荷阀及单向卸荷阀检验项目表

序号	检验项目		型式检验	出厂检验	要求章条号	试验方法章条号
1	加工质量		●	●	5.1	6.1
2	材料		●	●	5.2	6.2
3	性能	耐压性	●	●	5.4.1	6.3.1
4		固体颗粒污染等级	●	●(抽检)	5.4.2	6.3.2
5		内腔清洁度	●	—	5.4.3	6.3.3
6		公称通径	●	●	5.4.4.2.1b)	6.3.4.7.1
7		调压范围	●	●	5.4.4.2.1b)	6.3.4.7.2
8		压力振摆值、压力偏移值	●	●	5.4.4.2.1b)	6.3.4.7.2
9		内泄漏量	●	●	5.4.4.2.1b)	6.3.4.7.3
10		外泄漏量	●	●	5.4.4.2.1b)	6.3.4.7.4
11		正、反向压力损失	●	●(抽检)	5.4.4.2.1b)	6.3.4.7.5
12		溢流量	●	●	5.4.4.2.1b)	6.3.4.7.6
13		正、反向流量阶跃压力响应特性	●	●	5.4.4.2.1b)	6.3.4.7.7
14		正、反向建压、卸压特性[a]	●	●	5.4.4.2.1b)	6.3.4.7.8
15		调节力矩	●	●	5.4.4.2.1b)	6.3.4.7.9
16		噪声	●	●	5.4.4.2.1b)	6.3.4.7.10
17		寿命	●	—	5.4.4.2.1b)	6.3.4.7.11
18		压力-内泄漏量特性	●	—	5.4.4.2.2	6.3.4.7.3
19		压力-外泄漏量特性[b]	●	—	5.4.4.2.2	6.3.4.7.4
20		流量-反向压力损失特性[c]	●	—	5.4.4.2.2	6.3.4.7.5
21		稳态压力-流量特性	●	—	5.4.4.2.2	6.3.4.7.12
22	环境适应性	低温	●	—	5.5a)	6.3.4.1.7a)
23		高温	●	—	5.5b)	6.3.4.1.7b)
24		摇摆	●	—	5.5d)	6.3.4.1.7d)
25		冲击	●	—	5.5e)	6.3.4.1.7e)
26		振动	●	—	5.5f)	6.3.4.1.7f)
27	接口		●	●	5.6	6.3.4.7.14

注：●表示必检项目；—表示不检项目。

[a] 仅对先导型顺序阀、先导型单向顺序阀。

[b] 仅对顺序阀。

[c] 仅对单向顺序阀、单向卸荷阀。

表 B.8 减压阀、单向减压阀检验项目表

序号	检验项目			型式检验	出厂检验	要求章条号	试验方法章条号
1	加工质量			●	●	5.1	6.1
2	材料			●	●	5.2	6.2
3	性能	耐压性		●	●	5.4.1	6.3.1
4		固体颗粒污染等级		●	●(抽检)	5.4.2	6.3.2
5		内腔清洁度		●	—	5.4.3	6.3.3
6		公称通径		●	●	5.4.4.2.1c)	6.3.4.8.1
7		调压范围		●	●	5.4.4.2.1c)	6.3.4.8.2a)
8		压力振摆值		●	●	5.4.4.2.1c)	6.3.4.8.2b)
9		压力偏移值		●	●	5.4.4.2.1c)	6.3.4.8.2c)
10		外泄漏量[a]		●	●(抽检)	5.4.4.2.1c)	6.3.4.8.3
11		反向压力损失		●	●(抽检)	5.4.4.2.1c)	6.3.4.8.4
12		相对出油口调定压力变化率		●	●	5.4.4.2.1c)	6.3.4.8.5
13		压力阶跃压力响应特性		●	●	5.4.4.2.1c)	6.3.4.8.6
14		流量阶跃压力响应特性		●	●	5.4.4.2.1c)	6.3.4.8.6
15		卸压、建压特性[a]		●	●	5.4.4.2.1c)	6.3.4.8.6
16		调节力矩		●	●	5.4.4.2.1c)	6.3.4.8.7
17		噪声		●	●	5.4.4.2.1c)	6.3.4.8.8
18		寿命		●	—	5.4.4.2.1c)	6.3.4.8.9
19		进油口压力-出油口调定压力特性		●	—	5.4.4.2.2	6.3.4.8.5
20		调节压力-调节力矩特性		●	—	5.4.4.2.2	6.3.4.8.7
21		稳态压力-流量特性		●	—	5.4.4.2.2	6.3.4.8.10
22	环境适应性		低温	●	—	5.5a)	6.3.4.1.7a)
23			高温	●	—	5.5b)	6.3.4.1.7b)
24			摇摆	●	—	5.5d)	6.3.4.1.7d)
25			冲击	●	—	5.5e)	6.3.4.1.7e)
26			振动	●	—	5.5f)	6.3.4.1.7f)
27	接口			●	●	5.6	6.3.4.8.12

注：●表示必检项目；—表示不检项目。

[a] 仅对先导型减压阀、先导型单向减压阀。

表 B.9 节流阀、单向节流阀、行程节流阀及单向行程节流阀检验项目表

序号	检验项目		型式检验	出厂检验	要求章条号	试验方法章条号
1	加工质量		●	●	5.1	6.1
2	材料		●	●	5.2	6.2
3	性能	耐压性	●	●	5.4.1	6.3.1
4		固体颗粒污染等级	●	●(抽检)	5.4.2	6.3.2
5		内腔清洁度	●	—	5.4.3	6.3.3
6		公称通径	●	●	5.4.4.3.1a)	6.3.4.9.1
7		流量调节范围	●	●	5.4.4.3.1a)	6.3.4.9.2
8		正、反向压力损失[a]	●	●(抽检)	5.4.4.3.1a)	6.3.4.9.3
9		内、外泄漏量[b]	●	●	5.4.4.3.1a)	6.3.4.9.4
10		调节力矩[c]	●	●	5.4.4.3.1a)	6.3.4.9.5
11		流量-调节力矩特性[c]	●	—	5.4.4.3.2	6.3.4.9.5
12		稳态压差-流量特性	●	—	5.4.4.3.2	6.3.4.9.6
13	环境适应性	低温	●	—	5.5a)	6.3.4.1.7a)
14		高温	●	—	5.5b)	6.3.4.1.7b)
15		摇摆	●	—	5.5d)	6.3.4.1.7d)
16		冲击	●	—	5.5e)	6.3.4.1.7e)
17		振动	●	—	5.5f)	6.3.4.1.7f)
18	接口		●	●	5.6	6.3.4.9.8

注：●表示必检项目；—表示不检项目。

[a] 仅对单向节流阀、单向行程节流阀。

[b] 仅对行程节流阀、单向行程节流阀。

[c] 仅对节流阀、单向节流阀。

表 B.10 调速阀、单向调速阀及溢流节流阀检验项目表

序号	检验项目		型式检验	出厂检验	要求章条号	试验方法章条号
1	加工质量		●	●	5.1	6.1
2	材料		●	●	5.2	6.2
3	性能	耐压性	●	●	5.4.1	6.3.1
4		固体颗粒污染等级	●	●(抽检)	5.4.2	6.3.2
5		内腔清洁度	●	—	5.4.3	6.3.3
6		公称通径	●	●	5.4.4.3.1b)	6.3.4.10.1
7		流量调节范围	●	●	5.4.4.3.1b)	6.3.4.10.2
8		进油口压力变化时相对流量变化率[a]	●	●	5.4.4.3.1b)	6.3.4.10.3
9		出油口压力变化时相对流量变化率	●	●	5.4.4.3.1b)	6.3.4.10.4
10		油温变化时相对流量变化率[b]	●	●	5.4.4.3.1b)	6.3.4.10.5
11		反向压力损失[c]	●	●(抽检)	5.4.4.3.1b)	6.3.4.10.6

表 B.10(续)

序号	检验项目			型式检验	出厂检验	要求章条号	试验方法章条号
12	性能		正向压力损失[d]	●	●(抽检)	5.4.4.3.1b)	6.3.4.10.7
13			出油口内泄漏量	●	●	5.4.4.3.1b)	6.3.4.10.8
14			瞬态特性	●	●	5.4.4.3.1b)	6.3.4.10.9
15			调节力矩	●	●	5.4.4.3.1b)	6.3.4.10.10
16			油温-调节流量影响特性[b]	●	—	5.4.4.3.2	6.3.4.10.5
17			流量-调节力矩特性	●	—	5.4.4.3.2	6.3.4.10.10
18			稳态压差-流量特性	●	—	5.4.4.3.2	6.3.4.10.11
19			开度-流量特性	●	—	5.4.4.3.2	6.3.4.10.12
20	环境适应性		低温	●	—	5.5a)	6.3.4.1.7a)
21			高温	●	—	5.5b)	6.3.4.1.7b)
22			摇摆	●	—	5.5d)	6.3.4.1.7d)
23			冲击	●	—	5.5e)	6.3.4.1.7e)
24			振动	●	—	5.5f)	6.3.4.1.7f)
25	接口			●	●	5.6	6.3.4.10.14

注:●表示必检项目;—表示不检项目。

[a] 仅对调速阀、单向调速阀。

[b] 仅对带温度补偿的调速阀、单向调速阀及溢流节流阀。

[c] 仅对单向调速阀。

[d] 仅对溢流节流阀。

ICS 47.020.30
U 57

中华人民共和国国家标准

GB/T 13853—2009
代替 GB/T 13853—1992

船用液压泵液压马达技术条件

General specification for hydraulic pumps and motors of ship

2009-03-09 发布 2009-11-01 实施

中华人民共和国国家质量监督检验检疫总局
中国国家标准化管理委员会 发布

前 言

本标准代替 GB/T 13853—1992《船用液压泵液压马达技术条件》。

本标准与 GB/T 13853—1992 相比，主要有以下变化：

——增加了电动液压泵机组的结构振动加速度和空气噪声限值；

——增加了液压泵马达的接口要求；

——增加了液压泵马达的维修性指标。

本标准的附录 A 为规范性附录。

本标准由中国船舶重工集团公司提出。

本标准由全国船用机械标准化技术委员会液压气动分技术委员会归口。

本标准起草单位：中国船舶重工集团公司第七〇四研究所、宁波恒力液压机械制造有限公司。

本标准主要起草人：乐懿、丁可金、陈图、张晓东、金蓓、富贵根、张红良。

本标准所代替标准的历次版本发布情况为：

——GB/T 13853—1992。

船用液压泵液压马达技术条件

1 范围

本标准规定了船用液压泵、液压马达(以下统称泵马达。当泵马达作为泵时,简称泵;当泵马达作为马达时,简称马达,下同)的要求、检验规则等内容。

本标准适用于工作介质为石油基液压油的容积式泵马达的设计、验收。

2 规范性引用文件

下列文件中的条款通过本标准的引用而成为本标准的条款。凡是注日期的引用文件,其随后所有的修改单(不包括勘误的内容)或修订版均不适用于本标准,然而,鼓励根据本标准达成协议的各方研究是否可使用这些文件的最新版本。凡是不注日期的引用文件,其最新版本适用于本标准。

GB/T 2346 流体传动系统及元件 公称压力系列(GB/T 2346—2003,ISO 2944:2000,MOD)

GB/T 2347 液压泵及马达公称排量系列

GB/T 2353 液压泵及马达的安装法兰和轴伸的尺寸系列及标注代号(GB/T 2353—2005,ISO 3019-2:2001,Hydraulic fluid power—Dimensions and identification codes for mounting flanges and shaft end of displacement pumps and motors—Part 2:Metric series,MOD)

GB/T 2878 液压元件螺纹连接 油口型式和尺寸

GB/T 7935 液压元件 通用技术条件

GB/T 7936 液压泵、马达空载排量 测定方法(GB/T 7936—1987,neq ISO/DP 8426)

GB/T 13306 标牌

GB/T 14039—2002 液压传动 油液 固体颗粒污染等级代号(ISO 4406:1999,MOD)

GB/T 17446 流体传动系统及元件 术语(GB/T 17446—1998,idt ISO 5598:1985)

CB 1146.2 舰船设备环境试验与工程导则 低温

CB 1146.3 舰船设备环境试验与工程导则 高温

CB 1146.4 舰船设备环境试验与工程导则 湿热

CB 1146.6 舰船设备环境试验与工程导则 冲击

CB 1146.9 舰船设备环境试验与工程导则 振动(正弦)

CB 1146.11 舰船设备环境试验与工程导则 霉菌

CB 1146.12 舰船设备环境试验与工程导则 盐雾

JB/T 2184 液压元件 型号编制方法

JB/T 7858 液压元件清洁度评定方法及液压元件清洁度指标

ISO 6162-1 液压传动 带分离式或一体式法兰夹和米制或英制螺纹的凸缘连接器 第1部分:压力为3.5 MPa~35 MPa、DN13~DN127时使用的凸缘连接器

3 术语和定义

GB/T 17446确立的以及下列术语和定义适用于本标准。

3.1

额定工况 rated condition

采用温度、黏度、清洁度等参数符合规定的工作介质,由泵马达的额定转速和公称压力共同确定的泵马达工况。

3.2

电动液压泵机组 electric hydraulic pump-unit

由电机、泵、联轴器、减速器及其隔振装置和机座所构成的系统。

4 分类与型号编制

4.1 分类

4.1.1 泵马达按其排量是否可变分为：

a) 定量泵马达；

b) 变量泵马达。

4.1.2 泵马达按其主要运动构件形状分为：

a) 齿轮式泵马达(以下简称齿轮泵马达)；

b) 叶片式泵马达(以下简称叶片泵马达)；

c) 轴向柱塞式泵马达(以下简称柱塞泵马达)。

其中柱塞泵马达按其结构又可分为斜盘式柱塞泵马达和斜轴式柱塞泵马达。

4.2 型号编制

泵马达的型号编制应按 JB/T 2184 的规定。

5 要求

5.1 外观质量

5.1.1 泵马达的所有零部件在装配前，其表面应无毛刺及其他杂物。其中所有铸件应无裂纹、气孔、疏松等缺陷；其通道、容腔应无任何的夹渣或残留物。

5.1.2 对安装在露天甲板或可能与海水接触的泵马达，其外表面应涂耐海水底漆；其外露的加工部分应有防止海水、盐雾侵蚀的措施。

5.2 材料

泵马达所用的材料应耐其所接触的液压油(工作介质，下同)的腐蚀。

5.3 设计与结构

5.3.1 泵马达应符合 GB/T 7935 的规定。其公称压力应符合 GB/T 2346 的规定；其公称排量应符合 GB/T 2347 的规定。

5.3.2 泵马达中相互配合和接触的不同金属的选择，应考虑其彼此间的电化学腐蚀因素。

5.3.3 泵马达外泄油口的布置，应考虑其采用不同安装方式时的排气因素。

5.3.4 对安装在须承受外压的特殊部位的泵马达，应设置能承受外压并能防止内外渗的双向密封装置。

5.3.5 泵马达宜设置可对其变化容腔和配流处的运动副之间间隙进行静压补偿的装置。

5.3.6 泵马达的调节机构应能自锁。

5.4 性能

5.4.1 耐压性

泵马达的耐压腔室应能承受 1.5 倍该泵马达公称压力的液压而无渗漏，其零部件应无永久变形。

5.4.2 空载排量

泵马达的空载排量应在其公称排量的 95%～110%范围内。

5.4.3 容积效率与总效率

泵马达在其额定工况且该泵马达进口处的工作介质温度为 50 ℃时，其容积效率、总效率应符合附录 A 中表 A.1～表 A.3 相应的规定。

5.4.4 超载性

泵马达在其额定转速下应能承受125%的该泵马达公称压力的超载压力而运转正常。

5.4.5 超速性

泵在其公称压力及空载压力(相应公称压力的10%,下同)下应能承受115%的该泵额定转速的超载转速;马达在其公称压力及空载压力下应能承受125%的该马达额定转速的超载转速,且该泵或马达应运转正常。

5.4.6 压力振摆

公称压力为2.5 MPa的叶片泵、齿轮泵的出口压力振摆值应在-0.2 MPa~0.2 MPa之间。

5.4.7 自吸能力

泵自吸能力(真空度)应满足附录A中表A.4的规定。

5.4.8 耐久性

泵马达在其额定工况下应能连续正常运转3 000 h。最终该泵马达容积效率的下降值应符合下列规定:

a) 叶片泵马达、柱塞泵马达:≤3%;

b) 齿轮泵马达:≤4%。

5.4.9 噪声

5.4.9.1 泵马达在其额定工况下,其空气噪声(A声压级)应符合附录A中表A.5~表A.8相应的规定。

5.4.9.2 泵机组在其额定工况下,其空气噪声(A声压级)、结构振动加速度(机脚振动加速度)应符合附录A中表A.9的规定。

5.5 接口

5.5.1 泵马达的安装法兰与轴伸尺寸应符合GB/T 2353的要求。

5.5.2 泵马达的油口螺纹连接尺寸应符合GB/T 2878的要求。

5.5.3 泵马达的油口法兰连接尺寸应符合ISO 6162-1的要求。

5.6 内腔污物重量

泵马达的内腔污物重量应符合附录A中表A.10的规定。

5.7 环境适应性

在下列环境下,泵马达应能正常运转而无渗漏,其紧固件应不松动:

a) 高温:55 ℃(泵马达进口处的工作介质温度为65 ℃;泵机组的泵进口处的工作介质温度为70 ℃);

b) 低温:-25 ℃(泵马达进口处的工作介质温度为-15 ℃);

c) 摇摆:±7.5°(纵摇,周期分别为3 s、5 s、7 s);±22.5°(横摇,周期分别为5 s、7 s、10 s);

d) 振动:频率为2 Hz~10 Hz时,位移幅值为±1 mm;频率为10 Hz~80 Hz时,加速度幅值为±7 m/s^2;

e) 冲击:加速度幅值为100 m/s^2,加速度波形持续时间为6 ms;

f) 交变湿热:温度为25 ℃±3 ℃~40 ℃±2 ℃,相对湿度为90%~96%;

g) 霉菌:温度为28 ℃~38 ℃,相对湿度为90%~98%,长霉程度为1级;

h) 盐雾:温度为35 ℃±2 ℃,pH值为6.5~7.2。

6 检测方法

6.1 外观质量

用目视法检查被试泵马达装配前的所有零部件。其结果应符合5.1的要求。

6.2 材料

查验被试泵马达所用材料的材质保证书。其结果应符合 5.2 的要求。

6.3 性能

6.3.1 耐压性

对被试泵马达的耐压腔室以每秒 0.1 倍该泵马达公称压力的递增速率施液压至 1.5 倍该泵马达的公称压力，保压 5 min。观察该泵马达耐压腔室的状况。其结果应符合 5.4.1 的要求。

6.3.2 空载排量

对被试泵马达按 GB/T 7936 规定的方法进行试验。其结果应符合 5.4.2 的要求。

6.3.3 容积效率与总效率

启动被试泵马达，并按下列步骤进行操作：

a) 调节该泵马达的压力(泵：出口压力；马达：进口压力)，使该泵马达的试验压力分别为其公称压力的 10%、25%、40%、55%、70%、85%、100%；

b) 调节该泵马达的转速，使该泵马达的转速分别为其额定转速的 10%、25%、40%、55%、70%、85%、100%；

c) 对应上述各工况，分别测定该泵马达的压力、流量和转速，并绘制该泵马达的压力、流量随其转速变化的曲线；

d) 按公式(1)计算该泵马达的容积效率与总效率。

其结果应符合 5.4.3 的要求。

$$\left\{\begin{aligned}\eta_1 &= (Q_{21}/n_1)/(Q_{20}/n_0)\times 100\\ \eta_2 &= (p_2Q_{21}-p_1Q_{11})/2\pi n_1 T\times 100\\ \eta_3 &= (Q_{10}/n_0)/(Q_{11}/n_1)\times 100\\ \eta_4 &= 2\pi n_1 T/(p_1Q_{11}-p_2Q_{21})\times 100\\ Q_{11} &= Q_{21}+Q_1\\ Q_{10} &= Q_{20}+Q_0\end{aligned}\right. \qquad \cdots\cdots(1)$$

式中：

η_1、η_2——分别为泵在额定工况下的容积效率与总效率，单位均为百分数(%)；

η_3、η_4——分别为马达在额定工况下的容积效率与总效率，单位均为百分数(%)；

Q_{11}、Q_{21}——分别为泵马达在额定工况下的输入、输出流量，单位均为立方米每秒(m^3/s)；

Q_{10}、Q_{20}——分别为泵马达空载压力时的输入、输出流量，单位均为立方米每秒(m^3/s)；

p_1、p_2——分别为泵马达在额定工况下的进、出口压力，单位均为帕(Pa)；

n_1——泵马达在额定工况下的转速，单位为转每秒(r/s)；

n_0——泵马达空载压力时的转速，单位为转每秒(r/s)；

T——泵马达在额定工况下的轴转矩，单位为牛米(Nm)；

Q_1——泵马达在额定工况下的泄漏量，单位为立方米每秒(m^3/s)；

Q_0——泵马达空载压力时的泄漏量，单位为立方米每秒(m^3/s)。

6.3.4 超载性

启动被试泵马达，调节其排量为最大，使其转速为其额定转速。将该泵马达施压至其公称压力的 125%，并让其连续运转 20 h。观察该泵马达的运转状况。其结果应符合 5.4.4 的要求。

6.3.5 超速性

启动被试泵马达，使其排量为最大。在其压力分别为其公称压力、空载压力时，作为泵，将其转速升至其额定转速的 115%；作为马达，将其转速升至其额定转速的 125%，并让其连续运转 15 min。观察该泵马达的运转状况。其结果应符合 5.4.5 的要求。

6.3.6 **压力振摆**

启动被试泵，在其额定工况下，用压力表测定其出口压力的振摆值。其结果应符合 5.4.6 的要求。

6.3.7 **自吸能力**

启动被试泵，首先使其压力、转速分别为其空载压力、额定转速；其次增加该泵的吸入阻力，按公式(2)计算该泵吸入真空度为零时的输出排量，并以此为基准值；最后调节该泵的输出排量，直至该泵的输出排量下降 1%(相对于上述基准值)时，测定该泵的吸入真空度。其结果应符合 5.4.7 的要求。

$$V = Q_{20}/n_0 \quad \cdots\cdots(2)$$

式中：

V——泵的空载排量，单位为立方米每转(m^3/r)；

Q_{20}——泵空载压力时的输出流量，单位为立方米每秒(m^3/s)；

n_0——泵空载压力时的转速，单位为转每秒(r/s)。

6.3.8 **耐久性**

启动被试泵马达，在其额定工况下，从下列试验方案中任选一种进行该泵马达的耐久性试验。

a) 以每分钟 10 次～15 次的频率对该泵马达实施不少于 10 万次的连续液压脉冲冲击(液压脉冲高低幅值分别为该泵马达的公称压力、空载压力，其中高幅值的持续时间应不少于整个试验周期的 33%)。观察该泵马达的运转状况。

b) 以每分钟 5 次的频率对该马达进行不少于 5 万次的连续正反向切换试验。观察该马达的运转状况。

c) 使该泵马达连续运转 3 000 h。观察该泵马达的运转状况。

d) 使该泵马达连续超载(超载量为该泵马达公称压力的 25%，公称压力为 2.5 MPa 的齿轮泵除外)运转 200 h(可代替该泵马达的超载性试验)。观察该泵马达的运转状况。

按 6.3.3 的规定，计算该泵马达的容积效率。其结果应符合 5.4.8 的要求。

6.3.9 **噪声**

6.3.9.1 启动被试泵马达，在其额定工况下，按 7.2.2.3 的规定，选择并测定 10 个均匀分布位置的空气噪声(A 声压级)，取均方根值。其结果应符合 5.4.9.1 的要求。

6.3.9.2 启动电动液压泵机组，使该机组泵的转速、压力分别为其额定转速、公称压力，然后按下列步骤进行试验：

a) 按 7.2.2.3 的规定，选择并测定 5 个均匀分布位置的空气噪声(A 声压级)，取均方根值；

b) 在该机组安装平面(机脚)选取 4 个～6 个测点，测定与该机组安装平面垂直的振动加速度，取均方根值并折算成分贝。

其结果应符合 5.4.9.2 的要求。

6.4 **接口**

用量具测定被试泵马达各接口处的尺寸。其结果应符合 5.5 的要求。

6.5 **内腔污物重量**

按 JB/T 7858 规定的方法测定被试泵马达的内腔污物重量。其结果应符合 5.6 的要求。

6.6 **环境适应性**

6.6.1 将被试泵马达安装在按 CB 1146.3 要求布置的试验室内，使该试验室内的温度及该泵马达进口处的工作介质温度分别为 55 ℃、65 ℃。启动该泵马达，在其额定工况下使该泵马达连续运转不少于 1 h。观察该泵马达的运转状况。其结果应符合 5.7a)的要求。

6.6.2 将被试泵马达安装在按 CB 1146.2 要求布置的试验室内，使该试验室内的温度及该泵马达进口处的工作介质温度分别为－25 ℃、－15 ℃。保温 1 h 后，调节被试泵马达的排量为最大，压力为其空载压力，此时，连续启动该泵马达 3 次。接着，在其额定工况下，使其连续运转 10 min。观察该泵马达的运转状况。其结果应符合 5.7b)的要求。

6.6.3 将被试泵马达安装在摇摆台上，分别按5.7c)规定的6个单项参数启动摇摆台并同时启动被试泵马达，使该泵马达的转速、压力分别为其额定转速、公称压力。每项试验的持续时间应不少于30 min。观察该泵马达的运转状况。其结果应符合5.7c)的要求。

6.6.4 将被试泵马达安装在振动台上，按5.7d)规定的参数及CB 1146.9规定的方法进行试验(整个过程，被试泵马达应处于其额定工况)，试验总时间应不少于2 h。观察该泵马达的运转状况。其结果应符合5.7d)的要求。

6.6.5 将被试泵马达安装在冲击台上，按5.7e)规定的参数及CB 1146.6规定的方法对被试泵马达的3个互相垂直的6个方向各施加3次冲击(整个过程，被试泵马达应处于其额定工况)。观察该泵马达的运转状况。其结果应符合5.7e)的要求。

6.6.6 将被试泵马达安装在符合5.7f)规定的参数要求的环境中，并按CB 1146.4规定的方法进行试验(整个过程，被试泵马达应处于其额定工况)。观察该泵马达的运转状况。其结果应符合5.7f)的要求。

6.6.7 将被试泵马达安装在符合5.7g)规定的参数要求的环境中，并按CB 1146.11规定的方法进行试验(整个过程，被试泵马达应处于其额定工况)。观察该泵马达的运转状况。其结果应符合5.7g)的要求。

6.6.8 将被试泵马达安装在符合5.7h)规定的参数要求的环境中，并按CB 1146.12规定的方法进行试验(整个过程，被试泵马达应处于其额定工况)。观察该泵马达的运转状况。其结果应符合5.7h)的要求。

7 检验规则

7.1 检验分类

本标准规定的检验分类如下：

a) 型式检验；

b) 出厂检验。

7.2 检验条件

7.2.1 测试精度

7.2.1.1 测量仪器、仪表的精度(标定时允许的误差)应按表1的规定。

7.2.1.2 按表2的规定，型式检验的测试精度应不低于B级；出厂检验的测试精度应不低于C级。

7.2.2 测点位置

7.2.2.1 压力测点应设置在距被试泵马达进、出口处的$2d \sim 4d$(d为与测点对应的泵马达管路的通径，下同)处。

7.2.2.2 温度测点应设置在距压力测点的$2d \sim 4d$处。

7.2.2.3 噪声测点应设置在距被试泵马达外壳以1 m为半径的近似球面上。

7.2.3 试验用工作介质

除另有规定外，应符合下列要求：

a) 型式检验时工作介质温度应为50 ℃±2 ℃；出厂检验时工作介质温度应为50 ℃±4 ℃；

b) 工作介质运动黏度应为$1.7 \times 10^{-5}\ m^2/s \sim 5.0 \times 10^{-5}\ m^2/s$；

c) 工作介质的固体颗粒污染等级应不低于GB/T 14039—2002规定的－/19/16。

7.2.4 泵马达试验回路

泵马达的试验回路原理图如图1、图2、图3所示。

7.2.5 试验前准备

启动被试泵马达，将该泵马达的转速调至其额定转速，然后对该泵马达从空载开始以每秒0.1倍该泵马达公称压力的递增速率施压至该泵马达的公称压力并至少使其运行10 min。

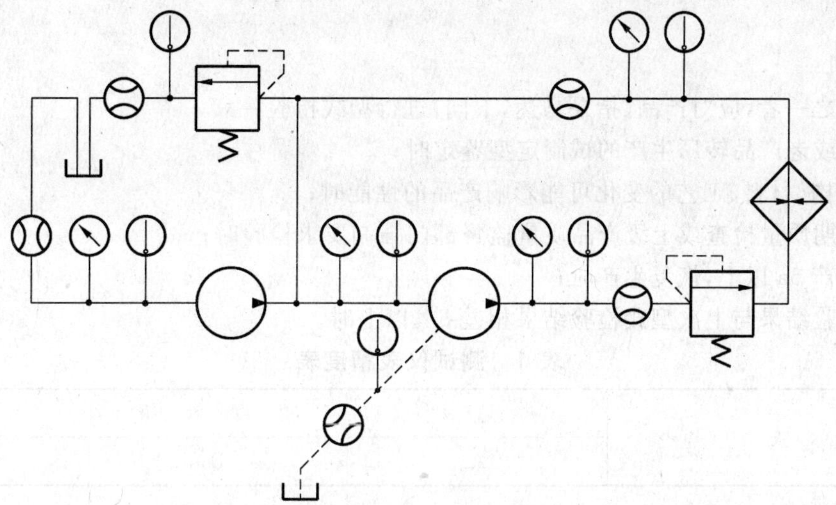

图 1 泵试验回路(闭式回路)原理图

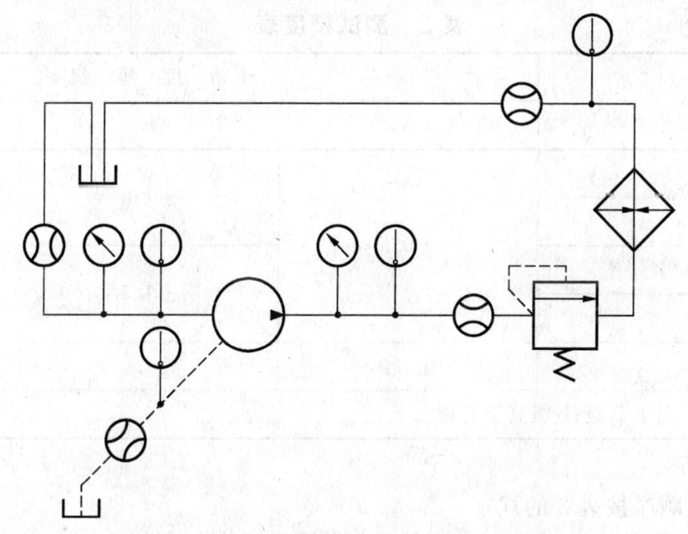

图 2 泵试验回路(开式回路)原理图

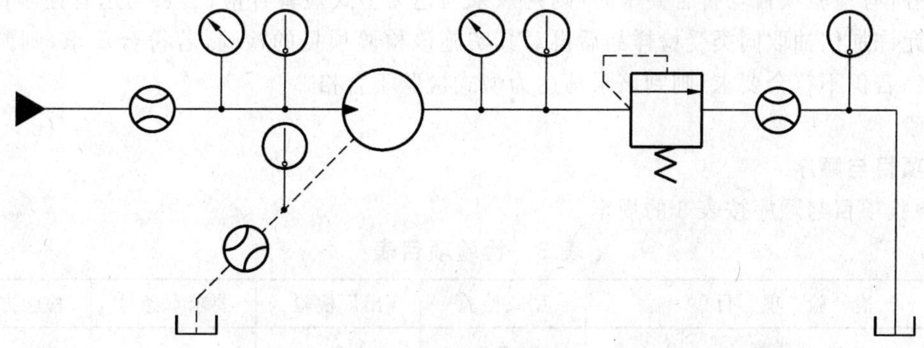

图 3 马达试验回路

7.3 型式检验

7.3.1 检验时机

属下列情况之一者，应对产品(指泵马达，下同)进行型式检验：

a) 新产品或老产品转厂生产的试制定型鉴定时；

b) 产品结构、材料、工艺的变化可能影响产品的性能时；

c) 产品定期质量检查或上级产品质量监督部门强制要求检验时；

d) 产品停产5a以上，恢复生产时；

e) 出厂检验结果与上次型式检验结果相差5%以上时。

表1 测试仪表精度表

<table>
<tr><th rowspan="2">参 数</th><th colspan="3">精 度 等 级</th></tr>
<tr><th>A</th><th>B</th><th>C</th></tr>
<tr><td>转速/%</td><td rowspan="5">±0.5</td><td rowspan="2">±1.0</td><td rowspan="2">±2.0</td></tr>
<tr><td>扭矩/%</td></tr>
<tr><td>容积流量(排量)/%</td><td rowspan="2">±1.5</td><td rowspan="2">±2.5</td></tr>
<tr><td>压力/%</td></tr>
<tr><td>温度/℃</td><td>±1.0</td><td>±2.0</td></tr>
</table>

表2 测试精度表

<table>
<tr><th rowspan="2">参 数</th><th colspan="3">精 度 等 级</th></tr>
<tr><th>A</th><th>B</th><th>C</th></tr>
<tr><td>转速/%</td><td rowspan="4">±0.5</td><td rowspan="2">±1.0</td><td rowspan="2">±2.0</td></tr>
<tr><td>扭矩/%</td></tr>
<tr><td>容积流量(排量)/%</td><td rowspan="2">±1.5</td><td rowspan="2">±2.5</td></tr>
<tr><td>压力/%</td></tr>
<tr><td>温度/℃</td><td>±1.0</td><td>±2.0</td><td>±4.0</td></tr>
<tr><td colspan="4">注：对精度等级，A级高于B级；B级高于C级。</td></tr>
</table>

7.3.2 检验项目与顺序

产品的检验项目与顺序按表3的规定。

7.3.3 受检样品数

每种规格的产品中抽取1台。

7.3.4 合格判据

当泵马达所有检验项目均符合要求时，则判该泵马达为型式检验合格；当泵马达有任一检验项目不符合要求时，允许加倍抽取同类受检样品后再对其实施该检验项目的检验，若符合要求，则判定泵马达型式检验合格；若仍不符合要求，则判该泵马达为型式检验不合格。

7.4 出厂检验

7.4.1 检验项目与顺序

产品的检验项目与顺序按表3的规定。

表3 检验项目表

序号	检 验 项 目	型式检验	出厂检验	要求章条号	检验方法章条号
1	外观质量	●	●	5.1	6.1
2	材料	●	●	5.2	6.2

表 3（续）

序号	检验项目		型式检验	出厂检验	要求章条号	检验方法章条号
3	性能	耐压性	●	●	5.4.1	6.3.1
4		空载排量	●	●	5.4.2	6.3.2
5		容积效率与总效率	●	●	5.4.3	6.3.3
6		超载性	●	●	5.4.4	6.3.4
7		超速性	●	●	5.4.5	6.3.5
8		压力振摆	●	●	5.4.6	6.3.6
9		自吸能力	●	○	5.4.7	6.3.7
10		耐久性	●	—	5.4.8	6.3.8
11		噪声	●	○	5.4.9.1	6.3.9.1
12			●	○	5.4.9.2	6.3.9.2
13	接口		●	●	5.5	6.4
14	内腔污物重量		●	○	5.6	6.5
15	环境适应性	高温	●	—	5.7a)	6.6.1
16		低温	●	—	5.7b)	6.6.2
17		摇摆	●	—	5.7c)	6.6.3
18		振动	●	—	5.7d)	6.6.4
19		冲击	●	—	5.7c)	6.6.5
20		交变湿热	●	—	5.7f)	6.6.6
21		霉菌	●	—	5.7g)	6.6.7
22		盐雾	●	—	5.7h)	6.6.8
注：●表示必检项目；○表示订购方和承制方协商检验项目；—表示不检项目。						

7.4.2 受检样品数

产品应进行全数检验。

7.4.3 合格判据

当泵马达所有检验项目均符合要求时，则判该泵马达为出厂检验合格；当泵马达有任一检验项目不符合要求时，允许采取纠正措施后再对该泵马达实施该检验项目的检验，若符合要求，则判定泵马达出厂检验合格；若仍不符合要求，则判该泵马达为出厂检验不合格。

8 标志

8.1 泵马达应在其外表面肉眼能见之处设置符合 GB/T 13306 要求的耐腐铭牌。

8.2 铭牌应包含下列内容：

a) 产品的名称、型号、重量及图形符号；

b) 产品的主要规格参数（排量、压力、转速等）、变量形式；

c) 制造厂名称；

d) 产品的制造日期、编号及检验标志。

8.3 产品的进出油口、旋向部位应在肉眼能见之处用记号标明。

9 包装、运输与贮存

9.1 包装

9.1.1 产品的外露加工表面及内腔应有防锈措施。各进出油口应用油塞封堵。

9.1.2 产品装箱后,应有防震、防潮措施。

9.1.3 产品装箱时应附带下列文件:

a) 产品合格证;

b) 产品使用说明书;

c) 随机备件清单;

d) 装箱清单。

9.2 运输

泵马达运输时不应采用抛、滑或其他容易引起碰击的方法,也不应采用电磁搬运。

9.3 贮存

9.3.1 泵马达贮存时宜水平放置,防止滑动、碰伤。

9.3.2 泵马达贮存时应防止曝晒、受潮、雨淋及接触腐蚀性气体。

附 录 A
（规范性附录）
泵马达相关性能表

A.1 泵马达相关性能表见表 A.1～表 A.10。

表 A.1 叶片泵马达容积效率与总效率表

<table>
<tr><th rowspan="2">类型</th><th rowspan="2">公称排量[a]/(mL/r)</th><th colspan="3">容积效率/%
≥</th><th colspan="3">总效率/%
≥</th></tr>
<tr><th>p≤6.3</th><th>6.3<p≤16.0</th><th>p≤16.0</th><th>p≤6.3</th><th>6.3<p≤16.0</th><th>p≤16.0</th></tr>
<tr><td rowspan="8">定量泵马达</td><td>0～4</td><td>70</td><td>60</td><td rowspan="8">—</td><td>50</td><td>50</td><td rowspan="8">—</td></tr>
<tr><td>4～10</td><td>83</td><td>73</td><td>64</td><td>56</td></tr>
<tr><td>10～20</td><td>85</td><td>80</td><td>70</td><td>68</td></tr>
<tr><td>20～40</td><td>87</td><td>84</td><td rowspan="3">76</td><td>69</td></tr>
<tr><td>40～50</td><td>89</td><td rowspan="2">86</td><td>75</td></tr>
<tr><td>50～100</td><td rowspan="2">90</td><td>73</td></tr>
<tr><td>100～200</td><td>90</td><td>82</td><td>80</td></tr>
<tr><td>200～400</td><td>—</td><td>92</td><td>—</td><td>82</td></tr>
<tr><td rowspan="4">变量泵</td><td>0～10</td><td rowspan="4" colspan="2">—</td><td>83</td><td rowspan="4" colspan="2">—</td><td>70</td></tr>
<tr><td>10～40</td><td>85</td><td>72</td></tr>
<tr><td>40～100</td><td>83</td><td>71</td></tr>
<tr><td>100～400</td><td>82</td><td>70</td></tr>
<tr><td colspan="8">注：p 为泵马达公称压力，单位为兆帕(MPa)。</td></tr>
<tr><td colspan="8">[a] 量值范围不含最小值。</td></tr>
</table>

表 A.2 齿轮泵马达容积效率与总效率表

<table>
<tr><th>类　型</th><th>公称压力/MPa</th><th>公称排量[a]/(mL/r)</th><th>容积效率/%
≥</th><th>总效率/%
≥</th></tr>
<tr><td rowspan="5">泵马达</td><td rowspan="5">2.5</td><td>0～4</td><td>70</td><td>60</td></tr>
<tr><td>4～10</td><td>80</td><td>68</td></tr>
<tr><td>10～15</td><td>90</td><td>77</td></tr>
<tr><td>15～50</td><td>91</td><td>80</td></tr>
<tr><td>50</td><td>93</td><td>82</td></tr>
<tr><td rowspan="2">泵</td><td rowspan="4">10.0～25.0</td><td>4～15</td><td>89</td><td>79</td></tr>
<tr><td>15</td><td>90</td><td>81</td></tr>
<tr><td rowspan="2">马达</td><td>4～15</td><td>85</td><td>75</td></tr>
<tr><td>15</td><td>85</td><td>75</td></tr>
<tr><td colspan="5">[a] 量值范围不含最大值。</td></tr>
</table>

表 A.3 柱塞泵马达容积效率与总效率表

类　型	公称压力/MPa ≤	公称排量/(mL/r)	容积效率/% ≥	总效率/% ≥
斜盘式柱塞泵马达	31.5或35	2.5	80	75
		10.0～25.0[a]	91	86
		25.0～250.0	92	87
斜轴式柱塞泵马达		10.0～25.0[a]	94	84
		25.0～250.0	95	90

[a] 不含25.0 mL/r。

表 A.4 泵自吸能力(真空度)表

单位为千帕

叶　片　泵	齿　轮　泵	轴向柱塞泵	
		斜　盘　式	斜　轴　式
16.0	30.0	16.7	30.0

表 A.5 叶片泵马达空气噪声表

类　型	公称压力/MPa	公称排量[a]/(mL/r)	空气噪声/dB ≤
定量泵马达	≤6.3	0～10	69
		10～25	71
		25～50	74
		50～100	76
		100～200	77
		200～400	—
	6.3～16.0	0～10	72
		10～25	73
		25～63	74
		63～160	78
		160～400	81
变量泵	≤16.0	0～10	70
		10～50	75
		50～100	76
		100～400	78

[a] 量值范围不含最小值。

表 A.6 齿轮泵马达空气噪声表

公称排量[a]/(mL/r)	空气噪声/dB ≤	
	p=2.5 MPa	10 MPa≤p≤25 MPa
0～10	70	80
10～15	75	85
15～50	76	
50～100	78	90
100～200	80	92
200～500	92	
>500	95	95
注：p 为泵马达公称压力。		
[a] 量值范围不含最小值。		

表 A.7 斜盘式柱塞泵马达空气噪声表

公称压力/MPa ≤	公称排量[a]/(mL/r)	空气噪声/dB ≤
31.5 或 35	0～10	72
	10～25	72～76
	25～63	76～82
	63～250	82～90
[a] 量值范围不含最小值。		

表 A.8 斜轴式柱塞泵马达空气噪声表

公称压力/MPa ≤	公称排量[a]/(mL/r)	空气噪声/dB ≤
31.5 或 35	0～25	70
	25～80	70～72
	80～180	72～82
	180～250	82～86
[a] 量值范围不含最小值。		

表 A.9 泵机组空气噪声、结构振动加速度表

泵公称排量[a]/(mL/r)	电机功率/kW ≤	空气噪声/dB ≤	结构振动加速度[b]/dB ≤
0～63	15	74	122
63～100	22	77	127
100～160	37	82	133
160～250	55	87	139
[a] 量值范围不含最小值。			
[b] 结构振动加速度栏数据由 $20\lg x/x_0$ 折算，其中 x 表示机脚振动加速度；$x_0=1.0\times10^{-6}$ m/s^2。			

表 A.10 内腔污物重量表

<table>
<tr><th rowspan="2">公称排量[a]/
(mL/r)</th><th colspan="3">内腔污物重量/mg
≤</th></tr>
<tr><th>叶片泵、齿轮泵</th><th>柱塞泵马达(定量)</th><th>柱塞泵马达(变量)</th></tr>
<tr><td>0～10</td><td colspan="2">25</td><td>30</td></tr>
<tr><td>10～25</td><td>30</td><td>40</td><td>48</td></tr>
<tr><td>25～63</td><td>40</td><td>75</td><td>90</td></tr>
<tr><td>63～160</td><td>50</td><td>100</td><td>120</td></tr>
<tr><td>160～250</td><td rowspan="2">60</td><td>130</td><td>155</td></tr>
<tr><td>250～400</td><td colspan="2">—</td></tr>
</table>

[a] 量值范围不含最小值。

ICS 35.040
A 24

中华人民共和国国家标准

GB/T 13861—2009
代替 GB/T 13861—1992

生产过程危险和有害因素分类与代码

Classification and code for the hazardous and harmful factors in process

2009-10-15 发布　　2009-12-01 实施

中华人民共和国国家质量监督检验检疫总局
中国国家标准化管理委员会　发布

前　言

本标准代替 GB/T 13861—1992《生产过程危险和有害因素分类与代码》。

本标准与 GB/T 13861—1992 相比，主要变化如下：

——增加了“规范性引用文件”；

——增加了“术语和定义”；

——代码结构由“三层”改为“四层”；

——大类设置由六类改为四类，分别是“人的因素”、“物的因素”、“环境因素”和“管理因素”。

本标准由中国标准化研究院提出。

本标准由全国信息分类与编码标准化技术委员会归口。

本标准起草单位：中国标准化研究院，中国安全生产科学研究院，辽宁省安全科学研究院。

本标准主要起草人：张艳琦，张惠军，刘骥，隋旭，郝银贵，李荣华。

本标准所代替标准的历次版本发布情况为：

——GB/T 13861—1992。

生产过程危险和有害因素分类与代码

1 范围

本标准规定了生产过程中各种主要危险和有害因素的分类和代码。

本标准适用于各行业在规划、设计和组织生产时，对危险和有害因素的预测、预防，对伤亡事故原因的辨识和分析，也适用于职业安全卫生信息的处理与交换。

2 规范性引用文件

下列文件中的条款通过本标准的引用而成为本标准的条款。凡是注日期的引用文件，其随后所有的修改单(不包括勘误的内容)或修订版均不适用于本标准，然而，鼓励根据本标准达成协议的各方研究是否可使用这些文件的最新版本。凡是不注日期的引用文件，其最新版本适用于本标准。

GB 13690 常用危险化学品的分类及标志

3 术语和定义

下列术语和定义适用于本标准。

3.1

生产过程 process

劳动者在生产领域从事生产活动的全过程。

3.2

危险和有害因素 hazardous and harmful factors

可对人造成伤亡、影响人的身体健康甚至导致疾病的因素。

3.3

人的因素 personal factors

在生产活动中，来自人员自身或人为性质的危险和有害因素。

3.4

物的因素 material factors

机械、设备、设施、材料等方面存在的危险和有害因素。

3.5

环境因素 environment factors

生产作业环境中的危险和有害因素。

3.6

管理因素 management factors

管理和管理责任缺失所导致的危险和有害因素。

4 分类原则和代码结构

本标准按可能导致生产过程中危险和有害因素的性质进行分类。生产过程危险和有害因素共分为四大类，分别是“人的因素”、“物的因素”、“环境因素”和“管理因素”。

本标准的代码为层次码，用6位数字表示，共分四层。第一、二层分别用一位数字表示大类、中类；第三、四层分别用二位数字表示小类、细类。代码结构见图1。

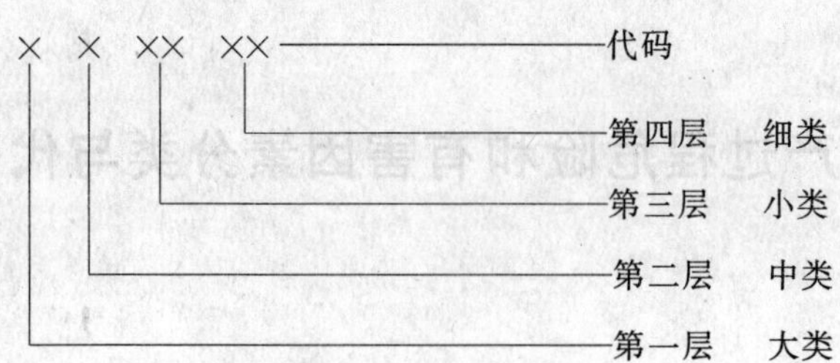

图 1 代码结构

5 分类与代码

生产过程危险和有害因素分类与代码见表1。

表 1 生产过程危险和有害因素分类与代码表

代码	名称	说明
1	**人的因素**	
11	心理、生理性危险和有害因素	
1101	负荷超限	
110101	体力负荷超限	指易引起疲劳、劳损、伤害等的负荷超限
110102	听力负荷超限	
110103	视力负荷超限	
110199	其他负荷超限	
1102	健康状况异常	指伤、病期等
1103	从事禁忌作业	
1104	心理异常	
110401	情绪异常	
110402	冒险心理	
110403	过度紧张	
110499	其他心理异常	
1105	辨识功能缺陷	
110501	感知延迟	
110512	辨识错误	
110599	其他辨识功能缺陷	
1199	其他心理、生理性危险和有害因素	
12	行为性危险和有害因素	
1201	指挥错误	
120101	指挥失误	包括生产过程中的各级管理人员的指挥
120102	违章指挥	
120199	其他指挥错误	
1202	操作错误	
120201	误操作	
120202	违章作业	
120299	其他操作错误	
1203	监护失误	
1299	其他行为性危险和有害因素	包括脱岗等违反劳动纪律行为

表 1（续）

代　码	名　　称	说　　明
2	**物的因素**	
21	物理性危险和有害因素	
2101	设备、设施、工具、附件缺陷	
210101	强度不够	
210102	刚度不够	
210103	稳定性差	抗倾覆、抗位移能力不够。包括重心过高、底座不稳定、支承不正确等
210104	密封不良	指密封件、密封介质、设备辅件、加工精度、装配工艺等缺陷以及磨损、变形、气蚀等造成的密封不良
210105	耐腐蚀性差	
210106	应力集中	
210107	外形缺陷	指设备、设施表面的尖角利棱和不应有的凹凸部分等
210108	外露运动件	指人员易触及的运动件
210109	操纵器缺陷	指结构、尺寸、形状、位置、操纵力不合理及操纵器失灵、损坏等
210110	制动器缺陷	
210111	控制器缺陷	
210199	设备、设施、工具、附件其他缺陷	
2102	防护缺陷	
210201	无防护	
210202	防护装置、设施缺陷	指防护装置、设施本身安全性、可靠性差，包括防护装置、设施、防护用品损坏、失效、失灵等
210203	防护不当	指防护装置、设施和防护用品不符合要求、使用不当。不包括防护距离不够
210204	支撑不当	包括矿井、建筑施工支护不符合要求
210205	防护距离不够	指设备布置、机械、电气、防火、防爆等安全距离不够和卫生防护距离不够等
210299	其他防护缺陷	
2103	电伤害	
210301	带电部位裸露	指人员易触及的裸露带电部位
210302	漏电	
210303	静电和杂散电流	
210304	电火花	
210399	其他电伤害	
2104	噪声	
210401	机械性噪声	
210402	电磁性噪声	
210403	流体动力性噪声	
210499	其他噪声	
2105	振动危害	
210501	机械性振动	
210502	电磁性振动	
210503	流体动力性振动	

表 1（续）

代 码	名 称	说 明
210599	其他振动危害	
2106	电离辐射	包括 X 射线、γ射线、α粒子、β粒子、中子、质子、高能电子束等
2107	非电离辐射	
210701	紫外辐射	
210702	激光辐射	
210703	微波辐射	
210704	超高频辐射	
210705	高频电磁场	
210706	工频电场	
2108	运动物伤害	
210801	抛射物	
210802	飞溅物	
210803	坠落物	
210804	反弹物	
210805	土、岩滑动	
210806	料堆（垛）滑动	
210807	气流卷动	
210899	其他运动物伤害	
2109	明火	
2110	高温物质	
211001	高温气体	
211002	高温液体	
211003	高温固体	
211099	其他高温物质	
2111	低温物质	
211101	低温气体	
211102	低温液体	
211103	低温固体	
211199	其他低温物质	
2112	信号缺陷	
211201	无信号设施	指应设信号设施处无信号，如无紧急撤离信号等
211202	信号选用不当	
211203	信号位置不当	
211204	信号不清	指信号量不足，如响度、亮度、对比度、信号维持时间不够等
211205	信号显示不准	包括信号显示错误、显示滞后或超前等
211299	其他信号缺陷	
2113	标志缺陷	
211301	无标志	
211302	标志不清晰	
211303	标志不规范	
211304	标志选用不当	

表 1（续）

代码	名称	说明
211305	标志位置缺陷	
211399	其他标志缺陷	
2114	有害光照	包括直射光、反射光、眩光、频闪效应等
2199	其他物理性危险和有害因素	
22	化学性危险和有害因素	依据 GB 13690 中的规定
2201	爆炸品	
2202	压缩气体和液化气体	
2203	易燃液体	
2204	易燃固体、自燃物品和遇湿易燃物品	
2205	氧化剂和有机过氧化物	
2206	有毒品	
2207	放射性物品	
2208	腐蚀品	
2209	粉尘与气溶胶	
2299	其他化学性危险和有害因素	
23	生物性危险和有害因素	
2301	致病微生物	
230101	细菌	
230102	病毒	
230103	真菌	
230199	其他致病微生物	
2302	传染病媒介物	
2303	致害动物	
2304	致害植物	
2399	其他生物性危险和有害因素	
3	**环境因素**	包括室内、室外、地上、地下（如隧道、矿井）、水上、水下等作业（施工）环境
31	室内作业场所环境不良	
3101	室内地面滑	指室内地面、通道、楼梯被任何液体、熔融物质润湿，结冰或有其他易滑物等
3102	室内作业场所狭窄	
3103	室内作业场所杂乱	
3104	室内地面不平	
3105	室内梯架缺陷	包括楼梯、阶梯、电动梯和活动梯架，以及这些设施的扶手、扶栏和护栏、护网等
3106	地面、墙和天花板上的开口缺陷	包括电梯井、修车坑、门窗开口、检修孔、孔洞、排水沟等
3107	房屋基础下沉	
3108	室内安全通道缺陷	包括无安全通道、安全通道狭窄、不畅等
3109	房屋安全出口缺陷	包括无安全出口、设置不合理等
3110	采光照明不良	指照度不足或过强、烟尘弥漫影响照明等

表 1（续）

代码	名称	说明
3111	作业场所空气不良	指自然通风差、无强制通风、风量不足或气流过大、缺氧、有害气体超限等
3112	室内温度、湿度、气压不适	
3113	室内给、排水不良	
3114	室内涌水	
3199	其他室内作业场所环境不良	
32	室外作业场地环境不良	
3201	恶劣气候与环境	包括风、极端的温度、雷电、大雾、冰雹、暴雨雪、洪水、浪涌、泥石流、地震、海啸等
3202	作业场地和交通设施湿滑	包括铺设好的地面区域、阶梯、通道、道路、小路等被任何液体、熔融物质润湿，冰雪覆盖或有其他易滑物等
3203	作业场地狭窄	
3204	作业场地杂乱	
3205	作业场地不平	包括不平坦的地面和路面，有铺设的、未铺设的、草地、小鹅卵石或碎石地面和路面
3206	航道狭窄、有暗礁或险滩	
3207	脚手架、阶梯和活动梯架缺陷	包括这些设施的扶手、扶栏和护栏、护网等
3208	地面开口缺陷	包括升降梯井、修车坑、水沟、水渠等
3209	建筑物和其他结构缺陷	包括建筑中或拆毁中的墙壁、桥梁、建筑物；筒仓、固定式粮仓、固定的槽罐和容器；屋顶、塔楼等
3210	门和围栏缺陷	包括大门、栅栏、畜栏和铁丝网等
3211	作业场地基础下沉	
3212	作业场地安全通道缺陷	包括无安全通道，安全通道狭窄、不畅等
3213	作业场地安全出口缺陷	包括无安全出口、设置不合理等
3214	作业场地光照不良	指光照不足或过强、烟尘弥漫影响光照等
3215	作业场地空气不良	指自然通风差或气流过大、作业场地缺氧、有害气体超限等
3216	作业场地温度、湿度、气压不适	
3217	作业场地涌水	
3299	其他室外作业场地环境不良	
33	地下（含水下）作业环境不良	不包括以上室内室外作业环境已列出的有害因素
3301	隧道/矿井顶面缺陷	
3302	隧道/矿井正面或侧壁缺陷	
3303	隧道/矿井地面缺陷	
3304	地下作业面空气不良	包括通风差或气流过大、缺氧、有害气体超限等
3305	地下火	
3306	冲击地压	指井巷（采场）周围的岩体（如煤体）等物质在外载作用下产生的变形能，当力学平衡状态受到破坏时，瞬间释放，将岩体、气体、液体急剧、猛烈抛（喷）出造成严重破坏的一种井下动力现象
3307	地下水	
3308	水下作业供氧不当	
3399	其他地下作业环境不良	

表1（续）

代码	名称	说明
39	其他作业环境不良	
3901	强迫体位	指生产设备、设施的设计或作业位置不符合人类工效学要求而易引起作业人员疲劳、劳损或事故的一种作业姿势
3902	综合性作业环境不良	显示有两种以上作业环境致害因素且不能分清主次的情况
3999	以上未包括的其他作业环境不良	
4	**管理因素**	
41	职业安全卫生组织机构不健全	包括组织机构的设置和人员的配置
42	职业安全卫生责任制未落实	
43	职业安全卫生管理规章制度不完善	
4301	建设项目"三同时"制度未落实	
4302	操作规程不规范	
4303	事故应急预案及响应缺陷	
4304	培训制度不完善	
4399	其他职业安全卫生管理规章制度不健全	包括隐患管理、事故调查处理等制度不健全
44	职业安全卫生投入不足	
45	职业健康管理不完善	包括职业健康体检及其档案管理等不完善
49	其他管理因素缺陷	

ICS 67.240
B 04

中华人民共和国国家标准

GB/T 13868—2009/ISO 8589:2007
代替 GB/T 13868—1992

感官分析　建立感官分析实验室的一般导则

Sensory analysis—General guidance for the design of test rooms

(ISO 8589:2007,IDT)

2009-04-08 发布　　2009-07-01 实施

中华人民共和国国家质量监督检验检疫总局
中国国家标准化管理委员会　发布

前　言

本标准等同采用国际标准 ISO 8589:2007《感官分析　建立感官分析实验室的一般导则》(英文版)。

本标准代替 GB/T 13868—1992《感官分析　建立感官分析实验室的一般导则》。本标准与 GB/T 13868—1992 相比,重大的技术内容变化主要有:

——实验室区域中新增加了供给品贮藏室、样品贮藏室和评价员休息室;

——检验区的一般要求中增加了检验区内专用照明设备的类型,评价小间中的设置增加了对电器接线口、计算机组件、信号系统等的要求;

——附录中增加了评价小间实例的图片;

——新添了附加信息一章。

本标准的附录 A 为资料性附录。

本标准由中国标准化研究院提出并归口。

本标准主要起草单位:中国标准化研究院、中国农业大学、浙江工商大学、北京汇源食品有限公司。

本标准主要起草人:刘文、赵镭、汪厚银、邓少平、战吉宬、李绍振。

本标准所代替标准的历次版本发布情况为:

——GB/T 13868—1992。

感官分析　建立感官分析实验室的一般导则

1　范围

本标准规定了建立感官分析实验室的一般条件，实验室区域（检验区、准备区和办公室等）的布局，以及不同区域的建设要求和应达到的效果。

本标准的规定不专门针对某种产品检验类型。

注：感官分析实验室既适用于食品的感官评价，也适用于非食品的感官评价。然而针对特定的用途，实验室需要进行调整。对于特定的检验产品或检验类型，尤其是对于非食品的感官评价，实验室设计常需要进行修改。

虽然许多基本原理是类似的，但本标准未涉及产品检验中的专项检查或企业内部品质控制等对检验设施的要求。

2　规范性引用文件

下列文件中的条款通过本标准的引用而成为本标准的条款。凡是注日期的引用文件，其随后所有的修改单（不包括勘误的内容）或修订版均不适用于本标准，然而，鼓励根据本标准达成协议的各方研究是否可使用这些文件的最新版本。凡是不注日期的引用文件，其最新版本适用于本标准。

GB/T 10221 感官分析　术语（GB/T 10221—1998，idt ISO 5492：1992）

3　术语和定义

本标准采用了 GB/T 10221 中感官分析的有关术语和定义。

4　原则

实验室的设计应：

——保证感官评价在已知和最小干扰的可控条件下进行；

——减少生理因素和心理因素对评价员判断的影响。

5　实验室的建立

感官分析实验室的建立应根据是否为新建实验室或是利用已有设施改造而有所不同。

典型的实验室设施一般包括：

——供个人或小组进行感官评价工作的检验区；

——样品准备区；

——办公室；

——更衣室和盥洗室；

——供给品贮藏室；

——样品贮藏室；

——评价员休息室。

实验室至少应具备：

——供个人或小组进行感官评价工作的检验区；

——样品准备区。

感官分析实验室宜建立在评价员易于到达的地方，且除非采取了减少噪声和干扰的措施，应避免建在交通流量大的地段(如餐厅附近)。应考虑采取合理措施以使残疾人易于到达。

评价员在进入评价间之前,实验室最好能有一个集合或等待的区域。此区域应易于清洁以保证良好的卫生状况。

感官分析实验室的设计图例参见附录A。

6 检验区

6.1 一般要求

6.1.1 位置

检验区应紧邻样品准备区,以便于提供样品。但两个区域应隔开,以减少气味和噪声等干扰(见7.1)。

为避免对检验结果带来偏差,不允许评价员进入或离开检验区时穿过准备区。

6.1.2 温度和相对湿度

检验区的温度应可控。如果相对湿度会影响样品的评价时,检验区的相对湿度也应可控。

除非样品评价有特殊条件要求,检验区的温度和相对湿度都应尽量让评价员感到舒适。

6.1.3 噪声

检验期间应控制噪声。宜使用降噪地板,最大限度地降低因步行或移动物体等产生的噪声。

6.1.4 气味

检验区应尽量保持无气味。一种方式是安装带有活性炭过滤器的换气系统,需要时,也可利用形成正压的方式减少外界气味的侵入。

检验区的建筑材料应易于清洁,不吸附和不散发气味。检验区内的设施和装置(如地毯、椅子等)也不应散发气味干扰评价。根据实验室用途,应尽量减少使用织物,因其易吸附气味且难以清洗。

使用的清洁剂在检验区内不应留下气味。

6.1.5 装饰

检验区墙壁和内部设施的颜色应为中性色,以免影响对被检样品颜色的评价。宜使用乳白色或中性浅灰色(地板和椅子可适当使用暗色)。

6.1.6 照明

感官评价中照明的来源、类型和强度非常重要。应注意所有房间的普通照明及评价小间的特殊照明。检验区应具备均匀、无影、可调控的照明设施。

尽管不要求,但光源应是可选择的,以产生特定照明条件。

例如:色温为6 500 K的灯能提供良好的、中性的照明,类似于"北方的日光";色温为5 000 K～5 500 K的灯具有较高的显色指数,能模仿"中午的日光"。

进行产品或材料的颜色评价时,特殊照明尤其重要。为掩蔽样品不必要的、非检验变量的颜色或视觉差异,可能需要特殊照明设施。可使用的照明设施包括:

——调光器;

——彩色光源;

——滤光器;

——黑光灯;

——单色光源,如钠光灯。

在消费者检验中,通常选用日常使用产品时类似的照明。检验中所需照明的类型应根据具体检验的类型而定。

6.1.7 安全措施

应考虑建立与实验室类型相适应的特殊安全措施。若检验有气味的样品,应配置特殊的通风橱;若使用化学药品,应建立化学药品清洗点;若使用烹调设备,应配备专门的防火设施。

无论何种类型的实验室,应适当设置安全出口标志。

6.2 评价小间

6.2.1 一般要求

许多感官检验要求评价员独立进行评价。当需要评价员独立评价时,通常使用独立评价小间以在评价过程中减少干扰和避免相互交流。

6.2.2 数量

根据检验区实际空间的大小和通常的检验类型确定评价小间的数量,并保证检验区内有足够的活动空间和提供样品的空间。

6.2.3 设置

推荐使用固定的评价小间,也可使用临时的、移动的评价小间。

若评价小间是沿着检验区和准备区的隔墙设立的,则宜在评价小间的墙上开一窗口以传递样品。窗口应装有静音的滑动门或上下翻转门等。窗口的设计应便于样品的传递并保证评价员看不到样品准备和样品编号的过程。为方便使用,应在准备区沿着评价小间外壁安装工作台。

需要时应在合适的位置安装电器插座,以供特定检验条件下需要的电器设备方便使用。

若评价员使用计算机输入数据,要合理配置计算机组件,使评价员集中精力于感官评价工作。例如,屏幕高度应适合观看,屏幕设置应使眩光最小,一般不设置屏幕保护。在令人感觉舒适的位置,安置键盘和其他输入设备,且不影响评价操作。

评价小间内宜设有信号系统,以使评价员准备就绪时通知检验主持人,特别是准备区与检验区有隔墙分开时尤为重要。可通过开关打开准备区一侧的指示灯或者在送样窗口下移动卡片。样品按照特定的时间间隔提供给评价小组时例外。

评价小间可标有数字或符号,以便评价员对号入座。

6.2.4 布局和大小

评价小间内的工作台应足够大以容纳以下物品:

——样品;

——器皿;

——漱口杯;

——水池(若必要);

——清洗剂;

——问答表、笔或计算机输入设备。

同时工作台也应有足够的空间,能使评价员填写问答表或操作计算机输入结果。

工作台长最少为 0.9 m,宽 0.6 m。若评价小间内需增加其他设备时,工作台尺寸应相应加大。工作台要高度合适,以使评价员可舒适地进行样品评价。

评价小间侧面隔板的高度至少应超过工作台表面 0.3 m,以部分隔开评价员,使其专心评价。隔板也可从地面一直延伸至天花板,从而使评价员完全隔开,但同时要保证空气流通和清洁。也可采用固定于墙上的隔板围住就座的评价员。

评价小间内应设一舒适的座位,高度与工作台表面相协调,供评价员就座。若座位不能调整或移动,座位与工作台间的距离至少为 0.35 m。可移动的座位应尽可能安静地移动。

评价小间内可配备水池,但要在卫生和气味得以控制的条件下才能使用。若评价过程中需要用水,水的质量和温度应是可控的。抽水型水池可处理废水,但也会产生噪声。

如果相关法律法规有要求,应至少设计一个高度和宽度适合坐轮椅的残疾评价员使用的专用评价小间。

6.2.5 颜色

评价小间内部应涂成无光泽的、亮度因数为 15%左右的中性灰色(如孟塞尔色卡 N4 至 N5)。当被检样品为浅色和近似白色时，评价小间内部的亮度因数可为30%或者更高(如孟塞尔色卡 N6)，以降低待测样品颜色与评价小间之间的亮度对比。

6.2.6 照明

见6.1.6普通照明的要求。

6.3 集体工作区

6.3.1 一般要求

感官分析实验室常设有一个集体工作区，用于评价员之间以及与检验主持人之间的讨论，也用于评价初始阶段的培训，以及任何需要讨论时使用。

集体工作区应足够宽大，能摆放一张桌子及配置舒适的椅子供参加检验的所有评价员同时使用(参见附录A的示例)。桌子应较宽大以能放置以下物品：

——供每位评价员使用的盛放答题卡和样品的托盘或其他用具；

——其他的物品，如用到的参比样品、钢笔、铅笔和水杯等；

——计算机工作站(必要时)。

桌子中心可配置活动的部分，以有助于传递样品。也可配置可拆卸的隔板，以使评价员相互隔开，进行独立评价。最好配备图表或较大的写字板以记录讨论的要点。

6.3.2 照明

集体工作区的照明要求参见6.1.6。

7 准备区

7.1 一般要求

准备样品的区域(或厨房)要紧邻检验区，避免评价员进入检验区时穿过样品准备区而对检验结果造成偏差。

各功能区内及各功能区之间布局合理，使样品准备的工作流程便捷高效。

准备区内应保证空气流通，以利于排除样品准备时的气味及来自外部的异味。

地板、墙壁、天花板和其他设施所用材料应易于维护、无味、无吸附性。

准备区建立时，水、电、气装置的放置空间要有一定余地，以备将来位置的调整。

7.2 设施

准备区需配备的设施取决于要准备的产品类型。通常主要有：

——工作台。

——洗涤用水池和其他供应洗涤用水的设施。

——必要设备，包括用于样品的贮存、样品的准备和准备过程中可控的电器设备，以及用于提供样品的用具(如：容器、器皿、器具等)。设备应合理摆放，需校准的设备应于检验前校准。

——清洗设施。

——收集废物的容器。

——贮藏设施。

——其他必需的设施。

用于准备和贮存样品的容器以及使用的烹饪器具和餐具，应采用不会给样品带来任何气味或滋味的材料制成，以避免玷染样品。

8 办公室

8.1 一般要求

办公室是感官评价中从事文案工作的场所，应靠近检验区并与之隔开。

8.2 大小

办公室应有适当的空间,以能进行检验方案的设计、问答表的设计、问答表的处理、数据的统计分析、检验报告的撰写等工作,需要时也能用于与客户讨论检验方案和检验结论。

8.3 设施

根据办公室内需进行的具体工作,可配置以下设施:办公桌或工作台、档案柜、书架、椅子、电话、用于数据统计分析的计算器和计算机等。

也可配置复印机和文件柜,但不一定放置在办公室中。

9 辅助区

若有条件,可在检验区附近建立更衣室和盥洗室等,但应建立在不影响感官评价的地方。

设置用于存放清洁和卫生用具的区域非常重要。

10 附加信息

新建或改建实验区之前,应对区域依次编码,并在有所改变时进行标注。

附 录 A
（资料性附录）
感官分析实验室设计图例

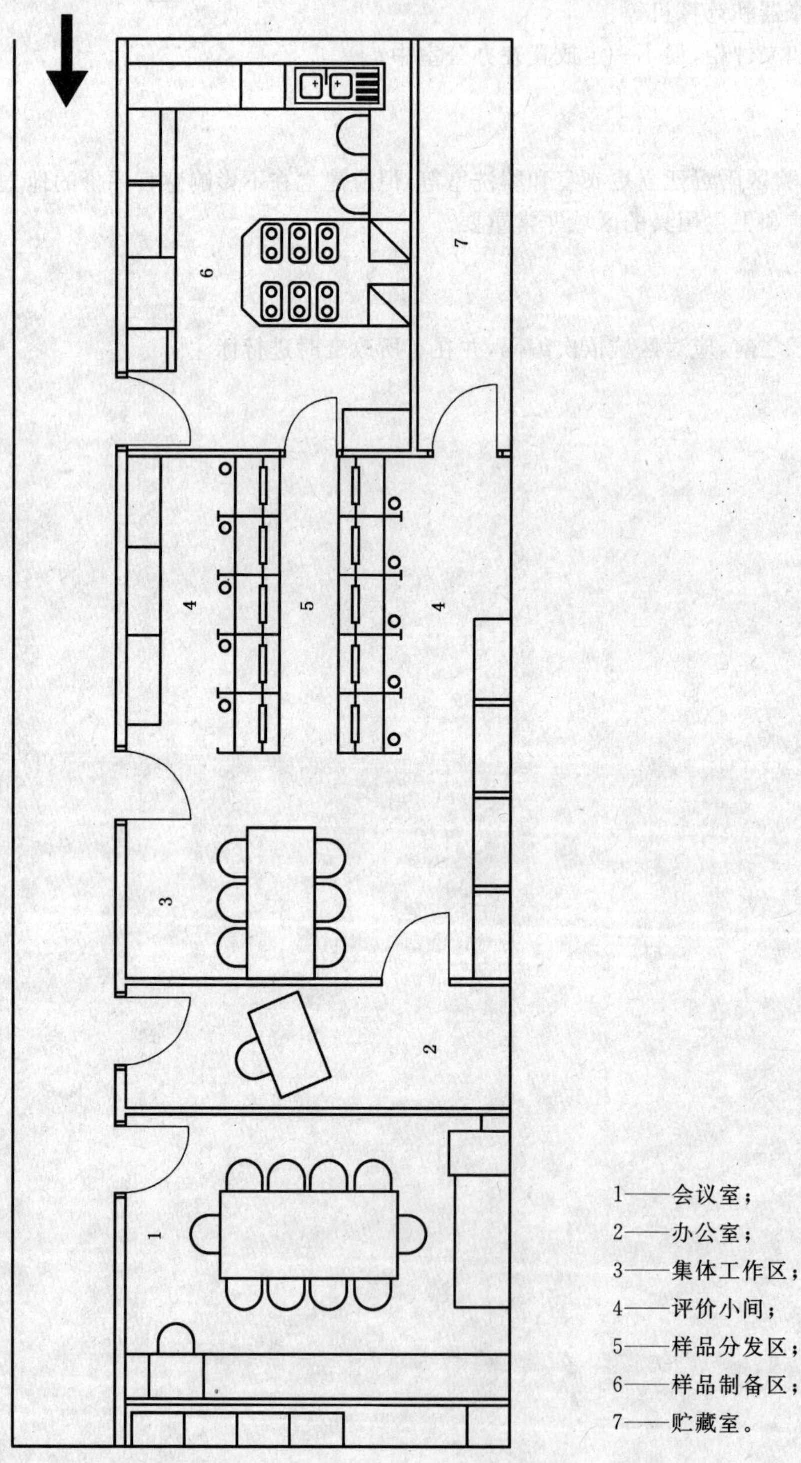

图 A.1 感官分析实验室平面图示例 1

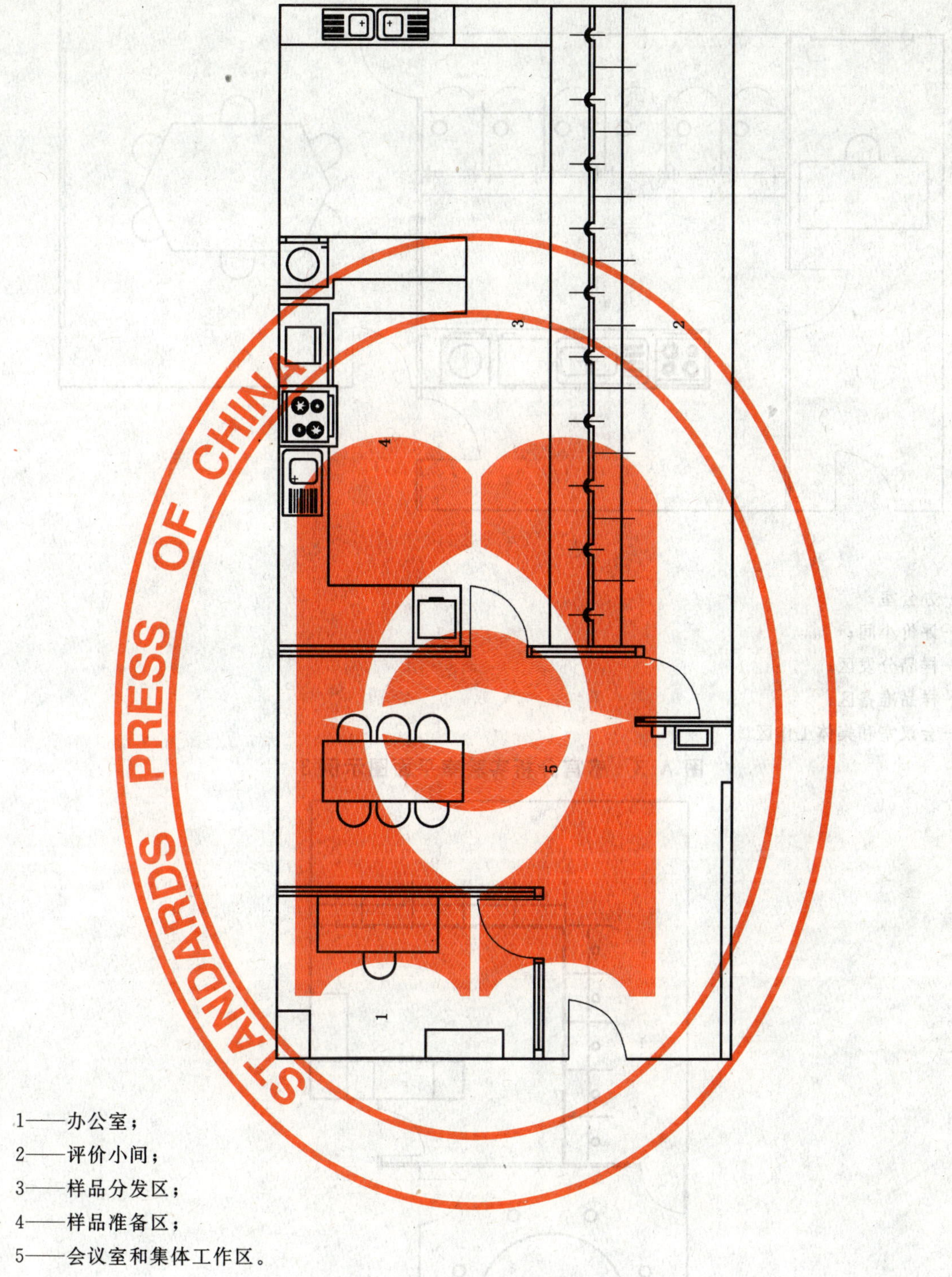

1——办公室；

2——评价小间；

3——样品分发区；

4——样品准备区；

5——会议室和集体工作区。

图 A.2 感官分析实验室平面图示例 2

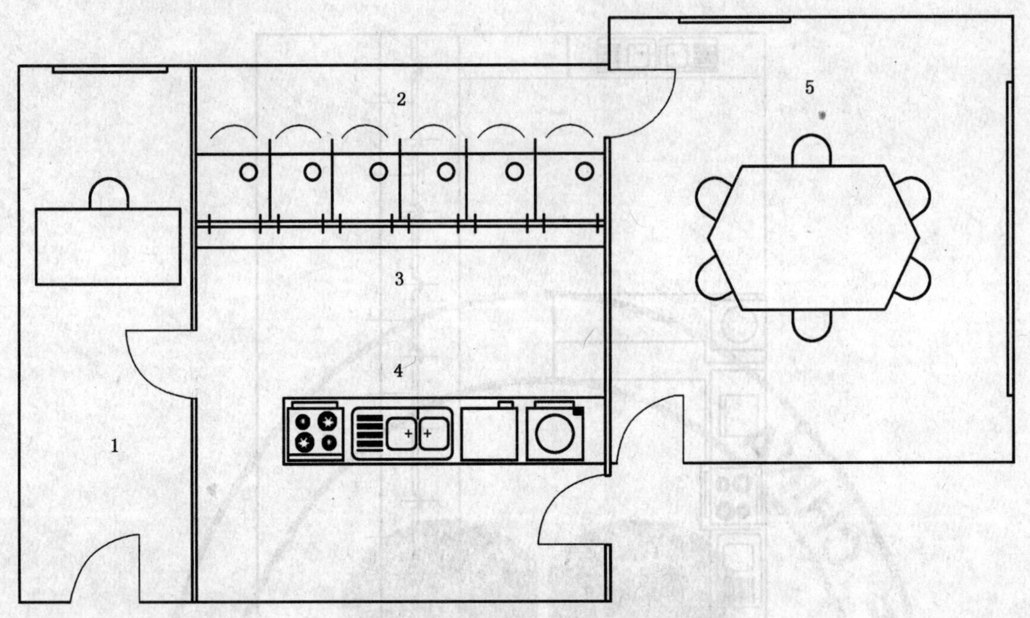

1——办公室；
2——评价小间；
3——样品分发区；
4——样品准备区；
5——会议室和集体工作区。

图 A.3　感官分析实验室平面图示例 3

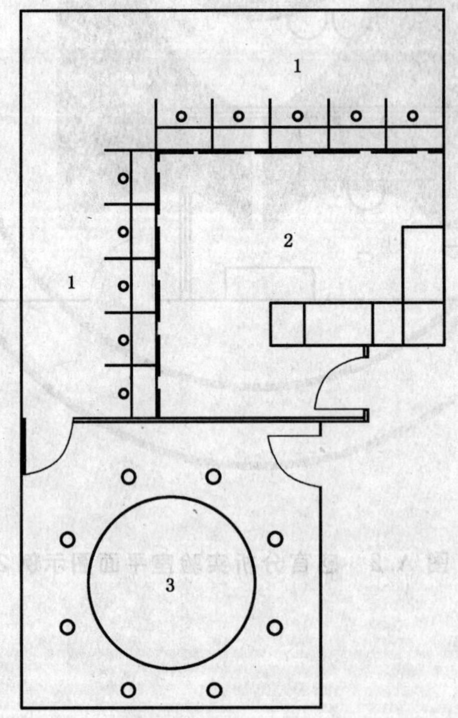

1——评价小间；
2——样品准备区；
3——会议室和集体工作区。

图 A.4　感官分析实验室平面图示例 4

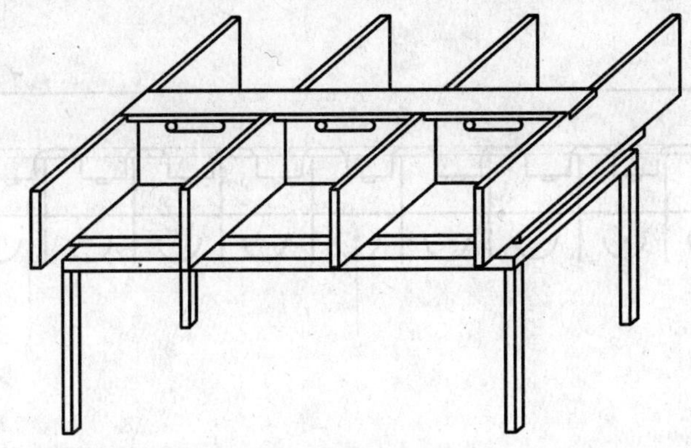

图 A.5　带有可拆卸隔板的桌子

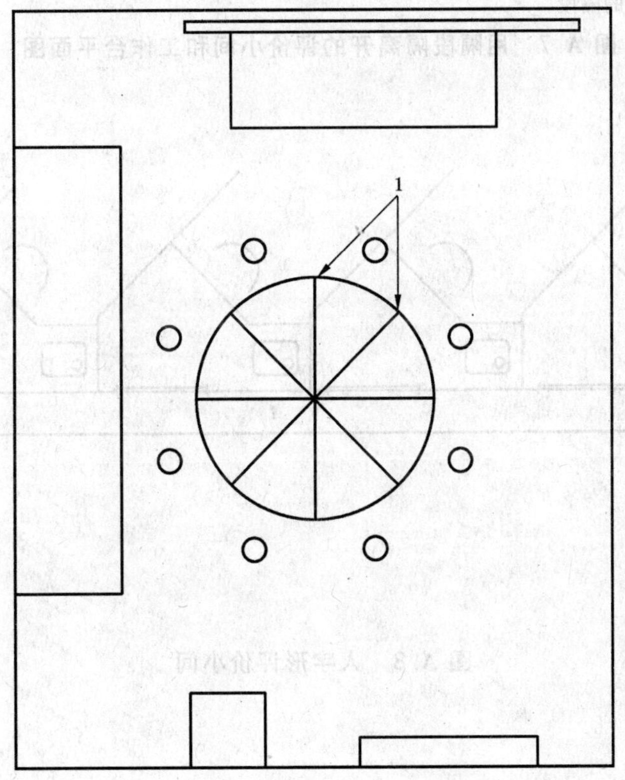

1——可拆卸的隔板。

图 A.6　用于个人检验或集体工作的检验区的建筑平面图

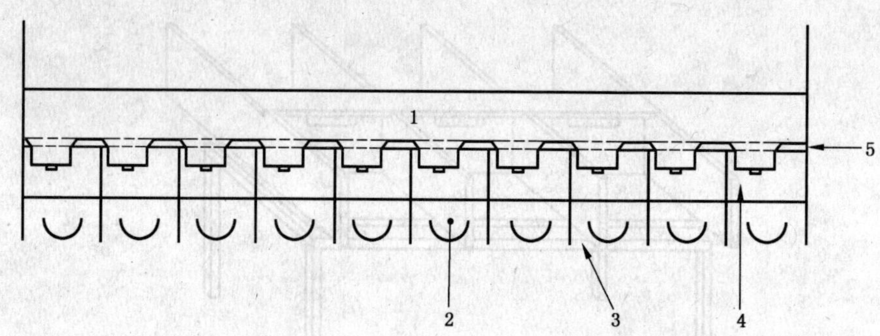

1——工作台；
2——评价小间；
3——隔板；
4——小窗；
5——开有样品传递窗口的隔段。

图 A.7 用隔段隔离开的评价小间和工作台平面图

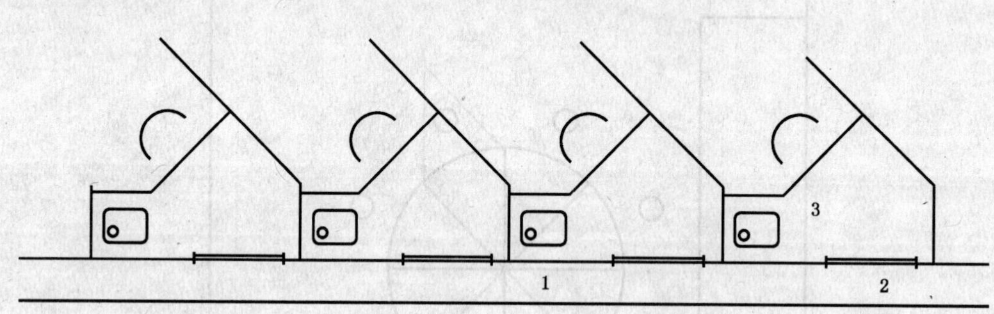

1——工作台；
2——窗口；
3——水池。

图 A.8 人字形评价小间

图 A.9 传递样品窗口的式样

1——横向布置的评价小间；

2——分发区；

3——检验主持人座位。

图 A.10 设立检验主持人座位的检验区

注：评价小间包括的设施如下：

——可滑动的键盘托架 1 个；

——位于显示器支架下的开口 1 个；

——带小脚轮的机箱底座 1 个；

——镜子 1 面；

——带开关的日光灯 2 支；

——毛巾杆 1 根；

——白色水池 1 个；

——红外感应水龙头 1 个。

图 A.11 评价小间实例

参 考 文 献

[1] ISO 6658 Sensory analysis—Methodology—General guidance

ICS 43.080.10
T 71

中华人民共和国国家标准

GB/T 13873—2009
代替 GB/T 13873—1992

道路车辆　货运挂车试验方法

Road vehicles—Trailer test procedure

2009-03-23 发布　　　　2010-01-01 实施

中华人民共和国国家质量监督检验检疫总局
中国国家标准化管理委员会　发布

前　言

本标准代替 GB/T 13873—1992《货运挂车试验方法》。

本标准与 GB/T 13873—1992 相比，主要修订内容如下：

——标准名称由“货运挂车试验方法”改为“道路车辆　货运挂车试验方法”。

——标准增加了装有防抱制动装置挂车的试验方法(本版的 6.2)。

——标准中增加了中置轴挂车的试验方法(本版的 5.1.4)。

——标准删除了附录规定的试验记录表格(1992 年版的附录 A)。

本标准由中华人民共和国国家发展和改革委员会提出。

本标准由全国汽车标准化技术委员会挂车分技术委员会(SAC/TC 114/SC 13)归口。

本标准起草单位：交通部公路科学研究院、中集车辆(集团)有限公司、中国重汽集团技术中心、北汽福田汽车股份有限公司。

本标准主要起草人：刘建农、曹庆富、谢良富、吴永刚、李相国、谭秀卿、陶臣军。

本标准代替标准的历次版本发布情况为：

——GB/T 13873—1992。

道路车辆　货运挂车试验方法

1　范围

本标准规定了货运挂车(以下简称挂车)主要结构参数和技术特性参数的测定方法以及制动性能的试验方法。

本标准适用于在公路及城市道路上行驶的货运挂车的试验。

2　规范性引用文件

下列文件中的条款通过本标准的引用而成为本标准的条款。凡是注日期的引用文件，其随后所有的修改单(不包括勘误的内容)或修订版均不适用于本标准，然而，鼓励根据本标准达成协议的各方研究是否可使用这些文件的最新版本。凡是不注日期的引用文件，其最新版本适用于本标准。

GB 7258　机动车运行安全技术条件

GB/T 12674　汽车质量(重量)参数测定方法

GB 12676　汽车制动系统结构、性能和试验方法

GB/T 12534　汽车道路试验方法通则

GB/T 13594　机动车和挂车防抱制动系统性能和试验方法

GB/T 23336　半挂车通用技术条件

3　试验车辆

3.1　挂车各总成、部件、附件及附属装置(包括备胎)，应装备齐全，并安装在规定的位置上。

3.2　挂车技术状况应符合制造企业产品技术条件的规定。

3.3　挂车的装载质量保持额定载荷或达到最大总质量状态。装载物应在货箱内或货台上均匀分布，或按技术条件规定的装载区域内均匀分布。

3.4　挂车应按使用说明书进行技术维护，试验中不得任意调整或更换零部件，技术维护时应做好详细记录。

4　试验准备

4.1　一般检查

4.1.1　记录挂车的主要信息，包括生产厂名称，挂车的牌号、型号及编号、出厂日期、VIN 号等。

4.1.2　检查挂车各总成、部件、附件及附属装置的完整性，外部紧固程度，各总成润滑状态及密封状况。

4.1.3　检查挂车的装配、调整质量，应满足制造企业技术条件的要求。

4.1.4　挂车按照 GB 7258 的要求安装防抱制动装置。

4.2　技术状况检查

4.2.1　技术状况检查试验在挂车一般检查合格后，性能试验之前进行。

4.2.2　试验道路条件应符合 GB/T 12534 的规定。

4.2.3　试验方法

4.2.3.1　行驶里程不少于 100 km，行驶速度控制在牵引车最高车速的 50%～80%范围内，并尽量保持匀速行驶。

4.2.3.2　行驶中注意观察挂车各总成的工作情况，尤其注意转向、制动等机构的效能。发现异常现象时，应立即停车检查，找出原因、消除后继续进行检查试验，并将情况详细记录。

5 主要结构参数和技术特性参数的测量方法

5.1 挂车质量参数的测量

5.1.1 测量设备

地衡(或车轮负荷计),其精度为0.1%,地衡台面应能将整个挂车放在上面,地衡出入口地面应与台面在同一水平面上。根据被测挂车的质量,选择适当量程的地衡。测量设备在检定有效期内使用。

5.1.2 牵引杆挂车测量方法

5.1.2.1 称量牵引杆挂车整备质量及各轴轴载质量

被测挂车由牵引车牵引,先从一个方向低速驶上地衡台面,依次称量挂车前轴轴载质量 G'_{01},挂车整备质量 G'_0,挂车后轴轴载质量 G'_{02}。然后调头,从相反方向再次称量挂车前轴轴载质量 G''_{01},挂车整备质量 G''_0,挂车后轴轴载质量 G''_{02}。称量时,挂车停稳,脱离牵引车,制动器放松。

5.1.2.2 称量牵引杆挂车最大总质量及各轴最大轴载质量

牵引杆挂车处于最大总质量状态,按照5.1.2.1的方法称量满载状态下的全挂车质量 G'_1,G',G'_2,G''_1,G'',G''_2。

5.1.2.3 测量结果计算见表1。

5.1.3 半挂车测量方法

5.1.3.1 半挂车整备质量及轴载质量

被测半挂车由牵引车牵引,先从一个方向低速驶上地衡台面后,使半挂车与牵引车脱离,用支承装置支承,称量半挂车整备质量 G'_{s0},再使半挂车与牵引车联结,将牵引车后轮驶出地衡台面,称量半挂车轴载质量 G'_{s02}。然后,从相反方向,用相同方法,依次称量半挂车整备质量 G''_{s0},半挂车轴载质量 G''_{s02}。称量时,半挂车停稳,制动器放松,支承装置应调整到半挂车承载平面为水平状态。

5.1.3.2 半挂车最大总质量及最大轴载质量

半挂车处于最大总质量状态,按照5.1.3.1的方法称量满载状态下的半挂车质量 G'_{s0},G'_{s02},G''_{s0},G''_{s02}。

5.1.3.3 测量结果计算见表1。

5.1.4 中置轴挂车测量方法

5.1.4.1 中置轴挂车整备质量及轴载质量

被测中置轴挂车由牵引车牵引,先从一个方向低速驶上地衡台面后,使中置轴挂车与牵引车脱离,用支承装置支承,称量中置轴挂车整备质量 G'_{ao},再使中置轴挂车与牵引车联结,称量中置轴挂车轴载质量 G'_{aso}。然后,从相反方向,用相同方法,依次称量中置轴挂车整备质量 G''_{ao},中置轴挂车轴载质量 G''_{aso}。称量时,半挂车停稳,制动器放松,支承装置应调整到半挂车承载平面为水平状态。

5.1.4.2 中置轴挂车最大总质量及最大轴载质量

中置轴挂车处于最大总质量状态,按照5.1.4.1的方法称量满载状态下的中置轴挂车质量 G'_a,G'_{as},G''_a,G''_{as}。

5.1.4.3 测量结果计算见表1。

表1 质量参数测量计算 单位为千克

挂车类型	测量项目	计算公式
牵引杆挂车	整备质量	$G_0=(G'_0+G''_0)/2$
	前轴轴载质量 G_{01}	$G_{01}=\varepsilon_{01}\times G_0$
	空载时前轴负荷率 ε_{01}/%	$\varepsilon_{01}=\dfrac{1}{1+\dfrac{G'_{02}+G''_{02}}{G'_{01}+G''_{01}}}\times 100$
	后轴轴载质量 G_{02}	$G_{02}=\varepsilon_{02}\times G_0$

表 1（续）　　单位为千克

挂车类型	测量项目	计算公式
牵引杆挂车	后轴负荷率 ε_{02}/%	$\varepsilon_{02}=(1-\varepsilon_{01})\times100$
	最大总质量 G	$G=(G'+G'')/2$
	前轴最大轴载质量 G_1	$G_1=\varepsilon_1\times G$
	满载时前轴负荷率 ε_1/%	$\varepsilon_1=\dfrac{1}{1+\dfrac{G'_2+G''_2}{G'_1+G''_1}}\times100$
	后轴最大轴载质量 G_2	$G_2=\varepsilon_2\times G$
	后轴负荷率 ε_2/%	$\varepsilon_2=(1-\varepsilon_1)\times100$
半挂车	整备质量 G_{s0}	$G_{s0}=(G'_{s0}+G''_{s0})/2$
	半挂车轴载质量 G_{s02}	$G_{s02}=(G'_{s02}+G''_{s02})/2$
	牵引销处承载质量 G_{s01}	$G_{s01}=G_{s0}-G_{s02}$
	最大总质量 G_s	$G_s=(G'_s+G''_s)/2$
	半挂车最大轴载质量 G_{s2}	$G_{s2}=(G'_{s2}+G''_{s2})/2$
	牵引销处最大承载质量 G_{s1}	$G_{s1}=G_s-G_{s2}$
中置轴挂车	整备质量	$G_{a0}=(G'_{a0}+G''_{a0})/2$
	中置轴挂车轴载质量	$G_{as0}=(G'_{as0}+G''_{as0})/2$
	牵引钩处承载质量	$G_{a0s}=G_{a0}-G_{as0}$
	最大总质量	$G_a=(G'_a+G''_a)/2$
	中置轴挂车轴载	$G_{as}=(G'_{as}+G''_{as})/2$
	牵引钩处最大承载质量	$G_{ass}=G_a-G_{as}$
当轴载质量之和与整车质量不一致时，修正值按照 GB/T 12674 规定的方法进行计算。		

5.2 挂车质心位置

5.2.1 质心水平位置的计算

5.2.1.1 质心距前轴（半挂车为牵引销）中心线的水平距离

空载时按式(1)计算：

$$A_0=\frac{G_{02}}{G_0}\times Z(\text{或 } A_0=\frac{G_{s02}}{G_{s0}}\times Z)(\text{mm}) \quad\cdots\cdots(1)$$

满载时按式(2)计算：

$$A=\frac{G_2}{G}\times Z(\text{或 } A=\frac{G_{s2}}{G_s}\times Z)(\text{mm}) \quad\cdots\cdots(2)$$

5.2.1.2 质心距后轴（半挂车第一轴）中心线的水平距离

空载时按式(3)计算：

$$B_0=Z-A_0(\text{mm}) \quad\cdots\cdots(3)$$

满载时按式(4)计算：

$$B=Z-A(\text{mm}) \quad\cdots\cdots(4)$$

式中：

$G_0(G_{s0})$——整备质量，单位为千克(kg)；

$G_{02}(G_{s02})$——后轴轴载质量，单位为千克(kg)；

$G(G_s)$——最大总质量，单位为千克(kg)；

$G_2(G_{s2})$——后轴最大轴载质量,单位为千克(kg);

Z——轴距(牵引销至半挂车第一轴的距离),单位为毫米(mm)。

注:()内为半挂车相应参数。

5.2.2 质心高度的计算

5.2.2.1 应在挂车空车时进行测量。

5.2.2.2 挂车处于水平位置时,将悬架弹簧锁死,挂车前轴车轮放在水平地面上,后轴车轮安置于地衡台面上(地面与地衡台面应在同一水平面上),测出后轴轴载质量 G_{02}。然后将前轴升起至挂车倾斜角8°～12°,测出后轴轴载质量 $G_{02\alpha}$ 及挂车倾斜角 α。质心高度取三次测量计算的平均值,各次计算之间的相对误差不应大于5%。

5.2.2.3 质心高度按式(5)计算:

$$h_{g0}=(\frac{G_{02\alpha}-G_{02}}{G_0})\times Z\times\cot\alpha+r_{s0}\,(\text{mm}) \qquad \cdots\cdots(5)$$

式中:

G_0——挂车整备质量,单位为千克(kg);

G_{02}——后轴轴载质量,单位为千克(kg);

$G_{02\alpha}$——挂车倾斜 α 角度后,后轴轴载质量,单位为千克(kg);

Z——轴距,单位为毫米(mm);

r_{s0}——车轮静力半径,单位为毫米(mm);

α——挂车倾斜角度,(°)。

5.2.3 半挂车质心高度也可采用总成质心叠加计算的方法。

5.3 挂车几何参数和技术特性参数

5.3.1 测量场地

场地表面应为清洁、平整、完好的水平地面,面积应能容纳挂车外形在地面上的投影。

5.3.2 测量方法

5.3.2.1 挂车停放在测量场地上,前轮处于直行位置。

5.3.2.2 水平尺寸除直接测量外,借助于重锤将测量尺寸两端投影到地面,并将挂车纵向中心线与各轴中心线投影到地面,按地面上需测尺寸两端的投影点,以纵向中心线与各轴中心线为基准进行测量。

5.3.2.3 高度尺寸除直接测量外,可利用测量架、高度尺等专用量具进行测量。

5.3.2.4 角度可利用测量各种特征点位置,用计算法或作图法求得。

5.3.3 挂车外形尺寸参数和简要技术特性参数的测量项目见表2。

表2 挂车尺寸参数测量项目

单位为毫米

序 号	项 目	符 号
1	车长	L
2	车宽	B
3	车高	H
4	轴距	Z
5	轮距	A
6	承载面高度	M
7	与牵引座结合面高度	M_1
8	牵引杆挂车牵引架长	K

表 2（续）

单位为毫米

序　号	项　目	符　号
9	牵引杆挂车牵引架离地高度	F
10	半挂车前悬	C_1
11	后悬	C_2
12	离去角	γ
13	半挂车前回转半径	R_f
14	半挂车间隙半径	R_r
15	半挂车支承装置升起后最小离地高度	E
16	保险杠下表面离地高度	N
17	最小离地间隙	S
18	示廓灯、制动灯、转向信号灯中心距及离地高度	
19	货箱内长	1
20	货箱内宽	b
21	边板高度	e
22	货箱载货面积	s
23	货箱容积	V
注：测量空车时可以在相关符号后添加"0"下标表示。如车高，"H"表示满载，"H_0"表示空载。		

5.3.4　具有专用功能的挂车尺寸参数按照相应的专用汽车标准规定的方法进行。

6　制动性能试验

6.1　挂车的制动性能试验按照 GB/T 12676 的规定进行。

6.2　挂车防抱制动装置的性能试验按照 GB/T 13594 的规定进行。

7　可靠性试验

挂车可靠性试验按照 GB/T 23336 的规定进行。

ICS 29.030
K 14

中华人民共和国国家标准

GB/T 13888—2009/IEC 60404-7:1982
代替 GB/T 13888—1992

在开磁路中测量磁性材料矫顽力的方法

Method of measurement of the coercivity of magnetic materials in an open magnetic circuit

(IEC 60404-7:1982, Magnetic materials—Part 7: Method of measurement of the coercivity of magnetic materials in an open magnetic circuit, IDT)

2009-09-30 发布　　　　2010-02-01 实施

中华人民共和国国家质量监督检验检疫总局
中国国家标准化管理委员会　发布

前　言

本标准等同采用 IEC 60404-7:1982《磁性材料　第 7 部分:在开磁路中测量磁性材料矫顽力的方法》(英文版)。

为便于使用,本标准还对 IEC 60404-7:1982 做了下列编辑性修改:

——"本国际标准"一词改为"本标准";

——用小数点"."代替作为小数点的逗号","。

本标准代替 GB/T 13888—1992《在开磁路中测量磁性材料矫顽力的方法》。

本标准与 GB/T 13888—1992 相比主要变化如下:

——将等效(修改)采用改为等同采用,使本标准与相应的国际标准完全一致;

——标准的结构有所改变,将第 2 章的标题和内容改为"目的";

——为适应我国现有仪器设备条件,将电流表测量准确度等级由"0.2"级改为与国际标准一致即"0.5"级。

本标准的附录 A 为规范性附录。

本标准由中国电器工业协会提出。

本标准由全国电工合金标准化技术委员会(SAC/TC 228)归口。

本标准起草单位:桂林电器科学研究所、中国计量科学研究院。

本标准主要起草人:谢永忠、林安利、贺建、陈京生、詹亚萍。

本标准所代替标准的历次版本发布情况为:

——GB/T 13888—1992。

在开磁路中测量磁性材料矫顽力的方法

1 范围

本标准适用于内禀矫顽力为500 kA/m以下的磁性材料。应特别注意内禀矫顽力低于40 A/m和高于160 kA/m材料的测量,参见附录A。

2 目的

本标准规定了在开磁路中测量磁性材料内禀矫顽力的方法。

3 术语和定义

矫顽力 coercivity

内禀矫顽力

$\boldsymbol{H_{cJ}}$

使试样的磁极化强度由饱和值减小到零时所需的磁场强度。

注:矫顽力 H_{cB} 和矫顽力 H_{cJ} 的区别在于磁滞回线是定义在 B-H 坐标系上,还是定义在 J-H 坐标系上(见图1)。可以证明对于高增量磁导率的材料,在 $B=0$ 的区域,内禀矫顽力 H_{cJ} 和磁感应强度矫顽力 H_{cB} 之间的差别可以忽略不计,因为:

$$H_{cB} = H_{cJ}(1 - \mu_0 \frac{\Delta H}{\Delta B}) \qquad \cdots\cdots(1)$$

式中:

H_{cB}——磁感应强度矫顽力,单位为安每米(A/m);

H_{cJ}——内禀矫顽力,单位为安每米(A/m);

ΔB——磁通密度的增量($B=0$时),单位为特斯拉(T);

ΔH——磁场强度的相应变化,单位为安每米(A/m);

μ_0——磁性常数,$\mu_0 = 4\pi \times 10^{-7}$(H/m)。

GB/T 2900.1—1992《电工术语　基本术语》中磁性部分的术语和定义也适用于本标准。

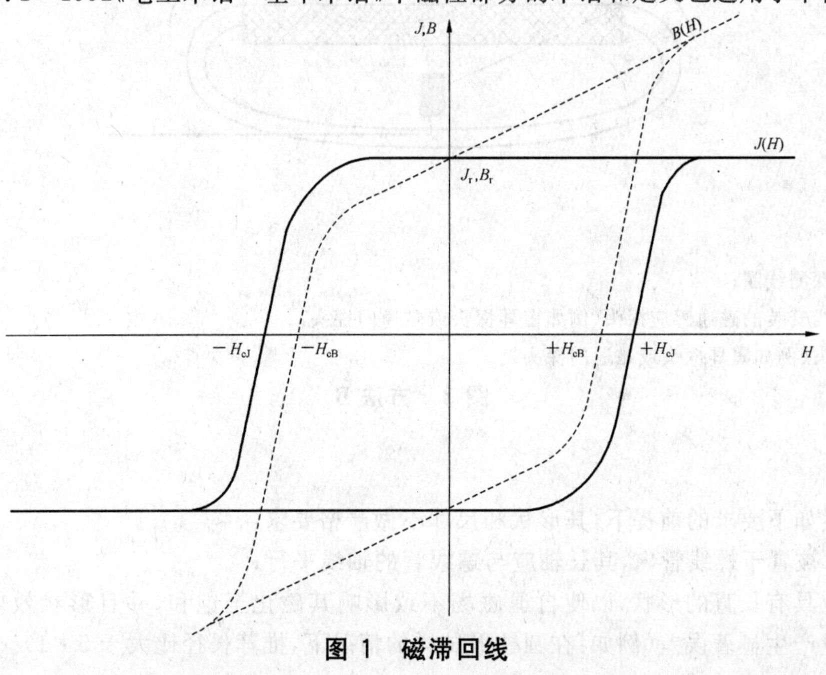

图1　磁滞回线

4 方法原理

将一个磁性试样放入非常均匀并且单向的磁场中，只要试样的磁极化强度不为零，由于叠加效应，原来的磁场将发生畸变。如果在试样上施加一退磁场，使试样的磁极化强度变为零，试样处于完全退磁状态，磁场的畸变消失，此退磁场的大小等于内禀矫顽力。

利用磁通探测器，可检测磁场畸变消失的情况，从而提供测定内禀矫顽力的方法。

本方法首先将试样磁化至饱和，然后施加一退磁场，直到由于试样引起的磁场畸变消失为止。测量此时的退磁场强度，并将其定义为该试样的内禀矫顽力。

测量时，试样放在螺线管中部，处于开磁路状态。磁通探测器可放在如下两种位置：

a) 靠近试样一端(图 2 方法 A)；

b) 在螺线管外部(图 3 方法 B)。

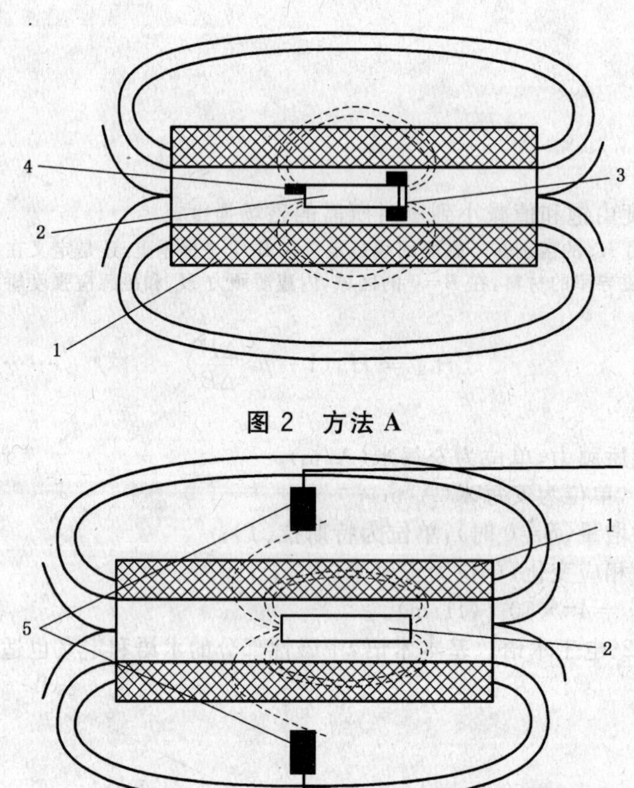

图 2 方法 A

1——螺线管；
2——试样；
3——振动的探测线圈；
4——离开轴线安装的磁通感应探头(例如霍耳探头或磁通门探头)；
5——差分探头(例如霍耳探头或磁通门探头)。

图 3 方法 B

5 试样

试样在满足如下要求的前提下，其形状和尺寸不做严格要求：

a) 试样可被置于螺线管内，其长轴应与螺线管的轴线平行；

b) 试样应具有长直的形状，以使自退磁场不致影响其磁化至饱和，并且形状效应不会使矫顽力的测量产生显著误差(例如：在圆柱形试样的情况下，推荐长径比大于 5∶1)。

6 测量

6.1 磁化

可通过以下方法将试样磁化至饱和：

a) 内禀矫顽力测量装置的螺线管；

b) 独立的磁化装置，例如永磁体、电磁铁或脉冲线圈磁化装置。

当磁化场强度增加 50%，试样的内禀矫顽力的增加小于 1%时，则认为该试样达到饱和。

对于具有低矫顽力和高电导率的磁性材料，应平缓地、不间断地施加磁化场。饱和磁化场的持续时间应足够长，以保证完全穿透材料(取决于材料的磁导率、电导率和厚度，该持续时间一般在 2 s～20 s 之间)。

注：参见附录 A 中 A.2。

6.2 测量装置

退磁过程中，试样零磁极化强度的探测，可用 6.2.1 和 6.2.2 所述的两种方法。

6.2.1 方法 A

这种方法基于以下两种测量元件的任意一种：

a) 靠近试样末端放置一个轴向振动的探测线圈(图 2)，感应由该试样磁极化强度引起的交流电压信号，直到该信号变为零(例如在示波器上观测)。

b) 或者靠近试样放置一个磁通感应探头(例如霍尔探头或磁通门探头)，其测量轴垂直于螺线管的轴(图 2)。该探头应放在螺线管的轴线外，以提高灵敏度。

6.2.2 方法 B

将两个差分磁通感应探头(例如，霍尔探头或磁通门探头)，对称放置在螺线管的外面并靠近中部(见图 3)。

用这种差分方法，可充分补偿均匀外磁场的影响。

6.3 矫顽力的测定

调节与螺线管相接的直流电源，连续、缓慢地增加通过螺线管的退磁电流，直到测出试样的磁极化强度为零。

退磁电流强度应使用一只准确度不低于 0.5 级的电流表来测量，或者在相同准确度的条件下，采用数字电压表并联在一标准电阻两端的方法进行测量(图 4)。

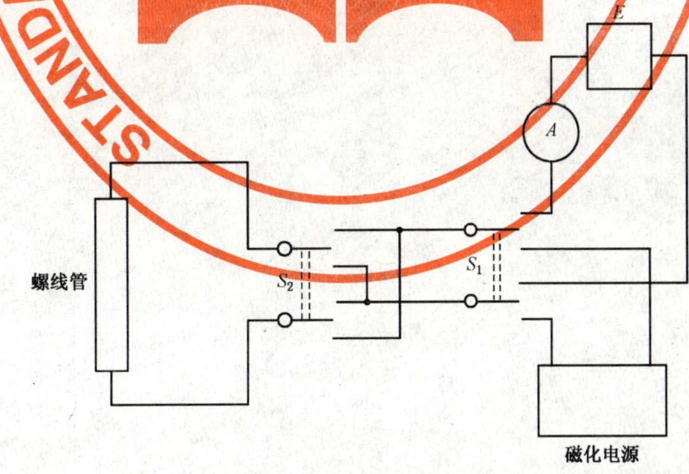

E——连续可调的直流电源；

A——电流测量装置；

S_1——转换开关；

S_2——反向开关。

图 4 磁化和退磁电路

螺线管中试样体积范围内的磁场强度变化应不大于±0.5%。

应对螺线管退磁场的两个方向，分别测量退磁电流。

内禀矫顽力按式(2)计算：

$$H_{cJ} = kI \quad \cdots\cdots(2)$$

式中：

H_{cJ}——内禀矫顽力，单位为安每米(A/m)；

I——极性相反的两个电流的平均值，单位为安培(A)；

k——螺线管常数，单位为每米(m^{-1})。

使用方法A时，测量应在试样的两个末端分别进行，内禀矫顽力值取两个测量结果的平均值。

对于内禀矫顽力大于500 A/m的材料，不必在两个磁场方向测量。

注：方法A是对试样局部的测量，而方法B是对试样整体的测量，因此，对于一个不均匀的试样，测量结果可能有些差异。

6.4 复现性

按上述测量程序，而且材料具有均匀的磁极化强度，则内禀矫顽力测量的复现性，对于内禀矫顽力小于40 A/m的材料，通常可小于或等于±5%；对于内禀矫顽力大于40 A/m的材料，通常可小于或等于±2%。但是，复现性可能受到材料不均匀性和试样形状的影响。

7 测试报告

测试报告(如适用)应包括：

——材料的类型和状态；

——试样的形状和尺寸；

——磁化到饱和的方法；

——使用的测量方法和装置；

——内禀矫顽力 H_{cJ} 的计算值；

——测试温度。

附 录 A
（规范性附录）
测量内禀矫顽力低于 40 A/m 和高于 160 kA/m 的材料时应注意的问题

A.1 内禀矫顽力低于 40 A/m 的材料

测量内禀矫顽力低于 40 A/m 的材料，应注意：

a) 测量装置应置于无强磁场的环境中并远离磁性物质；

b) 测量装置的环境磁场应被补偿或将测量装置屏蔽至磁场值低于 0.5 A/m；

c) 试样制备过程中和之后，都应避免引入内应力；

d) 当使用霍尔探头测量低于 10 A/m 的内禀矫顽力时，应确认霍尔探头的零点偏移对测量确无影响。

A.2 内禀矫顽力高于 160 kA/m 的材料

测量内禀矫顽力高于 160 kA/m 的材料，应注意：

a) 具有高矫顽力的试样，长径比常常小于 5∶1。这种情况下，可在磁化时把若干段同样的材料靠在试样两端，使试样加长，以有利于磁化到饱和；

b) 应避免在磁化或退磁过程中使试样发热。

ICS 65.100
B 17

中华人民共和国国家标准

GB/T 13917.1—2009
代替 GB 13917.1—1992,GB/T 17322.1—1998

农药登记用卫生杀虫剂室内药效试验及评价 第1部分:喷射剂

Laboratory efficacy test methods and criterions of public health insecticides for pesticide registration—Part 1:Spray fluid

2009-03-27 发布

2009-10-01 实施

中华人民共和国国家质量监督检验检疫总局
中国国家标准化管理委员会 发布

前　言

GB/T 13917《农药登记用卫生杀虫剂室内药效试验及评价》分10个部分：

——第1部分：喷射剂；

——第2部分：气雾剂；

——第3部分：烟剂及烟片；

——第4部分：蚊香；

——第5部分：电热蚊香片；

——第6部分：电热蚊香液；

——第7部分：饵剂；

——第8部分：粉剂、笔剂；

——第9部分：驱避剂；

——第10部分：模拟现场。

本部分为GB/T 13917的第1部分。

本部分代替GB 13917.1—1992《农药登记卫生用杀虫剂室内药效试验方法　喷射剂的室内药效测定方法》及GB/T 17322.1—1998《农药　登记卫生用杀虫剂的室内药效评价　喷射剂》。

本部分与GB 13917.1—1992及GB/T 17322.1—1998相比主要变化如下：

——将GB 13917.1—1992及GB/T 17322.1—1998进行了合并，使方法与评价在同一标准内得以体现，应用更加便利；

——关于标准试虫的规定修订为：采用实验室饲养的敏感品系标准试虫；

——修改并明确了供试昆虫的龄期；

——供试昆虫增加了蚂蚁和跳蚤；

——修改了试验用仪器，对仪器的描述进行相关变动；

——明确了滞留喷洒试验的三种接触面的材质；

——修改了标准中有关方法的内容，如使用剂量等；

——规范了标准中的表述方式；

——增加了对试验结果和试验报告编写的具体要求。

本部分由中华人民共和国农业部提出。

本部分由农业部农药检定所归口。

本部分起草单位：农业部农药检定所、军事医学科学院微生物流行病研究所。

本部分主要起草人：陶岭梅、王晓军、张金桐、辛正、嵇莉莉、黄清臻、吴士雄。

本部分所代替标准的历次版本发布情况为：

——GB 13917.1—1992；

——GB/T 17322.1—1998。

农药登记用卫生杀虫剂
室内药效试验及评价
第1部分:喷射剂

1 范围

GB/T 13917 的本部分规定了喷射剂的室内药效测定方法及评价标准。

本部分适用于喷射剂和经用水或油稀释后使用的卫生杀虫剂产品在农药登记时对卫生害虫蚊、蝇、蜚蠊、蚂蚁、跳蚤进行喷雾或滞留喷洒的药效测定及评价。

2 供试材料

采用实验室饲养的敏感品系标准试虫。

2.1 蚊

淡色库蚊(*Culex pipiens pallens*)(北方地区)或致倦库蚊(*Culex pipiens quinquefasciatus*)(南方地区),羽化后第3天～第5天未吸血的雌性成虫。

2.2 蝇

家蝇(*Musca domestica*),羽化后第3天～第4天的成虫,雌、雄各半。

2.3 蜚蠊

德国小蠊(*Blattella germanica*),10日龄～15日龄成虫,雌、雄各半。

2.4 蚂蚁

小黄家蚁(*Monomorium pharaonis*),3日龄以上的工蚁。

2.5 跳蚤

印鼠客蚤(*Xenopsylla cheopis*)或猫栉首蚤(*Ctenocephalides felis*),3日龄～10日龄成虫,雌、雄各半。

3 仪器设备

3.1 喷头

排液心轴口径0.4 mm,喷嘴口径1.2 mm,尾端用长约20 mm的塑料管与一平头12号注射针相连。

3.2 喷雾筒(图1)

无色透明圆筒(A),底盘(B)直径250 mm,按半径100 mm做同心圆开槽,槽深1 mm,槽宽以圆筒壁厚为准,使圆筒(A)与底盘(B)紧密扣合。底盘中心有一直径20 mm的圆孔,用胶塞(C)塞住。

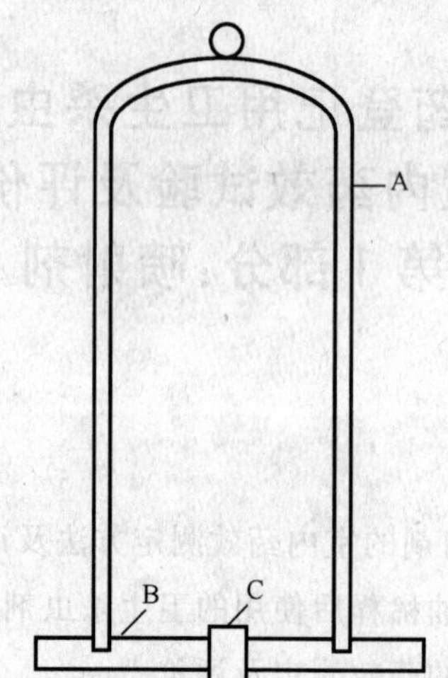

A——无色透明圆筒，内径 200 mm，高 450 mm；

B——底盘，直径 250 mm，中心有直径 20 mm 的圆孔；

C——胶塞。

图 1 喷雾筒装置

3.3 托架(图 2)。

直径——200 mm；

高——200 mm。

图 2 托架

3.4 喷头固定架(图 3)。

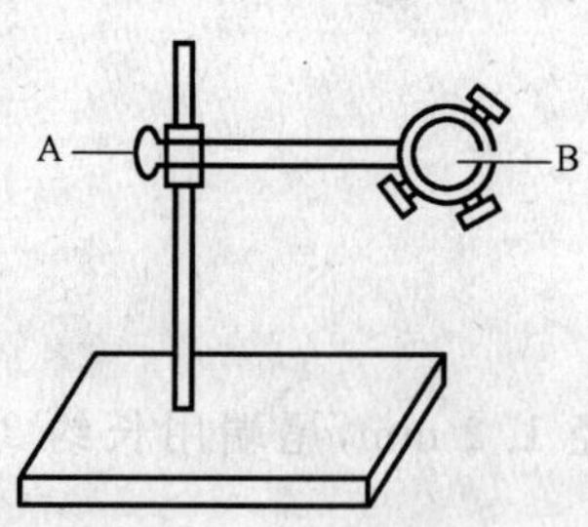

A——高低伸拉钮；

B——喷头夹。

图 3 喷头固定架

3.5 空气压缩机

压力可稳定达到 9.8×10^4 Pa。

3.6 药剂接触面

分不吸收表面、半吸收表面、吸收表面三种。不吸收表面以光滑的硅酸盐玻璃面代表；半吸收表面以醇酸清漆木板面代表；吸收表面以水泥面(出浆，测试蜚蠊、蚂蚁、跳蚤)或白灰面(白垩，测试蚊、蝇、蚂蚁、跳蚤)代表。接触面规格为长 200 mm、宽 200 mm。

3.7 强迫接触器(图 4)

无色透明长方体(A),顶盖中央具圆孔,圆孔内插有拉杆(B),拉杆底部与挡板(C)表面粘连,长方体下方具拉板(D),嵌入长方体长边底部的两条凹槽(E)内,拉板一端(F)具有一长条。长方体正面(G)中心具一放虫孔(H),放虫孔外为放虫孔挡板(I),放虫孔挡板上方突出(J),用螺丝(K)固定在放虫孔上方。长方体正面(G)相对的背面底部有一向内突出(L),当拉出拉板(D),推挡板(C)至底部时,挡板下有高 7 mm 的空间。

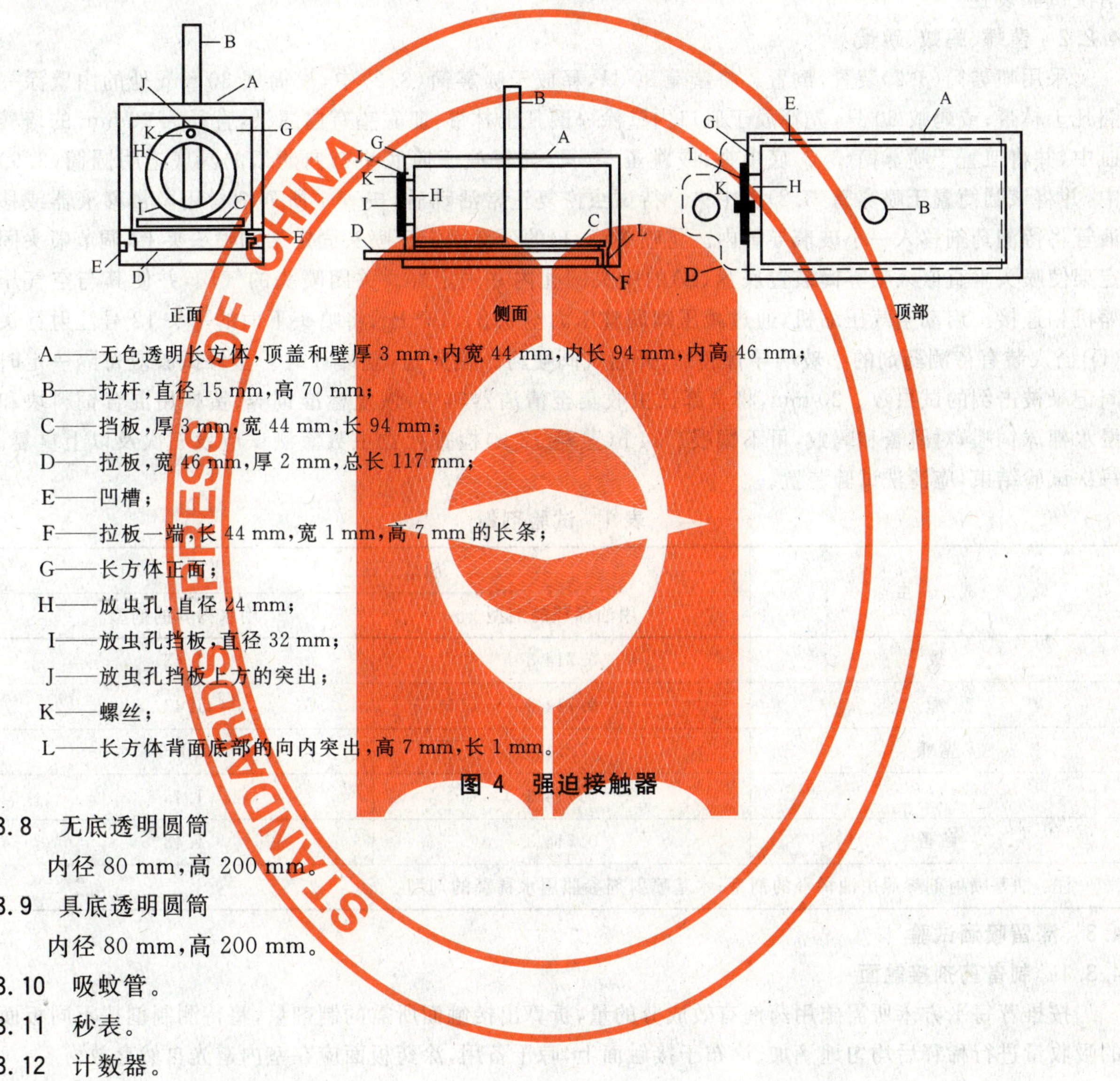

A——无色透明长方体,顶盖和壁厚 3 mm,内宽 44 mm,内长 94 mm,内高 46 mm;
B——拉杆,直径 15 mm,高 70 mm;
C——挡板,厚 3 mm,宽 44 mm,长 94 mm;
D——拉板,宽 46 mm,厚 2 mm,总长 117 mm;
E——凹槽;
F——拉板一端,长 44 mm,宽 1 mm,高 7 mm 的长条;
G——长方体正面;
H——放虫孔,直径 24 mm;
I——放虫孔挡板,直径 32 mm;
J——放虫孔挡板上方的突出;
K——螺丝;
L——长方体背面底部的向内突出,高 7 mm,长 1 mm。

图 4 强迫接触器

3.8 无底透明圆筒

内径 80 mm,高 200 mm。

3.9 具底透明圆筒

内径 80 mm,高 200 mm。

3.10 吸蚊管。

3.11 秒表。

3.12 计数器。

4 试验方法

4.1 试验条件

温度:(26±1)℃;

相对湿度:60%±10%。

4.2 喷雾试验

4.2.1 蚊、蝇

采用喷雾筒(3.2)装置,置于托架(3.3)上。将试虫(家蝇 30 只,或蚊 30 只)由底盘(B)中心圆孔处放入喷雾筒内,塞紧胶塞(C)。待试虫恢复正常活动后,将待测药剂按表 1 所列剂量用微量移液器或移液管移至小玻璃导管内。将喷头(3.1)的颈部固定于托架下面喷头固定架的喷头夹上,调节喷头固定架使喷头垂直嵌入喷雾筒装置底盘(B)的中央圆孔内并固定好。关闭喷头的气阀,并使其与空气压缩机相连接。启动空气压缩机,通过减压阀调整压力至 9.8×10^4 Pa,将喷头下面的平头 12 号注射针(D)插入装有待测喷射剂的小玻璃导管底部,开启气阀喷药。喷完药,立即计时,每隔一定时间记录被击倒的试虫数。20 min,将被击倒试虫收集到清洁的养虫笼中,恢复标准饲养,用 5% 糖水棉球饲喂,24 h 检查死虫数。20 min 未被击倒的试虫不回收,计入活虫数。测试应设三次及以上重复。每次试验结束,应清洗试验装置。

4.2.2 蜚蠊、蚂蚁、跳蚤

采用喷雾筒(3.2)装置,倒置。将蜚蠊 20 只,释放于喷雾筒(3.2)中,离筒底 30 mm 处的内壁涂一圈凡士林带;或蚂蚁 50 只,先释放于皿口内壁涂一圈凡士林带,皿底垫有白滤纸,直径为 90 mm 的培养皿中,并将皿置于喷雾筒(3.2)底中央;或跳蚤 50 只,先释放于筒底垫有白滤纸的具底透明圆筒(3.9)中,并将该圆筒置于喷雾筒(3.2)底中央。待试虫恢复正常活动后,按表 1 所列剂量用微量移液器或移液管将待测药剂移入一小玻璃导管内。将喷头(3.1)的颈部固定于喷头固定架的喷头夹上,调节喷头固定架使喷头垂直嵌入喷雾筒装置底盘(B)的中央圆孔内并固定好。关闭喷头的气阀,并使其与空气压缩机相连接。启动空气压缩机,通过减压阀调整压力至 9.8×10^4 Pa,将喷头下面的平头 12 号注射针头(D)插入装有待测药剂的小玻璃导管底部,开启气阀喷药。喷完药,立即计时。蜚蠊试验应每隔一定时间记录被击倒的试虫数。20 min,将全部试虫收集至清洁器皿中,恢复标准饲养,蜚蠊用混合饲料块和浸水棉球饲喂,对跳蚤和蚂蚁,可不饲喂。24 h(蜚蠊 72 h)检查死亡虫数。测试应设三次及以上重复。每次试验结束,应清洗试验装置。

表 1 试验剂量

试　　虫	剂量/(mL/m³)	
	用油稀释的剂型	用水稀释的剂型
蚊	0.714 3	1.43
蝇	0.714 3	1.43
蜚蠊	7.143	7.143
蚂蚁	0.714 3	1.43
跳蚤	0.714 3	1.43
注:油基喷射剂参照用油稀释的剂型;水基喷射剂参照用水稀释的剂型。		

4.3 滞留喷洒试验

4.3.1 制备药剂接触面

按推荐每平方米所需施用药剂有效成分的量,折算出接触面所需的制剂量,将待测制剂按不同板面的吸收量进行稀释后均匀地滴加、涂布于接触面上,晾干备用,涂药板面应在室内避光自然存放。

4.3.2 确定测试时间

滞留喷洒板面涂布后每间隔 15 d 测试 1 次,至三种板面规定的测试时间(表 4)。如在规定时间测试某种试虫对某种板面 24 h(蜚蠊 72 h)死亡率低于 70%,则该试虫对该板面不再继续测试。

4.3.3 试验步骤

4.3.3.1 蚊、蝇、蜚蠊

将强迫接触器的挡板(C)拉至顶部。将试虫(蚊 20 只,或家蝇 20 只,或蜚蠊 10 只)用乙醚轻微麻醉后从放虫孔(H)放入强迫接触器挡板(C)与拉板(D)之间的空间内,待试虫恢复正常活动后,将强迫接触器置于接触板面上,在不伤害试虫的情况下拉出拉板(D),同时推动拉杆(B),将挡板(C)推至底部,强迫试虫与涂药的板面接触,立即计时,30 min,将全部试虫收集到清洁的养虫笼(蚊、蝇)或器皿(蜚蠊)

中,恢复标准饲养(蚊、蝇用5%糖水棉球、蜚蠊用混合饲料块和浸水棉球饲喂)。24 h(蜚蠊 72 h)时检查死虫数。30 min 未被击倒的试虫计入活虫数。测试应设三次及以上重复,并设未涂布试验药剂的同种板面为空白对照。

4.3.3.2 蚂蚁、跳蚤

采用无底透明圆筒(3.8)。将透明圆筒垂直放置于接触板面上,从透明圆筒的上方放入试虫(蚂蚁 50 只,在圆筒内壁离接触面 1 cm 处涂一圈凡士林带;或跳蚤 50 只),立即计时,30 min,将全部试虫收集到清洁容器内,恢复标准饲养,观察 24 h 死亡虫数。测试应设三次及以上重复,并设未涂布试验药剂的同种板面为空白对照。

5 计算

将重复测试的数据按线性加权回归法计算 KT_{50}、毒力回归方程,并按式(1)和式(2)计算 24 h(蜚蠊 72 h)死亡率、校正死亡率,保留 2 位小数。空白对照死亡率<5%,可不校正,空白对照死亡率 5%~20%,应进行校正,空白对照死亡率>20%,试验作废。

$$P = \frac{K}{N} \times 100 \qquad (1)$$

式中:

P——死亡率,%;

K——表示死亡虫数,单位为只;

N——表示处理总虫数,单位为只。

$$P_1 = \frac{P_t - P_0}{100 - P_0} \times 100 \qquad (2)$$

式中:

P_1——校正死亡率,%;

P_t——处理死亡率,%;

P_0——空白对照死亡率,%。

6 评价

6.1 喷雾用制剂

根据 KT_{50}、24 h(蜚蠊 72 h)进行药效评价,具体指标见表 2、表 3。

药效结果分为 A、B 两级,KT_{50} 与死亡率有一项达不到 B 级标准属不合格产品。两者不属于同一级别时,根据死亡率定级。

表 2 油稀释剂型评价指标

试虫	KT_{50}/min		死亡率/%	
	A	B	A	B
蚊	≤2.0	≤5.0	100	≥95.0
蝇	≤3.0	≤6.0	100	≥95.0
蜚蠊	≤5.0	≤10.0	100	≥95.0
蚂蚁	—	—	100	≥95.0
跳蚤	—	—	100	≥95.0

表 3 水稀释剂型评价指标

试虫	KT_{50}/min		死亡率/%	
	A	B	A	B
蚊	≤5.0	≤10.0	100	≥90.0
蝇	≤5.0	≤10.0	100	≥90.0
蜚蠊	≤8.0	≤15.0	100	≥90.0
跳蚤	—	—	100	≥90.0
蚂蚁	—	—	100	≥90.0

6.2 滞留喷洒用制剂

根据 24 h(蜚蠊 72 h)死亡率大于 70%的持续时间(d)进行评价,具体评价指标见表 4。

药效结果分为 A、B 两级,低于 B 级属不合格产品。

表 4 滞留喷洒用制剂评价指标

板面性质	持续时间/d	
	A	B
不吸收表面	≥90	≥60
半吸收表面	≥60	≥45
吸收表面	≥45	≥30

7 结果与报告编写

根据统计结果进行分析评价,写出正式试验报告,并列出原始数据。

ICS 65.100
B 17

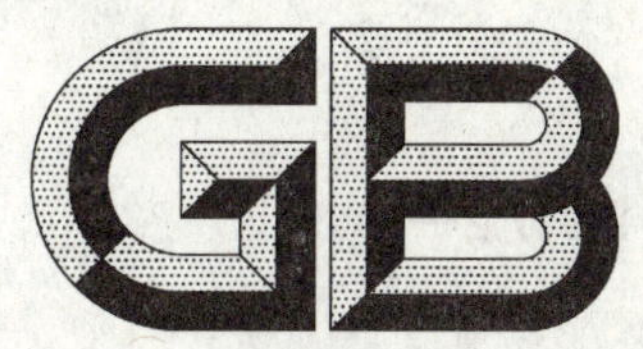

中华人民共和国国家标准

GB/T 13917.2—2009
代替 GB 13917.2—1992,GB/T 17322.2—1998

农药登记用卫生杀虫剂室内药效试验及评价 第2部分:气雾剂

Laboratory efficacy test methods and criterions of public health insecticides for pesticide registration—

Part 2: Aerosol

2009-03-27 发布　　2009-10-01 实施

中华人民共和国国家质量监督检验检疫总局
中国国家标准化管理委员会 发布

前　言

GB/T 13917《农药登记用卫生杀虫剂室内药效试验及评价》分10个部分：

——第1部分：喷射剂；

——第2部分：气雾剂；

——第3部分：烟剂及烟片；

——第4部分：蚊香；

——第5部分：电热蚊香片；

——第6部分：电热蚊香液；

——第7部分：饵剂；

——第8部分：粉剂、笔剂；

——第9部分：驱避剂；

——第10部分：模拟现场。

本部分为GB/T 13917的第2部分。

本部分代替GB 13917.2—1992《农药登记卫生用杀虫剂室内药效试验方法　气雾剂的室内药效测定方法》及GB/T 17322.2—1998《农药　登记卫生用杀虫剂的室内药效评价　气雾剂》。

本部分与GB 13917.2—1992及GB/T 17322.2—1998相比主要变化如下：

——将GB 13917.2—1992及GB/T 17322.2—1998进行了合并，使方法与评价在同一标准内得以体现，应用更加便利；

——关于标准试虫的规定修订为：采用实验室饲养的敏感品系标准试虫；

——修改并明确了供试昆虫的龄期；

——修改了试验用仪器；

——不再要求设立空白对照试验；

——规范了标准中的表述方式；

——增加了对试验结果和试验报告编写的具体要求。

本部分由中华人民共和国农业部提出。

本部分由农业部农药检定所归口。

本部分起草单位：农业部农药检定所、军事医学科学院微生物流行病研究所。

本部分主要起草人：张金桐、陶岭梅、王晓军、孙晨熹、辛正、吴士雄、聂东兴。

本部分所代替标准的历次版本发布情况为：

——GB 13917.2—1992；

——GB/T 17322.2—1998。

农药登记用卫生杀虫剂
室内药效试验及评价
第2部分:气雾剂

1 范围

GB/T 13917 的本部分规定了气雾剂的室内药效测定方法及评价标准。

本部分适用于气雾剂在农药登记时对卫生害虫蚊、蝇、蜚蠊进行直接喷雾的药效测定及评价。

2 供试材料

采用实验室饲养的敏感品系标准试虫。

2.1 蚊

淡色库蚊(*Culex pipiens pallens*)(北方地区)或致倦库蚊(*Culex pipiens quinquefasciatus*)(南方地区),羽化后第3天～第5天未吸血的雌性成虫。

2.2 蝇

家蝇(*Musca domestica*),羽化后第3天～第4天的成虫,雌、雄各半。

2.3 蜚蠊

德国小蠊(*Blattella germanica*),10日龄～15日龄成虫,雌、雄各半。

3 仪器设备

3.1 圆筒装置(图1)

无色透明圆筒(C)架于支架(I)上,支架上框插入一块拉板(A),拉板下有一无色透明缸(或筒)(B),其侧壁中部有一放虫孔(J),放入试虫后用胶塞塞住。无色透明缸或筒(B)口上有12目筛网盖(H),支架(I)底部架有支柱(F),使缸(或筒)(B)密合于圆筒(C)下部,圆筒顶部盖有一无色透明圆板(E),圆板中央有一圆孔,供喷射气雾剂使用,喷射后圆孔用胶塞(G)塞住。圆筒与圆板相接处用橡胶垫圈(D)垫衬,以防雾滴泄漏。

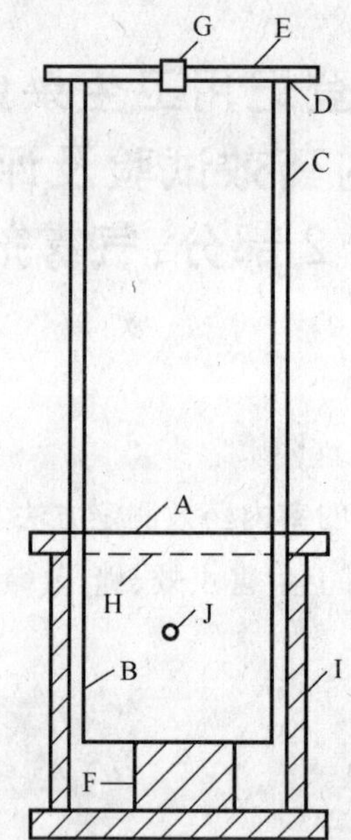

A——拉板；

B——无色透明缸(或筒)，高 170 mm，内径 200 mm；

C——无色透明圆筒，高 430 mm，内径 200 mm；

D——橡胶垫圈；

E——无色透明圆板，直径 270 mm，中央有直径 50 mm 的圆孔；

F——支柱；

G——胶塞；

H——12 目筛网；

I——支架，高 300 mm；

J——放虫孔。

图 1　圆筒装置

3.2　电子天平

精确度 ±0.02 g。

3.3　吸蚊管。

3.4　秒表。

3.5　计数器。

4　试验方法

4.1　试验条件

温度：(26±1)℃；

相对湿度：60%±10%。

4.2　试验步骤

4.2.1　蚊、蝇

采用圆筒装置(3.1)。将试虫(家蝇 30 只，或蚊 30 只)通过放虫孔(J)释放于 B 内，待试虫恢复正常活动后，将待测气雾剂筒呈水平状，喷嘴向下垂直，对准 E 上的喷药孔，喷施药剂(1.0±0.1)g，立即用胶塞(G)塞住圆孔。1 min，将拉板(A)抽掉，立即计时，每隔一定时间记录被击倒的试虫数。20 min，将被击倒试虫移至清洁养虫笼中，恢复标准饲养，用5%糖水棉球饲喂，24 h检查死虫数，未击倒试虫按活虫计。测试应设三次及以上重复。每次试验结束，应清洗试验装置。

4.2.2　蜚蠊

采用圆筒装置(3.1)，不用拉板(A)。将蜚蠊20只放在内壁上部涂一圈凡士林，用12目铁筛网封底的B筒内，待试虫恢复正常活动后，将气雾剂筒呈水平状放置，喷嘴向下垂直对准E上的喷药孔，喷施药剂(1.0±0.1)g，立即用胶塞(G)塞住圆孔，开始计时，每隔一定时间记录被击倒的试虫数。20 min，将全部试虫移至清洁器皿中，恢复标准饲养，宜用混合饲料块和浸水棉球饲喂，检查72 h死亡虫数。测试应设三次及以上重复。每次试验结束，应清洗试验装置。

5　计算

将重复测试数据按线性加权回归法计算KT_{50}、毒力回归方程，并按式(1)计算24 h(蜚蠊72 h)死亡率，结果保留2位小数。

$$P=\frac{K}{N}\times 100 \qquad (1)$$

式中：

P——死亡率，%；

K——表示死亡虫数，单位为只；

N——表示处理总虫数，单位为只。

6　评价

根据室内KT_{50}、24 h(蜚蠊72 h)死亡率进行药效评价，具体指标见表1。

药效结果分为A、B两级，KT_{50}与死亡率有一项达不到B级标准者属不合格产品。两项指标不属于同一级别时，根据死亡率定级。如果对某虫种达不到B级，应注明适用对象，否则视为不合格产品。

表1　气雾剂评价指标

试　虫	KT_{50}/min		死亡率/%	
	A	B	A	B
蚊	≤2.0	≤5.0	100	≥95.0
蝇	≤2.0	≤5.0	100	≥95.0
蜚蠊	≤4.0	≤9.0	100	≥95.0

7　结果与报告编写

根据统计结果进行分析评价，写出正式试验报告，并列出原始数据。

ICS 65.100
B 17

中华人民共和国国家标准

GB/T 13917.3—2009
代替 GB 13917.3—1992, GB/T 17322.3—1998

农药登记用卫生杀虫剂室内药效试验及评价 第3部分：烟剂及烟片

Laboratory efficacy test methods and criterions of public health insecticides for pesticide registration— Part 3: Smoke generator and smoke tablet

2009-03-27 发布　　　　2009-10-01 实施

中华人民共和国国家质量监督检验检疫总局
中国国家标准化管理委员会　发布

前　言

GB/T 13917《农药登记用卫生杀虫剂室内药效试验及评价》分10个部分：

——第1部分：喷射剂；

——第2部分：气雾剂；

——第3部分：烟剂及烟片；

——第4部分：蚊香；

——第5部分：电热蚊香片；

——第6部分：电热蚊香液；

——第7部分：饵剂；

——第8部分：粉剂、笔剂；

——第9部分：驱避剂；

——第10部分：模拟现场。

本部分为GB/T 13917的第3部分。

本部分代替GB 13917.3—1992《农药登记卫生用杀虫剂室内药效试验方法　小型烟雾剂及烟雾片的室内药效测定方法》及GB/T 17322.3—1998《农药　登记卫生用杀虫剂的室内药效评价　小型烟雾剂》。

本部分与GB 13917.3—1992及GB/T 17322.3—1998相比主要变化如下：

——将GB 13917.3—1992及GB/T 17322.3—1998进行了合并，使方法与评价在同一标准内得以体现，应用更加便利；

——关于标准试虫的规定修订为：采用实验室饲养的敏感品系标准试虫；

——修改并明确了供试昆虫的龄期；

——修改了试虫蚊的数量；

——不再要求设立空白对照试验；

——增加了烟片的评价标准；

——规范了标准中的表述方式；

——增加了对试验结果和试验报告编写的具体要求。

本部分由中华人民共和国农业部提出。

本部分由农业部农药检定所归口。

本部分起草单位：农业部农药检定所、吉林省疾病预防控制中心、天津市疾病控制预防中心、广东省疾病预防控制中心。

本部分主要起草人：林立丰、王晓军、张金桐、辛正、孙晨熹、吴士雄、彭渤。

本部分所代替标准的历次版本发布情况为：

——GB 13917.3—1992；

——GB/T 17322.3—1998。

农药登记用卫生杀虫剂
室内药效试验及评价
第3部分：烟剂及烟片

1 范围

GB/T 13917的本部分规定了烟剂及烟片的室内药效测定方法及评价标准。

本部分适用于烟剂及烟片在农药登记时对卫生害虫蚊、蝇、蜚蠊进行烟雾处理的药效测定及评价。

2 供试材料

采用实验室饲养的敏感品系标准试虫。

2.1 蚊

淡色库蚊(*Culex pipiens pallens*)(北方地区)或致倦库蚊(*Culex pipiens quinquefasciatus*)(南方地区)，羽化后第3天～第5天未吸血的雌性成虫。

2.2 蝇

家蝇(*Musca domestica*)，羽化后第3天～第4天的成虫，雌、雄各半。

2.3 蜚蠊

德国小蠊(*Blattella germanica*)，10日龄～15日龄成虫，雌、雄各半。

3 仪器设备

3.1 方箱装置(图1)

玻璃制方箱(B)，架于支架(E)上，方箱内有一放置烟剂或烟片的托盘(A)。在一侧面的任一下角有一小门(C)，此侧面的上方还有一放虫孔(F)，可用胶塞塞紧，另一侧面整个为一大门(D)。测试时，整个装置应密封。

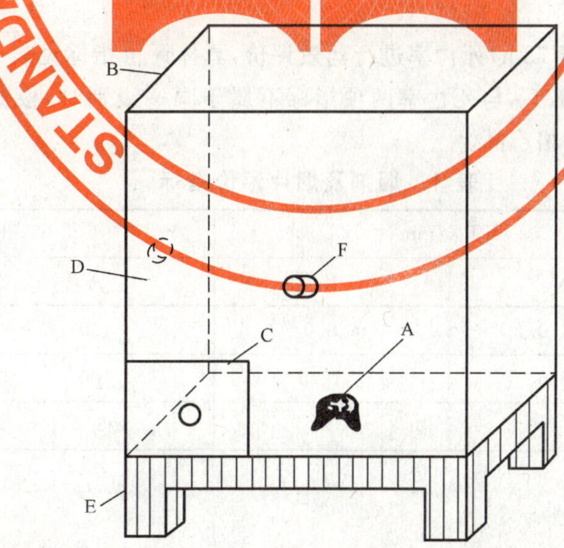

A——放置烟剂或烟片的托盘；
B——玻璃制方箱，长、宽、高内径均为700 mm；
C——小门，宽、高均为100 mm；
D——大门；
E——支架；
F——放虫孔，直径50 mm。

图1 方箱装置

3.2 吸蚊管。

3.3 秒表。

3.4 计数器。

4 试验方法

4.1 试验条件

湿度(26±1)℃；

相对温度：60%±10%。

4.2 试验步骤

采用方箱装置(3.1)。将试虫(家蝇50只，或蚊50只，或蜚蠊30只)由放虫孔释放于方箱中，塞住放虫孔。按待测试药剂的推荐量折算出测试所需用药量。按使用说明推荐的方法在3.1内施药毕，立即关闭箱门，应密封，并计时。蚊、蝇每隔一定时间记录被击倒的试虫数。30 min，将被击倒蚊、蝇或全部蜚蠊移至清洁养虫笼中(未被击倒的蚊、蝇不回收，计入活虫数)，恢复标准饲养(蚊、蝇宜用5%糖水浸湿的棉球饲喂，蜚蠊宜用混合饲料块和浸水棉球饲喂)。24 h(蜚蠊72 h)时检查死亡虫数。测试应设三次及以上重复。每次试验结束，应清洗试验装置。

5 计算

将重复测试数据按线性加权回归法，计算出KT_{50}、毒力回归方程，按式(1)计算24 h(蜚蠊72 h)死亡率，结果保留2位小数。

$$P = \frac{K}{N} \times 100 \qquad \cdots\cdots(1)$$

式中：

P——死亡率，%；

K——表示死亡虫数，单位为只；

N——表示处理总虫数，单位为只。

6 评价

根据室内KT_{50}、24 h(蜚蠊72 h)死亡率进行药效评价，具体评价指标见表1。

药效结果分为A、B两级，KT_{50}与死亡率两项指标不属于同一级别时，根据死亡率定级，两项中有一项达不到B级标准者属不合格产品。

表1 烟剂及烟片评价指标

试　虫	KT_{50}/min		死亡率/%	
	A	B	A	B
蚊	≤3.0	≤8.0	100	≥95.0
蝇	≤5.0	≤10.0	100	≥95.0
蜚蠊	—	—	95.0	≥85.0

7 结果与报告编写

根据统计结果进行分析评价，写出正式试验报告，并列出原始数据。

ICS 65.100
B 17

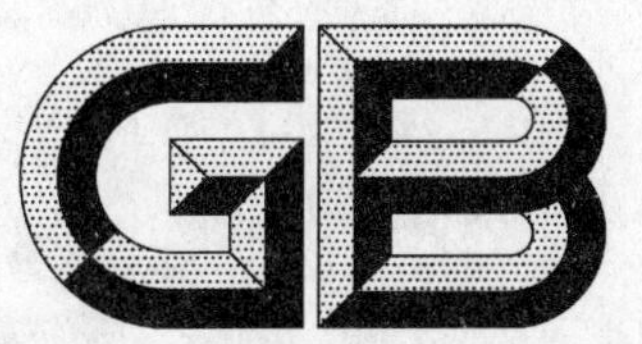

中华人民共和国国家标准

GB/T 13917.4—2009
代替 GB 13917.4—1992,GB/T 17322.4—1998

农药登记用卫生杀虫剂室内药效试验及评价 第4部分:蚊香

Laboratory efficacy test methods and criterions of public health insecticides for pesticide registration—Part 4:Mosquito coil

2009-03-27 发布　　2009-10-01 实施

中华人民共和国国家质量监督检验检疫总局
中国国家标准化管理委员会　发布

前　言

GB/T 13917《农药登记用卫生杀虫剂室内药效试验及评价》分 10 个部分：

——第 1 部分：喷射剂；

——第 2 部分：气雾剂；

——第 3 部分：烟剂及烟片；

——第 4 部分：蚊香；

——第 5 部分：电热蚊香片；

——第 6 部分：电热蚊香液；

——第 7 部分：饵剂；

——第 8 部分：粉剂、笔剂；

——第 9 部分：驱避剂；

——第 10 部分：模拟现场。

本部分为 GB/T 13917 的第 4 部分。

本部分代替 GB 13917.4—1992《农药登记卫生用杀虫剂室内药效试验方法　蚊香的室内药效测定方法》及 GB/T 17322.4—1998《农药　登记卫生用杀虫剂的室内药效评价　蚊香》。

本部分与 GB 13917.4—1992 及 GB/T 17322.4—1998 相比主要变化如下：

——将 GB 13917.4—1992 及 GB/T 17322.4—1998 进行了合并，使方法与评价在同一标准内得以体现，应用更加便利；

——关于标准试虫的规定修订为：采用实验室饲养的敏感品系标准试虫；

——修改并明确了供试昆虫的龄期；

——调整了供试试虫的数量；

——将"点燃蚊香后即计时"修改为"在另处预先点燃 5 min 后，移至圆筒内熏烟 1 min"；

——不再要求设立空白对照试验；

——规范了标准中的表述方式；

——增加了对试验结果和试验报告编写的具体要求。

本部分由中华人民共和国农业部提出。

本部分由农业部农药检定所归口。

本部分起草单位：农业部农药检定所、吉林省疾病预防控制中心、天津市疾病预防控制中心、广东省疾病预防控制中心、南京军区军事医学研究所、军事医学科学院微生物流行病研究所。

本部分主要起草人：孙晨熹、陶岭梅、张金桐、王晓军、姜辉、林立丰、嵇莉莉。

本部分所代替标准的历次版本发布情况为：

——GB 13917.4—1992；

——GB/T 17322.4—1998。

农药登记用卫生杀虫剂
室内药效试验及评价
第4部分:蚊香

1 范围

GB/T 13917 的本部分规定了蚊香的室内药效测定方法及评价标准。

本部分适用于蚊香在农药登记时对蚊进行熏杀处理的药效测定及评价。

2 供试材料

采用实验室饲养的敏感品系标准试虫。

淡色库蚊(*Culex pipiens pallens*)(北方地区)或致倦库蚊(*Culex pipiens quinquefasciatus*)(南方地区),羽化后第3天~第5天未吸血的雌性成虫。

3 仪器设备

3.1 圆筒装置(图1)

无色透明圆筒(C)架于支架(I)上,圆筒上下各有一块无色透明圆板(E、F)。上圆板(E)中央有一圆孔,用胶塞(G)塞住;下圆板(F)中央有一圆孔,用胶塞(H)塞住,胶塞(H)上架有蚊香架(B),供放置被测试蚊香(A)用;圆筒与上、下圆板相接处分别用橡胶垫圈(D_1、D_2)垫衬以防烟雾泄漏。

A——蚊香;

B——蚊香架;

C——无色透明圆筒,高430 mm,内径200 mm;

D_1,D_2——橡胶垫圈;

E——无色透明圆板,直径270 mm,中央有直径20 mm的圆孔;

F——无色透明圆板,直径270 mm,中央有直径50 mm的圆孔;

G,H——胶塞;

I——支架,高300 mm。

图1 圆筒装置

3.2　吸蚊管。

3.3　秒表。

3.4　计数器。

4　试验方法

4.1　试验条件

温度：(26±1) ℃；

相对湿度：60%±10%。

4.2　试验步骤

采用圆筒装置(3.1)。吸取试蚊 30 只，自筒下方圆板(F)的中央圆孔处放入，塞紧胶塞(H)。待试虫恢复正常活动后，随机取待测蚊香一段，水平状架在蚊香架上，在另处预先点燃 5 min 后，移至圆筒内熏烟 1 min，立即将蚊香移去，塞上胶塞(H)，并计时，每隔一定时间记录被击倒的试虫数。观察时限为 20 min。测试应设三次及以上重复，且重复试验用蚊香应在不同盘蚊香随机采取。每次试验结束后，应清洗试验装置。

5　计算

将重复测试数据按线性加权回归法计算 KT_{50} 值及毒力回归方程。

6　评价指标

根据 KT_{50} 进行药效评价。

药效结果分为 A、B 两级，达不到 B 级标准者属不合格产品。

A 级：$KT_{50}\leqslant 4.0$ min；B 级：$KT_{50}\leqslant 8.0$ min。

7　结果与报告编写

根据统计结果进行分析评价，写出正式试验报告，并列出原始数据。

ICS 65.100
B 17

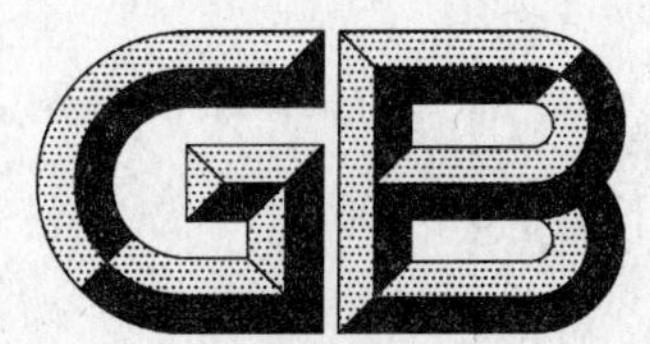

中华人民共和国国家标准

GB/T 13917.5—2009
代替 GB 13917.5—1992,GB/T 17322.5—1998

农药登记用卫生杀虫剂室内药效试验及评价 第5部分:电热蚊香片

Laboratory efficacy test methods and criterions of public health insecticides for pesticide registration—Part 5:Vaporizing mat

2009-03-27 发布　　　　2009-10-01 实施

中华人民共和国国家质量监督检验检疫总局
中国国家标准化管理委员会　发布

前　言

GB/T 13917《农药登记用卫生杀虫剂室内药效试验及评价》分10个部分：

——第1部分：喷射剂；

——第2部分：气雾剂；

——第3部分：烟剂及烟片；

——第4部分：蚊香；

——第5部分：电热蚊香片；

——第6部分：电热蚊香液；

——第7部分：饵剂；

——第8部分：粉剂、笔剂；

——第9部分：驱避剂；

——第10部分：模拟现场。

本部分为GB/T 13917的第5部分。

本部分代替GB 13917.5—1992《农药登记卫生用杀虫剂室内药效试验方法　电热片蚊香的室内药效测定方法》及GB/T 17322.5—1998《农药　登记卫生用杀虫剂的室内药效评价　电热蚊香片》。

本部分与GB 13917.5—1992及GB/T 17322.5—1998相比主要变化如下：

——将GB 13917.5—1992及GB/T 17322.5—1998进行了合并，使方法与评价在同一标准内得以体现，应用更加便利；

——将电热片蚊香修改为：电热蚊香片；

——关于标准试虫的规定修订为：采用实验室饲养的敏感品系标准试虫；

——修改并明确了供试昆虫的龄期；

——调整了试虫的数量；

——不再规定将主要仪器圆筒装置的材质；

——将测试的5个固定时间段修改为“留首定尾中插三”的原则；

——不再要求设立空白对照试验；

——规范了标准中的表述方式；

——增加了对试验结果和试验报告编写的具体要求。

本部分由中华人民共和国农业部提出。

本部分由农业部农药检定所归口。

本部分起草单位：农业部农药检定所、吉林省疾病预防控制中心、天津市疾病预防控制中心、广东省疾病预防控制中心、南京军区军事医学研究所、军事医学科学院微生物流行病研究所。

本部分主要起草人：陶岭梅、张金桐、林立丰、吴新平、王晓军、聂东兴。

本部分所代替标准的历次版本发布情况为：

——GB 13917.5—1992；

——GB/T 17322.5—1998。

农药登记用卫生杀虫剂
室内药效试验及评价
第5部分:电热蚊香片

1 范围

GB/T 13917 的本部分规定了电热蚊香片的室内药效测定方法及评价。

本部分适用于电热蚊香片在农药登记时对蚊进行熏杀处理的药效测定及评价。

2 供试材料

采用实验室饲养的敏感品系标准试虫。

淡色库蚊(*Culex pipiens pallens*)(北方地区)或致倦库蚊(*Culex pipiens quinquefasciatus*)(南方地区),羽化后第3天~第5天未吸血的雌性成虫。

3 仪器设备

3.1 圆筒装置(图1)

无色透明圆筒(C)架于支架(I)上。圆筒上下各有一无色透明圆板(E、F)。上圆板(E)中央有一圆孔,用胶塞(G)塞住;下圆板(F)中央有圆孔,试验时电热蚊香片(A)加热器(B)架于该圆孔下方,试验前后该圆孔用胶塞(H)塞住;圆筒与上、下圆板相接处分别用胶垫圈(D_1、D_2)垫衬以防药剂泄漏。

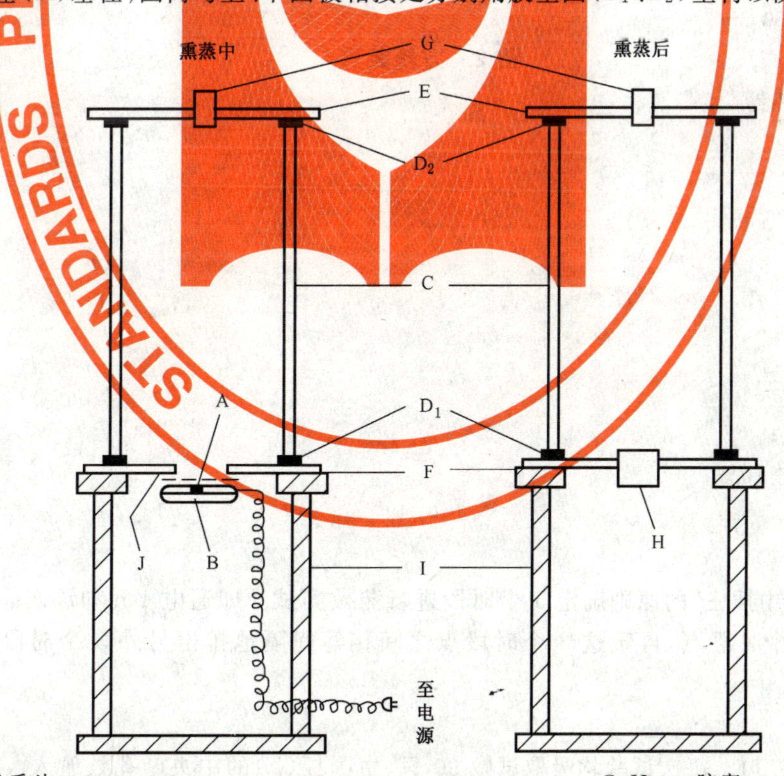

A——电热蚊香片;
B——电热蚊香器;
C——无色透明圆筒,高430 mm,内径200 mm;
D_1、D_2——胶垫圈;
E——无色透明圆板,直径270 mm,中央有直径20 mm的圆孔;
F——无色透明圆板,直径270 mm,中央有直径50 mm的圆孔;
G、H——胶塞;
I——支架,高300 mm;
J——12目铁筛网。

图1 圆筒装置

3.2 方箱装置(图 2)

玻璃制方箱(B),架于支架(E)上,在方箱一侧面的一下角有一小门(C),此侧面的上方还有一放虫孔(F),可用胶塞塞紧,另有一侧面整个为一大门(D)。测试时,应密封。

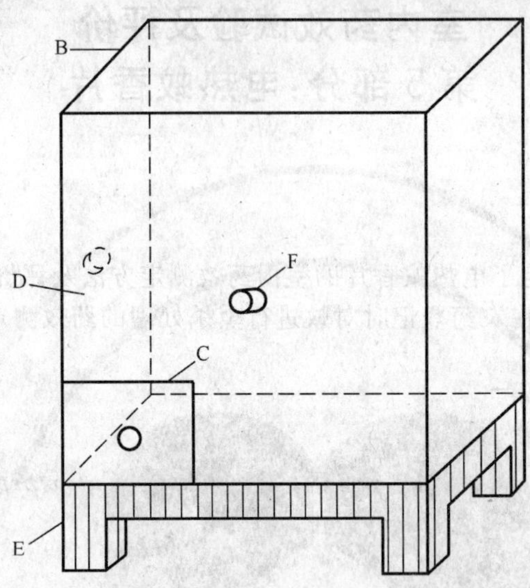

B——玻璃制方箱,长、宽、高内径均为 700 mm;
C——小门,宽、高均为 100 mm;
D——大门;
E——支架;
F——放虫孔,直径 50 mm。

图 2 方箱装置

3.3 电热蚊香片加热器

电压 220 V。

3.4 吸蚊管。

3.5 秒表。

3.6 计数器。

4 试验方法

4.1 试验条件

温度:(26±1)℃;

相对湿度:60%±10%。

4.2 圆筒法

4.2.1 时段设置

遵循“留首定尾中插三”的原则确定 5 个时段进行药效测试。即通电 1 h 和该产品推荐最长使用时间分别为首、尾 2 个时段点,再于这 2 个时段点之间相等间隔地排出另外 3 个时段点定为测试时段点。

4.2.2 试验步骤

采用圆筒装置(3.1)。每次试验均吸取试蚊 30 只,由圆板(F)的中央圆孔处放入 ,塞紧胶塞(H)。待试虫恢复正常活动后,将连续通电加热至相应时段点的载有待测电热蚊香片的加热器(加热器上方放置铁丝网),放置在圆板(F)的中央孔下方,并紧扣中央圆孔。熏 1 min,立即移去加热器,塞上胶塞(H)并计时,每隔一定时间记录被击倒的试蚊数。观察时限为 20 min。测试应设三次及以上重复。每次试验结束,应清洗试验装置。

4.3 方箱法

4.3.1 测试时段设置

同 4.2.1。

4.3.2 试验步骤

采用方箱装置(3.2)。每次试验均吸取试蚊 50 只,由放虫口(F)放入。待试虫恢复正常活动后,由小门将连续通电预燃至相应时段点的载有待测电热蚊香片的加热器一起放入玻璃箱的中央(加热器上方放置铁丝网),立即密闭整个玻璃箱装置,并计时。每隔一定时间记录被击倒的试虫数。观察时限为 20 min。测试应设三次及以上重复。每次试验结束,应清洗试验装置。

5 计算

将重复测试数据按线性加权回归法计算 KT_{50} 值及毒力回归方程。

6 评价

根据圆筒法或方箱法测试的 KT_{50} 进行药效评价,评价指标见表 1。

药效结果分为 A、B 两级,五个时段结果均为 A 级才可定为 A 级,一个时段的结果达不到 B 级标准者属不合格产品。

表 1 电热蚊香片评价指标

方 法	KT_{50}/min	
	A	B
圆筒法	≤4.0	≤8.0
方箱法	≤6.0	≤10.0

7 结果与报告编写

根据统计结果进行分析评价,写出正式试验报告,并列出原始数据。

ICS 65.100
B 17

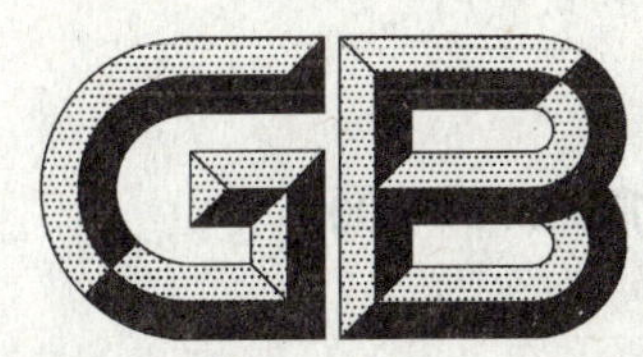

中华人民共和国国家标准

GB/T 13917.6—2009
代替 GB 13917.6—1992,GB/T 17322.6—1998,GB/T 17322.7—1998

农药登记用卫生杀虫剂室内药效试验及评价 第6部分：电热蚊香液

Laboratory efficacy test methods and criterions of public health insecticides for pesticide registration—Part 6:Liquid vaporizer

2009-03-27 发布　　　　2009-10-01 实施

中华人民共和国国家质量监督检验检疫总局
中国国家标准化管理委员会　发布

前言

GB/T 13917《农药登记用卫生杀虫剂室内药效试验及评价》分 10 个部分:

——第 1 部分:喷射剂;

——第 2 部分:气雾剂;

——第 3 部分:烟剂及烟片;

——第 4 部分:蚊香;

——第 5 部分:电热蚊香片;

——第 6 部分:电热蚊香液;

——第 7 部分:饵剂;

——第 8 部分:粉剂、笔剂;

——第 9 部分:驱避剂;

——第 10 部分:模拟现场。

本部分为 GB/T 13917 的第 6 部分。

本部分代替 GB 13917.6—1992《农药登记卫生用杀虫剂室内药效试验方法　电热液体蚊香的室内药效测定方法》、GB/T 17322.6—1998《农药　登记卫生用杀虫剂的室内药效评价　电热液体蚊香》及 GB/T 17322.7—1998《农药　登记卫生用杀虫剂的室内药效评价　电热固液蚊香》。

本部分与 GB 13917.6—1992、GB/T 17322.6—1998 及 GB/T 17322.7—1998 相比主要变化如下:

——将 GB 13917.6—1992、GB/T 17322.6—1998 及 GB/T 17322.7—1998 进行了合并,使方法与评价在同一标准内得以体现,应用更加便利;

——将电热液体蚊香修改为:电热蚊香液;

——关于标准试虫的规定修订为:采用实验室饲养的敏感品系标准试虫;

——修改并明确了供试昆虫的龄期;

——将测试的 5 个固定时间段修改为"留首定尾中插三"的原则;

——不再要求设立空白试验;

——规范了标准中的表述方式;

——增加了对试验结果和试验报告编写的具体要求。

本部分由中华人民共和国农业部提出。

本部分由农业部农药检定所归口。

本部分起草单位:农业部农药检定所、军事医学科学院微生物流行病研究所。

本部分主要起草人:姜辉、辛正、陶岭梅、王晓军、张金桐、缪武阳、吴新平。

本部分所代替标准的历次版本发布情况为:

——GB 13917.6—1992;

——GB/T 17322.6—1998;

——GB/T 17322.7—1998。

农药登记用卫生杀虫剂 室内药效试验及评价 第6部分:电热蚊香液

1 范围

GB/T 13917 的本部分规定了电热蚊香液的室内药效测定方法及评价标准。

本部分适用于电热蚊香液在农药登记时对蚊进行熏杀处理的药效测定及评价。

2 供试材料

采用实验室饲养的敏感品系标准试虫。

淡色库蚊(*Culex pipiens pallens*)(北方地区)或致倦库蚊(*Culex pipiens quinquefasciatus*)(南方地区),羽化后第3天～第5天未吸血的雌性成虫。

3 仪器设备

3.1 圆筒装置(图1)

无色透明圆筒(C)架于支架(I)上,圆筒上下各有一块无色透明圆板(E、F)。圆板(E)中央有一圆孔,用胶塞(G)塞住,圆板(F)中央有一圆孔,用胶塞(H)塞住,圆筒与圆板(E、F)相接处分别用橡胶垫圈(D_1、D_2)垫衬以防药剂泄漏。

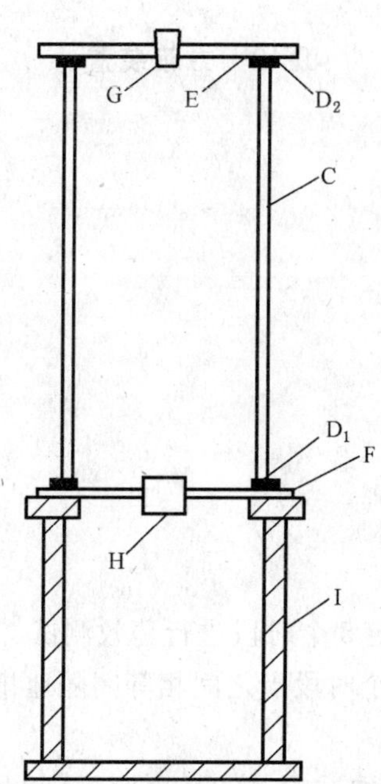

C——无色透明圆筒,高430 mm,内径200 mm;

D_1、D_2——橡胶垫圈;

E——无色透明圆板,直径270 mm,中央有直径20 mm的圆孔;

F——无色透明圆板,直径270 mm,中央有直径50 mm的圆孔;

G、H——胶塞;

I——支架,高300 mm。

图1 圆筒装置

3.2　方箱装置(图 2)

玻璃制方箱(B),架于支架(E)上,在方箱一侧面的下角有一小门,此侧面的上方还有一放虫孔(F),可用胶塞塞紧,另有一侧面整个为一大门(D)。测试时,应密封。

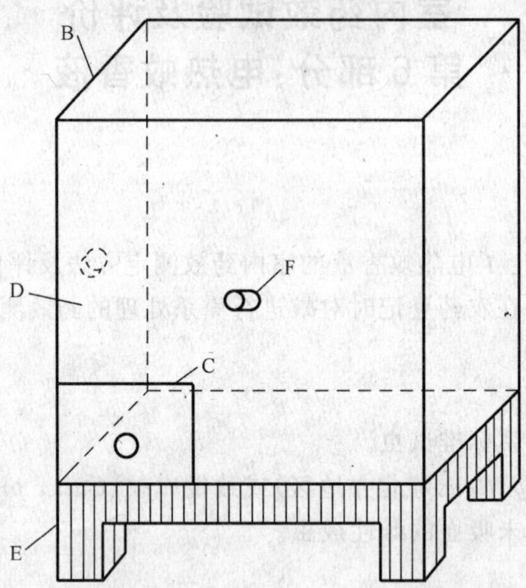

B——玻璃制方箱,长、宽、高内径均为 700 mm;

C——小门,宽、高均为 100 mm;

D——大门;

E——支架;

F——放虫孔,直径 50 mm。

图 2　方箱装置

3.3　吸蚊管。

3.4　秒表。

3.5　计数器。

4　试验方法

4.1　试验条件

温度:(26±1) ℃;

相对湿度:60%±10%。

4.2　圆筒法

4.2.1　时段设置

遵循“留首定尾中插三”的原则确定 5 个时段进行药效测试。即通电 2 h 和该产品推荐最长使用时间分别为首、尾 2 个时段点,再于这 2 个时段点之间相等间隔地排出 3 个时段点定为测试时段点。

4.2.2　试验步骤

采用圆筒装置(3.1)。每次试验吸取试蚊 30 只,由圆板(F)的中央圆孔处放入,塞紧胶塞(H)。待试虫恢复正常活动后,将连续通电至相应时段点载有待测电热蚊香液的加热器放置在圆板(F)的中央孔下方,靠紧中央孔,熏杀 1 min,立即塞上胶塞(H),并计时,每隔一定时间记录被击倒的试虫数。观察时限为 20 min。测试应三次及以上重复。每次试验结束,应清洗试验装置。

4.3　方箱法

4.3.1　测试时段设置

同 4.2.1。

4.3.2 试验步骤

采用方箱装置(3.2)。每次试验吸取试蚊 50 只,由放虫口(F)放入。待试虫恢复正常活动后,将连续通电至相应时段点的载有待测电热蚊香液的加热器由小门放入玻璃箱的中央,立即密闭整个方箱装置,并计时。每隔一定时间记录被击倒的试虫数。观察时限为 20 min。测试应设三次及以上重复。每次试验结束,应清洗试验装置。

5 计算

将重复测试数据按线性加权回归法计算 KT_{50} 值及毒力回归方程。

6 评价

根据 KT_{50} 进行药效评价,具体评价指标见表 1。

药效结果分为 A、B 两级,五个时段结果均为 A 级才可定为 A 级,一个时段达不到 B 级标准者属不合格产品。

表 1 电热蚊香液评价指标

方 法	KT_{50}/min	
	A	B
圆筒法	≤4.0	≤8.0
方箱法	≤6.0	≤10.0

7 结果与报告编写

根据统计结果进行分析评价,写出正式试验报告,并列出原始数据。

ICS 65.100
B 17

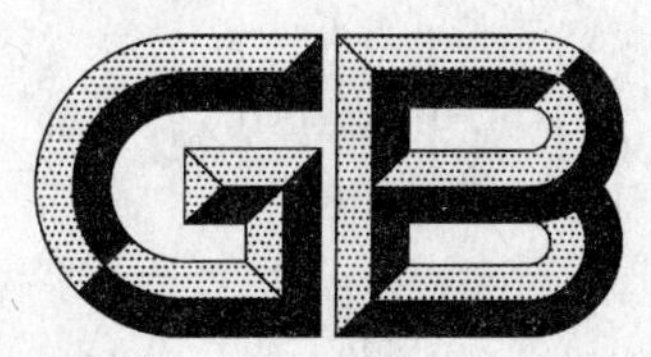

中华人民共和国国家标准

GB/T 13917.7—2009

代替 GB 13917.7—1992,GB/T 17322.8—1998

农药登记用卫生杀虫剂室内药效试验及评价 第7部分:饵剂

Laboratory efficacy test methods and criterions of public health insecticides for pesticide registration—Part 7: Bait

2009-03-27 发布　　　　2009-10-01 实施

中华人民共和国国家质量监督检验检疫总局
中国国家标准化管理委员会　发布

前　言

GB/T 13917《农药登记用卫生杀虫剂室内药效试验及评价》分10个部分：

——第1部分：喷射剂；

——第2部分：气雾剂；

——第3部分：烟剂及烟片；

——第4部分：蚊香；

——第5部分：电热蚊香片；

——第6部分：电热蚊香液；

——第7部分：饵剂；

——第8部分：粉剂、笔剂；

——第9部分：驱避剂；

——第10部分：模拟现场。

本部分为GB/T 13917的第7部分。

本部分代替GB 13917.7—1992《农药登记卫生用杀虫剂室内药效试验方法　蜚蠊毒饵的室内药效测定方法》及GB/T 17322.8—1998《农药　登记卫生用杀虫剂的室内药效评价　毒饵》。

本部分与GB 13917.7—1992及GB/T 17322.8—1998相比主要变化如下：

——将GB 13917.7—1992及GB/T 17322.8—1998进行了合并，使方法与评价在同一标准内得以体现，应用更加便利；

——根据GB/T 19378—2003将蜚蠊毒饵、毒饵统一修改为：饵剂；

——关于标准试虫的规定修订为：采用实验室饲养的敏感品系标准试虫；

——修改并明确了供试昆虫的龄期；

——供试昆虫增加了蝇和蚂蚁；

——增加了饵剂防治蚂蚁、蝇的试验方法；

——合并适口性试验与药效试验；

——规范了标准中的表述方式；

——增加了对试验结果和试验报告编写的具体要求。

本部分由中华人民共和国农业部提出。

本部分由农业部农药检定所归口。

本部分起草单位：农业部农药检定所、天津市疾病预防控制中心、南京军区军事医学研究所、军事医学科学院微生物流行病研究所。

本部分主要起草人：王晓军、张金桐、孙晨熹、陶岭梅、姜辉、吴新平、缪武阳。

本部分所代替标准的历次版本发布情况为：

——GB 13917.7—1992；

——GB/T 17322.8—1998。

农药登记用卫生杀虫剂
室内药效试验及评价　第7部分：饵剂

1　范围

GB/T 13917的本部分规定了饵剂的室内药效测定方法及评价标准。

本部分适用于除昆虫生长调节剂类(IGR)的饵剂在农药登记时对卫生害虫蝇、蜚蠊和蚂蚁进行毒杀处理的药效测定及评价。

2　供试材料

采用实验室饲养的敏感品系标准试虫。

2.1　蝇

家蝇(*Musca domestica*)，羽化后3天～4天的成虫，雌、雄各半。

2.2　蜚蠊

德国小蠊(*Blattella germanica*)，10日龄～15日龄成虫，雌、雄各半。

2.3　蚂蚁

小黄家蚁(*Monomorium pharaonis*)，3日龄以上的工蚁。

3　仪器

3.1　方箱装置(图1)

玻璃制方箱(B)，架于支架(E)上，在方箱一侧面的一下角有一小门(C)，此侧面的上方还有一放虫孔(F)，可用胶塞塞紧，另有一侧面整个为一大门(D)。

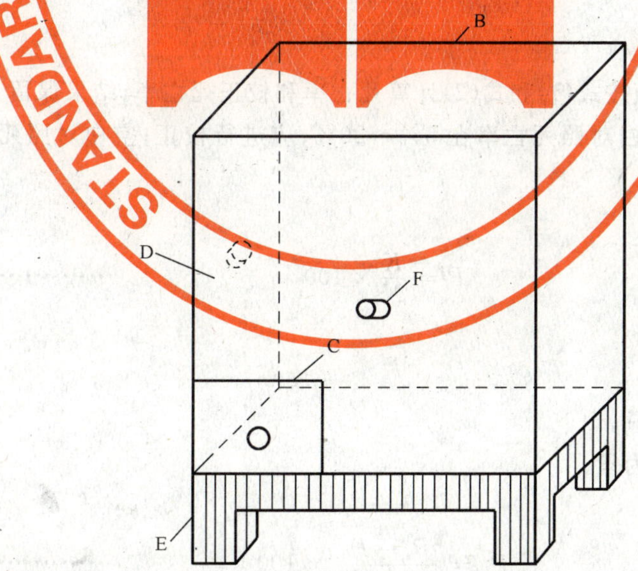

B——玻璃制方箱，长、宽、高内径均为700 mm；
C——小门，宽、高均为100 mm；
D——大门；
E——支架；
F——放虫孔，直径50 mm。

图1　方箱装置图

3.2 培养皿

内径 90 mm。

3.3 搪瓷方盘

白色，400 mm×300 mm×40 mm。

4 试验方法

4.1 试验条件

温度：(26±1)℃；

相对湿度：60%±10%。

4.2 试验步骤

4.2.1 蝇

采用方箱装置(3.1)。在方箱内对角分别放置待测饵剂和蝇饲料，同时放置盛有浸水棉球培养皿。放入试虫 50 只，记录 24 h 死虫数。测试应设三次及以上重复，并设以正常饲料饲养为空白对照。每次试验结束，应清洗试验装置。

4.2.2 蜚蠊

采用方箱装置(3.1)。将 30 只蜚蠊由放虫孔(F)放入已关闭门的方箱装置(3.1)中，塞紧放虫孔。待试虫恢复正常活动后，在箱内一角放置待测饵剂，对角放置蜚蠊饲料，中央放置盛有浸水棉球培养皿。逐日观察试虫死亡情况，并将死亡试虫取出、记数，连续观察至投饵后第 12 天。测试应设三次及以上重复，并设以正常饲料饲养为空白对照。每次试验结束，应清洗试验装置。

4.2.3 蚂蚁

采用搪瓷方盘(3.3)。在搪瓷方盘口的内壁边缘涂一圈凡士林带，放入蚂蚁 100 只，待其恢复正常活动后，在搪瓷方盘对角、距边沿约 50 mm 处分别放置等量的饵剂和蚂蚁饲料，逐日观察蚂蚁死亡情况，并将死蚂蚁取出、记数。连续观察至投饵后第 7 天。测试应设三次及以上重复，并设以正常饲料饲养为空白对照。每次试验结束，应清洗试验装置。

5 计算

重复测试所得数据的均值按式(1)和式(2)计算死亡率和校正死亡率，结果保留 2 位小数。空白对照死亡率<5%，无需校正；空白对照死亡率在 5%～20%；应进行校正；空白对照死亡率>20%，试验作废。

$$P = \frac{K}{N} \times 100 \quad \cdots\cdots(1)$$

式中：

P——死亡率，%；

K——死亡虫数，单位为只；

N——处理总虫数，单位为只。

$$P_1 = \frac{P_t - P_0}{100 - P_0} \times 100 \quad \cdots\cdots(2)$$

式中：

P_1——校正死亡率，%；

P_t——处理死亡率，%；

P_0——对照死亡率，%。

6 评价

根据试虫死亡率进行室内药效评价，评价指标见表1。

药效结果分为A、B两级，达不到B级标准属不合格产品。

表1 饵剂室内评价指标

试 虫	死亡率/%	
	A	B
蝇	100.0	≥90.0
蜚蠊	100.0	≥90.0
蚂蚁	100.0	≥90.0

注1：蝇：投饵后24 h的死亡率。

注2：蜚蠊：投饵后第12天的死亡率。

注3：蚂蚁：投饵后第7天的死亡率。

7 结果与报告编写

根据统计结果进行分析评价，写出正式试验报告，并列出原始数据。

ICS 65.100
B 17

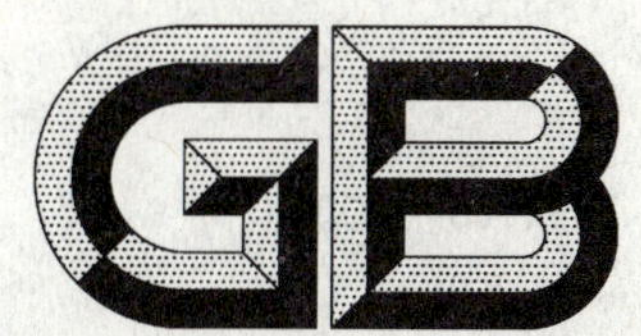

中华人民共和国国家标准

GB/T 13917.8—2009
代替 GB/T 17322.9—1998

农药登记用卫生杀虫剂室内药效试验及评价 第8部分:粉剂、笔剂

Laboratory efficacy test methods and criterions of public health insecticides for pesticide registration—Part 8:Dustable powder and chalk

2009-03-27 发布　　2009-10-01 实施

中华人民共和国国家质量监督检验检疫总局
中国国家标准化管理委员会　发布

前　言

GB/T 13917《农药登记用卫生杀虫剂室内药效试验及评价》分10个部分：

——第1部分：喷射剂；

——第2部分：气雾剂；

——第3部分：烟剂及烟片；

——第4部分：蚊香；

——第5部分：电热蚊香片；

——第6部分：电热蚊香液；

——第7部分：饵剂；

——第8部分：粉剂、笔剂；

——第9部分：驱避剂；

——第10部分：模拟现场。

本部分为GB/T 13917的第8部分。

本部分代替GB/T 17322.9—1998《农药　登记卫生用杀虫剂的室内药效评价　毒粉、毒笔》。

本部分与GB/T 17322.9—1998相比主要变化如下：

——明确了供试昆虫(蚂蚁)的龄期；

——供试昆虫增加了猫栉首蚤，修改并明确了跳蚤的龄期和性别比例；

——规范了标准中的表述方式；

——增加了对试验结果和试验报告编写的具体要求。

本部分由中华人民共和国农业部提出。

本部分由农业部农药检定所归口。

本部分起草单位：农业部农药检定所、军事医学科学院微生物流行病研究所、吉林省疾病预防控制中心。

本部分主要起草人：刘学、陶岭梅、辛正、彭渤、孙晨熹、吴新平、聂东兴。

本部分所代替标准的历次版本发布情况为：

——GB/T 17322.9—1998。

农药登记用卫生杀虫剂
室内药效试验及评价
第8部分:粉剂、笔剂

1 范围

GB/T 13917 的本部分规定了粉剂和笔剂的室内药效测定方法及评价标准。

本部分适用于粉剂和笔剂在农药登记时对卫生害虫蜚蠊、蚂蚁、跳蚤进行毒杀处理的药效测定及评价。

2 供试材料

供试昆虫采用实验室饲养的敏感品系标准试虫。

2.1 蜚蠊

德国小蠊(*Blattella germanica*),10 日龄～15 日龄成虫,雌、雄各半。

2.2 蚂蚁

小黄家蚁(*Monomorium pharaonis*),3 日龄以上的工蚁。

2.3 跳蚤

印鼠客蚤(*Xenopsylla cheopis*)或猫栉首蚤(*Ctenocephalides felis*),3 日龄～10 日龄成虫,雌、雄各半。

3 仪器设备

3.1 强迫接触器(图 1)

无色透明长方体(A),顶盖中央具圆孔,圆孔内插有拉杆(B),拉杆底部与挡板(C)表面粘连,长方体下方具拉板(D),嵌入长方体长边底部的两条凹槽(E)内,拉板一头(F)具有一长条。长方体正面(G)中心具一放虫孔(H),放虫孔外为放虫挡板(I),放虫孔挡板上方突出(J),用螺丝(K)固定在放虫孔上方。长方体正面(G)相对的背面底部有一向内突出(L),当拉出拉板(D),推挡板(C)至底部时,挡板下有高 7 mm 的空间。

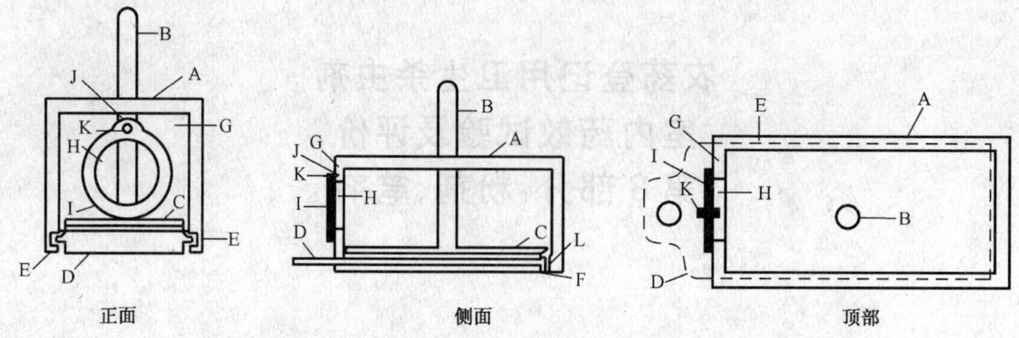

A——无色透明长方体，顶盖和壁厚 3 mm，内宽 44 mm，内长 94 mm，内高 46 mm；

B——拉杆，直径 15 mm，高 70 mm；

C——挡板，厚 3 mm，宽 44 mm，长 94 mm；

D——拉板，宽 46 mm，厚 2 mm，总长 117 mm；

E——凹槽；

F——拉板一头，长 44 mm，宽 1 mm，高 7 mm 的长条；

G——长方体正面；

H——放虫孔，直径 24 mm；

I——放虫孔挡板，直径 32 mm；

J——放虫孔挡板上方的突出；

K——螺丝；

L——长方筒背面底部的向内突出，高 7 mm，长 1 mm。

图 1　强迫接触器

3.2　无色透明圆筒

内径 80 mm，高 200 mm。

4　试验方法

4.1　试验条件

温度：(26±1)℃；

相对湿度：60%±10%。

4.2　试验步骤

4.2.1　蜚蠊

按 3.0 g/m² 的制剂量或按推荐剂量将待测毒粉或毒笔均匀涂、撒在一块光滑木质板面上。将强迫接触器(3.1)的挡板(C)拉至顶部。由放虫孔(H)放入 10 只蜚蠊于挡板(C)与拉板(D)之间的空间内。将强迫接触器置于接触板面上，待试虫恢复正常活动后，在不伤害试虫的情况下拉出拉板(D)，同时推动拉杆(B)，将挡板(C)推至底部，强迫试虫与施药的板面接触，并立即计时。30 min 后将试虫收集于清洁器皿中，恢复标准饲养，观察、记录试虫 72 h 死亡情况。试验应设三次及以上重复，并设未涂、撒布毒粉的同质板面为空白对照。

4.2.2　蚂蚁

按 3.0 g/m² 的制剂量或按推荐剂量将待测毒粉或毒笔均匀涂、撒在一块光滑木质板面上。将无色透明圆筒(3.2)距下口 10 mm 处上方内壁涂一圈凡士林带，垂直置放于接触板面上，从圆筒上方放入蚂蚁 50 只，立即计时。30 min 后将试虫收集到清洁容器内，恢复标准饲养，观察、记录试虫的 24 h 死亡情况。试验应设三次及以上重复，并设未涂、撒布毒粉的同质板面为空白对照。

4.2.3 跳蚤

按 3.0 g/m^2 的制剂量或按推荐剂量将待测毒粉或毒笔均匀涂、撒在一块光滑木质板面上。将无色透明圆筒(3.2)垂直放置于接触板面上，从圆筒的上方将跳蚤 50 只放入，加盖，立即计时。30 min 后将试虫收集到清洁容器内，恢复标准饲养，观察、记录试虫的 24 h 死亡情况。试验应设三次及以上重复，并设未涂、撒布毒粉的同质板面为空白对照。

5 计算

重复测试所得数据的均值按式(1)和式(2)计算 24 h(蜚蠊 72 h)死亡率和校正死亡率，结果保留 2 位小数。空白对照死亡率<5%，无需校正；空白对照死亡率在 5%～20%，应进行校正；空白对照死亡率>20%，试验作废。

$$P = \frac{K}{N} \times 100 \qquad \cdots\cdots(1)$$

式中：

P——死亡率，%；

K——死亡虫数，单位为只；

N——处理总虫数，单位为只。

$$P_1 = \frac{P_t - P_0}{100 - P_0} \times 100 \qquad \cdots\cdots(2)$$

式中：

P_1——校正死亡率，%；

P_t——处理死亡率，%；

P_0——空白对照死亡率，%。

6 评价

根据 24 h(蜚蠊 72 h)死亡率进行药效评价，具体指标见表 1。

药效结果分为 A、B 两级，达不到 B 级标准属不合格产品。

表 1 粉剂、笔剂评价指标

试　虫	死亡率/%	
	A	B
蜚蠊	100	≥95.0
蚂蚁	100	≥95.0
跳蚤	100	≥95.0

7 结果与报告编写

根据统计结果进行分析评价，写出正式试验报告，并列出原始数据。

ICS 65.100
B 17

中华人民共和国国家标准

GB/T 13917.9—2009
代替 GB/T 17322.10—1998

农药登记用卫生杀虫剂室内药效试验及评价 第9部分:驱避剂

Laboratory efficacy test methods and criterions of public health insecticides for pesticide registration—Part 9: Repellent

2009-03-27 发布 2009-10-01 实施

中华人民共和国国家质量监督检验检疫总局
中国国家标准化管理委员会 发布

前 言

GB/T 13917《农药登记用卫生杀虫剂室内药效试验及评价》分 10 个部分：

——第 1 部分：喷射剂；

——第 2 部分：气雾剂；

——第 3 部分：烟剂及烟片；

——第 4 部分：蚊香；

——第 5 部分：电热蚊香片；

——第 6 部分：电热蚊香液；

——第 7 部分：饵剂；

——第 8 部分：粉剂、笔剂；

——第 9 部分：驱避剂；

——第 10 部分：模拟现场。

本部分为 GB/T 13917 的第 9 部分。

本部分代替 GB/T 17322.10—1998《农药　登记卫生用杀虫剂的室内药效评价　驱避剂》。

本部分与 GB/T 17322.10—1998 相比主要变化如下：

——明确了“每次对照手先做对照测试，攻击力合格的试虫继续试验”；

——修改了攻击力试验的内容，增加“发现有蚊虫停落，在其将口器刺入皮肤前抖动手臂将其驱离，记为 1 只试虫停落”；

——修改了驱避试验中对攻击力合格人的内容，增加参与试验攻击力试验合格人的数量及性别等方面的要求；

——规范了标准中的表述方式；

——增加了对试验结果和试验报告编写的具体要求。

本部分由中华人民共和国农业部提出。

本部分由农业部农药检定所归口。

本部分起草单位：农业部农药检定所、军事医学科学院微生物流行病研究所、天津市疾病预防控制中心。

本部分主要起草人：张金桐、陶岭梅、辛正、孙晨熹、姜辉、林立丰、王晓军。

本部分所代替标准的历次版本发布情况为：

——GB/T 17322.10—1998。

农药登记用卫生杀虫剂
室内药效试验及评价
第9部分：驱避剂

1 范围

GB/T 13917 的本部分规定了驱避剂的室内药效测试方法及评价标准。

本部分适用于驱避剂在农药登记时对刺叮骚扰性卫生害虫蚊的驱避效果的药效测定及评价。

2 供试材料

采用实验室饲养的敏感品系标准试虫。

白纹伊蚊(*Aedes albopictus*)，羽化后3天～5天未吸血的雌性成虫。

3 仪器设备

蚊笼：长400 mm，宽300 mm，高300 mm。

4 试验方法

4.1 试验条件

温度，(26±1)℃；

相对湿度，65%±10%。

4.2 攻击力试验

蚊笼内放入300只试虫，测试人员手背暴露40 mm×40 mm皮肤，其余部分严密遮蔽。将手伸入蚊笼中停留2 min，密切观察，发现蚊虫停落，在其口器将刺入皮肤前抖动手臂将其驱离，记为1只试虫停落。前来停落的试虫多于30只的测试人员和试虫为攻击力合格，此人及此笼蚊虫可进行驱避试验。

4.3 驱避试验

选择4名及以上攻击力合格的测试人员(男女各半，且试验前和试验期间不应饮酒、茶或咖啡，不应使用含香精类的产品)，在其双手手背各画出50 mm×50 mm的皮肤面积，其中一只手按1.5 mg/cm^2(膏状驱避剂)或1.5 μL/cm^2(液状驱避剂)的剂量均匀涂抹待测的驱避剂，暴露其中的40 mm×40 mm皮肤，严密遮蔽其余部分，另一只手为空白对照。涂抹驱避剂2 h，将手伸入攻击力合格的蚊虫笼中2 min，观察有无蚊虫前来停落吸血。之后每间隔1 h测试一次，只要有一只蚊虫前来吸血即判作驱避剂失效。记录驱避剂的有效保护时间(h)。每次对照手先做对照测试，攻击力合格的试虫可继续试验，试虫攻击力不合格则需更换合格试虫进行试验。

5 计算

将药剂对4名及以上受试者的有效保护时间相加，取其平均数(保留1位小数)作为该药剂的有效保护时间(h)。

6 评价

根据驱避剂对测试人员的有效保护时间(h)进行药效评价。

药效结果分为A、B两级,达不到B级标准者为不合格产品。

A级:有效保护时间≥6.0 h,B级:有效保护时间≥4.0 h。

7 结果与报告编写

根据统计结果进行分析评价,写出正式试验报告,并列出原始数据。

ICS 65.100
B 17

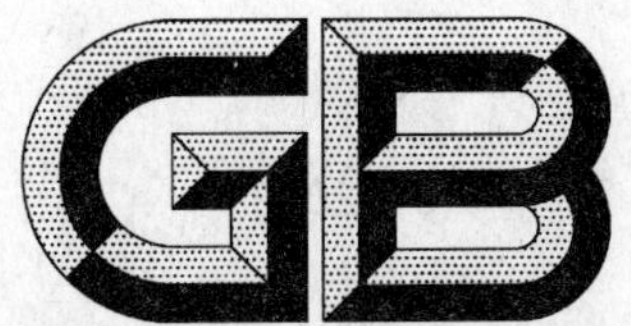

中华人民共和国国家标准

GB/T 13917.10—2009
代替 GB 13917.8—1992,GB/T 17322.11—1998

农药登记用卫生杀虫剂室内药效试验及评价 第10部分:模拟现场

Laboratory efficacy test methods and criterions of public health insecticides for pesticide registration—Part 10:Analogous site

2009-03-27 发布　　2009-10-01 实施

中华人民共和国国家质量监督检验检疫总局
中国国家标准化管理委员会　发布

前　言

GB/T 13917《农药登记用卫生杀虫剂室内药效试验及评价》分 10 个部分：

——第 1 部分：喷射剂；

——第 2 部分：气雾剂；

——第 3 部分：烟剂及烟片；

——第 4 部分：蚊香；

——第 5 部分：电热蚊香片；

——第 6 部分：电热蚊香液；

——第 7 部分：饵剂；

——第 8 部分：粉剂、笔剂；

——第 9 部分：驱避剂；

——第 10 部分：模拟现场。

本部分为 GB/T 13917 的第 10 部分。

本部分代替 GB 13917.8—1992《农药登记卫生用杀虫剂室内药效试验方法　模拟现场药效测定方法》及 GB/T 17322.11—1998《农药　登记卫生用杀虫剂的室内药效评价　模拟现场》。

本部分与 GB 13917.8—1992 及 GB/T 17322.11—1998 相比主要变化如下：

——将 GB 13917.8—1992 及 GB/T 17322.11—1998 进行了合并，使方法与评价在同一标准内得以体现，应用更加便利；

——增加了蚂蚁的试验方法和评价标准；

——增加了饵剂的评价标准；

——增加了对试验结果和试验报告编写的具体要求。

本部分由中华人民共和国农业部提出。

本部分由农业部农药检定所归口。

本部分起草单位：农业部农药检定所、军事医学科学院微生物流行病研究所、天津市疾病预防控制中心。

本部分主要起草人：张金桐、陶岭梅、辛正、王晓军、姜辉、林立丰、孙晨熹。

本部分所代替标准的历次版本发布情况为：

——GB 13917.8—1992；

——GB/T 17322.11—1998。

农药登记用卫生杀虫剂
室内药效试验及评价
第10部分：模拟现场

1 范围

GB/T 13917的本部分规定了卫生用杀虫剂的模拟现场药效测定方法及评价标准。

本部分适用于卫生用杀虫剂在农药登记时对卫生害虫蚊、蝇、蜚蠊、蚂蚁进行模拟现场的药效测定及评价。

2 供试材料

采用实验室饲养的敏感品系标准试虫。

2.1 蚊

淡色库蚊(*Culex pipiens pallens*)(北方地区)或致倦库蚊(*Culex pipiens quinquefasciatus*)(南方地区)，羽化后第3天～第5天未吸血的雌性成虫。

2.2 蝇

家蝇(*Musca domestica*)，羽化后第3天～第4天的成虫，雌、雄各半。

2.3 蜚蠊

德国小蠊(*Blattella germanica*)，10日龄～15日龄成虫，雌、雄各半。

2.4 蚂蚁

小黄家蚁(*Monomorium pharaonis*)，3日龄以上的工蚁。

3 仪器设备

3.1 模拟现场

近似正方形房间，容积28 m^3，高度不应低于2.5 m，至少应在相对两个墙面装有能观察到各角落的密闭玻璃窗。

3.2 挂笼

圆柱体形，直径150 mm，高250 mm，围以12目纱网。

3.3 无色透明缸

圆柱体形，直径200 mm～270 mm，高140 mm～170 mm。

3.4 白色搪瓷桶

直径400 mm，高400 mm。

4 试验方法

4.1 试验条件

温度，(26±1)℃；

相对湿度，65%±10%。

4.2 喷射剂、气雾剂试验步骤

4.2.1 蚊、蝇

在模拟现场(3.1)距离地面1.5 m、两相邻墙壁0.5 m，垂直相交的4个点及中央共计挂挂笼(3.2)

5个，每个笼内释放试虫20只。待试虫恢复正常活动后，试验人员穿戴好防护服装，站于模拟现场的中央，手持满装喷射剂的手压式喷雾器或气雾剂罐，按表1试验剂量，喷嘴向上约45°进行喷雾，喷雾时应转身360°。施药毕，试验人员立即离开现场，关闭门窗并计时。1 h将被击倒的试虫收集至清洁养虫笼，恢复标准饲养，宜用5%糖水棉球饲喂。未被击倒的试虫不收回，计入24 h活虫数。24 h检查死试虫数。

4.2.2 蜚蠊

采用模拟现场(3.1)与无色透明缸(3.3)。将60只蜚蠊分为4组(每组15只)放于缸口内壁涂有一圈凡士林带的无色透明缸(3.3)内，放置模拟现场(3.1)四角。待试虫恢复正常活动后，试验人员穿戴好防护服装，关闭门窗，站于模拟现场的中央，手持装满喷射剂的手压式喷雾器或气雾剂罐，按表1试验剂量，喷嘴向下约45°进行喷雾，喷雾时应转身360°。施药毕试验人员立即离开现场，关闭门窗并计时。1 h将全部试虫收集至清洁器皿中，恢复标准饲养，宜用混合饲料块加浸水棉球饲喂，72 h检查死亡虫数。

表1 喷射剂、气雾剂试验剂量

剂型	试虫	使用剂量	
		油稀释剂型	水稀释剂型
喷射剂	蚊	0.75 mL/m³	1.5 mL/m³
	蝇	0.75 mL/m³	1.5 mL/m³
	蜚蠊	7.5 mL/m²	15 mL/m²
气雾剂	蚊	0.3 g/m³	
	蝇	0.3 g/m³	
	蜚蠊	5.0 g/m²	
注：油基喷射剂参照油稀释剂型；水基喷射剂参照水稀释剂型。			

4.3 烟剂及烟片、蚊香、电热蚊香片、电热蚊香液试验步骤

释放试虫(蚊100只，或家蝇100只，或蜚蠊50只)于模拟现场(3.1)内。待试虫恢复正常活动后，将供试药剂放置于地面中央，接通电源，或点燃供试药剂(电热蚊香片、电热蚊香液应测试所定5个时段中倒数第二个时段；烟剂或烟片按推荐用量折算模拟现场用量)，试验人员立即离开现场，关紧门窗，并计时。1 h (蜚蠊2 h)将被击倒试虫收集至清洁的养虫笼中恢复标准饲养(蚊、蝇宜用5%糖水棉球饲喂，蜚蠊宜用混合饲料块加浸水棉球饲喂)。未被击倒的试虫不收回，计入活虫数。24 h(蜚蠊72h)检查死试虫数。

4.4 饵剂试验步骤

4.4.1 蝇

模拟现场(3.1)中放入200只家蝇，按一个房间饵剂推荐的实际用量放于两个培养皿中，对角放置，另一对角放置蝇饲料，模拟现场中央放置一个盛有浸水棉球的培养皿。24 h检查死亡试虫数。

4.4.2 蜚蠊

模拟现场(3.1)中设置蜚蠊藏匿场所。释放100只蜚蠊于模拟现场内。待试虫恢复正常活动后，按推荐的一个房间饵剂的实际用量对角放置于两个培养皿中，另一对角放置盛蜚蠊饲料的培养皿，各培养皿旁均应平行放置一个盛有浸水棉球的培养皿。或按饵剂的推荐方法设置饵点。关闭门窗，并计时。每天检查并记录死亡虫数，连续观察至投饵后12 d。

4.4.3 蚂蚁

采用白色搪瓷桶(3.4)。在桶口内壁涂抹50 mm宽的凡士林带，桶内重叠放置100 mm×100 mm纸片2块，放入小黄家蚁的蚁后2只，工蚁100只，同时放置蚂蚁饵料和盛有浸水棉球的培养皿，正常喂

养24 h后再放入饵剂样品，观察期内搪瓷桶应保持敞口状态，每天检查并记录死亡虫数，连续观察至投饵后12 d。

5 记录

记录喷射剂、气雾剂、烟剂及烟片、蚊香、电热蚊香片、电热蚊香液、饵剂模拟现场药效测定的理论用药量和实际用药量及被测试昆虫的生物学反应。

6 计算

重复测试的数据按线性加权回归法计算KT_{50}、毒力回归方程，按式(1)计算24 h(蜚蠊72 h)死亡率，结果保留2位小数。

$$P=\frac{K}{N}\times 100 \qquad \cdots\cdots(1)$$

式中：

P——死亡率，%；

K——表示死亡虫数，单位为只；

N——表示处理总虫数，单位为只。

7 评价

根据击倒率和死亡率进行药效评价，具体评价指标见表2～表4。

药效结果分为A、B两级，达不到B级标准者属不合格产品。

室内药效结果与模拟现场药效结果不一致时，综合评价，按低级别定级。

表2 喷射剂、气雾剂和蚊香类评价指标

试虫	蚊香类击倒率/%		气雾剂				喷射剂			
			击倒率/%		死亡率/%		击倒率/%		死亡率/%	
	A	B	A	B	A	B	A	B	A	B
蚊	≥90	≥70	100	≥90	100	≥90	100	≥90	100	≥90
蝇	—	—	100	≥90	100	≥90	100	≥90	100	≥90
蜚蠊	—	—	—	—	100	≥90	—	—	100	≥90

注1：蚊、蝇为1 h的击倒率，24 h死亡率；蜚蠊为72 h死亡率。

注2：蚊香类包括蚊香、电热蚊香片、电热蚊香液。

表3 烟剂、烟片评价指标

试虫	死亡率/%	
	A	B
蚊	100.0	≥95.0
蝇	100.0	≥95.0
蜚蠊	100.0	≥90.0

注：蚊、蝇为熏烟1 h的24 h死亡率，蜚蠊为熏烟2 h的72 h死亡率。

表 4 饵剂评价指标

试 虫	死亡率/%	
	A	B
蝇	100.0	≥90.0
蜚蠊	100.0	≥90.0
蚂蚁	100.0	≥95.0(工蚁)

8 结果与报告编写

根据统计结果进行分析评价,写出正式试验报告,并列出原始数据。

ICS 79.020
B 60

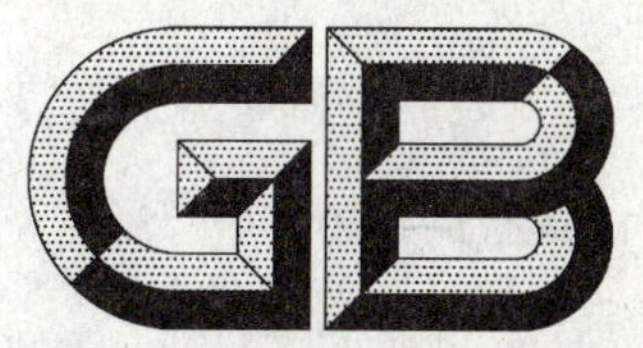

中华人民共和国国家标准

GB/T 13942.1—2009
代替 GB/T 13942.1—1992

木材耐久性能
第1部分:天然耐腐性实验室试验方法

Durability of wood—
Part 1: Method for laboratory test of natural decay resistance

2009-02-23 发布　　2009-08-01 实施

中华人民共和国国家质量监督检验检疫总局
中国国家标准化管理委员会　发布

前　言

GB/T 13942《木材耐久性能》分为如下两部分：

——第1部分：天然耐腐性实验室试验方法；

——第2部分：天然耐久性野外试验方法。

本部分为GB/T 13942的第1部分。

本部分代替GB/T 13942.1—1992《木材天然耐久性试验方法　木材天然耐腐性实验室试验方法》。

本部分与GB/T 13942.1—1992相比主要变化如下：

——增加“密粘褶菌[*Gloeophyllum trabeum*(Pers.) Murrill]”作为可选择的试验菌种，并按中国林业微生物菌种保藏管理中心(CFCC)的编号规则对本标准中每个试验菌种进行了编号；

——增加“具螺纹盖的广口圆盖瓶”作为可选择的培养瓶，并增加了相应的培养基配制方法以及接种示意图；

——修改“对照试样经腐朽试验后的质量损失率应达到25%以上”为“应达到45%以上”；

——修改“测定试验前后的试样全干质量时的烘箱温度为(103±2)℃”。

本部分的附录A是资料性附录。

本部分由国家林业局提出。

本部分由全国木材标准化技术委员会归口。

本部分负责起草单位：中国林业科学研究院木材工业研究所。

本部分参加起草单位：广东省林业科学研究院。

本部分主要起草人：杨忠、马星霞、刘磊、苏海涛、蒋明亮。

本部分所代替标准的历次版本发布情况为：

——GB/T 13942.1—1992。

木材耐久性能
第1部分：天然耐腐性实验室试验方法

1 范围

GB/T 13942的本部分规定了在实验室条件下，木腐菌对木材的侵染而引起的木材质量损失，以评定木材的天然耐腐等级的试验方法。

本部分适用于在实验室条件下评定木材的天然耐腐等级。

2 规范性引用文件

下列文件中的条款通过GB/T 13942的本部分的引用而成为本部分的条款。凡是注日期的引用文件，其随后所有的修改单(不包括勘误的内容)或修订版均不适用于本部分，然而，鼓励根据本部分达成协议的各方研究是否可使用这些文件的最新版本。凡是不注日期的引用文件，其最新版本适用于本部分。

GB/T 14019　木材防腐术语

3 术语和定义

GB/T 14019　确立的术语和定义适用于GB/T 13942的本部分。

4 试验方法原理

木腐菌分泌酶降解并吸收木材的组分，引起木材败坏与质量损失，材性不同的木材耐腐程度与质量损失不同。

5 试验设备

5.1　蒸汽高压灭菌器：设计压力0.25 MPa，设计温度138 ℃。

5.2　接种室或超净工作台。

5.3　培菌室或电热恒温培养箱：温度(28±2)℃，相对湿度75%～85%。

5.4　分析天平：感量为0.01 g。

5.5　培养瓶：500 mL广口三角瓶或具螺纹盖的广口圆盖瓶(最小容积250 mL，口径最小32 mm，螺纹盖可灭菌)。

6 试样与饲木

6.1　试材取自3株～5株树木胸高部位以上长1 m的原木段(胸径180 mm～350 mm)2根～3根。试样均等取自每株树木原木段心材横截面均匀分布处，在无可见缺陷的健康树种靠近髓心的心材部位取样。

6.2　试样各面均应平整，不允许有可见的缺陷。尺寸为20 mm×20 mm×10 mm(纹理方向)(见图1)的外部心材至少12块(均等取自2株～3株原木)。年轮宽度应在该树种平均年轮宽度±20%范围内。

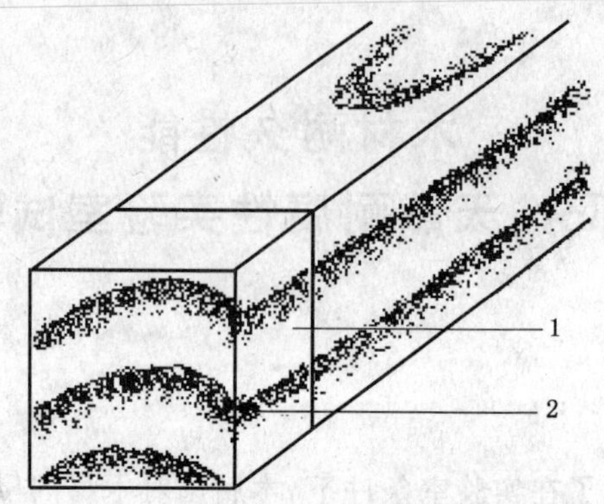

1——试样；

2——年轮。

图 1

6.3 从锯材上取试样：从一种树种的锯材上无可见缺陷的心材取样做耐腐性试验。试样板应在一堆正常质量板中任意挑选，2 块～3 块中取样。

6.4 从木制品取试样：木制品需要做耐腐性试验时，可按照 6.3 规定取试样。

6.5 饲木可采用马尾松或毛白杨（或其他耐腐性较差的木材树种）的边材，横截面尺寸同试样或略大于试样，厚度为 3 mm～5 mm。

7 试菌

7.1 试验针叶树材：绵腐卧孔菌[*Poria placenta* (Fr.) Cooke]（菌种编号：CFCC5608）或密粘褶菌[*Gloeophyllum trabeum* (Pers.) Murrill]（菌种编号：CFCC86617）。

7.2 试验阔叶树材：采绒革盖菌[*Coriolus versicolor* (L.) Quél.]（菌种编号：CFCC5336）或密粘褶菌[*Gloeophyllum trabeum* (Pers.) Murrill]（菌种编号：CFCC86617）。

注：试菌由中国林业微生物菌种保藏管理中心（China Forestry Culture Collection Center，CFCC）保存。

8 试验步骤

8.1 麦芽糖（饴糖或马铃薯-蔗糖）琼脂培养基的配制

在 500 mL 细口三角瓶内加入麦芽糖液（波梅氏比重 1.03，下同）100 mL，琼脂 1.5%～2.0%，瓶口塞棉塞并包防水纸，置于蒸汽灭菌器中（压力 0.1 MPa，温度 121 ℃，下同）灭菌 30 min 后，在无菌接种室冷至不烫手时，把培养基分别倒入 5 个已灭菌（同上）的培养皿（直径 9 cm）中，待冷却凝固后接种，然后置于培菌室或培养箱[温度(28±2)℃，空气相对湿度 75%以上，下同]内培养 7 d～10 d。

8.2 河砂锯屑培养基的配制

培养瓶可以用 500 mL 广口三角瓶或具螺纹盖的广口圆盖瓶（最小容积 250 mL，口径最小 32 mm，螺纹盖可灭菌）。在 500 mL 广口三角瓶内加入：洗净干河砂（20 目～30 目）150 g，马尾松边材锯屑（20 目～30 目）15 g，玉米粉 8.5 g，红糖 1 g，拌匀平整，在其表面放饲木 3 块（各自分离，如图 2），瓶内徐徐加入 100 mL 麦芽糖液，瓶口塞棉塞，并包防水纸，在蒸汽高压灭菌器中（条件同上）灭菌 1 h 后取出，置于无菌接种室或超净工作台冷却后接种；若用具螺纹盖的广口圆盖瓶，则加入：洗净干河砂（20 目～30 目）75 g，马尾松边材锯屑（20 目～30 目）7.5 g，玉米粉 4.3 g，红糖 0.5 g，拌匀平整，在其表面放饲木 2 块（各自分离，如图 3），瓶内徐徐加入 50 mL 麦芽糖液，旋紧瓶盖，在蒸汽高压灭菌器中（条件同上）灭菌 1h 后取出，置于无菌接种室或超净工作台冷却后接种。对于具螺纹盖的培养瓶，在灭菌前应稍稍松开盖子，以便蒸汽进入。

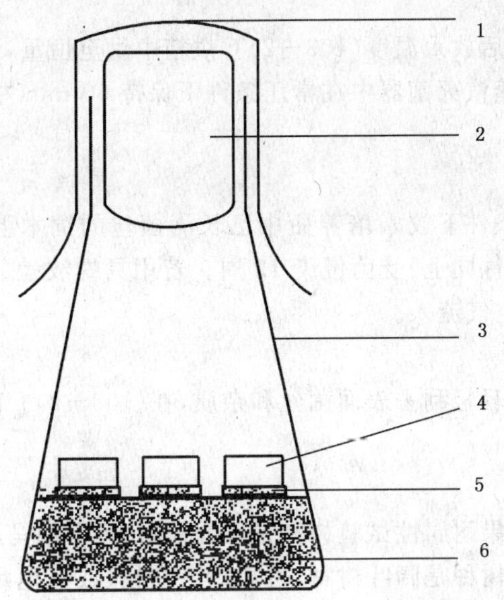

1——防水纸；
2——棉花塞；
3——广口三角瓶；
4——试样；
5——饲木；
6——培养基。

图 2

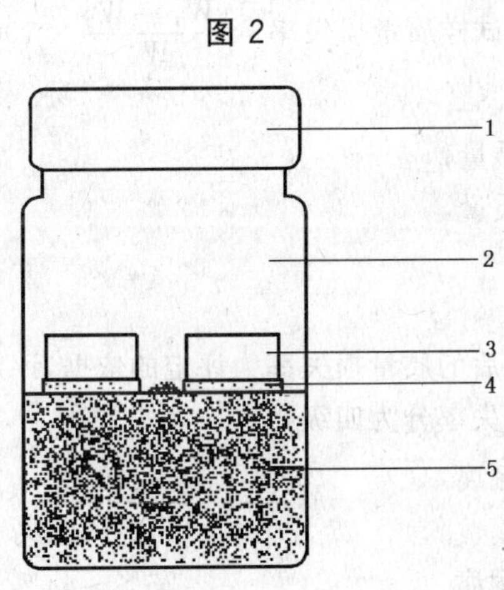

1——螺旋盖；
2——广口圆盖瓶；
3——试样；
4——饲木；
5——培养基。

图 3

8.3 接种

操作的全过程应在无菌条件下进行。把在培养皿上生长 7 d～10 d 的菌丝，用无菌打孔器切取直径 5 mm 的菌丝块（带有琼脂培养基）接入河砂培养基的中间部位（培养基表层约 5 mm 深处）。

8.4 培养

接种后的培养瓶置于温度（28±2）℃，空气相对湿度 75%～85%的培菌室中培养 10 d 左右，待瓶内的培养基表面长满菌丝时，即可放入试样受菌侵染。

8.5 试样准备

试样至少12块，每块编号后放入温度(103±2)℃烘箱中烘至恒重，每块称重(精确到0.01 g)后，用吸湿纸(或多层纱布)包好，在蒸汽灭菌器中在常压条件下保持30 min左右，使试样含水率达到40%～60%，冷却后即用。

8.6 试样受菌腐朽

已准备好的试样，在无菌条件下放入培养瓶中已长满菌丝的饲木上(纹理方向垂直于菌丝生长方向)。将培养瓶置于培菌室(条件同上)受菌侵染12周。若用具螺纹盖的广口圆盖瓶，在放到培菌室前应稍稍松开盖子，以便使少量空气流入。

8.7 试验终了的试样检测

经试验12周的试样取出，轻轻刮去表面菌丝和杂质，在(103±2)℃的烘箱中烘至恒重，每块试样分别称重。

8.8 对照试样的准备

目的是对试验的验证。如果耐腐性试验树种是针叶树材，可采用马尾松边材(或其他耐腐性较差的针叶树边材)；如果耐腐性试验树种是阔叶树材，可采用毛白杨(或其他耐腐性较差的阔叶树边材)。对照试样至少12块，试验步骤同上。对照试样经腐朽试验后的质量损失率应达到45%以上，否则应重新试验。饲木可采用与试样相同的树种的边材。

9 结果计算

计算每块试样腐朽后质量损失率，以百分数表示，见式(1)。

$$试样质量损失率 = \frac{W_1 - W_2}{W_1} \times 100\% \quad \cdots\cdots(1)$$

式中：

W_1——试样试验前的全干质量；

W_2——试样试验后的全干质量。

10 木材天然耐腐等级评定标准

以木材受木腐菌腐朽试验前后的质量损失率为评定的依据，评定结果中需注明试验菌种。针叶、阔叶树材的耐腐等级按试样质量损失率分为四级：

等级	耐腐性	质量损失率
Ⅰ	强耐腐	0～10%
Ⅱ	耐腐	11%～24%
Ⅲ	稍耐腐	25%～44%
Ⅳ	不耐腐	＞45%

试验记录格式按附录A的内容进行填写。

附　录　A
（资料性附录）
木材天然耐腐性实验室试验记录表

表 A.1　木材天然耐腐性实验室试验记录表

树种：　　　　　　　　　　　试验菌种：　　　　　　　　　　　培菌室温度：　　　　　　℃

产地：　　　　　　　　　　　试验地点：　　　　　　　　　　　培菌室相对湿度：　　　　%

试样编号	试样全干质量/g	试样腐朽后全干质量/g	试样腐朽后质量损失/g	试样质量损失率/%	耐腐等级	备注
1						
2						
3						
4						
5						
6						
7						
8						
9						
10						
11						
12						

试验日期：　　　　年　　月　　日　　　　　　　　试验：　　　　　　审核：

ICS 79.020
B 60

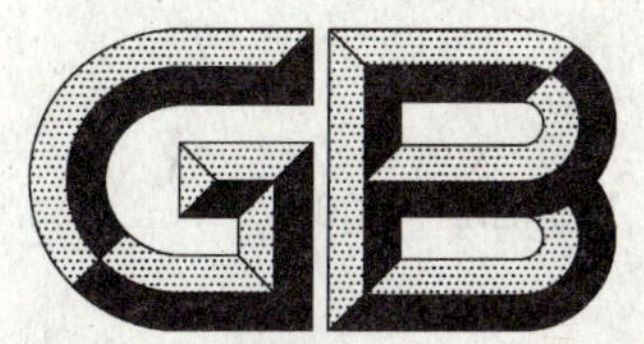

中华人民共和国国家标准

GB/T 13942.2—2009
代替 GB/T 13942.2—1992

木材耐久性能 第2部分:天然耐久性野外试验方法

Durability of wood—
Part 2:Method for field test of natural durability

2009-02-23 发布　　　　2009-08-01 实施

中华人民共和国国家质量监督检验检疫总局
中国国家标准化管理委员会　发布

前　言

GB/T 13942《木材耐久性能》分为如下两部分：

——第 1 部分：天然耐腐性实验室试验方法；

——第 2 部分：天然耐久性野外试验方法。

本部分为 GB/T 13942 的第 2 部分。

本部分代替 GB/T 13942.2—1992《木材天然耐久性试验方法　木材天然耐久性野外试验方法》。

本部分与 GB/T 13942.2—1992 相比主要变化如下：

——增加了一种尺寸较小的试样用于埋地试验；

——腐朽和蚁蛀的分级标准参照美国木材防腐协会 AWPA E7-07"Method of evaluating wood preservatives by field tests with stakes"。

本部分由国家林业局提出。

本部分由全国木材标准化技术委员会归口。

本部分负责起草单位：中国林业科学研究院木材工业研究所。

本部分参加起草单位：中国林业科学研究院热带林业研究所。

本部分主要起草人：蒋明亮、施振华。

本部分所代替标准的历次版本发布情况为：

——GB/T 13942.2—1992。

木材耐久性能
第2部分:天然耐久性野外试验方法

1 范围

GB/T 13942 的本部分适用于测定木材在野外暴露条件下抗微生物破坏或白蚁蛀蚀的性能及评定天然耐久性等级。

本部分规定了木材在野外与土壤接触条件下的抗生物破坏性的测定及等级评定方法。

2 规范性引用文件

下列文件中的条款通过 GB/T 13942 的本部分的引用而成为本部分的条款。凡是注日期的引用文件,其随后所有的修改单(不包括勘误的内容)或修订版均不适用于本部分,然而,鼓励根据本部分达成协议的各方研究是否可使用这些文件的最新版本。凡是不注日期的引用文件,其最新版本适用于本部分。

GB/T 14019　木材防腐术语

3 术语和定义

GB/T 14019 确立的术语和定义适用于 GB/T 13942 的本部分。

4 试验场地和木材试样的准备

4.1 试验场地

从我国热带、亚热带和暖温带大气候区选择有代表性的场地。试验场地应注明地点和气候区。

试验场地要地势平坦,土壤水分适中,不致干旱或内涝,土层较厚、富有腐殖质。若选择以白蚁活动为主的场地,在试验前半年,按情况需要可放置适量诱导白蚁的木段,以确保场地内白蚁的活跃性和分布均匀性。

场地应选没有施过农药、未曾作过防腐处理材试验的场地。场地选定后应长期保留,同一批试样不应随意更换。

场地上绿色植物对试验无影响的可任其生长衰败,若过于茂密,可人工除去,不宜用化学除草剂。应有当地气象记录,按月记录该地平均气温、湿度、降雨量、日照等。

4.2 试样准备

所试验的木材应标明正确树种名称(中文名和拉丁文名)、产地和简要的立地条件说明。并说明是天然林,还是人工林。每一树种的试样应选自3株~5株的树干上,从胸高处往上的木段上截取,取其心材部分。对心边材不易分辨的,则取髓心外部的心材。

试样应从木段径切板上锯取,试样尺寸为:

a) 25 mm×50 mm×500 mm(如图1所示),试样断面呈矩形,年轮与长边平行;

b) 20 mm×20 mm×300 mm[锯取方法参照 a)]。

单位为毫米

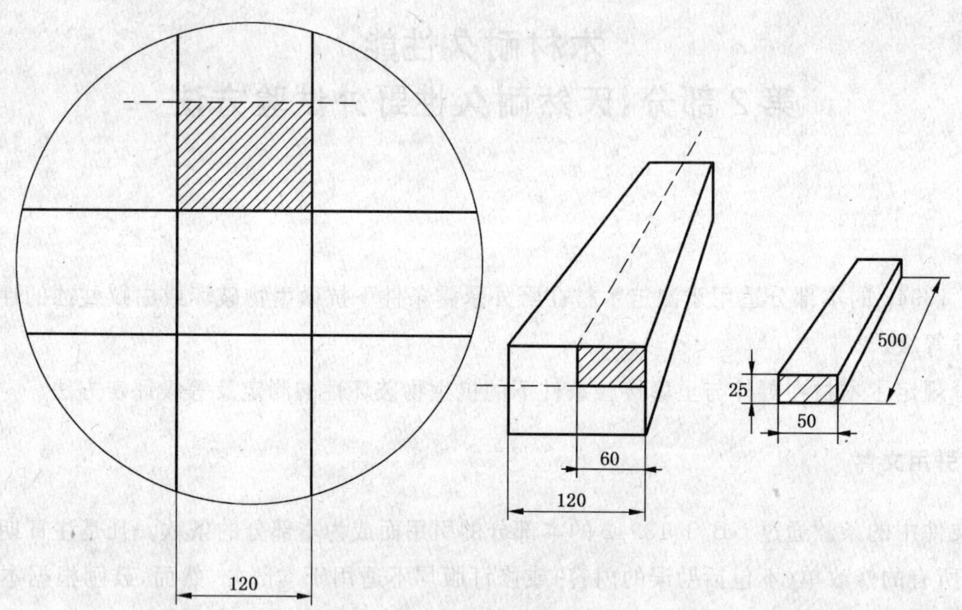

图 1 试样锯取方法

试样应健康无缺陷,同一树种试材的年轮宽窄适中,偏差不应超过 20%,密度也大致接近。每一树种试验的试样至少 20 根。

试样在试验前应达到气干程度,含水率应小于 20%,并逐一编号、称重。

每一批试验应有一种常见树种木材如马尾松、毛白杨或其他不耐久的树种作对比,以便各批试验之间作比较,并验明各批试验的可靠性,必要时可作为结果校正的参考。

5 试验方法

5.1 试样安插

试样准备完毕后,应在 6 个月内直插至试验场地上,在每根试样顶部的侧面钉以编号的金属牌或耐久塑料牌,并涂以透明漆,应使用不锈钢或耐腐蚀钉,以防腐蚀或老化。

试验树种多,可将场地分若干小区,每一小区内随机安插一定数量的各树种试样。若试验树种少,按拉丁方安插,间距为 15 cm～20 cm,行距为 30 cm～40 cm。

试样插入土壤深度按事先在试样上划出的地标线为准,深度为试样长度的三分之二,试样长度方向应与土壤面垂直,直插入后拍紧试样周围的土壤。编号的标牌都应统一方向。

试样安插后绘制出场地图和每根试样的位置,以便检查和记录。

5.2 试样检测

试样安插一年即可进行检测,在某些微生物或白蚁活跃场地,视试样受害情况也可缩短检测期。检测时依次将试样垂直向上缓缓从土壤中拔出,尽可能不扰动土壤层,减少对场地生物活动的干扰。如埋得过于结实不易拨起,可用工具帮助,但不能转动试样或扩大试样插孔。试样检测后,应安插在原来位置中,保持原来高度,拍紧试样周围的土壤。

拔出试样先用钝刮刀将表面粘着土壤或杂物刮去,再检测试样的败坏程度。试样每检测一次,按腐朽、蚁蛀或变色程度的分级标准分级,应分别记录。

试样拔出检测时,逐根给予分级,并记录在册,除已折断外,将检测后的试样插入原位置中。若发现试样丢失或不明原因的损坏,则应在原试样中扣除,不再统计在内。

每次检测至少两人，并保持其中一人不变，以减少检测时的误差。如果丢失的试样数量超过30%，则该组试样数据无效。

5.3 分级标准

5.3.1 木材耐腐朽的分级值

腐朽程度在肉眼观察下以试样已腐朽部分的平均深度为准，如试样拔起时折断，或用检测工具轻击，即可将试样折断，都以0级计算。木材耐腐朽分级值标准见表1。

表1 木材耐腐朽分级值标准

耐腐朽分级值	试材腐朽程度
10	材质完好，肉眼观察无腐朽症状
9.5	表面因微生物入侵变软或表面部分变色
9	截面有3%轻微腐朽
8	截面有3%～10%腐朽
7	截面有10%～30%腐朽
6	截面有30%～50%腐朽
4	截面有50%～75%腐朽
0	腐朽到损毁程度，能轻易折断

5.3.2 木材抗白蚁蛀蚀的分级值

蚁蛀状态和程度虽因白蚁种类而不同，为便于检测，按统一分级标准。

木材抗白蚁蛀蚀的分级值标准见表2。

表2 木材抗白蚁蛀蚀的分级值标准

抗蚁蛀分级值	试材蚁蛀状态和程度
10	完好
9.5	表面仅有1个～2个蚁路或蛀痕
9	截面有小于3%明显蛀蚀
8	截面有3%～10%蛀蚀
7	截面有10%～30%蛀蚀
6	截面有30%～50%蛀蚀
4	截面有50%～75%蛀蚀
0	试材蛀断

6 结果评定

6.1 完好指数计算

试样经逐根检测后，统计出每一树种的每个分级的根数，由此按式(1)分别计算出耐腐朽或抗白蚁完好指数。

$$I = \sum fy / \sum f \qquad \cdots\cdots(1)$$

式中：

I——完好指数，经 n 年后检测时试样平均完好指数；

f——每一级别中试样数；

y——腐朽或白蚁蛀蚀的分级值。

完好指数表示每次检后各试验树种试样完好程度。该指数可以了解各种树种木材的天然耐久性逐年变化情况和互相比较。

6.2 耐久性年限的确定和等级划分

试样经逐年检测一次或两次，检测时间应避免夏季。若某树种试样经几年后检测时，试样损毁(受损到0级)根数达到总根数60%，即完好指数约达1.6时，该树种试样的检测可终止，并以此年为该树种木材的天然耐久平均年限。若腐朽和蚁蛀完好指数不一致时，以较低的为准。

根据各树种木材的天然耐久平均年限的长短，评定它的耐久性等级。木材天然耐久性分为四级，见表3。

表3 木材天然耐久性的等级标准

级 别	天然耐久性等级	耐久年限(以我国亚热带地区为准)
1	强耐久	大于9
2	耐久	6～8
3	稍耐久	3～5
4	不耐久	小于2

报告时应注明所使用试验材料的实际尺寸。耐久年限以我国典型亚热带地区为准，其他地区如暖温带和热带的试验结果可作为参考，不作为国内天然耐久等级标准确定的依据。

ICS 13.310
A 90

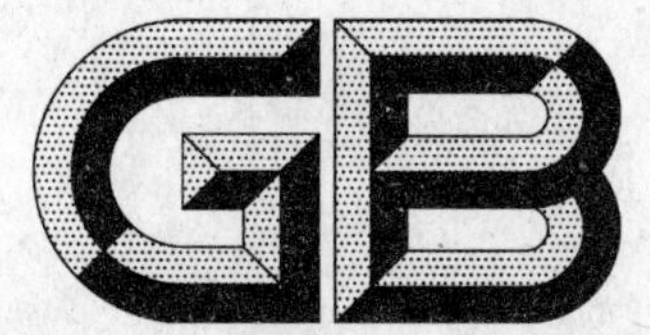

中华人民共和国国家标准

GB 13954—2009
代替 GB 13954—2004

警车、消防车、救护车、工程救险车标志灯具

Warning lamps for police cars, fire engines, ambulances and engineering rescue vehicles

2009-11-15 发布　　2010-05-01 实施

中华人民共和国国家质量监督检验检疫总局
中国国家标准化管理委员会　发布

前　言

本标准的第5章(5.1.2和5.3除外)、7.2、9.1.1为强制性的，其余为推荐性的。

本标准代替GB 13954—2004《特种车辆标志灯具》。

本标准与GB 13954—2004相比，主要变化如下：

——修改了标准名称为“警车、消防车、救护车、工程救险车标志灯具”(本版的标准名称)；

——删除了术语“特种车辆”(2004年版的3.1)，增加“警车”(本版的3.1)、“消防车”(本版的3.2)、“救护车”(本版的3.3)、“工程救险车”(本版的3.4)的术语和定义；

——修改了术语“特种车辆标志灯具”(2004年版的3.2)为“标志灯具”(本版的3.5)；

——修改了术语“主光源”的定义(2004年版的3.5，本版的3.8)、“辅光源”的定义(2004年版的3.6，本版的3.9)；

——修改了术语“灯罩”(2004年版的3.7)为“主光源灯罩”(本版的3.11)；

——增加了“照明光源”(本版的3.10)、“点亮时间”(本版的3.12)、“熄灭时间”(本版的3.13)、“闪光能”(本版的3.14)、“单体标志灯具”(本版的3.15)、“组合标志灯具”(本版的3.16)等术语和定义；

——修改了“标志灯具的命名”(2004年版的4.2，本版的4.2)；

——增加了标志灯具的组成(本版的5.2)、光源(本版的5.3)等要求；

——修改了电气性能，增加耐极性反接、待机电流和导线要求(2004年版的5.3，本版的5.5)；

——修改了色度性能中蓝色色品坐标范围(2004年版的5.4，本版的5.6)，对附录A中对应的蓝色色品区域进行了修改；

——修改了发光强度要求，并增加光强分布要求(2004年版的5.5，本版的5.7)；

——修改了发光频率为闪烁特性(2004年版的5.6，本版的5.8)；

——修改了工作噪声上限要求65 dB(A)为55 dB(A)(2004年版的5.7，本版的5.9)；

——修改了电源适应性中电压波动范围(2004年版的5.8，本版的5.10)；

——将耐环境适应性中的恒温恒湿试验、高温高电压试验合并为耐高温性能(2004年版的5.9，本版的5.13)；

——将耐环境适应性中的低温启动试验、低温低电压试验合并为耐低温性能(2004年版的5.9，本版的5.14)；

——修改了电气性能检查(2004版的6.4，本版的6.3)、色度性能测试(2004版的6.5，本版的6.4)、发光强度测试(2004版的6.6，本版的6.5)、闪烁特性测试(2004版的6.7，本版的6.6)、电源适应性测试(2004版的6.9，本版的6.8)、高温试验(2004版的6.10.1，本版的6.11)、低温试验(2004版的6.10.2，本版的6.12)等试验方法；

——修改了安装的有关规定(2004版的第7章，本版的第7章)，增加了安全要求(本版的7.2)；

——修改了检验规则(2004版的第8章，本版的第8章)，增加了确认检验的规定(本版的8.4)；

——修改了铭牌的表示内容(2004版的9.1.1，本版的9.1.1)。

本标准的附录A为规范性附录。

本标准由中华人民共和国公安部提出并归口。

本标准负责起草单位：公安部交通管理科学研究所。

本标准参加起草单位:星际控股集团有限公司。

本标准主要起草人:王军华、包勇强、胡新维、马静洁、陈时升、陆海峰。

本标准所代替标准的历次版本发布情况为:

——GB 13954—1992、GB 13954—2004。

警车、消防车、救护车、工程救险车 标志灯具

1 范围

本标准规定了警车、消防车、救护车、工程救险车标志灯具(以下简称标志灯具)的术语和定义、分类和命名、要求、试验方法、安装、检验规则、标志、合格证和包装等。

本标准适用于在警车、消防车、救护车、工程救险车等车辆上安装使用的标志灯具。

2 规范性引用文件

下列文件中的条款通过本标准的引用而成为本标准的条款。凡是注日期的引用文件,其随后所有的修改单(不包括勘误的内容)或修订版均不适用于本标准,然而,鼓励根据本标准达成协议的各方研究是否可使用这些文件的最新版本。凡是不注日期的引用文件,其最新版本适用于本标准。

GB/T 2423.1 电工电子产品环境试验 第2部分:试验方法 试验A:低温(GB/T 2423.1—2008,IEC 60068-2-1:2007,IDT)

GB/T 2423.2 电工电子产品环境试验 第2部分:试验方法 试验B:高温(GB/T 2423.2—2008,IEC 60068-2-2:2007,IDT)

GB/T 2423.10 电工电子产品环境试验 第2部分:试验方法 试验Fc:振动(正弦)(GB/T 2423.10—2008,IEC 60068-2-6:1995,IDT)

GB/T 2423.17 电工电子产品环境试验 第2部分:试验方法 试验Ka:盐雾(GB/T 2423.17—2008,IEC 60068-2-11:1981,IDT)

GB/T 2828.1 计数抽样检验程序 第1部分:按接收质量限(AQL)检索的逐批检验抽样计划(GB/T 2828.1—2003,ISO 2859-1:1999,IDT)

GB/T 3785 声级计的电、声性能及测试方法

GB/T 3979 物体色的测量方法

GB 4599—2007 汽车用灯丝灯泡前照灯

GB/T 6739 色漆和清漆 铅笔法测定漆膜硬度(GB/T 6739—2006,ISO 15184:1998,IDT)

GB/T 8417—2003 灯光信号颜色

GB 15766.1 道路机动车辆灯泡 尺寸、光电性能要求(GB 15766.1—2008,IEC 60809:2004;ECE R37:2006;ECE R99:2006,NEQ)

GB/T 16422.2 塑料实验室光源暴露试验方法 第2部分:氙弧灯(GB/T 16422.2—1999,idt ISO 4892-2:1994)

GB/T 19666 阻燃和耐火电线电缆通则

3 术语和定义

下列术语和定义适用于本标准。

3.1

警车 police cars

公安机关、国家安全机关、监狱、劳动教养管理机关和人民法院、人民检察院用于执行紧急职务的机动车。

3.2

消防车　fire engines

公安消防部队和其他消防部门用于灭火的专用机动车和现场指挥机动车。

3.3

救护车　ambulances

急救、医疗机构和疾病预防控制机构用于转运、抢救病人或处理紧急疫情和突发性公共卫生事件中用于现场医疗救援和辅助现场医疗救援的专用机动车。

3.4

工程救险车　engineering rescue vehicles

防汛、水利、电力、矿山、城市建设、交通、铁道等部门用于抢修公用设施、抢救人民生命财产的专用机动车和现场指挥机动车。

3.5

标志灯具　warning lamps

安装在警车、消防车、救护车、工程救险车上，为其提供警告、警戒、危险、紧急等标志信号的灯具。

3.6

基准轴　reference axis

通过主光源几何中心且平行于水平面，同时垂直于标志灯具正截面的直线。

3.7

对称轴　symmetry axis

通过光源中心对称点且平行于基准轴的直线。

3.8

主光源　primary optical warning device

安装在标志灯具中，发生警告、警戒、危险、紧急等信号的光源。

注：位置相邻并同步闪烁的独立主光源可作为同一主光源。

3.9

辅光源　secondary optical warning device

安装在标志灯具中，闪烁频率和发光强度均低于主光源的辅助性光源。

3.10

照明光源　illuminating light

安装在标志灯具中，用于照明的持续发光的光源。

3.11

主光源灯罩　lampshade of primary optical warning device

用透光材料制成的包覆主光源的外罩。

3.12

点亮时间　on time

t_0

标志灯具主光源基准轴上的发光强度大于 1/10 最大光强的时间段。对于采用脉冲组方式发出闪光的，为该组脉冲的第一个光脉冲开始至最后一个光脉冲结束的时间段。

3.13

熄灭时间　off time

标志灯具主光源基准轴上的发光强度不大于 2/100 最大光强的时间段。

3.14

闪光能 optical power

I_e

单位立体角内的总光能,单位为坎德拉秒(cd·s),数学表达式为:

$$I_e = \int_0^{t_0} I \mathrm{d}t$$

式中:

I——瞬时光强,单位为坎德拉(cd);

t_0——点亮时间,单位为秒(s)。

3.15

单体标志灯具 single warning lamps

仅有一个主光源的圆柱形或方形标志灯具。

3.16

组合标志灯具 complete warning lamps

由主光源和辅光源组合,或由主光源和照明光源组合,或由主光源、辅光源和照明光源组合的标志灯具。

4 分类和命名

4.1 分类

标志灯具按其用途的不同可分为警车用标志灯具、消防车用标志灯具、救护车用标志灯具和工程救险车用标志灯具。

4.2 命名

标志灯具的产品型号应按下述结构和要求命名:

5 要求

5.1 外观

5.1.1 基本要求

在未通电工作的情况下,应能根据标志灯具的灯罩或其他光学部件的颜色清楚识别其用途分类。

5.1.2 通用要求

标志灯具边角过渡应圆滑,表面不应有可能导致伤害的尖锐凸起或拐角。

标志灯具外壳或主光源灯罩表面应平滑、无开裂、无毛刺、无划痕、无明显变形及破损等缺陷,同一颜色应无明显色差,紧固部位应无松动,金属部件表面应无毛刺或锈蚀现象。

铭牌内容应清晰完整。

5.2 组成

标志灯具应包含主光源及其灯罩和控制开关,其中组合标志灯具主光源个数应不少于 2 个,对称布置,并保证前后方均有光源信号。

若标志灯具安装有辅光源或照明光源,主光源、辅光源和照明光源应由不同开关分别控制;若前、后方光源独立,应设置不同开关分别控制。

照明光源应采用无色透明灯罩，且不应安装在标志灯具的正前方和正后方。

5.3 光源

5.3.1 光源种类

标志灯具中的光源可采用气体放电灯、发光二极管(LED)和符合 GB 15766.1 规定的灯丝灯泡。

5.3.2 发光方式

标志灯具主光源的发光方式可采用旋转方式、频闪方式、脉冲方式、变频方式和多灯循环方式。

5.4 文字和标志符号

开关、按键上或其就近处均应用清晰、规范的文字或标志符号表明其功能和通/断状态，文字应使用中文，根据需要可以同时使用其他文字。在使用熔断器处应清晰地标出熔断器额定电流值。

以上要求标出的文字、标志符号应清晰、耐久。

5.5 电气性能

5.5.1 电源

标志灯具电源额定电压：DC12V、DC24V。

在额定电压下，标志灯具应能承受 1min 的极性反接试验，除熔断器外不应有其他电气故障。

若标志灯具采用软开关控制标志灯具的开启和关闭，标志灯具的待机电流应小于 5 mA。

5.5.2 导线

标志灯具所使用导线应符合 GB/T 19666 的要求。

5.5.3 布线

标志灯具内部导线应有保护，以保证这些导线不会接触到可能会引起导线绝缘损伤的部件。当导线需穿越金属孔时，金属孔应进行倒角，不应有锋利的边缘，应在金属孔上加装非金属衬套。导线应装有护线套，接线应布置整齐，使用线夹、电缆套、电缆卷或管道固定好，线束内的线路应编扎。

5.6 色度性能

警车用标志灯具的光色应为红色或红、蓝双色，消防车用标志灯具的光色应为红色，救护车用标志灯具的光色应为蓝色，工程救险车用标志灯具的光色应为黄色，光色应为 GB/T 8417—2003 规定的红色、蓝色和黄色，其色品坐标应在表 1 规定的范围内，颜色色品图见附录 A。

表 1 标志灯具光色色品坐标范围

光色	交叉点	色品坐标	
		x	y
红色	A	0.660	0.320
	B	0.680	0.320
	C′	0.710	0.290
	D′	0.690	0.290
蓝色	Q	0.109	0.087
	R′	0.204	0.196
	S′	0.233	0.167
	T	0.149	0.025
黄色	E	0.536	0.444
	F	0.547	0.452
	G	0.613	0.387
	H	0.593	0.387

5.7　**发光强度**

标志灯具的发光强度等级分为一级和二级；根据主光源的不同，标志灯具发光强度分别用闪光能和峰值光强表示。主光源采用气体放电灯的标志灯具，单个主光源在额定电压下单次闪烁的闪光能应符合表2要求；主光源采用发光二极管或灯丝灯泡的标志灯具，单个主光源在额定电压下旋转或闪烁时的峰值光强应符合表3要求。

表2　主光源闪光能分布的最低限值

<table>
<tr><th rowspan="2">基准轴左右</th><th rowspan="2">基准轴上下</th><th colspan="3">一级/
(cd·s)</th><th colspan="3">二级/
(cd·s)</th></tr>
<tr><th>黄色</th><th>红色</th><th>蓝色</th><th>黄色</th><th>红色</th><th>蓝色</th></tr>
<tr><td rowspan="2">0°</td><td>0°</td><td>100</td><td>50</td><td>50</td><td>50</td><td>25</td><td>25</td></tr>
<tr><td>±5°</td><td>50</td><td>25</td><td>25</td><td>25</td><td>12</td><td>12</td></tr>
<tr><td>±10°</td><td>0°</td><td>25</td><td>12</td><td>12</td><td>12</td><td>6</td><td>6</td></tr>
<tr><td>±20°</td><td>0°</td><td>10</td><td>5</td><td>5</td><td>5</td><td>2</td><td>2</td></tr>
</table>

表3　主光源峰值光强分布的最低限值

<table>
<tr><th rowspan="2">基准轴左右</th><th rowspan="2">基准轴上下</th><th colspan="3">一级/
cd</th><th colspan="3">二级/
cd</th></tr>
<tr><th>黄色</th><th>红色</th><th>蓝色</th><th>黄色</th><th>红色</th><th>蓝色</th></tr>
<tr><td rowspan="2">0°</td><td>0°</td><td>600</td><td>500</td><td>300</td><td>300</td><td>200</td><td>100</td></tr>
<tr><td>±5°</td><td>300</td><td>250</td><td>150</td><td>150</td><td>100</td><td>50</td></tr>
<tr><td>±10°</td><td>0°</td><td>150</td><td>125</td><td>75</td><td>75</td><td>50</td><td>25</td></tr>
<tr><td>±20°</td><td>0°</td><td>60</td><td>50</td><td>30</td><td>30</td><td>20</td><td>10</td></tr>
</table>

5.8　**闪烁特性**

5.8.1　**发光频率 f**

标志灯具每个主光源的发光频率 f 应在1 Hz～3 Hz之间。

5.8.2　**点亮时间 t_0**

标志灯具主光源每次闪烁的点亮时间 t_0 应小于0.4/f(s)。

5.8.3　**熄灭时间**

标志灯具主光源两次闪烁之间的熄灭时间应大于160 ms。

5.8.4　**脉冲间隔**

标志灯具主光源采用脉冲组方式发光的，脉冲组内的脉冲间隔应小于100 ms。

5.9　**工作噪声**

标志灯具在额定电压下满负荷工作时的噪声应小于55 dB(A)。

5.10　**电源适应性**

对于额定电压为DC12 V的标志灯具，在以DC9.0 V～DC16 V供电时，标志灯具应能正常工作，发光频率应在5.8.1规定的范围内；以DC9.0 V供电时，标志灯具每个主光源基准轴上的发光强度应不低于5.7规定值的90%。

对于额定电压为DC24 V的标志灯具，在以DC18 V～DC32 V供电时，标志灯具应能正常工作，发光频率应在5.8.1规定的范围内；以DC18 V供电时，标志灯具每个主光源基准轴上的发光强度应不低于5.7规定值的90%。

5.11　**防尘性能**

在粉尘环境中，标志灯具灯壳内应无明显积尘，发光频率应符合5.8.1的规定，主光源基准轴上的发光强度应不低于5.7规定值的80%。

5.12 防水性能

在雨淋环境中，标志灯具应能正常工作，在额定电压下的发光频率应在5.8.1规定的范围内。

5.13 耐高温性能

雨淋试验后的标志灯具在高温高电压环境中，应能正常工作，应无电气故障，发光频率应在5.8.1规定的范围内，壳体不应出现软化、变形、裂纹。

5.14 耐低温性能

低温环境中，标志灯具应能正常启动，启动5 min后发光频率应在5.8.1规定的范围内，应无电气故障，壳体不应出现变形、裂纹。

5.15 耐盐雾腐蚀性能

标志灯具经受盐雾腐蚀试验后，应能正常工作，额定电压下的发光频率应在5.8.1规定的范围内，所有光源的反光镜应无失光、起雾、锈蚀现象，金属件应无被腐蚀现象，壳体不应出现变形、裂纹。

5.16 耐碰撞性能

标志灯具经受碰撞试验后，不应有不可恢复的结构变形、机械损伤、紧固部件松动；不应有电气故障，线路、电路板、接插件不应有脱落、松动。试验中及试验后，标志灯具功能应正常；试验后，发光频率应在5.8.1规定的范围内。

5.17 耐振动性能

标志灯具经受振动试验后，不应有不可恢复性的结构变形、机械损伤、紧固部件松动；不应有电气故障，线路、电路板、接插件不应有脱落、松动。试验中及试验后，标志灯具功能应正常；试验后，发光频率应在5.8.1规定的范围内。

5.18 连续工作可靠性

标志灯具连续工作200 h后，不应出现任何故障，发光频率应在5.8.1规定的范围内。

5.19 机械强度

标志灯具非金属外表面在经受钢球冲击试验后，不应有裂纹、裂缝、开裂缺损等缺陷。

5.20 表面硬度

主光源灯罩表面硬度应不小于2 H。

5.21 耐人工加速老化性能

主光源灯罩经受人工加速老化试验后，应无明显的裂纹、凹陷、气泡、侵蚀或变形；各光色的色品坐标仍应符合表1的规定；试验后的样品透过率不应小于试验前的90%，透过率测试波长见表4。

表4 透过率测试光主峰波长

单位为纳米

灯罩的颜色	红色	蓝色	黄色
测试光主峰波长	700	470	580

6 试验方法

6.1 目视检查

目视检查标志灯具的外观、组成和光源。

6.2 文字、标志符号检查

按以下要求检查标志灯具上的文字、标志符号：

a) 目视检查标志灯具的标志及产品检验合格证；

b) 目视检查标志灯具开关、熔断器等有文字、标志符号的地方；

c) 分别用蘸有90#汽油、0#柴油、SAE(美国汽车工程师协会)15 W润滑油的棉布连续擦拭标志灯具文字、标志符号1 min。

6.3 电气性能检查

6.3.1 电源

对标志灯具的电源线施加与额定电源电压等值但极性相反的试验电压，持续 1 min。去除试验电压后检查标志灯具。

若标志灯具采用软开关控制标志灯具的开启和关闭，以额定电压为标志灯具供电，在供电电路中串接精度不低于 1 mA 的电流表，关闭标志灯具软开关，记录电流表示值。

6.3.2 导线

目测检查标志灯具所用导线，必要时按 GB/T 19666 的要求进行试验。

6.3.3 布线

目测检查标志灯具的布线情况。

6.4 色度性能测试

若标志灯具主光源的光色是光源本色，在额定电压下连续点亮标志灯具，待发光稳定后按 GB/T 8417—2003 中第 5 章规定的测试方法测试标志灯具光色的色品坐标。

若标志灯具的主光源的光色是由灯罩滤光产生，则按 GB/T 3979 中规定的方法测试主光源灯罩在与主光源色温相近的 CIE 照明体照射下的透射物体色的色品坐标。

6.5 发光强度测试

6.5.1 测试环境、设备

测试暗室应符合 GB 4599—2007 中 6.1 的规定。

测试设备应符合以下要求：

a) 配光性能测试距离应大于 7.5 m，并应符合照度与距离平方成反比定律；

b) 测量仪器的受光面直径对试样的基准中心的张角介于 10′～1°之间，光接受器应符合一级光照度计要求，测量仪器响应时间应能满足光脉冲测试要求；

c) 测量仪器应能按时间变化对发光强度进行积分，积分周期应不小于 1 min。

6.5.2 闪光能测试

额定电压下点亮标志灯具，待发光趋于稳定后，测量表 2 中规定各方向上的闪光能，每次测量应包含 10 个闪烁。测量时，实际测量位置与规定位置的偏差不超过±15′。对于水平 360°范围发光的单个主光源，基准轴方向应选择水平 360°范围内发光强度最小值的方向。

6.5.3 峰值光强测试

对于主光源采用发光二极管(LED)的标志灯具，应在额定电压下点亮 30 min，测量标志灯具主光源基准轴上的峰值光照度；对于主光源采用灯丝灯泡的标志灯具，测试前应更换相应类型的标准灯泡，在标准灯泡额定光通量下测量标志灯具主光源基准轴上的峰值光照度。测量时，实际测量位置与规定位置的偏差不超过±15′。对于水平 360°范围发光的单个主光源，基准轴方向应选择水平 360°范围内发光强度最小值的方向。

根据得到的峰值光照度按下式计算主光源基准轴上的峰值光强：

$$E = I/R^2$$

式中：

E——峰值光照度，单位为勒克斯(lx)；

I——峰值光强，单位为坎德拉(cd)；

R——测试距离，单位为米(m)。

6.6 闪烁特性测试

6.6.1 测试设备

光学探头的响应时间应不大于 1 μs。示波器带宽应不小于 100 MHz、5 mV/div，100 MHz、5 mV/div 以上的刻度全部达到全带宽。

6.6.2 测试方法

标志灯具在额定电压下点亮，待发光稳定后，用光学探头将标志灯具每个主光源的光信号转化为电信号输入示波器，记录闪光方式、发光频率、点亮时间、熄灭时间、脉冲间隔。

6.7 工作噪声测试

6.7.1 测试声学环境

测试声学环境背景噪声应小于 30 dB(A)。

6.7.2 测试设备

声级计应符合 GB/T 3785 的要求，精度等级应等于或优于Ⅰ级。

6.7.3 测试方法

将标志灯具按正常工作位置安放，以额定电压供电满负荷工作。

对于单体标志灯具，在主光源基准轴上距离光源中心 2 m 处测量最大声压级；对于组合标志灯具，在通过灯具几何中心且平行于基准轴的直线上、距离灯具几何中心 2 m 处测量最大声压级。测量用声级计先设置在标志灯具的正前方进行测试，然后设置在正后方进行测试，结果取 2 次测试结果中的较大值。

6.8 电源适应性测试

对于额定电压为 DC12 V 的标志灯具，对其施加 DC9 V、DC16 V 的工作电压，检查标志灯具能否正常工作，并测试 DC9 V 时主光源基准轴上的发光强度、发光频率及 DC16 V 时主光源的发光频率。

对于额定电压为 DC24 V 的标志灯具，对其施加 DC18 V、DC32 V 的工作电压，检查标志灯具能否正常工作，并测试 DC18 V 时主光源基准轴上的发光强度、发光频率及 DC36 V 时主光源的发光频率。

6.9 粉尘试验

将处于正常工作状态的标志灯具以正常工作位置安放在粉尘试验箱内。试验用粉尘为滑石粉，粉尘量为 2 kg/m^3。在 2 h 内每隔 15 min 扬尘 10s。试验后，擦净灯具外部的粉尘并测试主光源的发光强度。

6.10 雨淋试验

将工作状态的标志灯具以正常工作位置安放在雨淋试验台上。喷水管摆动角度±60°，试验台转速 17 转/min，喷水量 24.5 L/min±0.5 L/min，试验时间 2 h。试验中及试验后，检查并记录标志灯具的工作状况。

6.11 高温试验

6.11.1 试验设备

高温试验箱应符合 GB/T 2423.2 的要求。

6.11.2 试验方法

雨淋试验后，立即将标志灯具放入高温试验箱，以额定电压的 1.1 倍给标志灯具供电，使标志灯具处于满负荷工作状态。试验温度为 75 ℃±2 ℃，试验时间 4 h。试验中及试验后，检查并记录标志灯具的状况；试验后，测试主光源的发光频率。

6.12 低温试验

6.12.1 试验设备

低温试验箱应符合 GB/T 2423.1 的要求。

6.12.2 试验方法

将连接好电源的标志灯具以非工作状态放置在低温试验箱内，试验温度为－40 ℃±3 ℃，放置 4 h 后，以额定电压启动标志灯具，5 min 后测试主光源发光频率，并继续放置 2 h。试验中及试验后，检查并记录标志灯具的状况。

6.13 盐雾试验

6.13.1 试验设备

盐雾试验箱应符合 GB/T 2423.17 的要求。

6.13.2 试验方法

将非工作状态的标志灯具以正常工作位置放置在盐雾试验箱内，试验温度为 35 ℃±2 ℃，盐雾溶液质量百分比浓度为 5%±0.1%，盐雾沉降率为 1.0 mL/(h·80 cm^2)～ 2.0 mL/(h·80 cm^2)，在 96 h 内每隔 45 min 喷雾 15 min。试验后，标志灯具在室温下放置 1 h，然后用流水清洗掉试样表面的沉积物。

试验后，目视检查灯具反光镜、金属部件，通电检查其工作状态。

6.14 碰撞试验

将处于工作状态的标志灯具按正常工作位置紧固安装在碰撞试验台上，以峰值加速度 98 m/s^2、脉冲持续时间 16 ms 的半正弦波脉冲在垂直方向对标志灯具连续碰撞 1 000 次。试验中及试验后，检查并记录标志灯具的状况。

6.15 振动试验

6.15.1 试验设备

振动试验台应符合 GB/T 2423.10 的要求。

6.15.2 试验方法

将标志灯具以正常工作状态固定在振动试验台上，对其进行前后、左右方向的振动。振动频率 10 Hz～35 Hz、振幅 0.75 mm、1 倍频程，循环 20 周期。试验中及试验后，检查并记录标志灯具的状况。

6.16 连续工作可靠性试验

标志灯具放置在 35 ℃±2 ℃环境中，以额定工作电压供电，每 1 h 为一个循环，每个循环通电满负荷工作 50 min，断电 10 min，共计 200 个循环。试验后，检查并记录标志灯具的状况。

6.17 机械强度试验

标志灯具在额定电压下连续工作 30 min，用 500 g 的钢球从 1 300 mm 的高度自由跌落到标志灯具非金属表面，共试验 3 次，相邻跌落点的距离不应小于 100 mm。当标志灯具非金属表面的面积不够进行 3 次跌落试验时，只进行 1 次跌落试验即可。

6.18 表面硬度测试

按照 GB/T 6739 规定的方法测试标志灯具主光源灯罩表面硬度。

6.19 人工气候加速老化试验

在标志灯具主光源灯罩的连续平面上应截取不小于 80 mm×150 mm 的样片进行试验。试验装置应满足 GB/T 16422.2 的要求，辐射强度为 550 W/m^2±50 W/m^2，辐射强度偏差不大于±10%，光谱波长为 300 nm～800 nm，黑板温度为 63 ℃±3 ℃，相对湿度为 70%±5%，喷水周期为 18 min/102 min（喷水时间/不喷水时间）。试验时间 600 h，若试样所受累计辐射能量小于(0.54×10^6)kJ/m^2，应延长试验时间，以保证试样所受累计辐射能量值。

7 安装

7.1 安装原则

标志灯具在车辆上的安装应遵循以下原则：

——应使用连接件、紧固件将标志灯具可靠连接、固定；

——当标志灯具的线路需穿越车辆上的金属孔时，应在金属孔上加装非金属衬套；

——摩托车上安装的标志灯具应根据摩托车的结构进行配置。

7.2 安全要求

7.2.1 标志灯具的安装不应影响车辆的结构强度、电气安全性能。

7.2.2 标志灯具电源线路正极的熔断器应设置在车辆电瓶正极一端，与电瓶连接端的距离应小于200 mm。

7.2.3 小型汽车上安装的标志灯具只允许安装在汽车顶部，灯体顶部平面与车辆顶部平面的距离应小于370 mm，长度应小于车辆宽度；大型汽车上围绕车辆顶部安装的标志灯具，标志灯具任何边缘与车辆自身的信号和照明灯具的近边缘距离应不小于80 cm，并按颜色对称安装。

8 检验规则

8.1 检验分类

标志灯具的检验分为型式检验、出厂检验和确认检验。

8.2 型式检验

8.2.1 检验条件

标志灯具的型式检验在以下几种情况下进行：

——产品新设计试生产；

——转产或转厂；

——停产后复产；

——结构、材料或工艺有重大改变；

——行业主管部门或国家有关质量监督机构提出要求等。

8.2.2 检验要求

进行型式检验需由申请产品型式检验者提供：

——使用说明书，说明书中应给出详细的操作、安装、维护和维修说明，接线图或电气原理图，还应给出会影响使用者人身安全的有关提示信息以及产品适合安装的车辆类型；

——试验用标志灯具3台以及其他试验用标志灯具部件。

8.2.3 检验项目、方法及判定

按表5规定的试验项目和方法进行型式检验，如果有一项试验结果不符合第5章的要求，则判定该型号标志灯具型式检验不合格。

表5 检验项目、方法和样品分配表

试验顺序	项 目	试验方法	型式检验			出厂检验	确认检验
			1#	2#	3#		
1	外观、组成、光源检查	6.1	√	√	√	√	
2	文字和标志符号检查	6.2	√	√	√		
3	电气性能检查	6.3	√	√	√	√	√
4	连续工作可靠性试验	6.16	√				
5	发光强度测试	6.5		√			√
6	闪烁特性测试	6.6		√	√	√	√
7	电源适应性检查	6.8		√			
8	色度测试	6.4		√			
9	工作噪声测试	6.7		√			
10	粉尘试验	6.9			√		
11	雨淋试验	6.10			√		√
12	高温试验	6.11			√		√

表 5（续）

试验顺序	项　目	试验方法	型式检验			出厂检验	确认检验
			1#	2#	3#		
13	低温试验	6.12			√		√
14	盐雾试验	6.13			√		
15	碰撞试验	6.14			√		
16	振动试验	6.15			√		√
17	机械强度试验	6.17	√				√
18	表面硬度测试	6.18	√				√
19	人工气候加速老化试验	6.19	√				√

注 1：表中 1#、2#、3# 表示样品编号。

注 2：表中“√”表示应进行此项试验，空格表示不要求进行此项试验。

8.3　出厂检验

产品出厂前，应对标志灯具进行出厂检验。出厂检验由生产企业的质检部门依据本标准进行。当生产企业能力不具备时，可以委托具备能力的第三方检验机构进行。

出厂检验应对每件产品进行，检验项目应包括表 5 规定的出厂检验项目。

8.4　确认检验

确认检验是验证批量产品符合性的抽样检验。抽样检验按 GB/T 2828.1 规定进行。

标志灯具正常生产后，每两年应进行确认检验。确认检验的项目应包括表 5 规定的确认检验项目，其中耐人工加速老化性能每四年进行一次。确认检验由经行业主管部门认可的第三方检验机构进行。

确认检验出现一项不合格，则应加倍抽取样品进行复验，必要时进行全性能检验。

9　标志、合格证和包装

9.1　标志

9.1.1　铭牌

标志灯具应有铭牌，铭牌应符合如下要求：

——铭牌应牢固安装在灯具外表面的醒目位置；

——铭牌上应标出产品的型号规格、电源额定电压范围、主光源类型、发光强度等级等主要参数；

——铭牌上应标出制造商名称、注册商标或制造商标识、产品中文名称、执行标准编号、生产日期等内容。

9.1.2　外包装标志

标志灯具的外包装应有如下内容：

——产品中文名称、型号规格、额定电压、主光源类型、发光强度等级等；

——制造商名称、详细地址、产品产地、商标；

——产品编号或批次号；

——产品所执行的标准编号及名称。

9.2　检验合格证

每台出厂的标志灯具应有产品检验合格证，检验合格证应有如下内容：

——产品名称、型号；

——制造商名称或商标；

——检验结论、检验日期；

——检验员标识。

9.3 包装

包装箱应符合防潮、防尘、防震的要求。

每个包装箱内应有使用说明书、保修卡、产品检验合格证及其他附件。

附 录 A
（规范性附录）
标志灯具灯光颜色色品图

标志灯具灯光颜色色品图见图 A.1。图 A.1 是在 CIE 1931 色度图上画出的红色、黄色、蓝色光信号颜色的色度区域。

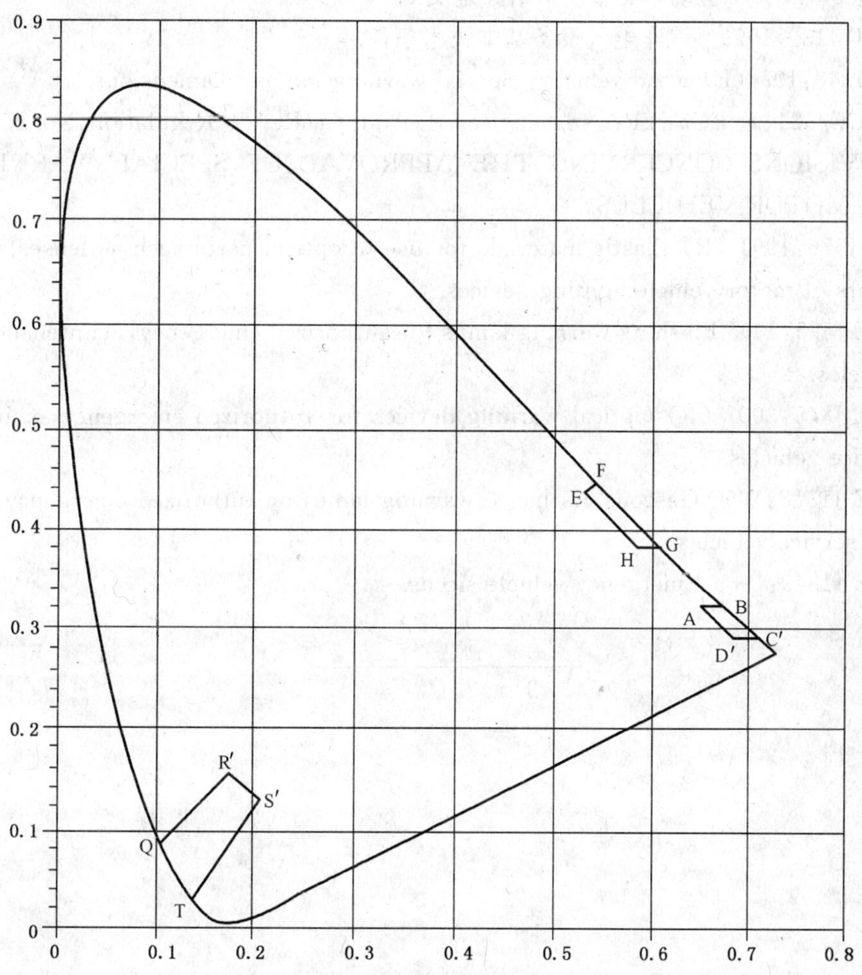

图 A.1 标志灯具灯光颜色色品图

参 考 文 献

[1] 中华人民共和国道路交通安全法.

[2] 中华人民共和国道路交通安全法实施条例.

[3] 公安部关于特种车辆安装使用警报器和标志灯具范围的通知(公通字[1994]15 号).

[4] 警车管理规定(公安部令第 89 号).

[5] GA 802—2008 机动车类型 术语和定义.

[6] QC/T 413—1999 汽车电气设备基本技术条件.

[7] ISO 4148:1998(E) Road vehicle—Special warning lamps—Dimensions.

[8] E/ECE/324、E/ECE/TRANS/505 Rev. 1/Add. 64/Rev. 1 Regulation No. 65《UNIFORM PROVISIONS CONCERNING THE APPROVAL OF SPECIAL WARNING LAMPS FOR MOTOR VEHICLES》.

[9] SAE J576:1991 (R) Plastic materials for use in optical parts such as lenses and reflex reflectors of motor vehicle lighting devices.

[10] SAE J595:2005 Flashing warning lamps for authorized emergency, maintenance and service vehicles.

[11] SAE J845:2007 (R) Optical warning devices for authorized emergency, maintenance, and service vehicles.

[12] SAE J1318:1998 Gaseous discharge warning lamp for authorized emergency, maintenance and service vehicles.

[13] SAE J1849:1989 Emergency vehicle sirens.

ICS 25.140.20
K 64

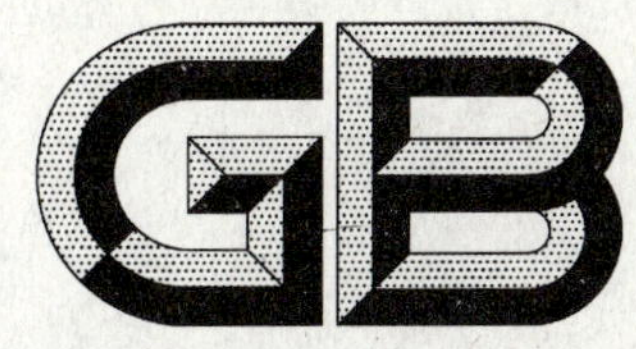

中华人民共和国国家标准

GB 13960.4—2009
代替 GB 13960.4—1996

可移式电动工具的安全
第二部分：平刨和厚度刨的专用要求

Safety of transportable motor-operated electric tools—
Part 2: Particular requirements for planers and thicknessers

2009-04-21 发布　　　　2010-03-01 实施

中华人民共和国国家质量监督检验检疫总局
中国国家标准化管理委员会　发布

前　言

本部分的全部技术内容为强制性的。

本部分属 GB 13960《可移式电动工具的安全》系列标准中的第二部分。GB 13960 系列标准由以下部分组成：

GB 13960.1《可移式电动工具的安全　第一部分：一般要求》

GB 13960.2《可移式电动工具的安全　第二部分：圆锯的专用要求》

GB 13960.3《可移式电动工具的安全　第二部分：摇臂锯的专用要求》

GB 13960.4《可移式电动工具的安全　第二部分：平刨和厚度刨的专用要求》

GB 13960.5《可移式电动工具的安全　第二部分：台式砂轮机的专用要求》

GB 13960.6《可移式电动工具的安全　第二部分：带锯的专用要求》

GB 13960.7《可移式电动工具的安全　第二部分：带水源金刚石钻的专用要求》

GB 13960.8《可移式电动工具的安全　第二部分：带水源金刚石锯的专用要求》

GB 13960.9《可移式电动工具的安全　第二部分：斜切割机的专用要求》

GB 13960.10《可移式电动工具的安全　第二部分：单轴立式木铣的专用要求》

GB 13960.11《可移式电动工具的安全　第二部分：型材切割机的专用要求》

GB 13960.12《可移式电动工具的安全　第二部分：高压清洗机的专用要求》

GB 13960.13《可移式电动工具的安全　第二部分：斜切割台式组合锯的专用要求》

本部分自实施之日起代替 GB 13960.4—1996，并与 GB 13960.1 第二版　起使用。

本部分对 GB 13960.4—1996 的主要技术修改有：

1）　本部分由于第一部分修订而引起的章条结构变化；

2）　原 7.6 并入 8.1；

3）　原 7.13 内容改为 8.12.101；

4）　8.12.2a）增加：“101）装有木屑收集和排出罩的厚度刨应与尘屑收集装置相联接。”

5）　8.12.2c）增加；“101）对厚度刨应经常定期检查防反冲装置和进给轴的有效性以确保安全操作”。

6）　原 18.1 改为 18.8.2；18.3 的内容改为：

“19.101 工具应具有足够的稳定性。

沿着工件进给方向，对工作台的前缘施加 300 N 的推力，在此条件下工具不应倾覆，在 100 N 推力下工具不应移动。

通过观察来检验。”

7）　第 21 章增加“21.17 增加：

用直径（100 ±1）mm 球体垂直施加在安装开关的工具表面，应不可能起动工具。

8）　21.18.2 第二段改换为：“电压在断电恢复后，工具不应自动起动。”

9）　第 23 章，增加对 23.1.11 的修改：“本条文不适用。”

10）　第 28 章，增加对 28.2.1 的修改：“本条文不适用。”

11）　第 29 章，增加对 29.2 的修改：“第二段最后二个破折号的条文不适用。最后一段不适用。”

本部分中写明“适用”的，表示 GB 13960.1 中的相应条文适用；本部分中写明“改换”的，则应以本部分中的条文为准；本部分写明“修改”的，表示 GB 13960.1 相应条文中的相关内容应以本部分修改后的内容为准，而该条文中其他内容仍适用；本部分写明“增加”的，表示除了符合 GB 13960.1 的相应条文外，还应符合本部分中所增加的条文。

本部分由中国电器工业协会提出。

本部分由全国电动工具标准化技术委员会(SAC/TC 68)归口并负责解释。

本部分负责起草单位：上海电动工具研究所。

本部分主要起草人：刘江、李邦协。

本部分所代替标准的历次版本发布情况为：

——GB 13960.4—1996。

可移式电动工具的安全
第二部分:平刨和厚度刨的专用要求

1 范围

除以下条文外,GB 13960.1 的这一章适用。

第一段增加:

本标准适用于最大刨削宽度为 260 mm 的可移式平刨和厚度刨。

2 规范性引用文件

GB 13960.1 的这一章适用。

3 术语和定义

除以下条文外,GB 13960.1 的这一章适用。

3.101

平刨 planer

用横卧旋转的刀轴来刨削木材表面的工具。该刀轴设置在起定位和支承工件作用的两个支架间(工件的下表面被刨削)。

3.102

厚度刨 thicknesser

用横卧旋转的刀轴来刨削木材表面至一设定厚度的工具。刨刀与放置工件的工作台面之间的距离是可调的(工件的上表面被刨削)。

3.103

平刨兼厚度刨 planer thicknesser

兼有平刨和厚度刨功能的工具。

3.104

刀轴 cutter block

由鼓轮、刨刀、刨刀固定装置和转轴组成的旋转部件。

4 一般要求

GB 13960.1 的这一章适用。

5 试验的一般注意事项

GB 13960.1 的这一章适用。

6 空章

7 分类

GB 13960.1 的这一章适用。

8 标志和说明书

除以下条文外，GB 13960.1 的这一章适用。

8.1 增加：

——刀轴的最大空载转速，r/min；

——刨削宽度，mm。

——刀轴的旋转方向应用凸起或凹陷的箭头，或者用在清晰程度和耐久程度上至少与之相当的其他方法标明在工具上。

8.12.101 平刨和厚度刨的安全说明

必须给出以下附加安全说明，应按规定顺序逐字写出，如用其他语言书写，应与中文的含义相同。

——护罩如未相应就位和正确调整，切勿使用工具；

——不得使用钝的刨刀，因为这样增加了反冲的危险。

对平刨还需给出如下说明：

——刀轴的未用来刨削的部分都应罩起来；

——刨削短工件时，建议使用一根推棒；

——刨削窄工件时，可能需要采取附加措施来保证安全操作。例如，使用水平压力装置和装上弹簧的护罩。

——刨削工具不宜用来切出企口、凹槽、榫头或花边。

注：该条文仅适用于不符合 19.1.101.10 的工具。

通过观察来检验。

8.12.2a） 增加：

101） 装有木屑收集和排出罩的厚度刨应与尘屑收集装置相联接。

8.12.2c） 增加：

101） 对厚度刨应经常定期检查防反冲装置和进给轴的有效性以确保安全操作。

9 电击保护

GB 13960.1 的这一章适用。

10 起动

GB 13960.1 的这一章适用。

11 输入功率和电流

GB 13960.1 的这一章适用。

12 发热

GB 13960.1 的这一章适用。

13 空章

14 防潮性

GB 13960.1 的这一章适用。

15 空章

16 变压器及其相关电路的过载保护

GB 13960.1 的这一章适用。

17 耐久性

GB 13960.1 的这一章适用。

18 不正常操作

除以下条文外,GB 13960.1 的这一章适用。

18.8.2 增加:

注 101:认为本部分涉及的所有工具其运动部件是容易卡住的。

19 机械危险

除以下条文外,GB 13960.1 的这一章适用。

19.1 增加:

刨刀应无需拆下罩在刀轴上的防护罩,即可更换。

注 101:防护罩始终保持附在工具上,但它是可活动的,以便能更换刨刀。

19.1.101 本部分涉及的所有工具

19.1.101.1 刀轴应具有圆形的截面。

19.1.101.2 刨刀的刨削面应伸出刀轴表面,但不超过 1.1 mm(见图 101 中的"a")。

19.1.101.3 刀轴上,除了刨刀及其紧固件所需凹槽外,不应有其他凹槽。

19.1.101.4 刨刀应该以这种方式安装到刀轴上,即不是仅仅依靠摩擦力来防止刨刀飞出。

当刨刀安装到钢制的刀轴上时,夹紧螺钉应至少旋合 5 个完整的螺纹。

如果刀轴用钢以外的材料制成,则夹紧装置的强度应具有与钢制刀轴夹紧螺钉提供的相同。

19.1.101.5 刨刀、刀轴和支架应设计和制造成:经过正常保养之后,可以经受住在正常操作中预计会产生的应力。

19.1.101.6 用以开榫槽的刨刀伸出主轴边缘应不超过 5 mm。

这种刨刀的厚度应不小于 3 mm。

注:对碳钨合金刨刀而言,这一要求适用于包住刀片的刀体。

19.1.101.7 刨削工具应有预防措施,以防止因排屑而使操作者受到伤害或妨碍其看清工件。

用来收集尘屑的装置可满足此要求。

19.1.101.8 刨削工具上两部分工作台的总长度应至少是作业宽度的 3.5 倍。

刨削宽度在 16 mm 及以下的刨削工具,其两部分工作台的总长度最小可减至作业宽度的 3 倍。

19.1.101.9 进料工作台的最小长度应为作业宽度的 1.5 倍。

19.1.101.10 开榫槽用的工具应具有适当的防护措施。

注:适当的防护措施正在考虑中。

通过观察和测量检验是否符合 19.1.101.1 至 19.1.101.10。

19.1.102 平刨

19.1.102.1 刨削深度从零到最大的可调范围内,刀刃的旋转圆与可调工作台的唇部之间的距离"b"(见图 101)均不应超过 5 mm。

固定工作台的唇部与刀轴之间的距离"c"不应超过 5 mm。

19.1.102.2　为降低发出的噪声而在平刨工作台的唇部处所设的凹口宽度不得超过 6 mm。

起同样作用的孔径应不超过 8 mm。

19.1.102.3　进料工作台的唇部强度应足以防止由于它变形或损坏而引起的危险。

通过下述试验检验：

用一弹簧驱动的冲击试验器(能量 1.0 J,质量为 250 g)在唇部上作冲击。对唇部每个可能薄弱的部位施加 3 次冲击。在试验之后,唇部应保持完好,没有不利于工具正常运行的看得到的裂纹或有害变形。

19.1.102.4　平刨应装有平行导向装置。

19.1.102.5　平刨应有防护罩,在平行导向装置的进料和出料处均遮住刀轴。

平行导向装置后面的刀轴罩盖应固定在平行导向装置上,以便在移动平行导向装置时自动地遮住刀轴。

该防护罩应符合下列要求：

19.1.102.5.1　作业时非使用部分(在导向装置后面)

应用一个处在导向装置后面的护罩来防止触及刨刀,无论导向装置处于什么位置上,护罩的大小要足以盖住主轴部分。

如果导向装置是可调节位置的(横向调节或斜向调节),则护罩应随导向装置一起位移。

19.1.102.5.2　作业时使用的部分(在导向装置前面)

应用一个与机架刚性地固定在一起的装置,来防止触及刨刀作业时的有效部分,该装置只允许(在指定作业期间)主轴的使用部分不被罩住。该装置的结构：

——对刨削宽度不大于 100 mm 的平刨,应为桥式护罩或自动闭合式护罩,

——对刨削宽度大于 100 mm 的平刨,应为桥式护罩。

19.1.102.5.2.1　桥式护罩(见图 102)

a)　在不进行刨削时(静止状态),桥式护罩应能放平到工具的至少一个工作台上。

b)　用来罩住刨刀的那一部分护罩长度应至少等于作业宽度。

c)　护罩的最小宽度应等于最大槽宽加 20 mm。

d)　在静止状态,护罩应罩住槽并延伸到两边的台面,在槽宽为最大时,自唇缘起至少延伸 10 mm。

e)　当护罩调整到最高位置时,在最大槽宽条件下,护罩的前部应至少处于通过进料工作台唇缘的铅垂平面内。

f)　无论调节高度到多少,桥式护罩前后两部分的高度相差不得大于 5 mm。

g)　在作横向调节时,护罩应沿着平行于主轴轴线的方向移动。

h)　针对不同尺寸的刨削工件,护罩应通过一个简单的操作即可完成垂直或横向调节,无需使用工具;或者应是自动调节的。

i)　护罩的上表面应光滑、是圆拱形的和没有突出部分的,通常,它不应妨碍手的移动。

j)　护罩在 10 N 力作用下的最大位移不应超过 5 mm。该力施加在靠近导向装置的护罩前部,垂直于护罩侧面并平行于工作台面。

19.1.102.5.2.2　自动闭合式护罩

a)　在不进行刨削时,无论导向装置如何调节,护罩应罩住整个作业主轴。

b)　无论使用的作业宽度为多少,护罩应罩住非刨削部分的刨刀,而且应在工件进给而与工件接触时打开。

c)　在整个刨削操作中,护罩应保持与本工件贴紧,并且不可能锁定在开启状态。

d)　在最大作业宽度和最大开启位置时,护罩应在 0.2 s 时间内自动回复到闭合状态。

19.1.102.5.2.3　桥式护罩或自动闭合式护罩的制作材料应能：

——在任何无意识碰到旋转刀具时不会有导致如下后果的危险：

- 有害于护罩功能的损坏，如断裂和局部破裂；
- 刨刀损坏。

——与工件撞击时，护罩应不受损伤。

通过用一弹簧驱动的冲击试验器(能量为 1.0 J，质量 250 g)对护罩每个可能较薄弱的部位施加 3 次冲击来检验。

试验之后，护罩应保持完好，没有不利于工具正常运行的看得出的裂纹或有害的变形。

19.1.102.6　平行导向装置的高度应不低于 80 mm。

平行导向装置的导向部位及其上表面不应有缺口。

导向装置的长度应为作业宽度的 2.5 倍。

19.1.102.7　当工件进给时，手柄和控制杆应不妨碍操作者。

通过观察和测量检验是否符合 19.1.102.1，19.1.102.2，19.1.102.4，19.1.102.5，19.1.102.6 和 19.1.102.7。

19.1.103　厚度刨

19.1.103.1　厚度刨应装有具有足够强度的钢制夹紧器件，以防止工件反冲。夹紧器件遍布在整个刀轴长度范围。

每个夹持器的厚度应为 3 mm 至 8 mm，各夹持器间的夹层厚度不得超过夹持器厚度的一半。摆动式夹持器应扣紧，以防止前后摆动，并在每次抬起后应能自动落回。

通过下述方法检验：

进料工作台设置成 $D+1.2$ mm 的刨削高度，D 为一个两面预先刨过的，宽为 60 mm 的木板工件的高度。把工件以各种不同位置放置在防反冲装置下。

施加 300 N 的返回力，防反冲装置在整个作业宽度的所有位置上均应夹住工件。

19.1.103.2　不能接上动力驱动的排屑装置的排屑口，其结构应不会让试验指通过它触及刀轴。

通过观察来检验。

19.1.104　平刨兼厚度刨

19.1.104.1　对这些组合式的工具，应同时满足对这两种刨所规定的要求。

19.1.104.2　当这些组合式工具被用作厚度刨时，要求护罩是工具的一个不可分割部分，以防止在工作台被合拢时触到旋转零件。

通过观察和测量来检验。

19.1.104.3　可合拢工作台应固定在打开位置。

通过观察来检验。

19.101　工具应具有足够的稳定性。

沿着工件进给方向，对工作台的前缘施加 300 N 的推力，在此条件下工具不应倾覆，在 100 N 推力下工具不应移动。

通过观察来检验。

19.102　工具应提供：

——更换刨刀所需的工具；

——调整刨刀的量规(如有要求的话)；

——厚度刨和平刨兼厚度刨的排屑口上的护罩；

——安装水平压力器的器件(如有要求的话)。

20　机械强度

GB 13960.1 的这一章适用。

21 结构

除以下条文外,GB 13960.1 的这一章适用。

21.17 增加:

用直径(100±1)mm 球体垂直施加在安装开关的工具表面,应不可能起动工具。

21.18.2 第二段改换为:

电压在断电恢复后,工具不应自动起动。

21.101 刀轴不受护罩自动保护的工具,其刀轴应自工具切断电源起 10 s 内停下来。

通过测量来检验。

21.102 所有的工具应具有与之制成一体的木屑、粉尘和碎屑吸附装置,或应有安装吸附装置的部件。

22 内部布线

GB 13960.1 的这一章适用。

23 组件

除下述条文外,GB 13960.1 的这一章适用。

23.1.11 修改:

本条文不适用。

24 电源联接和外接软线

GB 13960.1 的这一章适用。

25 外接导线的接线端子

GB 13960.1 的这一章适用。

26 接地装置

GB 13960.1 的这一章适用。

27 螺钉与连接件

GB 13960.1 的这一章适用。

28 爬电距离、电气间隙和绝缘穿通距离

除下述条文外,GB 13960.1 的这一章适用。

28.2.1 修改:

本条文不适用。

29 耐热性、阻燃性和耐电痕化

除下述条文外,GB 13960.1 的这一章适用。

29.2 修改:

第二段中最后二个破折号的条文不适用。

最后一段不适用。

30 防锈

GB 13960.1 的这一章适用。

31 辐射、毒性和类似危险

GB 13960.1 的这一章不适用。

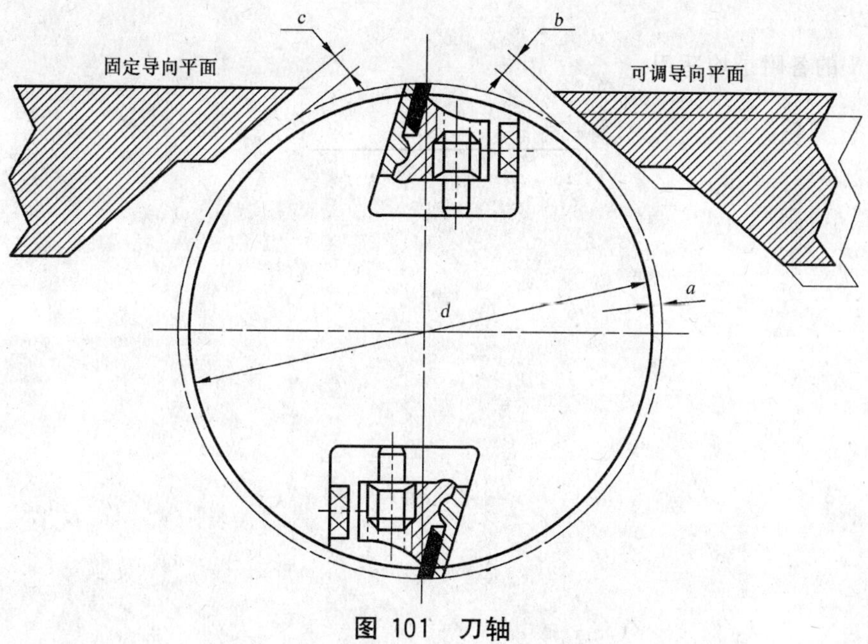

图 101 刀轴

单位为毫米

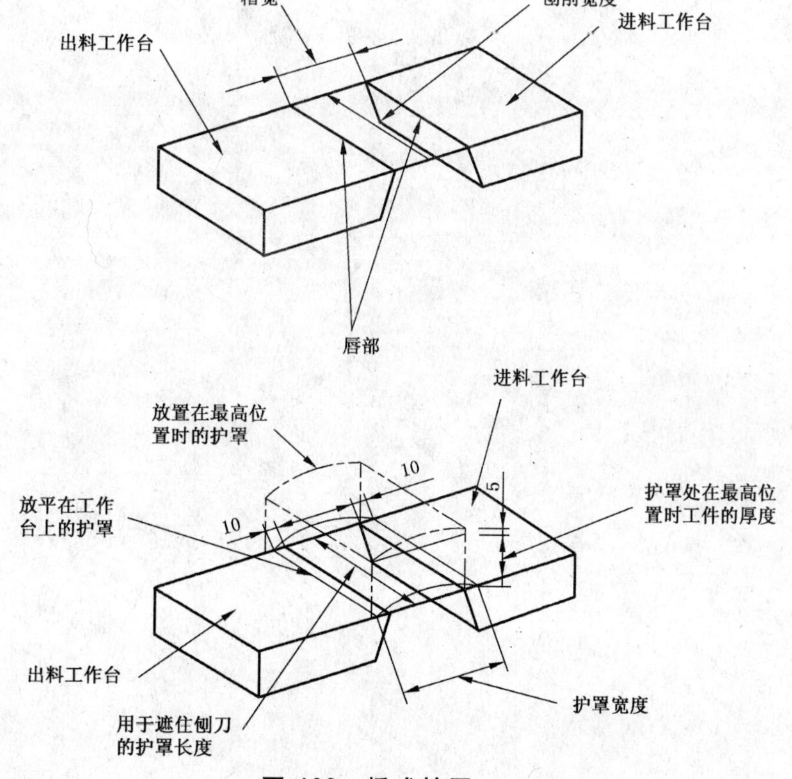

图 102 桥式护罩

附　录

GB 13960.1 的各附录均适用。

ICS 25.140.20
K 64

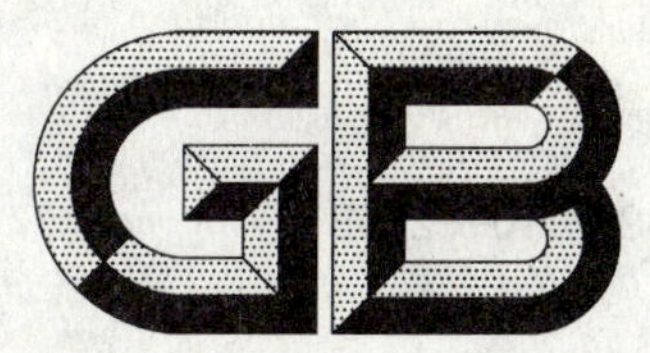

中华人民共和国国家标准

GB 13960.10—2009
代替 GB 13960.10—1998

可移式电动工具的安全 第二部分:单轴立式木铣的专用要求

Safety of transportable motor-operated electric tools—Part 2: Particular requirements for single spindle vertical moulders

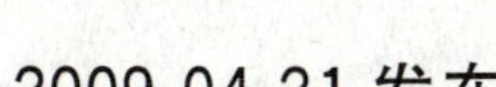
2009-04-21 发布　　　　2010-03-01 实施

中华人民共和国国家质量监督检验检疫总局
中国国家标准化管理委员会　发布

前　言

本部分的全部技术内容为强制性的。

本部分属GB 13960《可移式电动工具的安全》系列标准中的第二部分。GB 13960系列标准由以下部分组成：

GB 13960.1《可移式电动工具的安全　第一部分：一般要求》

GB 13960.2《可移式电动工具的安全　第二部分：圆锯的专用要求》

GB 13960.3《可移式电动工具的安全　第二部分：摇臂锯的专用要求》

GB 13960.4《可移式电动工具的安全　第二部分：平刨和厚度刨的专用要求》

GB 13960.5《可移式电动工具的安全　第二部分：台式砂轮机的专用要求》

GB 13960.6《可移式电动工具的安全　第二部分：带锯的专用要求》

GB 13960.7《可移式电动工具的安全　第二部分：带水源金刚石钻的专用要求》

GB 13960.8《可移式电动工具的安全　第二部分：带水源金刚石锯的专用要求》

GB 13960.9《可移式电动工具的安全　第二部分：斜切割机的专用要求》

GB 13960.10《可移式电动工具的安全　第二部分：单轴立式木铣的专用要求》

GB 13960.11《可移式电动工具的安全　第二部分：型材切割机的专用要求》

GB 13960.12《可移式电动工具的安全　第二部分：高压清洗机的专用要求》

GB 13960.13《可移式电动工具的安全　第二部分：斜切割台式组合锯的专用要求》

本部分自实施之日起代替GB 13960.10—1998，并与GB 13960.1第二版一起使用。

本部分对GB 13960.10—1998的主要技术修改有：

1）　本部分由于第一部分修订而引起的章条结构变化。

2）　第8章标志和说明书，原7.6并入8.1；原7.13内容改为8.12.101。

3）　第21章增加“21.17 增加：

用直径(100±1)mm球体垂直施加在安装开关的工具表面，应不可能起动工具。”

4）　19.1最后增加：

“工具应在护栏或延伸工作台上装有固定防反弹器件(例如可调止端)的装置。该装置可以是最大直径12 mm的固定孔。

防反弹器件应能承受沿反弹方向的300 N的静力而无永久性损坏。”

5）　第23章，增加对23.1.11的修改：“本条文不适用。”

6）　第28章，增加对28.2.1的修改：“本条文不适用。”

7）　第29章，增加对29.2的修改：“第二段最后二个破折号的条文不适用。最后一段不适用。”

本部分中写明“适用”的，表示GB 13960.1中的相应条文适用；本部分中写明“改换”的，则应以本部分中的条文为准；本部分写明“修改”的，表示GB 13960.1相应条文中的相关内容应以本部分修改后的内容为准，而该条文中其他内容仍适用；本部分写明“增加”的，表示除了符合GB 13960.1的相应条文外，还应符合本部分中所增加的条文。

本部分由中国电器工业协会提出。

本部分由全国电动工具标准化技术委员会(SAC/TC 68)归口并负责解释。

本部分负责起草单位：上海电动工具研究所。

本部分主要起草人：刘江、李邦协。

本部分所代替标准的历次版本发布情况为：

——GB 13960—1998。

可移式电动工具的安全
第二部分:单轴立式木铣的专用要求

1 范围

除以下条文外,GB 13960.1 的这一章适用。

第一段增加:

本部分适用于最大刀轴直径为 180 mm 的可移式单轴立式木铣。

2 规范性引用文件

除以下条文外,GB 13960.1 的这一章适用。

增加:

ISO 7009:1983,木工机械 单轴铣机 术语和验收条件

3 术语和定义

除以下条文外,GB 13960.1 的这一章适用。

3.101

单轴立式木铣 single spindle vertical moulder

用从工作台伸出的立式旋转刀具,对木材进行成形加工或开榫的工具,工作台支承工件并将工件定位,而工件则用手朝着刀轴进给。刀轴的电动机和传动部件放置在工作台面下方,刀轴或工作台是可调节的(见图 101)。

3.102

刀轴 cutter block

由刀夹和刀具形成的旋转部件。

3.103

刀夹 tool holder

与电动机轴相连,用于固定刀具或活动轴的单件轴。

3.104

活动轴 movable spindle

装有刀架的轴连同螺母、垫片、支承轴组成的部件。

4 一般要求

GB 13960.1 的这一章适用。

5 试验的一般注意事项

GB 13960.1 的这一章适用。

6 空章

7 分类

GB 13960.1 的这一章适用。

8 标志和说明书

除以下条文外,GB 13960.1 的这一章适用。

8.1 增加:

——刀轴的最高空载转速 n_0,r/min;

——所用刀轴的最大直径,mm;

——类似于图 109 的图表,给出对应于刀具类型和直径的最佳转速,r/min;

——刀轴的旋转方向应用凸起或凹陷的箭头,或者用在清晰程度和耐久程度上至少与之相当的其他方法标明在工具上。

8.12.101 单轴立式木铣的安全说明

必须给出以下附加安全说明,应按规定顺序逐字写出,如用其他语言书写,应与中文的含义相同。

——通过采用合适的工作台衬套,使工作台孔相对于刀具尺寸尽可能小;

——配戴防护镜;

——所有未用到的刀轴部位都应加以防护;

——当加工窄形工件时,可能有必要采取附加措施,例如可使用水平压紧装置来确保安全加工;

——不得使用在应有位置上无适当护罩的和未经正确调整的工具;

——配有集尘器和外接软管的工具应与集尘收集装置相连;

——仅使用制造厂推荐的为手工进给设计的刀具。

9 电击保护

GB 13960.1 的这一章适用。

10 起动

GB 13960.1 的这一章适用。

11 输入功率和电流

GB 13960.1 的这一章适用。

12 发热

GB 13960.1 的这一章适用。

13 空章

14 防潮性

GB 13960.1 的这一章适用。

15 空章

16 变压器及其相关电路的过载保护

GB 13960.1 的这一章适用。

17 耐久性

GB 13960.1 的这一章适用。

18 不正常操作

除以下条文外，GB 13960.1 的这一章适用。

18.8.2 增加：

注 101：认为单轴立式木铣是一种其运动部件容易卡住的工具。

19 机械危险

除以下条文外，GB 13960.1 的这一章适用。

19.1 增加：

主体、带工作台衬套的工作台、刀夹轴、工件导向系统、含自动制动器的制动装置（如果），保护装置和速度指示装置是单轴立式木铣的主要部件。

安全要求取决于所从事的加工性质，与直线作业还是曲线作业或开榫有关。

工具应在护栏或延伸工作台上装有固定防反弹器件（例如可调止端）的装置。该装置可以是最大直径 12 mm 的固定孔。

防反弹器件应能承受沿反弹方向的 300 N 的静力而无永久性损坏。

19.101 直线和曲线加工

19.101.1 刀夹轴

19.101.1.1 规范

无论属于单件轴还是活动轴，刀夹轴都应按 ISO 7009：1983 的规范的 G10 和 G11 制造。

刀夹轴不应带槽。

19.101.1.2 强度

刀夹轴应用抗拉强度至少 580 N/mm^2 的钢或其他同等性能的材料制成。

19.101.1.3 刀夹轴和刀具的尺寸

允许的刀夹轴直径见表 101。

表 101 刀夹轴直径

单位为毫米

最小轴直径 d(g6)	始于轴间的刀夹轴最大可用长度（单件轴和活动轴）	刀具最大直径
30	140	180

如不采用上表尺寸，单轴立式木铣则应能够承受最严酷运行条件下两倍于主轴最高转速的型式试验，该条件应把刀具在主轴的位置考虑在内。试验后，轴径跳应保持在 ISO 7009：1983 的允许偏差内（见ISO 7009：1983 G10）。

19.101.1.4 刀夹轴调整

主轴应最好在高度上可调节，并且刀夹轴位置调节装置应能被锁定。

单轴立式木铣应装有合适的标尺以指示主轴相对工作台的高度位置和倾斜位置，并且应标有与立式木铣的加工精度有关的递增量刻度。

19.101.1.5 刀夹轴锁定

单轴立式木铣应装有一套完整的刀夹轴锁定装置，以便安装及拆除刀具和活动轴。锁定装置应防止在更换刀具时万一电动机开关合上引起的主轴旋转。

19.101.1.6 旋转方向

刀夹轴应朝一个方向（从上往下看为逆时针）转动，并应设计成在作业或制动时无论是刀具还是活动轴均不能松脱。

19.101.1.7 轴套

刀夹轴应装有一组轴套，尺寸由表 102 给出，这些轴套应能套住轴的整个使用长度(见图 102)。

表 102 轴套尺寸

单位为毫米

轴套内径 d_1(H7)	轴套外径 d
30	50

轴套应用极限强度不小于 580 N/mm² 的钢或其他同等性能的材料制成。

轴套组应经测量，图 103 表示了轴套应如何进行试验。当在合适的试验盘上直径为 100 mm 处测量时，应保证端跳不大于 0.1 mm。

19.101.1.8 刀具固定装置

刀具固定装置应是单件型结构或多件组合结构。

在此情况下，省略多件中的任意一个都应保证刀具不被驱动。

19.101.2 立式木铣工作台

19.101.2.1 工作台尺寸

立式木铣工作台尺寸应符合表 103 的规定的值(见图 104)。

工作台应有一个便于电动机轴和刀具伸出的直径适当的通孔。

表 103 工作台尺寸

单位为毫米

工作台孔径	190
最小工作台长度 A	600
B	350
C	350

19.101.2.2 工作台衬套

工作台应配有一组工作台衬套以减小工作台上工作台孔的内径(见图 105)。

19.101.3 工作导向装置

19.101.3.1 直线加工

19.101.3.1.1 护栏尺寸

为了保证工件的垂直稳定性，立式木铣应配有护栏，该护栏：

a) 具有最小高度，该高度大于下列二个值中的大者：

——可用轴长度；

——120 mm。

b) 具有最小长度，该长度应是下列二个值中的小者：

——工作台长度(对双护栏)；

——300 mm(对每个护栏)。

c) 满足 ISO 7009:1983 试验中规定的要求 G4。

19.101.3.1.2 护栏调整

整个护栏部件应是可调节的，并且当进行调节时护栏应同它们的支架仍然保持成一体。

应不可能通过护栏和刀具护罩之间的间隙直至护栏后面(非加工侧)触及刀具。

护栏应能被可靠地固定到工作台上，不借助工具应能进行所有的调整。

护栏位置的侧向调整应能把为刀具所留的必要开口减小到最小。为了能使用辅助护栏，在两个护栏中应提供一个构成一体的辅助护栏或固定装置。该辅助护栏应保证两护栏间的连续性，并且保证工件在刀具和护栏间不被卡住。

护栏中至少应有一个相对于其他护栏的控制器，从而该护栏应与固定护栏保持平行，而且它的重新定位应受行程终端挡块控制。

护栏接近刀具的部分应用这样的材料制成：碰到刀具不会发生诸如刀具碎裂之类的危险。

19.101.3.2 曲线作业(见图 106)

应通过下述措施确保适当的工件导向：

——通过适应所用刀具的固定导向器；

固定导向器的形状或调整应使工件与刀具在作业时能顺序接触并加以支承。要测出切割深度的相切点位置并应清晰标出。

或者：

——通过导向器上能利用圆形导向器(如滚道导向器)形成顺序接触的导向板。

注：导向器上的导引板应可伸缩并固定使用。

这些工件导向装置应连同夹具、固定件和其他夹持装置一起使用。

19.101.4 加工区域防护

应提供一组适当的工作台衬套以减小主轴周围的孔隙(见 19.101.2.2)。

19.101.4.1 工作台下方的防护

不论直接，还是通过任何排屑口都应不能触及刀具、主轴或传动系统。

如果主机架配有一个盖，则此盖应能与主轴旋转有联锁。

19.101.4.2 工作台上方的防护

19.101.4.2.1 直线作业防护

19.101.4.2.1.1 刀具防护

刀具附近的那部分护栏应用这样的材料构成：万一护栏无意间碰到刀具，也不会发生诸如刀具或护栏的碎片弹出之类的危险。

注：刀具防护要求在 19.101.3.1.2 中也有规定。

必须提供压紧装置(压垫)，使工件与工作台及护栏保持接触，并形成刀具与操作者手之间的保护(见图 107)。

压垫应满足以下要求：

a) 水平压垫和垂直压垫在整个调节范围内应是稳定的，垂直于工作台，平行于护栏，相对于主轴呈对称配置；

b) 水平压垫和垂直压垫均应可调；

c) 垂直压垫应配有下落缓冲器，防止万一其紧固件失效时压垫落到刀具上；

d) 垂直压垫应不借助工具很容易地更换和调整；

e) 压垫应有弹性装置以适应工件厚度的变化；

f) 垂直压垫的长度应比护栏间的最大开口大，并应使工件在接触刀具之前能被压住；

g) 水平压垫的高度应至少等于护栏板高度；

h) 压垫的支承系统应不需拆卸即能将压垫取下，以便于更换刀具或使用动力装置；

i) 压垫的支承系统应刚性固定，并不受振动；

j) 垂直压垫安装构件应设计得使厚度最小为 8 mm 的工件都能加工；

k) 垂直压垫的材料应保证其万一接触刀具时不会发生危险；

l) 垂直压垫调整范围应：在其下限位置至少能让夹具通过，而在其上限位置能达到工作台上方最大主轴高度；

m) 水平压垫调节范围应至少达到离主轴轴线 75 mm 处；

n) 水平压垫与工件的接触面长度应大于垂直压垫的长度，垂直压垫的宽度应尽量小，但应具有足够的强度(见图 107)；

o) 水平压垫可以相对于护栏定位,以便在停止作业期间能进给工件。

19.101.4.2.1.2 刀具防护—护栏后面非加工区域

护栏后面的刀具防护应通过一固定护栏支架上的罩壳来实现。

该罩壳的大小应在所有可能的主轴高度上都足以容纳最大许可刀具直径。

该罩壳应能通过(例如一个检修门)来更换刀具。

该罩壳的形状应设计得便于排屑,例如把罩壳和排屑口设计成流线型。

19.101.4.2.2 曲线作业防护

应设置安全装置(例如手防护罩)以防操作者的手触及刀具。该装置应刚性固定,保持稳定,并且不振动。

应用帽形护罩来补足该安全装置,以封住在刀具上方伸出的那部分主轴。

安全装置的形状应能使尘屑在流线型路径中引向排屑系统(见图106)。

该安全装置应能在支架上调节高度,该支架可以:

a) 固定在排屑装置上;

b) 允许在加工期间压在工件上;

c) 具有高度可调的、作业时起到工件支架作用的作业中心架。

安全装置和导向中心架的调整范围应考虑到刀具相对工作台的所有可能装置。

19.101.5 接触传动件

应不可能触及运转着的立式木铣传动件,对于需要调整传动皮带或传动齿轮来变速的立式木铣,护罩可以有一个不借助于工具就可打开的盖,盖的打开与主轴旋转之间有联锁。

19.102 开榫

对19.101的补充要求:

19.102.1 刀具

应由开榫滑块的设计或固定在滑块上的护罩来保护(见图108)。

当滑块缩进时,应提供一个护罩防止接近刀具。

还应提供防止在切削结尾或滑块回程期间触及刀具的防护。

19.102.2 刀具非工作部分的防护

应用固定于立式木铣工作台的结尾并可随滑动工作台和刀具位置的调节的罩盖来防止触及这一区域。应用可调护罩来作补充,以防止从工件上方接触刀具。

应不拆除护罩即能更换刀具。

19.102.3 工件夹具

开榫滑块应装有适合开榫作业的工件夹具。如果此夹具是气动的,应采取适当措施防止挤压操作者的手指。

电动的工件夹具应设计得能防止在断电情况下工件松脱。

20 机械强度

GB 13960.1的这一章适用。

21 结构

除以下条文外,GB 13960.1的这一章适用。

21.17 增加:

用直径(100±1)mm球体垂直施加在安装开关的工具表面,应不可能起动工具。

21.18.2 第二段改换为:

在断电恢复后,或打开变速盖后,单轴立式木铣应不会自动起动。

21.101 对于刀轴不受护罩自动保护的工具，刀轴应在工具断开电源的 10 s 内停下来。

21.102 所有的工具都应有整体式吸尘装置，或者有能在安装外接尘屑收集器的装置。

21.103 起动装置应有防止无意外操作的保护(例如借助遮板)。

21.104 如果单轴立式木铣设计成由多速电动机驱动的能以多挡速度运行，它应只能先在各低速挡运行后，再逐步向高速挡进给。

应只有在低速挡闭锁装置已释放后，才有可能选择高速挡。

21.105 单轴立式木铣应装有一个能逐步刹住刀夹轴的自动制动装置。如有必要，应提供一个释放轴制动的控制器，以便关机后能用手转动工具进行调节。

21.106 在操作位置和控速位置都应以开机前看得到的方式标出单一的转速。

21.107 凡提供电动机作倾斜调节用的，只应在工具主轴静止状态时才有可能作此调节。

21.108 工件应装有适当的防反冲装置(如可调的终端挡块)，这类装置在护栏或延伸工作台上。

21.109 应提供安全附加装置(诸如制造厂在其手册里指出的"延伸工作台"、"用于工件的水平压点等)的适当固定点。

21.110 开榫的附加要求

——凡开榫和直线作业时，在操作者的工件位置均能很容易地触及停机和起动控制器的，这些控制器就不一定要重复设置。

——凡开榫和直线作业时，操作者的工作位置不在单轴立式木铣的同一侧的，则应提供两个停机控制器。

22 内部布线

GB 13960.1 的这一章适用。

23 组件

除下述条文外，GB 13960.1 的这一章适用。

23.1.11 修改：

本条文不适用。

24 电源联接和外接软线

GB 13960.1 的这一章适用。

25 外接导线的接线端子

GB 13960.1 的这一章适用。

26 接地装置

GB 13960.1 的这一章适用。

27 螺钉与连接件

GB 13960.1 的这一章适用。

28 爬电距离、电气间隙和绝缘穿通距离

除下述条文外，GB 13960.1 的这一章适用。

28.2.1 修改：

本条文不适用。

29 耐热性、阻燃性和耐电痕化

除下述条文外，GB 13960.1 的这一章适用。

29.2 修改：

第二段最后二个破折线的条文不适用。

最后一段不适用。

30 防锈

GB 13960.1 的这一章适用。

31 辐射、毒性和类似危险

GB 13960.1 的这一章不适用。

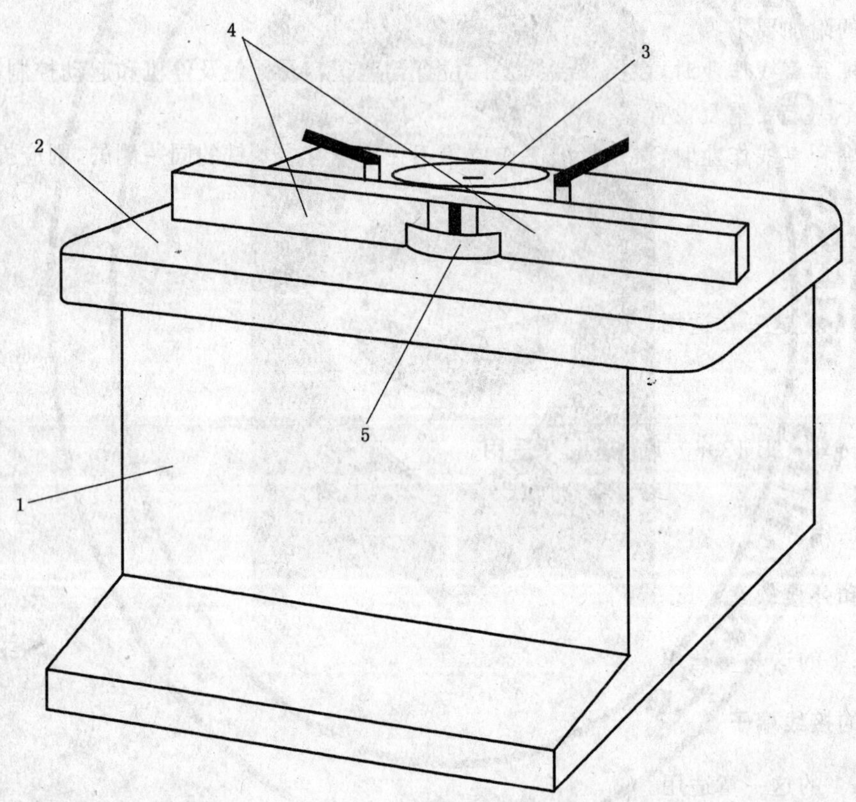

1——基座；
2——工作台；
3——刀轴；
4——平行导向器；
5——刀轴护罩。

图 101 单轴立式木铣

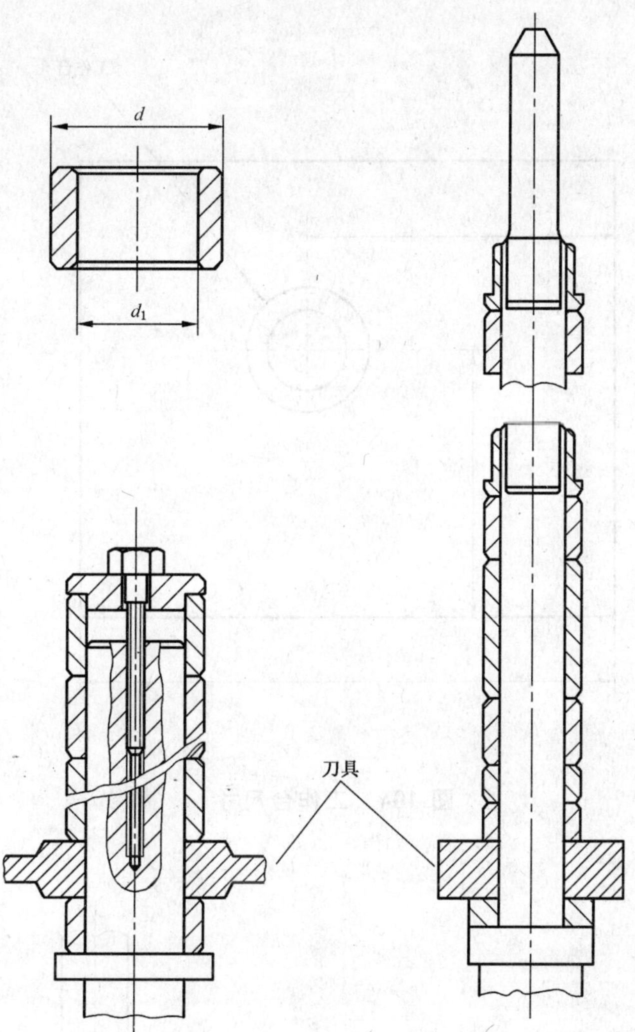

图 102 刀夹轴和轴套

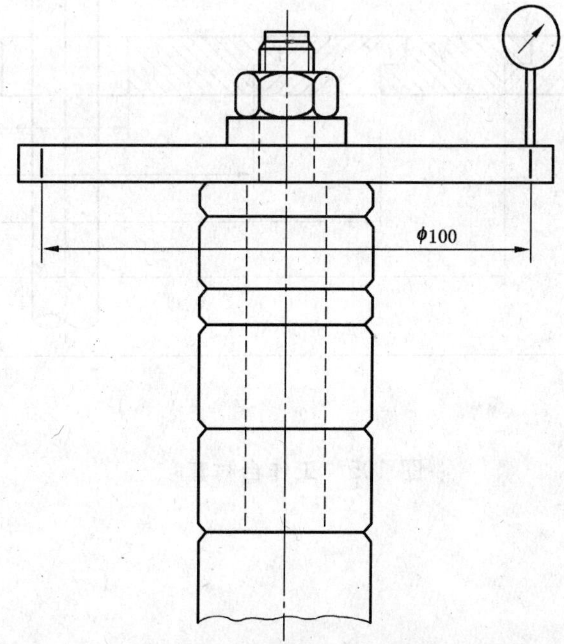

图 103 轴套的端跳试验

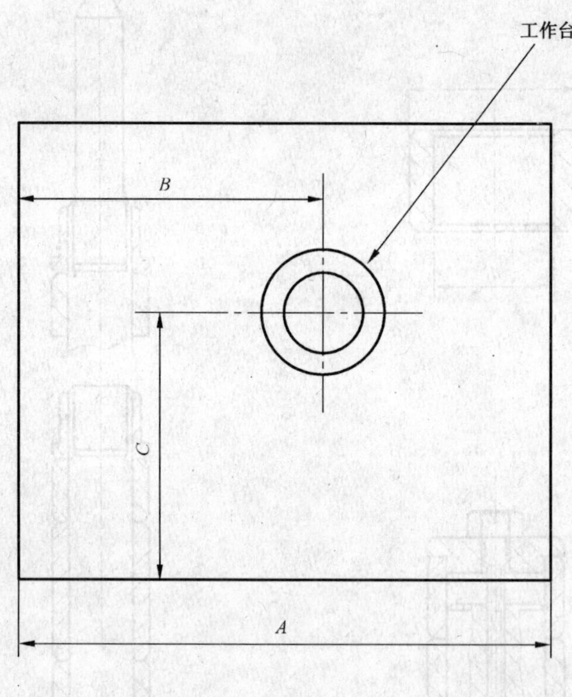

图 104　工作台尺寸

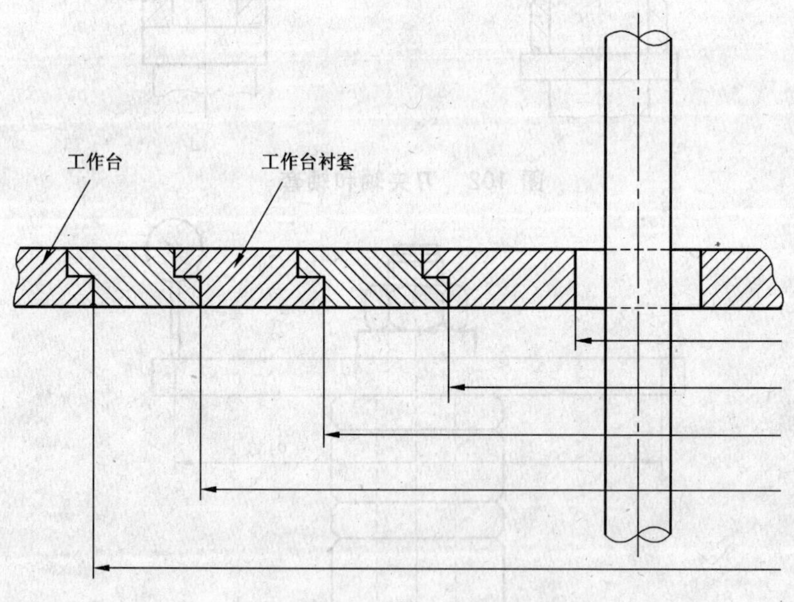

图 105　工作台衬套

1—— 导向器的引导板；
2——滚道导向；
3——手防护罩；
4——固定导向器；
5——支架；
6——排屑口；
7——帽形护罩；
8——刀轴。

图 106 曲线作业时的工件导向器和刀轴防护系统

1—— 垂直压垫；
2——水平压垫；
3——支架；
4——排屑口；
5——帽形护罩；
6——压垫调节装置；
7——护栏。

图 107 直线作业时的工件导向器和刀轴防护系统

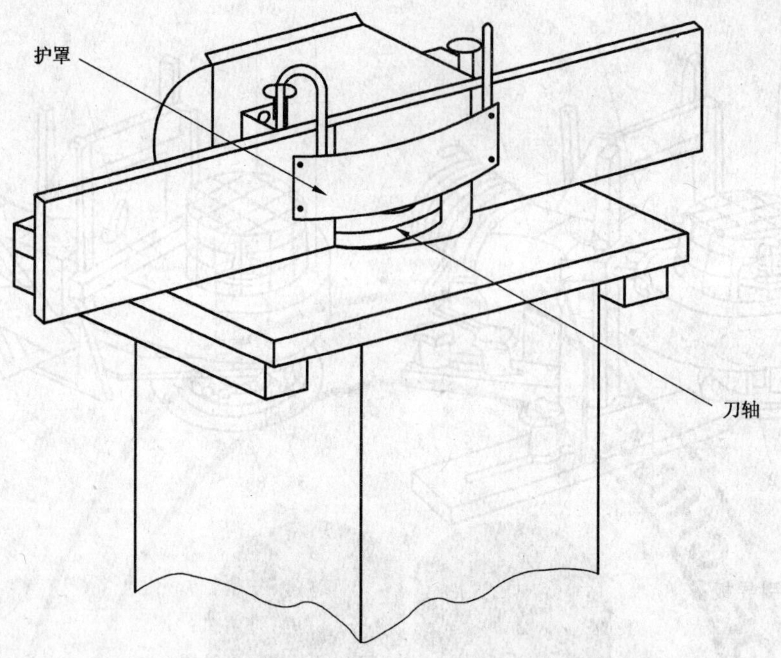

图 108 开榫时的工件导向器和刀轴防护系统

刀具直径/mm

危险的使用条件

刀具直径/mm	2 500	2 800	3 000	3 500	4 000	4 500	5 000	5 500	6 000	6 500	7 000	7 500	8 000	9 000	10 000	12 000
60															31	38
80													33	38	42	50
100										34	37	39	42	47	52	63
120								35	38	41	44	47	50	57	63	75
140							37	41	44	48	51	55	59	66	73	88
160						38	42	47	50	54	59	63	67	75	84	
180					37	42	47	53	57	61	66	71	75	85		

主轴转速/(r/min)

图 109 速度表

附　　录

GB 13960.1 的附录适用。

ICS 37.020
N 30

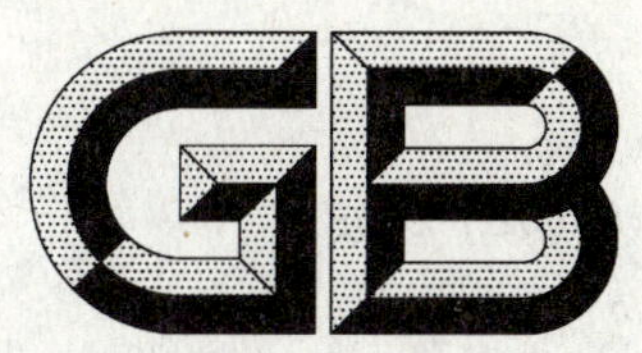

中华人民共和国国家标准

GB/T 13962—2009
代替 GB/T 13962—1992

光学仪器术语

Optical instruments—Vocabulary

2009-11-15 发布　　2010-02-01 实施

中华人民共和国国家质量监督检验检疫总局
中国国家标准化管理委员会　发布

前言

本标准代替GB/T 13962—1992《光学仪器术语》,本标准与GB/T 13962—1992的主要差异如下:

——修改了GB/T 13962—1992中4.41的术语名称及定义;

——对GB/T 13962—1992中4.42、4.44、4.45、4.46、5.43～5.49、6.48、6.151、6.152、6.154、7.3、7.6、7.11、7.16、7.38、7.52、8.75、8.81、8.92、8.119进行了重新定义;

——修改了GB/T 13962—1992中7.8术语的英文对应词;

——修改了GB/T 13962—1992中8.57、8.58、8.61、8.76的英文对应词,并对其术语进行了重新定义;

——删除了GB/T 13962—1992中2.17的注2;

——对GB/T 13962—1992进行了一些编辑性修改;

——增加了12条术语和定义;

——增加了标准的参考文献。

本标准由中国机械工业联合会提出。

本标准由全国光学和光子学标准化技术委员会(SAC/TC 103)归口。

本标准负责起草单位:上海理工大学、贵阳新天光电科技有限公司、华东师范大学、宁波永新光学股份有限公司、凤凰光学集团有限公司、江南永新光学有限公司、苏州一光仪器有限公司、梧州奥卡光学仪器公司。

本标准参加起草单位:宁波市教学仪器有限公司、宁波华光精密仪器有限公司、浙江舜宇集团股份有限公司、南京东利来光电实业有限公司、麦克奥迪实业集团有限公司。

本标准主要起草人:章慧贤、冯琼辉、黄卫佳、胡钰、胡清、王蔚生。

本标准所代替标准的历次版本发布情况为:

——GB/T 13962—1992。

光学仪器术语

1 范围

本标准规定了光学基本术语，几何光学、物理光学、像质评定、光学零部件及工艺、光学仪器名称、光学测量及产品技术要求等方面的术语共 1 028 条。

本标准适用于光学仪器标准制定、技术文件编制、教材和书刊编写及文献翻译等。

注：本标准中方括号[ ]内的词为可省略词；圆括号( )内，用作说明。

2 光学基本术语

2.1

光学 optics

物理学中，研究光辐射的本性、产生、传输、接收以及光与物质相互作用的一门学科。

2.2

几何光学 geometrical optics

以光线的近似概念为基础，研究光的传播和光学系统成像规律的光学学科分支。

2.3

物理光学 physical optics

研究光辐射本性的光学学科分支。

2.4

波动光学 wave optics

以光辐射的波动理论阐述像的形成及干涉、衍射和偏振等现象的光学学科分支。

2.5

量子光学 quantum optics

根据光的量子性和量子理论，研究光辐射与物质相互作用的光学学科分支。

2.6

晶体光学 crystal optics

研究光辐射在晶体中尤其在各向异性晶体中的传播规律及各种偏振效应的光学学科分支。

2.7

纤维光学 fiber optics

研究光辐射在光纤中传播规律的光学学科分支。

2.8

电子光学 electron optics

研究电子束在电场、磁场或电磁场作用下的运动规律及成像的学科。

2.9

光谱学 spectroscopy

研究光谱理论及其应用的光学学科分支。

2.10

光度学 photometry

研究各种光度量及其测定的光学学科分支。

2.11

辐射度学 radiometry

研究辐射量及其测定的学科。

2.12

色度学 colorimetry

研究颜色理论及其有关量测定的学科。

2.13

辐射 radiation

a) 能量以电磁波或粒子形式发射或传输；

b) 电磁波或粒子。

2.14

光[量]子 photon

辐射能量的基元量(量子)，其能量数值等于普朗克常数和电磁辐射频率的乘积。

2.15

X 射线 X-ray

由高速电子撞击物质的原子而产生的电磁辐射，其波长范围约为 0.01 nm～10 nm。

2.16

光学辐射 optical radiation

从紫外到红外波长范围内包含的电磁辐射，其波长范围约为 10 nm～3×10^5 nm。

2.17

可见光 light

可见辐射 visible radiation

能够直接引起人视觉的电磁辐射。

注：光(可见辐射)的范围没有明确定义，通常认为从 380 nm～780 nm(或 400 nm～760 nm)。

2.18

紫外辐射 ultraviolet radiation

波长短于紫光的光学辐射。其波长范围约为 10 nm～380 nm。

2.19

红外辐射 infrared radiation

波长长于红光的光学辐射。其波长范围约为 780 nm～3×10^5 nm。

2.20

单色辐射 monochromatic radiation; monochromatic light

又称单色光。

只有单一频率或单一波长的辐射，或者是具有很窄的频带或很窄波长范围的辐射。

2.21

复合辐射 complex radiation; complex light

又称复色光。

由两种或两种以上单色辐射组成的辐射。

2.22

白光 white light

单色光的混合，其成分比使人眼的感觉是无色的。

2.23

激光 laser

由受激发射的光放大产生的辐射。

2.24

发光　luminescence

物质在某波长或波段的发射强度大于该物质在同一温度时的热辐射强度的电磁辐射现象。

2.25

荧光　fluorescence

物质受激发后持续时间小于 10^{-8} s 的发光。

2.26

磷光　phosphorescence

物质受激发后持续时间大于 10^{-8} s 的发光。

2.27

光波　light wave

在需要特别强调光的波动性时所用的表示“光”的术语，其含义与“光”相同。

2.28

波[阵]面　wave front

又称波前。

光波传播时的等相位面。

2.29

波长　wavelength

波列上两相邻同相位点间的距离。

2.30

波数　wave number

单位长度内波的数目。

注：波数的一般单位是厘米的倒数(cm^{-1})。据此。当波长以厘米为单位时，波数是波长的倒数。

2.31

平面波　plane wave

波面为平面的光波。

2.32

球面波　spherical wave

波面为球面的光波。

2.33

光线　ray of light

垂直于波面并表示其传播方向的直线。

2.34

光束　[light] beam；bundle of rays

与波面垂直的光线簇。

2.35

会聚光束　convergent beam

向一点或一个微小区域会聚的光束。

2.36

发散光束　divergent beam

从一点或一个微小区域发散的光束。

2.37

平行光束　parallel beam

传播方向相同，既不会聚也不发散的光束。

2.38

准直光束　collimated beam

由准直方法得到的平行光束。

2.39

光程　optical path [distance]

光在介质中传播的几何路程与该介质的折射率之乘积。

2.40

光程差　optical path difference

两光程之差。

2.41

光速　velocity of light

电磁波在真空中的传播速度。通常,光速是指单色光波的速度,真空条件下的光速 c_0=299 792 458 m/s。

2.42

相速度　phase velocity

光波之等相面的传播速度。在晶体光学中也称法向速度。

2.43

散射　scattering [of light]

光在介质中传播时,部分光偏离原方向而分散的现象。当介质中存在其他物质的微粒,或者介质本身密度不均匀时就会发生这种现象。

2.44

漫射　diffusion

光入射到粗糙表面或不规则介质面时,光波向空间各个方向发散的现象,但其单色成分的频率不变。

2.45

漫反射　diffuse reflection

投射在粗糙表面上的光向各个方向反射的现象。

2.46

漫透射　diffuse transmission

透过漫射性物体的光向各个方向折射的现象。

2.47

漫射面　diffusing surface

能产生漫反射或漫透射的面。

2.48

均匀漫射面　uniform diffuser

在所有方向上具有相同漫射亮度的漫射面。

2.49

理想漫反射面　perfect reflecting diffuser

在所有方向上漫反射亮度相同,并且光谱反射比为 1 的漫发射面。

2.50

镜面反射　specular reflection;regular reflection

符合光的反射定律,不考虑漫射的一种反射。

2.51

点光源　point light source

与距离(如:光度测量距离,观测距离)相比几何尺寸可以忽略的光源。

2.52

线光源　line light source

一维扩展的光源。

2.53

面光源　surface light source

二维扩展的光源。

2.54

色　colour

颜色

知觉色及心理物理色的总称。

注1:知觉色:能够根据光的光谱能量分布的不同,辨认出其性质差异的视觉特性。一般用色调、明度和饱和度表示。

注2:心理物理色:能够根据光的光谱能量分布的不同,辨认出其性质差异的可见辐射的特性。一般用三刺激值和色度坐标表示。

2.55

色刺激　colour stimulus

能够通过视觉器官产生色知觉的辐射。

2.56

基色　primary colours

原色

a)　加法混色用的基本色刺激。通常用红(R)、绿(G)、蓝(B)三色;

b)　减法混色用的基本吸收介质的颜色,通常用青(C)、品红(M)、黄(Y)三色。

2.57

加[色]法混色　additive mixture of colour stimuli

用三基色中的两种或3种按一定比例相加来产生各种不同颜色的混色方法。

2.58

减[色]法混色　subtractive mixture of colour stimuli

通过从复合辐射中减去一种或几种色光而达到颜色变换的混色方法。

2.59

颜色匹配　colour matching

又称等色。

在知觉上两种颜色相同。

2.60

参照刺激　reference stimuli

三色表色系统中3个特定的色刺激,即加法混色的基色。

2.61

三刺激值　tristimulus values

三色表色系统中达到与试样等色所需要的3种基色的量值。

2.62

色度坐标　chromaticity coordinates

定量表示色刺激的色度性质的坐标值。色度坐标 x、y、z 可用式(1)表示:

$$x=\frac{X}{X+Y+Z}, y=\frac{Y}{X+Y+Z}, z=\frac{Z}{X+Y+Z} \quad \cdots\cdots(1)$$

式中：

X、Y、Z——颜色刺激的三刺激值。

2.63

色度图　chromaticity diagram

表示色度坐标的平面图，原则上采用以色度坐标 x、y 为坐标轴的直角坐标系。

2.64

色调　hue

导致产生诸如红、黄、绿、蓝、紫等各种颜色感觉的视觉属性。

2.65

明度　lightness

人眼判别物体表面相对明暗程度的视觉属性。

2.66

饱和度　saturation

判断在总的色知觉中纯色的比例的视觉属性。

注：纯色指具有一种色调的知觉色。

2.67

标准比色图表　standard colour chart

将特定色板按一定规律排列而成的图表。

2.68

视锐度　visual acuity

又称视力。

眼睛分辨物体细节的能力，它以刚能分辨视力测试符号开口方向的线宽或缝宽对眼睛的张角(分)的倒数来度量。

2.69

光谱光视效能　spectral luminous efficacy

或称光谱视觉灵敏度或视见度。

表征人眼对于不同波长光的敏感程度的量。其量值 $k(\lambda)$ 为：波长 λ 的单色辐射的光通量 $\Phi_{v,\lambda}$ 与相应的辐射通量 $\Phi_{e,\lambda}$ 之比，见式(2)：

$$K(\lambda)=\Phi_{v,\lambda}/\Phi_{e,\lambda} \quad \cdots\cdots(2)$$

注：人眼对不同波长的光的敏感程度是各不相同的。同样功率的辐射(即等能光谱)在不同的光谱部位，人眼所感觉到的明亮程度不同。在明视觉条件下，人眼对波长为 555 nm 的光最敏感；在暗视觉条件下，人眼对波长为 510 nm 的光最敏感。

2.70

亮适应　light adaptation

又称光适应。

当从暗处进入亮处时，人眼为适应强光而自行调整的能力。

2.71

暗适应　dark adaptation

当从亮处进入暗处时人眼为适应弱光而自行调整的能力。

2.72

明视距离　distance of distinct vision; reference viewing distance

人眼的正常阅读距离，即被观察物体到人眼角膜顶点间的距离。国际上规定为 250 mm。

2.73

瞳距 interpupillary distance

当视线平行时，人眼两瞳孔中心间的距离。

2.74

光学系统 optical system

由一个或若干个光学零部件组成的具有所需光学功能的系统。

2.75

理想光学系统 perfect optical system

没有像差的光学系统。

2.76

望远镜系统 telescopic system

能将远处物体进行视角放大的光学系统。入射的平行光束通过望远镜系统后，仍为平行光束。

2.77

显微镜系统 microscopic system

能将近处微小物体进行放大的光学系统。

2.78

投影系统 projecting system

将物体照明后成像于投影屏上的光学系统。

2.79

反射系统 catoptric system

利用光的反射作用的光学系统。

2.80

折射系统 dioptric system

利用光的折射作用的光学系统。

2.81

折反射系统 cata-dioptric system

利用光的折射作用和反射作用的光学系统。

2.82

正像系统 erecting system

能使像的上下、左右同时倒转的光学系统。

2.83

变形光学系统 anamorphotic optical system

像面上两正交方向上的横向放大率互不相等的光学系统。

2.84

变焦距系统 zoom system

通过移动一个或多个透镜组使焦距在一定范围内连续变化，并保持像面位置不变的光学系统。

2.85

附加光学系统 attachment optical system

在光学系统中，为了改变焦距、放大率等目的而附加的一种光学系统。

2.86

远心光学系统 telecentric optical system

使主光线通过像方焦点(或物方焦点)的光学系统。

2.87

远焦光学系统 afocal optical system

又称无焦光学系统。

焦点位于无限远处的光学系统。

2.88

照明系统 illuminating system

由光源与集光镜、聚光镜及辅助透镜组成,用以照明物体的光学系统。

2.89

投影光学系统 photographic optical system

将景物成像于感光材料上的一种光学系统。

2.90

照相制版系统 photocopying system;lithograph system

将图形、文字、符号等精确成像在感光材料上的一种光学系统。

2.91

合轴系统 alignment system

电子显微镜中,使电子束与电子光学系统的光轴相重合的装置。

2.92

偏转系统 deflection system

电子显微镜中,采用电场或磁场使电子束产生偏转的电子光学装置。

2.93

紫外显微术 ultraviolet microscopy

利用紫外辐射成像并利用图像转换器或胶片来显示和记录像的显微术。

2.94

红外显微术 infrared microscopy

利用红外辐射成像并利用图像转换器或胶片来显示和记录像的显微术。

2.95

荧光显微术 fluorescence microscopy

由物体发出荧光成像的显微术。

2.96

相衬显微术 phase-contrast microscopy

通过改变衍射光经过的光程来增加像对比的显微术。

2.97

偏光显微术 polarized light microscopy

利用偏振光来观察光的各向异性现象和测定相关参数的显微术。

3 几何光学

3.1

物[体] object

被光学系统成像的对象。

3.2

物点 object point

物体上的一点。物点被看作是理想的几何点。

3.3

物空间 object space

又称物方。

光学系统中,被成像的物体所在的空间。

3.4

物[平]面 object plane

过物点并垂直于光轴的平面。

3.5

像点 image point

物点发出的光束经光学系统后在像空间的会聚点。

3.6

像 image

物体上各点的像点的集合。

3.7

像空间 image space

又称像方。

光学系统中,物体的像所在的空间。

3.8

像[平]面 image plane

过像点并垂直于光轴的平面。

3.9

基点 cardinal points;Gauss points

又称高斯点。

光学系统的两个主点、两个节点和两个焦点。如果物空间和像空间的光学介质相同,则对应的主点和节点重合。

3.10

基面 cardinal planes;Gauss planes

又称高斯面。

过基点并与光轴垂直的平面。

3.11

近轴区 paraxial region;Gauss space

又称高斯空间。

光轴附近的周围空间。

3.12

实像 real image

由光束直接会聚而成的像。实像能被一个表面接收。

3.13

虚像 virtual image

成像光束的延长线相交而成的像。虚像不能被一个表面接收,但能被人眼接收,或被另一个会聚系统转换成实像。

3.14

正像 erecting image

与物体的上下、左右方向一致的像。

3.15

倒像　inverted image

与物体的上下、左右方向相反的像。

3.16

镜像　mirror image

由单个平面镜形成的像，像与物对称于平面镜。

3.17

入射　incidence

光投射到介质界面或光学系统的现象。

3.18

法向入射　normal incidence

正入射

沿着法线的一种入射。

3.19

切向入射　grazing incidence

掠入射

垂直法线的一种入射。

3.20

反射　reflection

光入射到介质界面上被返回到原介质的现象。

3.21

折射　refraction

光通过非均匀介质或者从一种介质进入另一种介质时，在界面上传播方向随相速度的变化而发生偏折的现象。

3.22

出射　emergence

光离开介质界面或光学系统的现象。

3.23

法向出射　normal emergence

沿着法线的一种出射。

3.24

切向出射　grazing emergence

掠出射

垂直法线的一种出射。

3.25

折射定律　law of refraction

光在折射时确定折射光线位置和方向的定律。折射定律是折射光线位于入射光线和入射点法线所决定的平面内，折射光线和入射光线分别在法线的两侧，折射角 i' 的正弦与入射角 i 的正弦之比值等于第一介质折射率 n_1 与第二介质折射率 n_2 之比值。

3.26

反射定律　law of reflection

光在反射时确定反射光线位置和方向的定律。反射定律是反射光线位于入射光线和入射点法线所决定的平面内，反射光线和入射光线分别在法线的两侧，反射角 i'' 等于入射角 i。

3.27

入射光线　incident ray

射到介质界面上或光学系统的光线。

3.28

反射光线　reflected ray

被介质界面按反射定律反射回原介质的光线。

3.29

折射光线　refracted ray

通过介质界面进入第二介质中的光线。

3.30

法线　normal

垂直于界面的直线。

3.31

近轴光线　paraxial ray

在近轴区内传播的光线。

3.32

空间光线　skew ray

又称不交轴光线。

共轴光学系统中,不与光轴共面的光线。

3.33

出射光线　emergent ray

射出介质界面或光学系统的光线。

3.34

主光线　principal ray

从轴外物点发出的成像光束的中心光线或通过孔径光阑中心的光线。

3.35

入射点　point of incidence

入射光线与介质界面的交点。

3.36

入射角　angle of incidence;incident angle

入射光线与界面上入射点法线的夹角。

3.37

反射角　angle of reflection

反射光线与界面上入射点法线的夹角。

3.38

折射角　angle of refraction

折射光线与界面上入射点法线的交角。

3.39

临界角　critical angle

光线从光密介质向光疏介质入射时,折射角为90°时的入射角。

3.40

全反射　total reflection

光线从光密介质向光疏介质入射时,且当入射角大于临界角时光线被界面全部反射回原介质,不再进入光疏介质中的现象。

3.41

光轴 optical axis

光学系统中的对称轴线。

3.42

透镜光轴 lens axis

单透镜两光学表面球心连成的直线。当一个光学表面为球面,另一光学表面为平面时,光轴是通过球心并垂直于平面的直线。胶合透镜在理想情况下诸光学表面球心连成的直线。

3.43

视轴 visual axis

在光学仪器中,分划板上十字线交点与物镜像方节点的连线。

3.44

瞄准轴 axis of sighting

在光学仪器中,分划板上某瞄准标志与物镜像方节点的连线。

3.45

顶点 vertex

光学零件的表面与光轴相交的点。

3.46

焦点 focal point;focus

平行于光轴的光线经透镜或光学系统后与光轴的交点。

3.47

物方焦点 object focal point;object focus

又称前焦点。

光学系统在物空间的焦点。它是像空间无限远轴上点的共轭点。

3.48

像方焦点 image focal point;image focus

又称后焦点。

光学系统在像空间的焦点。它是物空间无限远轴上点的共轭点。

3.49

焦[平]面 focal surface;focal plane

通过焦点并垂直于光轴的平面。

3.50

主[平]面 principal planes

光学系统中,横向放大率为+1的一对共轭平面。在物空间的主平面称为物方主平面,在像空间的主平面称为像方主平面。

3.51

主点 principal points

主平面与光轴的交点。物空间的主点称为物方主点,像空间的主点称为像方主点。

3.52

节点 nodal points

光学系统中,光轴上角放大率为+1的一对共轭点。

3.53

节[平]面 nodal planes

通过节点并垂直于光轴的平面。

3.54

入射面　plane of incidence

光入射到介质界面上时，入射光线与界面上入射点法线所组成的平面。

3.55

子午面　meridional plane; tangential plane

光学系统中，主光线和光轴所构成的平面。

3.56

弧矢面　sagittal plane

光学系统中，包含主光线并与子午面垂直的平面。

3.57

物距　object distance

自光学系统物方主点到轴上物点的距离。

3.58

像距　image distance

自光学系统像方主点到轴上像点的距离。

3.59

焦物距　focus-object distance

自光学系统物方焦点到轴上物点的距离。

3.60

焦像距　focus-image distance

自光学系统像方焦点到轴上像点的距离。

3.61

光学间距　optical interval

自前一系统像方焦点到后一系统物方焦点的距离。在显微镜中称其为光学筒长。

3.62

焦距　focal distance; focal length

主点到相应的焦点之间的距离。

3.63

物方焦距　object focal distance

又称前焦距。

自光学系统的物方主点到物方焦点的距离。

3.64

像方焦距　image focal distance

又称为后焦距。

自光学系统的像方主点到像方焦点的距离。

3.65

物方顶焦距　object vertex focal distance

又称前顶焦距。

自光学系统第一面顶点到物方焦点的距离。

3.66

像方顶焦距　image vertex focal distance

又称后顶焦距。

自光学系统最后一面顶点到像方焦点的距离。

3.67

物方截距 object intersection distance

自顶点到入射光线与光轴交点的距离。

3.68

像方截距 image intersection distance

自顶点到出射光线与光轴交点的距离。

3.69

法兰焦距 flange focal distance

又称物镜定位截距。

物镜调焦在无限远时，自物镜的安装基准面到像方焦平面之间的距离。

3.70

共轭 conjugate

在光学系统的物空间和像空间中，物和像互成对应的关系。

3.71

共轭点 conjugate points

物空间和像空间中互为物和像的一对点。

3.72

共轭线 conjugate lines

物空间中互为物和像的一对线。

3.73

共轭面 conjugate planes

物空间和像空间中互为物和像的一对面。

3.74

介(媒)质 medium

光可以通过的任何物质。

3.75

各向同性介质 isotropic medium

物质的性能在空间的分布是均匀的介质。

3.76

各向异性介质 anisotropic medium

物质的性能在空间的分布是不均匀的介质。

3.77

光疏介质 optically thinner medium

两种介质相比，折射率较小的那种介质。

3.78

光密介质 optically dense medium

两种介质相比，折射率较大的那种介质。

3.79

细光束 sharp beam;thin pencil of ray

又称元光束。

无限靠近主光线的细小光束或孔径角很小的锥形光束。

3.80

宽光束 broad beam;angle pencil of ray

具有一定孔径角或一定直径(平行光束)的光束。

3.81

子午光束　meridional beam;tangential beam

光束中,位于子午面内的那部分光线的集合。

3.82

弧矢光束　sagittal beam

光束中,位于弧矢面内的那部分光线的集合。

3.83

同心光束　homocentric beam

通过一点的光束。

3.84

像散光束　astigmatic beam

不相交于一点的非对称的细光束。

3.85

轴上光束　axial beam

轴上物点发射出来的光束。

3.86

边缘光线　marginal ray

轴上物点的成像光束中过孔径光阑边缘的光线。

3.87

斜光线　oblique ray

射入光学系统的光线中,在子午面内而且不平行于光轴的光线。

3.88

数值孔径　numerical aperture

透镜孔径角的正弦与物点所在介质的折射率之乘积。

3.89

相对孔径　relative aperture

光学系统的入瞳直径与像方焦距之比。

3.90

通光孔径　clear aperture

光学零件上保证成像光束通过所需要的孔径。一般是圆形的。

3.91

有效孔径　effective aperture

光学系统成像光束的最大直径。

3.92

光阑　diaphragm;stop

垂直于光轴,并能对通过的光线起限制作用的光孔或装置。

3.93

孔径光阑　aperture diaphragm

光学系统中,限制轴上物点成像光束孔径大小的光阑。

3.94

可变光阑　iris diaphragm;iris stop

虹彩光阑

通光孔大小可以连续变化的光阑。

3.95

消杂光光阑　flare diaphragm; flare stop

光学仪器中,限制视场内杂光的光阑。

3.96

视场光阑　field diaphragm; field atop

光学系统中,限制视场范围的光阑。

3.97

入[射光]瞳　entrance pupil

孔径光阑在光学系统物空间的像。

3.98

出[射光]瞳　exit pupil

孔径光阑在光学系统像空间的像。

3.99

入射窗　entrance window

视场光阑在光学系统物空间的像。

3.100

出射窗　exit window

视场光阑在光学系统像空间的像。

3.101

孔径角　angular aperture; aperture angle

轴上物点对入瞳直径张角之半。

3.102

倾斜角　angle of inclination

入射光线或出射光线与光轴的夹角。

3.103

视角　visual angle

人眼对物体两端的张角。

3.104

偏向角　angle of deviation; deflection angle

折射棱镜使光线偏离原来方向的夹角。

3.105

最小偏向角　minimum angle of deviation

光线通过三棱镜时,当入射角等于出射角时的偏向角。

3.106

像的倾斜　inclination of image; tilt of image

物体通过光学系统所成的像相对于设计位置的偏斜。

3.107

横向放大率　lateral magnification

又称垂轴放大率。

光学系统成像时,像的大小与物的大小之比值。

3.108

纵向放大率　longitudinal magnification; axial magnification

又称轴向放大率。

像空间中像沿光轴移动的距离与物空间中其共轭距离之比值。

注：当距离很小，且系统在空气中时，此值是横向放大率的平方。

3.109

角放大率　angular magnification

通过轴上像点的光线与光轴夹角的正切和通过物点的共轭光线与光轴夹角的正切之比值。

3.110

光焦度　focal power

光学系统(或透镜)对光线会聚或发散的能力。其值为焦距的倒数与介质折射率之积。

3.111

屈光度　diopter

光焦度的单位。把空气中像方焦距为+1 m的光学系统之光焦度定义为一个屈光度。

3.112

视度　diopter

目视仪器轴上出射光线的会聚或发散程度。它以屈光度为单位。

3.113

景深　depth of field

物平面前后的物体，能在该物平面的共轭像平面上呈清晰像的轴向深度。

3.114

焦深　depth of focus

当物平面固定时，在共轭像平面的前后，能对该物平面呈清晰像的轴向深度。

3.115

折射率　refractive index

又称绝对折射率。

光线在真空中的相速度与光在介质中的相速度之比值。

3.116

相对折射率　relative index of refraction

光线在两种介质(除空气外)中的相速度之比值。

3.117

视场　field of view

可被光学仪器成像的物面大小或其共轭面的大小。可以用线值表示视场大小的称为线视场(如显微镜系统)；用角度表示视场大小的称为角视场(如望远镜系统)。

3.118

表观视场　apparent field of view

通过望远镜所能看到的物平面的共轭像平面大小。

3.119

视场数　field of view number

目镜线视场的大小，单位为毫米(mm)。当视场光阑位于场镜前，它是目镜的视场光阑的直径；当视场光阑位于场镜后，它是视场光阑被场镜所成的像的直径。

3.120

视场角　angle of view

视场角有物方视场角和像方视场角。

边缘物点(或像点)的主光线与光轴夹角的两倍。

注1：边缘物点的主光线与光轴夹角的两倍称为物方视场角。

注2：边缘像点的主光线与光轴夹角的两倍，称为像方视场角。

3.121

工作距离 working distance

物面到光学系统第一面顶点的距离(第一面可以是光阑面)。

3.122

出瞳距离 exit pupil distance

目镜最后一面的顶点到出瞳的距离。

3.123

眼点的距离 eye point distance

自望远镜系统最后一面顶点到眼点的距离。眼点一般指望远镜系统视场边缘光束的主光线在目镜像方与光轴的交点。

3.124

共轭点距离 conjugate points distance

轴上物点到对应像点之间沿光轴的距离。

3.125

机械筒长 mechanical tube length

显微镜物镜的安装定位面到镜筒上端面的距离(标准定位 160 mm)。镜筒上端面是安装目镜的定位面。对无限远像距的物镜,机械筒长可认为是无限长。

3.126

物镜的齐焦 parfocalization of objective

当用一个物镜对物体调焦清楚后,更换上其他放大率的物镜时,一般不需要再重新调焦或只作微量调焦就能看清楚物体的功能。

3.127

渐晕 vignetting

光学系统中,轴外点,成像光束受到某些光孔的部分遮拦,而使面积减小的现象。

3.128

曲率 curvature

面和线的弯曲程度。

3.129

曲率中心 center of curvature

空间曲线在某一点的曲率中心就是曲线在该点的密切圆的圆心。对于球面,曲率中心就是球面中心。

3.130

曲率半径 radius of curvature

曲线上一点的曲率圆的半径。对于球面,曲率半径就是球面半径。

注:曲率圆:相切于曲线内侧的,与曲线在切点具有相同曲率的圆。

3.131

照明系统孔径角 aperture angle of illuminating system

射到样品上的电子束散角的一半。

3.132

成像透镜孔径角 aperture angle of imaging lens

扫描电子显微镜中,入射到样品的电子探针散角的一半。

3.133

物镜孔径角 objective aperture angle

离开样品成像的电子束散角的一半。

3.134

阴极发光像　cathode luminescence image

扫描电子显微镜中,电子探针激发样品所产生的光辐射对样品所成的像。

3.135

感生电流像　induced current image

扫描电子显微镜中,由电子探针对半导体和集成电路样品作用而感生的电流所成的像。

3.136

特征 X 射线像　characteristic X-ray image

扫描电子显微镜中,由电子探针激发样品而产生的特征 X 射线对样品所成的像。

3.137

俄歇电子像　Auger electron image

扫描电子显微镜中,俄歇电子所成的像。

3.138

透射电子像　transmitted electron image

电子显微镜中,透过样品的电子所成的像。

3.139

背散射电子像　backscattered electron image

扫描电子显微镜中,反射电子对样品所成的像。

3.140

吸收电子像　absorbed electron image

扫描电子显微镜中,被样品吸收的电子所成的像。

3.141

电子通道花样　electron channeling pattern;E. C. P

扫描电子显微镜中,电子束对样品的通道效应所成的图形。

3.142

Y 调制像　Y-modulation image

扫描电子显微镜中,视频信号调制显像管的 Y 偏转电流、电压对样品所成的像。

3.143

离子轰击二次电子像　ion bombardment secondary electron image

发射电子显微镜中,离子轰击样品所激发的二次电子所成的像。

3.144

电子轰击二次电子像　electron bombardment secondary electron image

发射电子显微镜中,电子轰击样品所激发的二次电子所成的像。

3.145

热电子像　thermionic image

发射电子显微镜中,样品在加热条件下发射的热电子所成的像。

3.146

光电子像　photoelectron image

发射电子显微镜中,样品在光辐射条件下发射的光电子所成的像。

3.147

明场像　bright field image

电子显微镜中,透过样品的非散射电子以及在物镜孔径角区域内的散射电子的电子束对样品所形成的像。

3.148

暗场像　dark field image

电子显微镜中，透过样品的散射电子束对样品所形成的像。

3.149

二次电子像　secondary electron image

扫描电子显微镜中，二次电子对样品所形成的像。

4　物理光学

4.1

色散　dispersion

a)　复合辐射经介质传播时引起单色成分分散的现象；

b)　导致以上现象的光学元件和介质的特性；

c)　表示这种特性的数量，如 $n_F - n_C$。

4.2

色散本领　dispersion power

表示色散元件或色散系统色散能力的大小。

色散本领用“角色散率”或“线色散率”来量度。

4.3

角色散率　angular dispersion

复色光经过色散系统后，波长微小的变化量 $d\lambda$ 与其对应偏向角微小变化量 $d\theta$ 之比的倒数。

$$D_\theta = \frac{d\theta}{d\lambda} \quad \cdots\cdots (3)$$

式中：

D_θ——角色散率。

4.4

线色散率　linear dispersion

复色光经过色散系统后，波长微小的变化量 $d\lambda$ 与其对应的谱线在焦平面上间隔 ds 之比的倒数。

$$D_s = \frac{ds}{d\lambda} \quad \cdots\cdots (4)$$

式中：

D_s——线色散率。

在实用中往往用焦平面上每毫米内包含有多少纳米的波长来表示线色散率，称为线色散倒数，又称逆线色散。

4.5

峰值波长　peak wavelength

在一定谱段里，光强度(或透射比)为最大值时所对应的波长。

4.6

峰值透射比　peak transmittance

在峰值波长处的透射比。

4.7

光谱半[值]宽度　spectral half-width

在峰值波长两侧光强度为最大值的一半时所对应的波长(或频率)之差值。

4.8

干涉　interference

两束或两束以上的光波在重叠区相互加强和减弱的现象。

4.9

相干系数　degree of coherence;coherence factor

表示光波相干程度的系数。其值在0与1之间。

4.10

相干性　coherence

光波能够相互干涉的性质。相干系数值接近为1。

4.11

非相干性　incoherence

光波互不相干的性质。相干系数值为零。

4.12

部分相干性　partial coherence

介于相干与非相干之间的光波的性质。相干系数值在大于零和小于1之间。

4.13

干涉条纹　interference fringe

由光的干涉产生的明暗(或带色)相间的条纹。

4.14

干涉级　order of interference

两束相干光束的光程差与波长的比值。

4.15

白光条纹　white light fringe

使用白光光源时,在各种单色光的光程相等的状态下产生的零级干涉条纹。

4.16

等厚干涉　interference of equal thickness

光入射到成微小角度的楔形薄膜上时,随着厚度的变化在界面附近产生干涉条纹的现象。

4.17

等倾干涉　interference of equal inclination

具有各种不同倾角的平行光束入射于平行平面层时,随着倾角的变化产生干涉条纹的现象。

4.18

牛顿环　Newton rings

用光学样板检查光学零件表面时所出现的同心或平行的等厚干涉条纹。

4.19

等倾干涉条纹　interference fringe of equal inclination

由等倾干涉产生的干涉条纹。

4.20

等厚干涉条纹　interference fringe of equal thickness

由等厚干涉产生的干涉条纹。

4.21

多光束干涉法　multiple-beam interferometry

利用在反射率很高的两个面之间多次反射的光的干涉来得到清晰的干涉条纹的方法。

4.22

全息干涉法　holographic interferometry

利用全息图再现波面的干涉法。通常有 2 种处理方法：

a) 利用再现波面与实际波面干涉的实时法；

b) 使两个波面重叠记录在同一张全息图上，然后使两个波面同时再现，使其产生干涉的双重曝光法。

4.23

莫尔条纹　moiré fringe

两个有规则的相同图形重叠而产生的明暗相间的条纹。

4.24

相干光束　coherent light beam

能够互相发生干涉的光束。

4.25

非相干光束　incoherent light beam

互相不能干涉的光束。

4.26

光学的各向异性　optical anisotropy

光学性能在空间的不均匀分布。

4.27

干涉相衬　interference contrast

用来增强由物体的微小光程差所产生的衬度的干涉现象。

4.28

衍射　diffraction

光波经过障碍物边缘而改变原传播状态的现象。其中一部分光仍保持原传播方向，另一部分光偏离原传播方向。

4.29

衍射斑　diffraction disc

点光源经光学系统成像时，由于通光孔的衍射作用而产生一个中心明亮、四周有一系列逐渐变暗的光环围绕的图样。

4.30

爱里斑　Airy disc

点光源衍射图样的中心亮斑。

4.31

衍射角　angle of diffraction

衍射光线与衍射光栅面法线的交角。

4.32

衍射效率　diffraction efficiency

对于衍射光栅来说是特定级次的衍射光（通常是一级衍射光）强度与入射光强度之比。

4.33

自然光　natural light

电矢量的振动方向是随机分布的光。

4.34

偏振光　polarized light

电矢量的振动方向不是随机分布的光。

4.35

部分偏振光　partially polarized light

偏振光和自然光的混合物。

4.36

线偏振光　linearly polarized light

面偏振光　plane polarized light

电矢量在一个固定平面内振动的光。

4.37

圆偏振光　circularly polarized light

电矢量的末端作圆周运动的光。朝光的传播方向观察时，右(左)旋的称为右(左)旋圆偏振光。

4.38

椭圆偏振光　elliptically polarized light

电矢量的末端作椭圆运动的光。朝光的传播方向观察时，右(左)旋的称为右(左)旋椭圆偏振光。

4.39

双折射　birefraction

入射到晶体或其他各向异性介质上的光波被分解为振动方向相互垂直的两束光波的现象。

4.40

双反射　bireflection

由于物体晶体结构，被偏振光照射下的各向异性的反射物质引起不同振动面上颜色和光强度不同的现象。

4.41

全偏振角　angle of polarization

又称布儒斯特角。

光束入射到反射面上开始产生完全平面偏振光时的入射角。

4.42

布儒斯特定律　law of Brewster

当光束以全偏角入射时，折射光线与反射光线一定互相垂直(因此 $\tan\theta=n$，式中 θ 为全偏角，n 为反射介质折射率)。

4.43

偏振面　plane of polarization

与线偏振光[电矢量]的振动面垂直的平面。

4.44

寻常光线　ordinary ray

光入射到双折射晶体上分解为两束光线时，遵守折射定律的那束光线。

4.45

非常光线　extraordinary ray

光入射到双折射晶体上分解为两束光线时，不遵守折射定律且光束随传播方向而变的光线。

4.46

[晶体]光轴　[crystal] optical axis

各向异性介质中的个别方向，沿此方向在其中传播的自然光不会产生双折射现象，此方向称为(晶体)光轴。

4.47

旋光　rotatory polarization

线偏振光在介质中传播时，偏振面发生旋转的现象。

4.48

电光效应 electro-optical effect

物质置于电场中其光学性质发生变化的现象。

4.49

普克尔效应 Pockel's effect

晶体置于电场中产生与电场强度成正比的折射率变化 Δn 现象。

4.50

克尔效应 Kerr effect

物质置于电场中发生双折射,折射率的变化 Δn 与电场强度的平方成正比的现象。

4.51

磁光效应 magneto-optical effect

物质置于磁场中其光学性质发生变化的现象。

4.52

塞曼效应 Zeeman effect

原子辐射的谱线在外加磁场作用下发生分裂的现象。

4.53

法拉第效应 Faraday effect

物质置于磁场中出现旋光性的现象。偏振面的旋转角与磁场强度和光在物质中传播的距离成正比。

4.54

拉曼效应 Raman effect

又称联合散射效应。

强单色光照射透明物质时,该单色光被物质分子散射后频率发生改变的现象。

4.55

光弹性 photoelasticity

发生弹性变形的透明物质产生双折射的现象。

4.56

光谱 spectrum

将光分解为单色光,并按波长依次排列的图谱。

4.57

原子光谱 atomic spectrum

由于原子内部电子运动状态发生变化而产生的发射光谱或吸收光谱。

4.58

分子光谱 molecular spectrum

由于分子内部状态发生变化而产生的发射光谱或吸收光谱。

4.59

线光谱 line spectrum

原子发射或吸收的光谱。由近似纯单色光组成。

4.60

亮线光谱 bright line spectrum

原子发射的线光谱。

4.61

暗线光谱 dark line spectrum

原子吸收的线光谱。

4.62

[光]谱线　spectral line

线光谱中的线条,它代表波长和能量。

4.63

发射光谱　emission spectrum

原子或分子从激发态跃迁到能量较低的状态时发射出的光谱。

4.64

吸收光谱　absorption spectrum

光被介质吸收所产生的光谱。

4.65

[电]弧光谱　arc spectrum

电弧放电时出现的光谱。主要是中性原子固有的谱线。

4.66

火花光谱　spark spectrum

火花放电时出现的光谱。主要是原子、离子固有的谱线。

4.67

连续光谱　continuous spectrum

由较宽的波长范围内所有波长组成的光谱。

4.68

可见光谱　visible spectrum

可见区域内的光谱。

4.69

夫琅和费谱线　Fraunhofer lines

太阳光谱中出现的吸收谱线。有 d 线(波长为 587.6 nm)、c 线(波长为 656.3 nm)、F 线(波长为 486.1 nm)等。

4.70

选择吸收　selective absorption

介质只吸收光束中某些波长的光而让其他波长的光透过或反射的作用或过程。

4.71

光谱特性　spectral characteristics

与光相关的量和波长(或频率)的函数关系。

4.72

光谱能量分布　spectral [energy] distribution

单位波长宽度内辐射量的绝对值对于波长的函数。

4.73

光谱辐射能　spectral radiant energy

单位波长宽度的单色光的辐射能。

4.74

干涉分光法　interference spectroscopy

利用干涉来获得高分辨本领或高灵敏度的分光方法。

4.75

光谱灵敏度　spectral sensitivity

光探测器对单色光的灵敏度。

4.76

光谱灵敏度分布　spectral sensitivity distribution

光探测器灵敏度随波长变化的函数。

4.77

相对光谱灵敏度　relative spectral sensitivity

光探测器对单色光灵敏度的相对值。

4.78

全息摄影术　holography

全息照相术

记录来自物体的光波和与其相干的光波的干涉图，然后照明记录的干涉图，使波面再现的技术。

4.79

全息图　hologram

在照相记录材料上记录的全息干涉图样。

4.80

波面再现　wavefront reconstruction

通过照明全息图，产生与原来物体发出相同的波面。

4.81

物波　object wave

制作全息图时，从物体发出入射到照相记录材料上的光波。

4.82

参比波　reference wave

制作全息图时，与物波成一定角度直接照射到记录材料上的光波。

4.83

真像　true image

通过波面再现所产生的波面中，由相位符号与原物波相同的波面形成的像。

4.84

共轭像　conjugate image

通过波面再现所产生的波面中，由相位符号与原物波不同的波面形成的像。

4.85

散斑图　speckle pattern

相干光(如激光)照明漫射面时，由不规则散射光的干涉所产生的斑点状的图样。

4.86

闪耀波长　blazed wavelength

衍射光栅的衍射效率最大的波长。

4.87

光栅常数　grating constant

光栅上相邻两条线条(或刻槽)之间的距离。

4.88

闪耀角　blaze angle

闪耀光栅刻槽工作面与光栅基面的夹角。

4.89

红外光谱　infrared spectrum

红外区域内的光谱。

4.90

紫外光谱　ultraviolet spectrum

紫外区域内的光谱。

4.91

光谱级　spectral order

在光栅衍射光谱中光谱的序号(如零级、第1级、第2级)。

4.92

谱线图　spectral line figure

标有元素特征谱线的光谱图表。

4.93

选区衍射　selected-area diffraction

在透射电子显微镜物镜的后焦面上对样品的微小区域衍射成像,并用电子透镜放大衍射图像。

5　像质评定

5.1

像差　aberration

光学系统中,实际像与理想像的偏差。

5.2

波像差　wavefront aberration;wave aberration

通过光学系统后的实际波面相对于理想波面的偏差。

5.3

波色差　wavefront chromatic aberration

通过光学系统后的两种单色光波面之间的偏差。

5.4

球差　spherical aberration

自轴上物点入射到透镜不同高度的光线,经光学系统后不会聚在同一点上的一种对称性像差。

5.5

横向球差　lateral spherical aberration

又称垂轴球差。

在通过近轴光线像点的垂轴平面上度量的球差。

5.6

纵向球差　longitudinal spherical aberration

又称轴向球差。

沿光轴方向度量的球差。

5.7

色球差　spherochromatic aberration

不同单色光球差之差异。

5.8

色差　chromatic aberration

复色光成像时,由于不同单色光而引起的像差。

5.9

横向色差　lateral chromatic aberration

又称垂轴色差或倍率色差。

沿垂轴方向度量的色差,即不同单色光所成像的大小差异。

5.10

纵向色差　longitudinal chromatic aberration

又称轴向色差或位置色差。

沿光轴度量的色差,即不同单色光所成像的位置差异。

5.11

彗差　coma;comatic aberration

轴外物点发出的宽光束通过光学系统后,不会聚在一点而呈彗星形的一种面对称性像差。

5.12

场曲　curvature of field

物平面形成曲面像的一种像差。

5.13

子午场曲　meridional curvature of field

子午像面相对于理想像面的偏离。

5.14

弧矢场曲　sagittal curvature of field

弧矢像面相对于理想像面的偏离。

5.15

像散　astigmatism

轴外物点用细光束成像时形成两条相互垂直且相隔一定距离的短线像的一种非对称性像差。

5.16

畸变　distortion

横向放大率随视场的增大而变化所引起的一种失去物像相似的一种像差。它不影响像的清晰度。

5.17

径向畸变　radial distortion

沿径向度量的畸变。

5.18

切向畸变　tangential distortion

垂直于视场半径方向度量的畸变。

5.19

桶形畸变　barrel distortion

又称负畸变。

横向放大率随视场增大而减小的畸变。它使对称于光轴的正方形物体的像呈桶形。

5.20

枕形畸变　pin-cushion distortion

又称正畸变。

横向放大率随视场增大而增大的畸变。它使对称于光轴的正方形物体的像呈枕形。

5.21

相对畸变　relative distortion

用百分比表示的畸变。

5.22

正弦条件　sine condition

轴上点以任意宽光束成完善像时,在过该点的垂轴平面内与之无限靠近的点也成完善像的充要条件。

5.23

等晕条件　isoplanatic condition

轴上物点由于球差而不完善成像时，在过该点垂轴平面内与之无限靠近的点也成与轴上点像质相同的像的充要条件。

5.24

正弦差　offence against of sine condition

近轴点成像与轴上点相同像质有差异时应满足正弦条件或等晕条件。正弦差是度量这些条件不满足程度的量。

5.25

齐明[性]　aplanatism

又称不晕[性]。

消球差且满足正弦条件。

5.26

消色差　achromatism

对2条谱线校正轴向色差。

5.27

复消色差　apochromatism

对3条或3条以上谱线校正轴向色差。

5.28

分辨本领　resolving power

仪器(或系统、或人眼)能分辨物体细节或最小量值的本领。用分辨力来反映仪器的分辨本领。

5.29

分辨力(率)　resolving

反映仪器分辨本领的一项指标。

分辨力有下列几种常用方法：

a) 以物面上刚能被分辨的两点(或两线)对入瞳中心的张角来度量。常用于人眼和望远镜系统；

b) 以物面上两点刚能被分辨开的距离来度量，常用于显微镜系统；

c) 以像面上一毫米内能被分辨开的线对数来度量，常用于照相物镜；

d) 以像面上刚能分辨的两条谱线的波长平均值对它们的波长差的比值来度量，常用于光谱仪器。

5.30

晶格分辨力(率)　lattice resolution

在电子显微镜中，能清楚成像的晶格样品的最小晶面间距。

5.31

伪分辨　spurious resolution

超过分辨极限的黑白条纹，看起来似乎仍然分辨的现象。

5.32

弥散圆　circle of confusion

物点成像时，由于像差，其成像光束不能会聚于一点，在像平面上形成一个较小面积的像斑。

5.33

最小弥散圆　circle of least confusion

物点成像时，具有最小面积的像斑。

5.34

瑞利极限 Rayleigh limit

光学系统成完善像的最大的波像差的允许量，其值为波长的1/4。

5.35

阿贝常数 Abbe number；Abbe constant

表示光学介质色散大小的数值。阿贝常数常用下式表示：

$$v = \frac{n_D - 1}{n_F - n_C} \qquad \cdots\cdots(5)$$

式中：

n_D——光学介质对D谱线折射率；

n_F——光学介质对F谱线折射率；

n_C——光学介质对C谱线折射率。

v值愈大，色散作用愈小。

5.36

清晰度 definition

物体成像的清晰程度，它取决于衬度和分辨力。

5.37

衬度 contrast

又称对比或反差。

物和像不同部分的明暗差异。

5.38

鬼[幻]像 ghost image

在光学系统像面上出现的有害影像。

5.39

焦散线 caustic line

像差光束在子午面内的包络线。

5.40

焦散面 caustic surface

像差光束的包络面。

5.41

一级光谱 primary spectrum

单块非消色差透镜或棱镜的特征性色差。

5.42

二级光谱 secondary spectrum

消色差透镜的剩余色差，特别指其纵向色差。

5.43

光学传递函数 optical transfer function；OTF

成像系统点扩散函数的付里叶变换。

$$D(r,s) = \iint_{-\infty}^{+\infty} p(u,v)\exp[-\mathrm{i}2\pi(ur+us)]\mathrm{d}u\mathrm{d}v \qquad \cdots\cdots(6)$$

式中：

r、s——与空间频率(u,v)相关的空间频率变量。

注1：对OTF，必须使成像系统在等晕区域和线性范围内工作。

注2：OTF是一个复函数。在零空间频率时，它的模量值为1。

5.44

调制传递函数　modulation transfer function; MTF

光学传递函数 $D(r,s)$ 的模量。

5.45

相位传递函数　phase transfer function; PTF

光学传递函数 $D(r,s)$ 的幅角。

注：在零空间频率时相位传递函数等于零。相位传递函数的值与点扩散函数的参考坐标系原点位置有关，原点位置的位移会使相位传递函数产生一个对 r 和 s 成线性的附加项。

5.46

点扩散函数　point spread function; PSF

点源像的归化辐照度分布。

$$P(u,v)=\frac{F(u,v)}{\iint_{-\infty}^{+\infty}F(u,v)\mathrm{d}u\mathrm{d}v} \quad\cdots\cdots(7)$$

式中：

$F(u,v)$——像点光辐射分布。

5.47

线扩散函数　line spread function; LSF

非相干线源像的归化辐照度分布，可以表示为点扩散函数 $P(u,v)$ 的卷积，$P(u,v)$ 带有一个其长度包含在等晕区内的无限窄线 $\delta(u)$。对平行于 v 轴的窄线，$\delta(u)$ 为迪卡尔旦耳他函数。

$$L(u)=\iint_{-\infty}^{+\infty}P(u',v)\delta(u-u')\mathrm{d}u'\mathrm{d}v$$

$$=\int_{-\infty}^{+\infty}P(u,v)\mathrm{d}v \quad\cdots\cdots(8)$$

注1：线扩散函数仅存在于一个等晕区内。

注2：一维光学传递函数 $D(r)$ 是线扩散函数 $L(u)$ 的付里叶变换。

5.48

空间频率　spatial frequency

直线正弦空间分布周期的倒数。

注：空间频率是付里叶空间中的变量。它可以用直线或角度来表示，空间频率的单位名称定为 1/mm 或 1/mrad (1/(°))。

5.49

等晕区　isoplanatic region

点扩散函数认为是恒定的像空间的成像系统区域。

注1：对点扩散函数恒定的评估由所要求的光学传递函数测量准确度决定。

注2：如果成像器件是抽样或扫描件(例如当该器件包含光纤元件或隧道电子倍增平台或视频系统的一部分时)，则等晕区由一个实空间区域和一个空间频率(付里叶空间)的限定频率区域规定。在规定的允差范围内，点扩散函数的付里叶变换可以认为是恒定的区域。

6　光学零部件及工艺

6.1

光学零件　optical element

对光起反射、折射、衍射、偏振、滤光和分色等作用的零件。

6.2

光学部件 optical component

光学系统中由几个光学零件按某种要求组合而成,并在该系统的功能上有一定的独立作用的组成部分。

6.3

透镜 lens

有两个面(其中至少有一面是曲面)的透明介质或这种介质的组合,透镜具有使光束会聚或发散的作用。

6.4

薄透镜 thin lens

中心厚度很小,可认为其物点方主点和像方主点重合的透镜。

6.5

单透镜 single lens

只有两个面的透镜。一般指球面透镜。

6.6

厚透镜 thick lens

中心厚度较大,其物方主点和像方主点不重合的透镜。

6.7

凸透镜 convex lens

边缘厚度小于中心厚度的单透镜。

6.8

凹透镜 concave lens

边缘厚度大于中心厚度的单透镜。

6.9

会聚透镜 convergent lens;positive lens

又称正透镜。

焦距为正值的透镜,对光束起会聚作用。

6.10

发散透镜 divergent lens;negative lens

又称负透镜。

焦距为负值的透镜,对光束起发散作用。

6.11

球面透镜 spherical lens

折射面为球面的单透镜,其中一个折射面可以是平面。

6.12

非球面透镜 aspherical lens

至少有一个折射面为非球面的单透镜。

6.13

柱面透镜 cylindrical lens

具有圆柱面的透镜。

6.14

复曲面透镜 toric lens

一个面为复曲面,另一面是球面或平面的单透镜。当复曲面为圆环面时,称为环面透镜。

6.15

双复曲面透镜　bitoric lens

两个面均为复曲面的单透镜。

6.16

集光透镜　collector lens

将适当大小光源的像投射到指定面上的透镜。

6.17

同心透镜　concentric lens

两个折射球面的曲率中心相重合的单透镜。

6.18

弯月透镜　meniscus shaped lens

两个折射球面同向弯曲的单透镜。

6.19

凸凹透镜　convex-concave lens

又称正弯月透镜。

由一个凸面和一个凹面组成的，凸面曲率半径小于凹面曲率半径的单透镜。

6.20

凹凸透镜　concave-convex lens

又称负弯月透镜。

由一个凹面和一个凸面组成的，凹面曲率半径小于凸面曲率半径的单透镜。

6.21

超半球透镜　hyper-hemispherical lens

矢高大于折射球面曲率半径的凸透镜。

6.22

抛物面透镜　parabolodal lens

一个折射面为抛物面的单透镜。

6.23

双凹透镜　double concave lens

两个折射球面为凹面的单透镜。

6.24

双凸透镜　double convex lens

两个折射球面为凸面的单透镜。

6.25

平透镜　plano lens

一种没有曲面或两个曲面的折射能力互相抵消的单透镜。

6.26

平凸透镜　plano-convex lens

由一个平面和一个凸球面组成的单透镜。

6.27

平凹透镜　plano-concave lens

由一个平面和一个凹球面组成的单透镜。

6.28

楔形透镜　tapered lens

边缘厚度不等，其光轴与外圆轴线不重合的单透镜。

6.29

中间透镜　intermediate lens

a）位于物镜与第一次像之间的透镜；

b）在电子显微镜中，用于构成样品的中间图像，也可在投影镜物面上构成样品的衍射图像的电子透镜。

6.30

中继透镜　relay lens

将一个光学系统所成的实像作为物体再次成实像的透镜。

6.31

阶梯透镜　echelon lens

折射曲面为一系列非连续的环带曲面的透镜。

6.32

菲涅耳透镜　Fresnel lens

宽环带的阶梯透镜。

6.33

螺纹透镜　screw lens

窄环带的阶梯透镜。

6.34

胶合透镜　cemented lens

由两个或两个以上透镜胶合而成的组合透镜。

6.35

电子透镜　electron lens

产生轴对称分布的电场或磁场，将电子束聚焦的电子光学部件。

6.36

磁透镜　magnetic lens

采用磁场使电子束聚焦的电子透镜。

6.37

静电透镜　electrostatic lens

采用电场使电子束聚焦的电子透镜。

6.38

[电子]成像透镜　[electron] imaging lens

扫描电子显微镜中，形成电子探针的电子透镜。

6.39

衍射透镜　diffraction lens

透射电子显微镜中，用于形成样品中间图像或在中间镜的物面上形成样品的衍射图像的电子透镜。

6.40

投影镜　projection lens

将物或第一次像进行放大成像并投影在屏上的透镜。

6.41

聚光镜　condenser (lens)

用于照明物体并保证物镜具有一定数值孔径的会聚透镜。

6.42

调焦镜　focusing lens

一种调焦用的透镜。通过其轴向移动，在物面位置改变时，仍能使其像在光学系统原位置上。

6.43

反射镜　mirror

反光镜

使光发生反射的镜面。

6.44

后表面反射镜　rear surface mirror

后表面作为反射面的反射镜。

6.45

前表面反射镜　front surface mirror

前表面作为反射面的反射镜。

6.46

平面[反射]镜　plane mirror

反射面为平面的反射镜。

6.47

球面镜　spherical mirror

反射面为球面的反射镜。

6.48

非球面镜　aspherical mirror

反射面为非球面的曲面反射镜。

6.49

凸面镜　convex mirror

反射面为凸面的反射镜。

6.50

凹面镜　concave mirror

反射面为凹面的反射镜。

6.51

椭球面[反射]镜　ellipsoidal mirror

反射面为椭球面的反射镜。

6.52

抛物面[反射]镜　parabolic mirror

反射面为抛物面的反射镜。

6.53

双曲面[反射]镜　hyperboloidal mirror

反射面为双曲面的反射镜。

6.54

半透射镜　semi-transparent mirror

使入射光的能量一半反射，一半透射的反射镜。

6.55

冷镜　cold mirror

使入射光的可见光反射，近红外光透射的反射镜。

6.56

分束镜　beam splitter

将入射光分成具有与入射光相同光谱成分的两束光的光学零件。

6.57

分色镜 dichroic mirror

将入射光的部分波长范围的光反射，其余部分透过的反射镜。

6.58

角镜 angle mirror

由两块或几块平面反射镜按一定角度放置而构成的部件。

6.59

三垂面反射镜 triple mirror

由三块互成直角的平面反射镜所组成的角镜。

6.60

多面体 polygon

将360°圆周角按工作面面数进行等分的，且工作面全部是外反射平面的直棱柱。

6.61

场镜 field lens

位于光学系统像面和像面附近的透镜。

6.62

目镜 ocular；eyepiece

在光学系统中，将物镜所成的像放大后供眼睛观察用的光学部件。

6.63

接目镜 eye lens

目镜中最靠近眼睛的透镜。

6.64

内焦点目镜 negative ocular；ocular with inside focus

物方焦点位于透镜系统内部的目镜。例如惠更斯目镜。

6.65

外焦点目镜 positive ocular；ocular with outside focus

物方焦点位于透镜系统外部的目镜。

6.66

补偿目镜 compensating ocular

在显微镜中，具有一定横向色差的目镜，它可用以补偿复消色差物镜的横向色差。

6.67

测微目镜 micrometer ocular

由目镜、分划板和测微装置组成的一种目镜。

6.68

测角目镜 goniometer ocular

由目镜、分划板和测角装置组成的一种目镜。

6.69

轮廓目镜 template ocular

由目镜和轮廓分划板组成的一种目镜。

6.70

双像目镜 double image ocular

由目镜和双像棱镜组成的一种目镜。

6.71

惠更斯目镜　Huygenian ocular

由凸面对向物体的两个平凸透镜组成的内焦点目镜。

6.72

冉斯登目镜　Ramsden ocular

由凸面相对的两个平凸透镜组成，视场光阑位于场镜前的目镜。

6.73

开涅尔目镜　Kellner ocular

前组是凸透镜，后组(接目镜)是正负透镜组成的胶合透镜的目镜。

6.74

对称式目镜　symmetrical ocular

由两组相同的胶合透镜对称地(凸透镜在内)组成的目镜。

6.75

消畸变目镜　orthoscopic ocular

前组是负透镜在中间的三胶合透镜，后组是一块平凸透镜所组成的目镜。

6.76

高斯目镜　Gauss ocular

由目镜、分划板和采用半透射镜的照明系统所组成的一种自准直目镜。

6.77

阿贝目镜　Abbe ocular

由目镜、分划板和采用45°反射棱镜的照明系统所组成的一种自准直目镜。

6.78

物镜　objective

a)　在光学仪器中，最先对实际物体成像的光学部件。

b)　在电子显微镜中，用于形成样品的第一次放大图像的电子透镜。

6.79

反射物镜　reflection objective

由一个或多个曲面反射镜组成的物镜。它对实际物体的成像是通过对光线的反射实现的。

6.80

折反射物镜　cata-dioptrice objective

由透镜和曲面反射镜组成的物镜。它对物体的成像是通过光线的折射和反射实现的。

6.81

显微镜物镜　microscopic objective

将近处物体或物体的细微部分进行放大成像于目镜前焦平面上的物镜。

6.82

浸液物镜　immersion objective

在显微镜中，物镜与标本之间浸以液体的物镜。

6.83

干物镜　dry objective

在显微镜中，物镜与标本(或盖玻片)之间为空气的物镜。

6.84

消色差物镜　achromatic objective

对两条谱线校正轴向色差的物镜。

6.85

复消色差物镜　apochromatic objective

对 3 条或 3 条以上谱线校正轴向色差的物镜。

6.86

平场物镜　plan-field objective

场曲和像散得到很好校正的消色差物镜。

6.87

平场复消色差物镜　plan-apochromatic objective

场曲和像散都得到很好校正的复消色差物镜。

6.88

望远镜物镜　telescopic objective

将远处物体成像于目镜前焦平面上的物镜。

6.89

准直物镜　collimator objective

将发散的光束变成平行光束的物镜。

6.90

消球差物镜　aplanatic objective

对光轴上特定位置的像点可以满足消球差和正弦条件的物镜。

6.91

消像散物镜　anastigmat objective

像散和场曲都得到校正的物镜。

6.92

半复消色差物镜　semi-apochromatic objective

二级光谱比消色差物镜小的物镜。

6.93

摄远物镜　telephoto objective

正负两组分离，正组在前的能使镜筒长度比焦距短的一种摄影物镜。

6.94

棱镜　prism

具有两个以上不平行平面的透明体。

6.95

反射棱镜　reflecting prism

利用内反射平面的反射作用使光路发生转折，并能展开成等效平板的棱镜。

6.96

直角棱镜　rectangular prism

有一个顶角为直角的三角棱镜。

6.97

五[角]棱镜　pentagonal prism

一般指两反射面的夹角为 45°，出射面和入射面的夹角为 90°的棱镜。

6.98

屋脊棱镜　roof prism

用两个互相垂直相交的反射平面（称屋脊面）代替一个反射平面的棱镜。

6.99

三垂面棱镜　triple prism; corner cube prism

又称角偶棱镜。

由三个互成直角的反射平面和一个入射平面组成的棱镜。

6.100

分像棱镜　separating prism

在光学系统中分割视场的棱镜。

6.101

折射棱镜　refracting prism

利用工作面的折射作用使光束偏向和色散的棱镜。

6.102

色散棱镜　dispersion prism

将复色光分解为单色光的折射棱镜。

6.103

光楔　optical wedge

又称楔镜。

两个折射平面夹角很小的折射棱镜。

6.104

消色差棱镜　achromatic prism

使光发生偏向而不产生色散的组合折射棱镜。

6.105

直视棱镜　direct vision prism

使光产生色散而 D 光不发生偏向的组合折射棱镜。

6.106

阿米西棱镜　Amici prism

由三块折射棱镜组成，对所要求的波长的光在棱镜中的中间偏向角必须相等且相反的直视棱镜。

6.107

分色棱镜　dichroic prism

将复色光分成两种色光的组合棱镜。

6.108

分束棱镜　beam splitting prism

将一束光分成具有与入射光相同光谱成分的两束光的组合棱镜。

6.109

双像棱镜　double image prism

对光轴外的物体形成两个对称像的组合棱镜。

6.110

偏振[光]棱镜　polarizing prism

使自然光成为偏振光的棱镜。

6.111

菲涅耳双棱镜　Fresnels' biprism

截面为顶角略小于 180°的等腰三角形的棱镜。

6.112

尼科耳棱镜　Nicol prism

由一块长宽之比为 3∶1 的方解石解理块制成的一种偏振棱镜。

6.113

格兰-汤姆逊棱镜　Glan-Thompson prism

由一块平行六面体方解石晶体制成的偏振棱镜，入射光垂直于端面。

6.114

渥拉斯顿棱镜　Wollaston prism

光通过该棱镜时被分解为振动方向相互垂直的两束出射光，其传播方向对称于光的入射方向的一种偏振棱镜。

6.115

罗森棱镜　Rochon prism

光通过该棱镜时被分解为振动方向相互垂直的两束出射光，其传播方向一束与入射光相同，而另一束与入射光有一定夹角的一种偏振棱镜。

6.116

阿贝棱镜　Abbe prism

能使倒像成正像的直视棱镜。

6.117

合像棱镜　coincidence prism

使物像从两个物镜传递到单一目镜的一组小棱镜胶合而成的复合棱镜。

6.118

道威棱镜　Dove prism

旋转棱镜　rotating prism

使像在一个平面内转动，而轴线不偏离或移动的棱镜。

6.119

目镜棱镜　ocular prism

使光偏折以后再进入目镜的棱镜。

6.120

物镜棱镜　objective prism

使光偏折以后进入物镜的棱镜。

6.121

施密特棱镜　Schmidt prism

入射面与出射面成45°的三次反射棱镜。

6.122

保罗棱镜　Porro prism

由相同两个等腰直角棱镜组成，能使像完全倒转的正像棱镜系统。

6.123

滤光片　filter

能衰减光的强度、改变光谱成分和限定振动面的光学零件。

6.124

滤色片　colour filter

只能使所需要的色光通过的滤光片。通常由有色玻璃制成。

6.125

红外滤光片　infrared filter

用于红外光谱区的滤光片。

6.126

紫外滤光片　ultraviolet filter

用于紫外光谱区的滤光片。

6.127

中性滤光片　neutral-density filter

在给定光谱范围,只衰减光强,但不改变光谱强度分布的滤光片。

6.128

截止滤光片　sharp cut filter;edge filter

将某确定波长以下的短波长(或以上的长波长)的光急剧截止的滤光片。

6.129

短波通滤光片　short-wave pass filter;high-pass filter

又称高通滤光片。

只能使波长比确定波长短的光通过的滤光片。

6.130

长波通滤光片　long-wave pass filter;low-pass filter

又称低通滤光片。

只能使比确定波长长的光通过的滤光片。

6.131

带通滤光片　band-pass filter

能让某一光谱范围的光透过的滤光片。这一光谱范围称为通带。

6.132

宽带滤光片　broad band-pass filter

通带半宽度与通带中心波长之比大于20%的带通滤光片。

6.133

窄带滤光片　narrow band-pass filter

通带半宽度与通带中心波长之比小于15%的带通滤光片。

6.134

干涉滤光片　interference filter

利用薄膜干涉原理,使所需波长的光透过或反射的滤光片。

6.135

金属干涉滤光片　metal interference filter

两侧为金属膜,中间隔以介质膜的干涉滤光片。

6.136

介质干涉滤光片　dielectric interference filter

两侧为高、低折射率介质交替镀制成的膜系,中间隔以介质膜的干涉滤光片。

6.137

反衬滤光片　contrast filter

用来加强物体特征与背景之间或物体与背景之间对比的特殊滤色片。

6.138

偏振[滤光]片　polarizing filter

使通过的光产生偏振的滤光片。

6.139

光栅　grating

制有大量按一定规律排列的刻槽(或线条)的透光和不透光(或反射)的光学零件。

6.140

衍射光栅　diffraction grating

利用光的衍射使光色散而获得光谱的光栅。

6.141

反射光栅　reflection grating

入射光与衍射光在光栅工作面同一侧的衍射光栅。

6.142

透射光栅　transmittance grating

入射光与衍射光在光栅工作面两侧的衍射光栅。

6.143

平面光栅　plane grating

刻划面或复制面为平面的衍射光栅。

6.144

凹面光栅　concave grating

刻划面或复制面为凹面的衍射光栅。

6.145

闪耀光栅　blazed grating

截面具有锯齿状沟痕的反射衍射光栅。

6.146

阶梯光栅　echelon grating

光栅工作面按台阶一样排列的衍射光栅。

6.147

中阶梯光栅　echelle grating

利用高干涉级获得高色散本领和高分辨本领的一种宽槽而精刻的阶梯光栅。

6.148

小阶梯光栅　echelette grating

通过反射把大部分辐射集中在小角度范围内的一种宽槽阶梯光栅。

6.149

交叉光栅　crossed grating

具有两组互相垂直的等间距平行刻槽(或线条)的光栅。

6.150

线光栅　wire grating

在一平面内由金属丝组成等间距平行线条的衍射光栅。

6.151

计量光栅　metrology grating

用于计量的光栅,是测量长度、角度等几何量的基准元件。

6.152

直线棱镜光栅　linear prismatic grating

用于测量长度的刻槽型闪耀光栅。

6.153

黑白幅值光栅　line and space amplitude grating

由透光(反光)和不透光(不反光)栅线组成的光栅。光波透过(反射)后,只产生幅值的变化,而不产生方向变化。

6.154

光栅尺　grating bar

长光栅

测量长度的基准光栅元件，其栅线相互平行排列。

6.155

光栅盘　grating disk

圆光栅

测量角度的基准光栅元件，其栅线沿特定圆周径向或切向排列。

6.156

刻划光栅　ruled grating

刻槽或线条是用机械刻刀刻划而成的光栅。

6.157

复制光栅　replica grating

刻槽或线条是用复制法制得的光栅。

6.158

全息光栅　holographic grating

利用全息照相原理而制成的光栅。

6.159

磨砂玻璃　ground glass

具有使光发生漫透射的粗糙表面的玻璃板。

6.160

光学(光导)纤维　optical fiber

传输光能的丝状或纤维状的介质材料。将若干条纤维组成一束传送图像的纤维束称为像导。仅传送光辐射的称为光导。

6.161

起偏[振]器　polarizer

将自然光变换为偏振光的光学部件。

6.162

检偏[振]器　analyzer

检测偏振光用的光学部件。

6.163

补偿器[板]　compensator

用于补偿位相差、光程差、偏振状态、光强度和机械位移等的光学零件。

6.164

巴比涅补偿器　Babinet compensator

由晶体光轴方向相互垂直的两块水晶或其他双折射材料的光楔组成的一种补偿器。移动其中的一块光楔，可以使振动方向相互垂直的偏振光成分产生任意的位相差(在视场中连续变化)。

6.165

索来补偿器　Soleil compensator

由一块右旋的平行平板和两块左旋的石英光楔组成的一种补偿器，其光轴方向均与光的传播方向相同，移动一块光楔即可使偏振面连续旋转。

6.166

巴比涅-索来补偿器 Babinet-Soleil compensator

由用水晶等制作的光轴方向平行的两片光楔板和光轴方向与光楔垂直的平行平板组成的一种补偿器。转动一块光楔板就可以使相互垂直的偏光成分产生任意的相位差(在整个视场中产生的位相差是一样的)。

6.167

法布里-珀罗标准具 Fabry-Perot etalon

由较高反射率的两个平面被一间隔器平行隔开产生多光束干涉的光学部件。

6.168

减光板 weakener

按照一定比例改变光的光强度而不改变光谱成分的玻璃板。

6.169

连续减光板 continuous weakener

改变位置能使光的光强度连续改变的减光板。

6.170

阶梯减光板 stepped weakener

改变位置能使光的光强度阶梯变化的减光板。

6.171

波片 wave plate;retardation plate

又称迟滞板。

使相互垂直的平面偏振光产生特定相位差或使偏振面方向改变的双折射晶体薄片。

6.172

一级红板 first-order red plate

又称灵敏色板。

产生 2π 相位差的波片。

6.173

半波片 half-wave plate

产生 1/2 波长的光程差或使光的偏振面旋转 π 的波片。

6.174

1/4 波片 quarter-wave plate

产生 1/4 波长的光程差或使光的偏振面旋转 $\pi/2$ 的波片。

6.175

狭缝 slit

通光的细缝。

6.176

旋转遮光片 rotating sector

断续遮光用的旋转板。

6.177

荧光屏 fluorescent screen

为了将紫外辐射、X 射线或电子束等转换成可见光,将荧光材料涂布在适当的基体上的板。

6.178

空间滤波器 spatial filter

使影像中包含的特定空间频率成分加强减弱或改变相位的部件。

6.179

光学低通滤波器　optical low-pass filter

滤除影像中包含的不必要的高频空间频率成分的空间滤波器。

6.180

光学匹配滤波器　optical matched filter

用来检测湮没在光学噪声中的影像信号，以达到最大信噪比的空间滤波器。

6.181

相衬板　phase-contrast plate

局部区域内（通常是环带）镀上一层具有一定厚度和折射率膜层的玻璃平板，使透过该区域的光比通过非镀层区的光的相位超前或滞后。

6.182

浸液　immersion liquid

在显微镜中，为了提高物镜和聚光镜的数值孔径，加在物镜与标本之间及聚光镜与标本之间的液体。常用的浸液有香柏油、甘油和水等。

6.183

分划板　reticle

在一个表面上制有一定标志的光学零件。

6.184

标尺　length scale

一个表面制有相互平行等距的分划线的光学零件。

6.185

承物台测微尺　stage micrometer

放在载物台上，用来测量显微镜放大率，视场数等的标尺。

6.186

载玻片　slide glass

在显微标本片中，放置生物标本的玻璃片。

6.187

盖玻片　cover glass

在显微标本片中，覆盖生物标本的玻璃片。

6.188

调焦屏　focusing screen

为正确对焦而设置在焦面上的磨砂玻璃。

6.189

保护玻璃　protective glass

保护光学仪器内部光学零件免受尘埃、湿气等侵蚀及机械碰伤的光学零件。

6.190

隔热玻璃　thermo-isolating glass

隔离热辐射的玻璃片。

6.191

玻璃度盘　glass circle

在圆周上制有径向分度线的光学零件。

6.192

编码度盘　coded circle

简称码盘。

在一个表面上制有圆弧编码图案的光学零件。

6.193

编码尺　coded scale

简称码尺。

在一个表面上制有按一定规律变化的直线编码图案的光学零件。

6.194

光学零件加工　process of optical element;work of optical element

将光学材料加工成光学零件的工艺过程。

6.195

切割　cutting

将块料玻璃割成一定形状的加工过程。

6.196

热压成型　thermoforming

把软化而未熔融的光学材料放入型模中加压而得到成型坯件或成品的过程。

6.197

整形　cribbing

去掉所需形状之外的多余部分的加工过程。

6.198

粗磨　rough grinding

采用较粗的散粒磨料将毛坯磨削到一定几何形状和尺寸的加工过程。

6.199

铣磨　milling

利用金刚石砂轮将毛坯切削到一定几何形状和尺寸的加工过程。

6.200

细磨　emery smoothing

采用粒度较细的散粒磨料对粗磨(或铣磨)后的零件表面进行微量磨削,消除粗磨遗留下的痕迹的加工过程。

6.201

抛光　polishing

除去细磨或铣磨的残留痕迹,使表面粗糙度或面形误差达到规定要求的加工过程。

6.202

高速抛光　high speed polishing

在高速高压的情况下进行抛光。

6.203

抛光不足　short finish

抛光后局部区域尚残留细磨或铣磨痕迹。

6.204

定中心　centering

使透镜或反射镜的基准轴与它的光轴重合的过程。

6.205

倒棱　chamfer

把锐棱研磨掉的加工过程。

6.206

磨边　edging

用砂轮磨削光学零件周边的加工过程。

6.207

光学定心磨边　optical centering and edging

用光学方法,使光学零件光轴与磨边机的旋转轴线重合后磨削外圆的加工过程。

6.208

[光学]镀膜　[optical] thin film deposition

在光学零件表面上镀上一层或多层光学薄膜的工艺过程。

6.209

真空镀膜　vacuum deposition

在真空条件下利用物理现象进行光学零件镀膜的工艺过程。

6.210

化学镀膜　chemical deposition

利用化学方法在光学零件表面上镀制光学薄膜的工艺过程。

6.211

光学薄膜[膜层]　optical coating;optical thin film

为改变光学零件表面光学特性而镀在光学零件表面上的一层或多层膜。可以由金属膜、介质膜或这两类膜组成。

6.212

反射膜　reflecting coating

能使一定波段的光反射的膜层。

6.213

高反射膜　high-reflecting coating

具有高反射系数的反射膜。

6.214

减反射膜　reducing reflecting coating;antireflection coating

又称增透膜。

用来减小光学零件折射表面反射系数的膜层。

6.215

分束膜　beam splitter coating

将入射光分成反射光和透射光的膜层。

6.216

分色膜　dichroic coating

把一束光分成两束不同颜色的光的膜层。

6.217

滤光膜　filter coating

衰减光强度或改变光谱成分的膜层。

6.218

偏振膜　polarizing coating

使自然光变成偏振光的膜层。

6.219

保护膜　protective coating

为防止机械磨损和化学腐蚀而镀在光学零件表面上的膜层。

6.220

导电膜　conducting coating

能导电的膜层。

6.221

亲水膜　hydrophilic coating

能使落在膜面上的水变成均匀水膜的膜层。

6.222

憎水膜　hydrophbic coating

能使落在膜面上的水凝成水珠的膜层。

6.223

单层膜　single layer coating

膜层内没有界面的膜层。

6.224

双层膜　double layer coating

膜层内有一个界面的膜层，它由两种薄膜材料镀制而成。

6.225

多层膜　multilayer coating

膜层内有两个或两个以上界面的膜层。它由两种或两种以上的薄膜材料交替镀制而成。

6.226

金属膜　metal coating

以金属为薄膜材料的膜层。

6.227

介质膜　dielectric coating

以介质为薄膜材料的膜层。

6.228

刻划　dividing;rulling

用钢刀或金刚钻刀在光学零件表面或涂敷层上刻制直线、曲线、数字或其他标志的过程。

6.229

复制法　replica method

将母板上的图案复制到光学零件上的工艺方法。

6.230

照相复制法　photographic replica method

应用照相工艺的一种复制法。

6.231

光刻法　photolithography

制作半导体器件(如晶体管集成电路等)的复制法。通常有接触式光刻、接近式光刻和投影式光刻等方法，所用母板称为掩模板。

6.232

胶合　cementing

把两块或多块光学零件按相互位置要求结成一体的工艺过程。

6.233

光胶　optical contact

不用粘结剂，稍加压力使两个清洁光滑和面形一致的光学零件表面吸附在一起的工艺过程。

6.234

粘膜　block

研磨(粗磨、细磨)和抛光过程中,粘结光学零件的模具。

6.235

上盘　blocking

把待研磨和抛光的毛坯粘结到粘模上的过程。

6.236

下盘　deblocking

把光学零件从粘模上卸下的过程。

6.237

研磨模　lap

对光学零件表面进行研磨的工具。

6.238

抛光模　polisher

对光学零件表面进行抛光的工具。

6.239

辊边　burnishing

又称包边。

把镜座薄边辊压到透镜的倒角面上,使透镜牢固地安装在镜座内的过程。

6.240

样品室　specimen chamber

电子显微镜中,用来放置并移动样品的部件。

6.241

电子枪　electron gun

发射并加速电子束的装置。

6.242

电子探针　electron probe

电子枪发射的电子束,被聚光镜聚集成纳米级的细束。它用于探测和照明样品。

6.243

极靴　pole piece

电子显微镜的导磁部分。它用于将磁场集中到近轴区域。

6.244

镜筒　column

电子显微镜中,由电子光学系统各部件与机械结构各部件相结合的高真空组合体。

6.245

照相室　camera chamber

电子显微镜中,用于拍摄样品电子放大像的图片的记录部件。

6.246

消像散器　anastigmator

电子显微镜中,用于校正轴向像散的电子光学部件。

6.247

锁气装置　air-lock device

电子显微镜中,更换样品时不破坏镜筒工作真空的装置。

7 光学仪器

7.1

光学仪器 optical instruments

应用光学原理达到观察、测量、记录和分析等目的的由光学系统和其他系统所组成的仪器。

7.2

放大镜 magnifier; magnifying lens

在物体与眼睛之间用来增大视角,在视网膜上形成放大像的会聚透镜。

7.3

显微镜 microscope

为增进视觉能力即可看见肉眼不能看见的微小细节而设计的仪器。

7.4

生物显微镜 biological microscope

主要用于观察和研究生物和微生物的显微镜。

7.5

紫外显微镜 ultraviolet microscope

为紫外显微镜术专门设计和附加配备装置的显微镜。

7.6

荧光显微镜 fluorescence microscope

由物体自发荧光和/或荧光染料发射的荧光成像的显微镜。

7.7

相衬显微镜 phase-contrast microscope

为相衬显微术专门设计或附加配备装置的显微镜。

7.8

偏光显微镜 polarizing microscope; polarized-light microscope

为偏光显微术专门设计或附加配备装置的显微镜。

7.9

金相显微镜 metallurgical microscope

用反射照明来观察金属试样表面组织的显微镜。

7.10

高温金相显微镜 high temperature metallurgical microscope

呈现和记录金属样品的显微组织在不同温度下变化情况的金相显微镜。

7.11

比较显微镜 comparision microscope

用光学方法联系两个显微镜系统,使它们的像呈现在同一个视场中的显微镜。

7.12

数码显微镜 digital microscope

对显微图像进行数字信号采集、显示的显微镜。

7.13

纤维直径光学分析仪 optical fibre diameter analyzer

测定纺织纤维平均直径和分布的仪器。

7.14

视频显微镜 vision microscope

对显微图像进行模拟信号采集、显示的显微镜。

7.15

图像分析显微镜 quantitative image analysis microscope

利用扫描原理和光度测量法进行图像分析的显微镜。

7.16

微分干涉显微镜 differential interfenence microscope

使照明光束通过起偏器并投射到石英棱镜上，在胶合面上光束分为寻常光和非常光平行地透过样品，这两束光经物镜后重新被两个石英棱镜会集，这样由于波面的相互位移（侧向），干涉后可以得到鲜明的色调和立体感，从而观察到样品表面或内部的微小起伏的显微镜。

7.17

全息显微镜 holographic microscope

利用全息原理的显微镜。

7.18

激光显微镜 laser microscope

配备激光器装置的显微镜。

7.19

体视显微镜 stereomicroscope

由每个眼睛分别从略有不同的角度观察物体，这样不同的像点成像于视网膜上的相应点而引起立体感觉的双目显微镜。

7.20

倒置显微镜 inverted microscope

载物台在物镜上面的显微镜。

7.21

红外显微镜 infrared microscope

为红外显微术专门设计或附加配备装置的显微镜。

7.22

手术显微镜 operation microscope

工作距离长、用于外科精细手术中的一种体视显微镜。

7.23

万能显微镜 universal microscope

配置多种附加装置、具有多种用途的高级显微镜。

7.24

显微镜光度计 microscope photometer

用显微镜测量样品的可见光谱反射比和吸收比的光学仪器。

7.25

大陆测量仪器 geodetic instrument

在陆地上测量地面各点相对位置（高程、角度、距离）的一类光学仪器。

7.26

经纬仪 theodolite; transit

测量远方目标的水平或垂直角度的光学仪器。

7.27

光学经纬仪 optical theodolite

具有玻璃度盘和光学读数系统的经纬仪。

7.28

陀螺经纬仪　gyroscopic theodolite

利用陀螺的动力学原理及地球的自转影响来达到寻真北目标的经纬仪。

7.29

归算经纬仪　reducing theodolite

能将经纬仪视距测量中所得斜距直接归算成水平距离的经纬仪。

7.30

激光经纬仪　laser theodolite

带有激光导向装置的经纬仪。

7.31

电子经纬仪　electronic theodolite

具备自动补偿、电子测角,带有数字显示和/或存储装置的经纬仪。

7.32

水准仪　level

测量地面上两点间高度差的光学仪器。

7.33

自动安平水准仪　automatic level

在一定倾斜范围内能使望远镜视轴自动处于水平状态的水准仪。

7.34

激光水准仪　laser level

带有激光导向装置的水准仪。

7.35

电子水准仪　electronic level

采用电子方式显示物体水平位置的装置。

7.36

数字水准仪　digital level

具有自动安平功能、CCD采集系统,使用带有特定比例条码的数字水准标尺的水准仪。

7.37

平板仪　plane table equipment

图解记录和直接绘制地形图的仪器。

7.38

归算平板仪　reducing plane table equipment

能把斜距直接归算成水平距离和高差的平板仪。

7.39

测距仪　telemeter;rangefinder

在大地测量中,测量远方目标至仪器之间距离的光学仪器。

7.40

光电测距仪　electro-optical telemeter

利用光电装置的一种测距仪。

7.41

红外测距仪　infrared telemeter

工作波段在红外区的光电测距仪。

7.42

激光测距仪　laser telemeter;laser rangefinder

利用激光器作光源的光电测距仪。

7.43

电子速测仪　tacheometer

可测量水平方向上距离和高程差的一种经纬仪。

7.44

全站型电子速测仪　electronic tacheometer

全站仪　total stations

具有电子测角、测距功能的经纬仪。

7.45

激光导向仪　laser alignment instrument

由激光器发射系统和光电接收系统组成的给出直线方向的光学仪器。

7.46

激光指向仪　laser orientation instrument

仅有激光器发射系统的给出直线方向的光学仪器。

7.47

望远镜　telescope

将远方物体进行视角放大,供眼睛观察的光学仪器。

7.48

双筒望远镜　binocular telescope

将两个性能相同的望远镜平行结合在一起,用两眼观察获得有立体感正像的望远镜。

7.49

伽里略望远镜　Galilean telescope

由伽里略设计的具有负目镜,成正像的望远镜。

7.50

开普勒望远镜　Keplerian telescope

由开普勒设计的具有正目镜,成倒像的望远镜。

7.51

反射望远镜　reflecting telescope

利用反射式物镜的望远镜。

7.52

折射望远镜　refracting telescope

利用折射式物镜的望远镜。

7.53

天文望远镜　astronomical telescope

观察天体用的望远镜。

7.54

卡塞格林望远镜　Gassegrainian telescope

由具有中心通孔的抛物面镜(主镜)和凸双曲面镜(副镜)组成物镜的一种望远镜。

7.55

格里果里望远镜　Gregorian telescope

由具有中心通孔的抛物面镜(主镜)和凹椭球面镜(副镜)组成物镜的一种望远镜。

7.56

牛顿望远镜　Newtonian telescope

以抛物面镜作为物镜，并用平面反射镜将回聚光束侧向反射到镜管外的一种望远镜。

7.57

肘形望远镜　elbow telescope

用棱镜使视线折转 90°的一种折射望远镜。

7.58

光学计量仪器　optical metrological instrument

对零部件的长度、角度、形状、位置和表面粗糙度等几何量进行测量的一类光学仪器。

7.59

长度计量仪器　length measuring instrument

又称端度计量仪器。

测量一维长度的光学计量仪器。

7.60

光学计　optimeter; optical comparator

又称光学比较仪。

应用光学杠杆方法测量微差尺寸的长度计量仪器。测量轴线与工作台垂直的称为立体式光学计，测量轴线与工作台平行的称为卧式光学计。

7.61

接触式干涉仪　contact interferometer

应用光的干涉原理接触测量微差尺寸的长度计量仪器。

7.62

测长仪　metroscope; Abbe metroscope

又称阿贝测长仪。

带有长度基准，且示值范围较小(通常 0 mm～100 mm)的长度计量仪器。测长仪有立式和卧式之分，前者的测量轴线与工作台垂直，后者的测量轴线与工作台平行，卧式测长仪因其测量功能较多，又称万能测长仪。

7.63

测长机　length measuring machine

带有长度基准，且测量范围较大(通常 1 m 以上)的长度计量仪器。

7.64

激光测长机　laser length measuring machine

用激光光波波长作为长度基准的测长机。

7.65

量块干涉仪　gauge interferometer

以光波波长为长度基准，用干涉法精确测定量块的中心长度、工作面的平面度及平行度的仪器。

7.66

测量显微镜　measuring microscope

配有瞄准显微镜和坐标工作台的用于二维坐标尺寸测量的光学计量仪器。这种仪器的瞄准显微镜立柱不能作偏摆运动。

7.67

工具显微镜　toolmaker's microscope

配有瞄准显微镜、坐标工作台及多种测量附件的，可作二维坐标尺寸测量的光学计量仪器。这种仪器的瞄准显微镜立柱可作偏摆运动，且附件众多，除可作长度测量外，还可作角度测量、形状和位置测量和极坐标测量等。

根据测量范围的不同，通常可分：小型工具显微镜、大型工具显微镜、万能工具显微镜和重型万能工具显微镜等。

7.68

视频测量仪　vision measuring system

又称影像测量仪。

用 CCD 摄像机瞄准或采集被测件图像，具有坐标工作台的用于二维坐标尺寸测量的光学计量仪器。通常配有计算机和图像处理软件。

7.69

三坐标测量机　3D measuring machine

应用接触测量法在三维直角坐标系内测量零部件空间长度、角度及形状和位置的仪器。通常配有电子计算机进行数据处理和控制操作。

7.70

投影仪　measuring projector; profile projector

以精确的放大倍率将物体放大投影在投影屏上测定物体形状、尺寸的仪器。

7.71

截面投影仪　section projector

利用特殊的照明方法或测量附件进行截面轮廓测量的投影仪。

7.72

光切显微镜　light-section microscope

利用光切法测量零件表面粗糙度的仪器。其表面粗糙度测量范围 R_z 为 1 μm～100 μm。

7.73

[粗糙度]干涉显微镜

应用光的干涉原理测量零件表面粗糙度的光学仪器，其表面粗糙度的测量范围 R_z、R_y 为 0.025 μm～0.8 μm。

7.74

内表面干涉显微镜　inner-surface interference microscope

测量零件内孔(壁)表面粗糙度的干涉显微镜。

7.75

多光束干涉显微镜　multiple-beam interference microscope

利用多光束干涉原理测量表面微观高低不平的仪器。

7.76

线纹比较仪器　linear comparator

检定标尺和分划板上分划线位置误差的光学计量仪器，通常按瞄准方式可分为目视式和光电式。

7.77

阿贝比长仪　Abbe comparator

基准标尺与被检标尺的布局符合阿贝原理，用 2 只光学显微镜分别作瞄准和读数的目视式线纹比较仪器。

7.78

光电比较仪　photoelectric comparator

用 2 只光电显微镜分别对基准标尺和被检标尺进行瞄准和读数的光电式线纹比较仪器。

7.79

激光线纹比较仪　laser linear comparator

应用激光波长作为长度基准的线纹比较仪器。通常用氦氖激光器作光源。

7.80

平直度测量仪器　flatness and straightness measuring instrument

测量零、部件的平面度、直线度、同轴度以及作导向用的一类光学计量仪器。

7.81

自准直仪　autocollimator

又称自准直平行光管。

利用光学自准直原理测量微小角度变化的仪器。通过计算可将角度变化量换算成平面度和直线度。

7.82

光电自准直仪　photoelectric autocollimator

又称光电自准直平行光管。

采用光电装置瞄准反射像的自准直仪。

7.83

激光准直仪　laser collimator

以激光光束为直线基准进行直线度和同轴度测量的仪器。

7.84

准线望远镜　alignment telescope

一种测量同轴度用的望远镜。它以视轴为基准直线，通过调节调焦镜对不同距离上的目标进行观察和测量。

7.85

平行平晶　parallel optical flat

一种检测用的圆柱形透明玻璃平板。平板的两个端面相互平行，具有很高的平面度(约 0.2 μm～0.05 μm)和平行度(约 0.4 μm～0.1 μm)。可以利用光波干涉原理进行平面及平行度测定，通常将具有微小厚度差的 4 块平行平晶组成一组。

7.86

平面平晶　plane optical flat

又称平面样板。

一种检测用的圆形透明玻璃平板，其中一个平面具有很高的平面度(0.1 μm～0.05 μm 左右)，可以利用光波干涉原理进行平面度测定。

7.87

角度测量仪器　angle measuring instrument

测量角度或对圆周(圆心角)进行分度的一类光学计量仪器。

7.88

光学分度头　optical dividing head

利用光学装置和内装角度基准(如：度盘、光栅盘)进行圆周分度和测量圆心角的仪器。通常其主轴可以在水平位置和垂直位置之间任意安置。

7.89

[光学]测角仪　[optical] goniometer

利用望远镜或自准直仪以及内装的度盘测量平面间夹角的仪器，配备单色光源和平行光管的测角仪称为分光计，可测量折射棱镜的偏向角。

7.90

比较测角仪　comparison goniometer

利用自准直仪和外部角度基准,以测量角度微差的方法测定零件角度的仪器。

7.91

光学倾斜仪　optical clinometer

又称象限仪。

利用水准器及光学装置测量空间平面,柱面轴线与水平面间夹角的仪器。

7.92

光学转台　optical rotating stage

又称光学分度台。

一种作角度分度用的,装有角度基准(如:度盘、圆光栅)和光学读数系统的可旋转工作台,通常作为精密机床的附件。

7.93

孔径测量仪器　bore measuring instrument

测量内孔直径的光学计量仪器。

7.94

孔径干涉仪　bore interfermeter

利用光波干涉原理,将量块(或环视)与内孔尺寸相比较,测出其微差尺寸的非接触式孔径测量仪器。

7.95

丝杆检查仪　lead screw tester

测量丝杆螺距误差、螺距累积误差和周期误差等的专用仪器。

7.96

机床显微镜　maching-tool microscope

又称对刀显微镜。

一种装在机床上在加工过程中对零件或刀具进行测量和检查的轮廓显微镜,可用于检查刀具切削刃角度、螺纹轮廓、刻线粗细等。

7.97

垂高计　cathetometer

以非接触方式测量目标上的水平线段(或水平面)的高度差异的仪器。如测定液柱高度的变化。

7.98

光电显微镜　photoelectric microscope

应用光电装置进行精确瞄准,定位或测量的显微镜。

7.99

激光[工业]干涉仪　laser interference measuring system

以激光波长为长度基准,利用光波干涉原理作长度、角度、平直度等各种测量的仪器。通过变换各种测量附件实现不同的测量目的,通常用于大尺寸高精度测量以及精密机床、设备的校准和检定。

7.100

读数显微镜　reading microscope

用于对标尺的刻度进行细分的一种测量用显微镜。通常作为机床、设备的附属装置,与格植为1 mm的标尺配合使用。

7.101

光学投影读数装置　optical projection reading device

采用光学投影方式对标尺的刻度进行细分的光学装置。通常装在机床上使用。

7.102

光栅式线位移测量装置 grating digital linear measuring system

以计量光栅尺作为长度基准，利用光栅莫尔条纹原理测量运动部件直线位移量的装置。

7.103

光栅式角位移测量装置 grating digital angular measuring system

以光栅盘作为角度基准，利用光栅莫尔条纹原理测量运动部件角位移量的装置。

7.104

物理光学仪器 physi-optical instrument

利用物理光学中的原理诸如光的干涉、衍射、偏振、吸收、散射等现象进行精密测量或对物质成分、结构进行分析的一类光学仪器。

7.105

光谱仪器 optical spectrum instrument

利用光的色散、吸收、散射等现象得到与被分析物质有关的光谱，从而对物质成分、结构进行分析、测量的一类物理光学仪器。

7.106

发射光谱仪器 emission spectrum instrument

使被分析物质激发发光，由色散元件和光学系统获得该物质的光谱，再进行观察、记录或光电接收等的光谱仪器。

7.107

看谱镜 spectroscope

又称验钢镜。

对光谱进行目视观察的发射光谱仪器。

7.108

摄谱仪 spectrograph

对光谱进行摄谱记录的发射光谱仪器。

7.109

光栅摄谱仪 grating spectrograph

以光栅为色散元件的摄谱仪。

7.110

棱镜摄谱仪 prism spectrograph

以棱镜为色散元件的摄谱仪。

7.111

激光微区光谱仪 laser microspectral analyzer

利用激光使样品局部气化的摄谱仪。

7.112

光电直读光谱仪 direct-reading spectrograph；direct-reading spectrometer

又称光量计。

应用光电转换接收方法作多元素同时分析的发射光谱仪器。

7.113

吸收光谱仪器 absorption spectrum instrument

利用被分析物质对光的吸收来对物质成分、结构进行分析和测量的光谱仪器。

7.114

分光光度计　spectrophotometer

利用单色仪或特殊光源提供的特定波长的单色光通过标样和被分析样品,比较两者的光强度来分析物质成分的光谱仪器。

7.115

紫外-可见分光光度计　ultraviolet and visible spectrophotometer

波长范围在紫外-可见辐射区域的分光光度计。

7.116

紫外分光光度计　ultraviolet spectrophotometer

波长范围在紫外-可见辐射区域的分光光度计。

7.117

红外分光光度计　infrared spectrophotometer

波长范围在红外辐射区域的分光光度计。

7.118

原子吸收分光光度计　atomic-absorption spectrophotometer

利用各元素的原子蒸气对光选择吸收的特性而制成的分光光度计。

7.119

荧光分光光度计　spectrofluorophotometer

利用某些物质受激发出的荧光,其强度与该物质的含量成一定函数关系的性质而制成的分光光度计。

7.120

拉曼分光光度计　Raman spectrophotometer

利用拉曼散射效应分析试样的结构成分的分光光度计。

7.121

光谱投影仪　spectrum projector

用来放大光谱干板上谱线的投影仪。

7.122

测微光度计　microphotometer

又称显微光度计

测量微小部分的透射系数或反射系数的仪器。

7.123

单色仪　monochromator

把复色光分解成各种波长的单色光的仪器。

7.124

光栅单色仪　grating monochromator

以光栅为色散元件的单色仪。

7.125

棱镜单色仪　prism monochromator

以棱镜为色散元件的单色仪。

7.126

双单色仪　double monochromator

采用中间狭缝和两个色散元件的单色仪。以减少杂光,提高单色性。

7.127

旋光仪　polarimeter

又称偏振计。

测定旋光性物质的旋光度的仪器。

7.128

糖量计　saccharometer

利用糖溶液或其他旋光性物质溶液的旋光性，测定其溶液浓度的仪器。

7.129

光弹性仪　photoelasticimeter

使线偏振光或圆偏振光通过处于应力状态下的试件，观察或摄取所获得的应力干涉条纹来判断试件受力状态的仪器。

7.130

光学测试仪器　optical testing instrument

用于测量和检查光学玻璃、光学零部件及光学系统的性能、质量和光学参数的一类光学仪器。

7.131

阿贝折射仪　Abbe refractometer

利用全反射现象测量介质折射率和平均色散的仪器。

7.132

V棱镜折射仪　V-prism refractometer

利用折射定律测量介质折射率和平均色散的仪器。

7.133

双折射检测仪　birefringencemeter

应用偏振光干涉原理检查玻璃和晶体的双折射现象的光学仪器。

7.134

气泡检测仪　bubblemeter

检查玻璃内部气泡大小和数量的仪器。

7.135

条纹检查仪　schlieren equipment

检查玻璃内部条纹的仪器。

7.136

晶体光轴定向仪　crystal orientater

确定晶体光轴方向的仪器。

7.137

球径仪　spherometer

测定球面曲率半径的仪器。

7.138

干涉仪　interferometer

利用光的干涉，测定光程差或其他参量的仪器。

7.139

平面干涉仪　flat interferometer

利用光的干涉原理测量平面平面度的仪器。应用激光作光源的称为激光平面干涉仪。

7.140

棱镜透镜干涉仪　Twyman and Green interferometer

泰曼-格林干涉仪

利用光的干涉原理测量棱镜、透镜的参数、面型、光学均匀性、系统的波像差等的仪器。

7.141

球面干涉仪　sphericity interferometer

利用光的干涉原理测量球面面形误差和曲率半径的仪器，应用激光器做光源的称为激光球面干涉仪。

7.142

迈克尔逊干涉仪　Michelson interferometer

由迈克尔逊设计的双光束干涉仪。

7.143

马赫-泽德干涉仪　Mach-Zehnder interferometer

由马赫和泽德设计的双光束干涉仪。

7.144

剪切干涉仪　shearing interferometer

利用错位后的波面与原波面产生干涉的干涉仪。

7.145

法布里-珀罗干涉仪　Fabry-Perot interferometer

由法布里和珀罗设计的干涉仪。利用由两块平板间的多次反射而产生的等倾干涉。

7.146

显微镜物镜干涉仪　microscope objective interferometer

应用光的干涉原理检验显微镜物镜波像差的仪器。

7.147

点衍射干涉仪　point diffraction interferometer

以像面上小孔衍射所形成的波面作为参考波面的干涉仪。

7.148

刀口仪　knife-edge tester

用阴影法来检验曲面面形不规则误差的带有照明器的刀口装置。

7.149

光度计　photometer

测定光度量或辐射量的仪器。

7.150

积分光度计　integrating photometer

有积分球装置的光度计。

7.151

积分球　integrating sphere; Ulbrichtsphere

又称乌布里喜球。

光度测量用的中空球体。在球的内表面涂有无波长选择性的(均匀)漫反射性白色涂料。在球内任一方向上的照度均相等。

7.152

杂光检查仪　stray light testing equipment

测定光学系统杂光的仪器。

7.153

反射比测定仪 reflectometer

测定反射比的仪器。

7.154

膜厚测定仪 film thickness measuring device

测量膜层厚度的仪器。

7.155

膜层强度测定仪 film strength measuring device

测定膜层机械强度的仪器。

7.156

光栅能量测定仪 grating energy measuring device

测量光栅的衍射光强度分布的仪器。

7.157

透镜中心仪 lens-centring instrument

测量外圆几何轴线与透镜光轴同轴度的仪器。

7.158

度盘检查仪 circle tester

测量度盘分划误差的仪器。

7.159

光学零件表面疵病检查仪 optical surface inspection gauge

检查光学零件表面疵病的仪器。

7.160

倍率计 dynameter

测量光学仪器出瞳直径、出瞳距离和放大率的仪器。

7.161

视度计 dioptrometer;dioptric tester

又称屈光度计。

测量光学仪器视度的仪器。

7.162

数值孔径计 NA meter apertometer

测定显微镜物镜数值孔径的装置。

7.163

平行光管 collimator

又称准直光管。

产生平行光束的仪器。

7.164

焦距仪 focometer

测定透镜焦距的仪器。

7.165

万能光具座 optical bench

测量光学零部件的光学参数和评定像质的仪器。

7.166

光学传递函数测定仪 OTF instrument

测定光学系统光学传递函数的仪器。

7.167

光刻机　photo-etching machine

制备半导体器件的光刻工艺设备。

7.168

电子显微镜　electron microscope

按电子光学原理用电子束使样品成像的显微镜。

7.169

透射电子显微镜　transmission electron microscope

用透射样品的电子束使其成像的电子显微镜。

7.170

扫描电子显微镜　scanning electron microscope

用电子探针对样品表面扫描使其成像的电子显微镜。

7.171

反射电子显微镜　reflection electron microscope

由样品反射的电子束使其成像的电子显微镜。

7.172

发射电子显微镜　emission electron microscope

由样品发射的电子束使其成像的电子显微镜。

7.173

低压电子显微镜　low voltage electron microscope

加速电压在 50 kV 以下的透射电子显微镜和加速电压在 10 kV 以下的扫描电子显微镜。

7.174

高压电子显微镜　high voltage electron microscope

加速电压在 200 kV 以上的电子显微镜。

7.175

静电电子显微镜　electrostatic electron microscope

采用静电式电子透镜的电子显微镜。

7.176

电子探针 X 射线微区分析仪　electron probe X-ray microanalyzer

简称电子探针。

具有 X 射线光谱分析功能的扫描电子探针分析仪。

7.177

摄影测量仪器　photogrammetric instrument

通过对地形或地面各类目标物进行摄影，根据摄得的像片测制各种比例尺的地形图或确定地物形状、大小和位置的一类光学仪器。这类仪器包括从摄影到成图的一系列装备。用于航空摄影测量的仪器和装备统称为航测仪器。

7.178

量测摄影机　metric camera

一种内方位元素已知的、摄影物镜的畸变经过严格校正的摄影机。习惯上将具有框标的摄影机称为量测摄影机。

7.179

航空摄影机　aerial camera

装在飞行器上对地面进行摄影的专用量测摄影机，配有自动曝光控制、消震及平衡装置。

7.180

地平线摄影机 horizon camera

一种附设在航空摄影机上沿像片 X、Y 方向记录像片的视地平线的摄影机，用以提供测定像片倾角的资料。

7.181

导航望远镜 navigation telescope

一种航空摄影飞行时用的导航仪器。它用以测定控制航空摄影机工作所需要的导航数据。

7.182

单个量测摄影机 terrestrial camera

又称摄影经纬仪。

以单个形式使用的地面摄影测量用的量测摄影机，其轴线可在水平面内回转。在垂直平面内可倾斜一定的角度。

7.183

立体量测摄影机 stereo-metric camera

具有摄影基线的量测摄影机，通常是由 2 台量测摄影机与基线杆组合而成。摄影机分别固定在基线杆的 2 边，基线长度可以是固定的，也可以是可变的。用于地面摄影测量。

7.184

电子印像机 electronic-controlled printer

利用电子装置自动补偿像点反差的原理晒印像片的设备。

7.185

[立体]判读仪 [stereo] interpretoscope

利用体视效应对摄影取得的立体像对进行立体观察判读的仪器。

7.186

反光立体镜 mirror stereoscope

由两个相同的放大镜和反光镜组成的用双目观察以获得立体图像的一种简易判读仪。

7.187

变倍立体判读仪 zoom stereo interpretroscope

放大率在一定范围内连续可变的立体判读仪。它可用以观察和判读不同比例尺的像片所构成的立体像对。

7.188

[像片]转绘仪 sketchmaster

将航摄像片、卫星像片的图像转绘到地图上或进行地图修正的仪器。

7.189

纠正仪 rectifier

利用光学投影纠正的原理，将因像片倾斜和摄影时航高变化引起影像变形和比例尺不一致的航摄像片纠正为水平的或比例尺一致的像片的仪器。主要用于平坦地区的航摄像片纠正和制作平坦地区的影像地图。

7.190

正射投影仪 orthoprojector

又称缝隙纠正仪或微分纠正仪。

应用分带纠正的原理，将中心投影的航摄像片变换成地面正射投影像片和制作正射投影影像地图的仪器。

7.191

刺点仪　point transfer device

在构成立体像对的两张航摄像片上高精度转刺同名像点的仪器。通常采用高硬材料制作的刺针进行刺点，也有采用加热刺针或激光束进行刺点。

7.192

坐标量测仪器　coordinate measuring instrument

量测航空摄影和地面摄影像片上像点平面坐标的仪器。

7.193

立体坐标量测仪　stereocomparator

以立体像对上的同名像点为量测对象的坐标量测仪器。用于量测左(右)像片的像点坐标和同名像点的视差和坐标。

7.194

单像坐标量测仪　monocomparator

以单张像片的像点为量测对象的坐标量测仪器。

7.195

立体测图仪　stereoplotter

一般指通过由两张像片构成的立体像对直接测制地图的全能型测图仪器。

7.196

模拟立体测图仪　analogue stereoplotter

通过模拟摄影时空间光束的几何关系，重建地面立体模型的方法直接测出地面点的三维坐标并绘制出地形图的立体测图仪。

根据仪器在模拟摄影光线时体现投影光线的方法，通常有三种不同的类型，光学解法仪器、机械解法仪器和光学-机械解法仪器。

7.197

解析立体测图仪　analytical stereoplotter

在量测像点平面坐标的基础上，应用解析计算方法解算地面数学模型来进行测图的立体测图仪。

7.198

复照仪　copying camera；reproduction camera

能将各种地形图、像片原图等按一定比例进行复制的一种专用照相机。

7.199

[像片]镶嵌仪　mosaicker

用于将一张张像片依次镶嵌拼成像片略图或像片平面图的仪器。

7.200

遥感仪器　remote sensing instrument

通过电磁辐射获取的记录远距离目标的特征信息，以及对所获取的信息进行处理和判读的一类仪器。

注：术语“遥感”通常只限于使用电磁能作为检测和量度目标性质的手段。电磁能包括光、热和无线电波。

7.201

遥感器　remote sensor

安装在遥感平台上直接测量和记录被探测对象的电磁辐射特性或反(散)射特性的装置。

7.202

多光谱照相机　multispectral camera；multiband camera

将目标光波按波长分割成若干波段，分别将各个波段的影像同时拍摄下来的一种专用照相机。它是一种光学成像式遥感器。

7.203

多光谱扫描仪　multispectral scanner

通过对大地扫描的方式接收地面目标光波，并按分割的若干波段转换成视频输出的遥感器。它是一种光电式遥感器。

7.204

红外辐射仪　infrared radiometer

红外辐射计

测量和记录被探测目标的红外辐射的遥感器，其典型工作波长范围为 8 μm～14 μm。

7.205

地物光谱辐射仪　ground-object spectroradiometer

测定地面物体光谱辐射特性的仪器。在可见光和近红外区通常是测定物体的光谱反射特性。

7.206

彩色图像合成仪　colour image combination device

将多光谱遥感图像或像片通过光学投影方式进行假彩色合成，以得到假彩色图像或像片的设备。

7.207

数字图像扫描记录系统　digital image scanning and plotting system

通过对图像扫描，将图像转换成数字图像信号，也可将所贮存的数字图像信号转换成图像的一种图像信息处理系统。

8　光学测量及产品技术要求

8.1

辐射量　radiant quantities

用能量单位度量的与辐射有关的各种量。

8.2

光度量　luminous quantities

以光谱光效率函数为基准所度量的辐射量。

8.3

辐[射]能　radiant energy

以辐射的形式发射、传播或接收的能量。

8.4

辐[射能]通量　radiant flux;radiant power

又称辐[射]功率。

以辐射的形式发射、传播和接收的功率。

8.5

辐[射]强度　radiant intensity

在给定方向上的立体角元内，离开点辐射源(或辐射源面元)的辐射功率除以该立体角元。

8.6

辐[射]照度　irradiance

照射到表面一点处的面元上的辐射能通量除以该面元的面积。

8.7

辐[射]亮度　radiance

又称辐射度。

表面一点处的面元在给定方向上的辐射强度，除以该面元在垂直于给定方向的平面上的正投影面积。

8.8

辐射出射度　radiant exitance

简称辐出度。

离开表面一点处的面元的辐射能通量除以该面元面积。

8.9

发射率　emissivity

又称辐射率。

热辐射体的辐射出射度与处于相同温度的全辐射体(黑体)的辐射出射度之比。

8.10

热辐射　thermal radiation

原子或分子热运动产生的连续光谱辐射。

8.11

发光强度　luminous intensity

描述点光源发光强弱的一个基本光度量，以点光源在指定方向上的立体角元内所发出的光通量来度量。即，$I=d\Phi/d\omega$。其单位是坎[德拉](cd)，它是一标准光源在给定方向上发出频率为 540×10^{12}(Hz)的单色辐射，且其辐射强度为1/683(W/sr)时的发光强度。

8.12

光通量　luminous flux

发光强度为 I 的光源在立体角元 $d\Omega$ 内的辐通量。

8.13

[光]亮度　luminance

表面一点处的面元在给定方向上的发光强度除以该面元在垂直于给定方向的平面上的正投影面积。

8.14

[光]照度　illuminance

照射到表面一点处的面元上的光通量除以该面元的面积。

8.15

光出射度　luminous exitance

离开表面一点处的面元的光通量除以该面元的面积。

8.16

光量　quantity of light

光通量的时间积分值。

8.17

视亮度　brightness

观察者对于明暗的视觉效果。

8.18

明视觉光谱光视效率　relative luminous efficiency

在亮适应条件下，对波长为 λ 的光的光谱光视效率。

8.19

光谱光视效率　spectral luminous efficiency

又称视见函数。

波长 λ 的光谱视觉灵敏度 $K(\lambda)$ 与最大视觉灵敏度 K_m 之比。

8.20

自准直法　autocollimation method

使平行光管发出的平行光照射在试样上，再由试样反射回平行光管，根据焦点附近像的情况测定试样的倾斜等的方法。可用于对准、调焦、测量微小位移和角度等。

8.21

光切法　light-section method

测定物体表面微观形状、粗糙度等的光学方法。

注1：以 45°左右的角度，将细缝像投影到被测物体表面上，然后从镜面反射方向观察该投影像。

注2：用细缝状的光束像刀刃那样切截被测物体表面，从侧面观察在物体表面产生的切割线的形状。

8.22

物理光度测量法　physical photometry

采用物理探测器的光度测量方法。

8.23

目视光度测量法　visual photometry

使用肉眼的光度测量方法。

8.24

分光光度测量法　spectrophotometry

测定光度量（包括辐射量）和波长的函数关系的方法。

8.25

付科刀口检测法　Foucault knife edge test

又称刀口检测法或阴影法。

用刀口遮住一部分成像光线来检查点光源像的各种误差的方法。这种检验法也可用来检测折射面或反射面的各种误差。

8.26

哈特曼检测法　Hartman test

利用带有一系列成对小孔的哈特曼光阑，来测定光学系统除畸变外的所有几何像差的测试方法。

8.27

星点检测法　star test

利用观察点光源通过被测光学系统后在其平面上及其附近截面上的衍射图样的光强分布，来定性估价该光学系统成像质量的一种方法。

8.28

全辐射体　full radiator；blackbody

又称黑体。

能将射到物体上的辐射能全部吸收的物体。

8.29

选择性辐射体　selective radiator

在某波长范围内，光谱辐射率随波长变化的热辐射体。

8.30

非选择性辐射体　non-selective radiator

在某波长范围内，光谱辐射率与波长无关的热辐射体。

8.31

普朗克定律　Planck's law

描述全辐射体的光谱辐出度与温度和波长的函数关系的定律，可以用式(9)表示：

$$M_{e,\lambda}(\lambda,T)=C_1\cdot\lambda^{-3}\left[\exp\left(\frac{C_2}{\lambda T}\right)-1\right]^{-1} \qquad \cdots\cdots(9)$$

式中：

$M_{e,\lambda}(\lambda,T)$——全辐射体的光谱辐出度；

λ——波长；

T——全辐射体的绝对温度，K；

C_1——常数$(3.741\,832\pm0.000\,020)\times10^{-16}$，W·m²；

C_2——常数$(1.438\,786\pm0.000\,045)\times10^{-2}$，m·K。

8.32

全辐射体温度　full radiator temperature，blackbody temperature

又称黑体温度。

全辐射体辐射出射度与被测辐射体的辐射出射度相等的全辐射体的绝对温度。

8.33

亮度温度　luminance temperature

在特定波长处全辐射体的光谱亮度与被测辐射体的光谱亮度相等的全辐射体的绝对温度。

8.34

分布温度　distribution temperature

全辐射体的辐射光谱分布和所考虑光源的辐射光谱分布相似的一种特殊状况的色温。也就是全辐射体的辐射光谱分布的纵坐标值正比(或近似)于所考虑光源的辐射光谱分布的纵坐标值的色温。

8.35

色温　colour temperature

和被测辐射色度相同的全辐射体的绝对温度。

8.36

相关色温　correlated colour temperature

在 CIE 1960 UCS 色图中，全辐射体轨迹上距离被测光度点最近的点所对应的色温。

8.37

物镜放大率　magnifying power of objective

a) 显微镜中物镜(当对有限远像距校正像差)或物镜与镜筒透镜(当对无限远筒长校正像差)在规定工作条件下所成像的横向放大率；

b) 电子显微镜中样品第一次成像的横向放大率。

8.38

目镜放大率　magnifying power of ocular (eyepiece)

人眼通过目镜观察物体时，其像的视角的正切和人眼直接在明视距离观察物体时的视角的正切之比值。通常按 250 mm/目镜焦距来计算。

8.39

电子光学放大[率]　electron optical magnifying power

直接从电子显微镜中取得的图像线性尺寸与相应样品的线性尺寸之比值

8.40

总放大[率]　total magnification

样品照片上图像的放大率等于电子光学放大率和从电子显微镜以外所得的附加放大率的乘积。

8.41

放大率误差　error of magnifying power

光学系统的实际放大率相对标称值的偏差，通常以相对误差表示。

8.42

放大率差　difference of magnifying power

双筒或双目仪器中,两光学系统的实际放大率之差。

8.43

光的吸收　light absorption

光在介质中传播时向其他形式的能量的转换。这种转换使透射光束的能量减弱,并应符合能量守恒定律。即:反射能＋透射能＋吸收能＝入射能。

8.44

吸收比　absorptance;absorption coefficient

又称吸收系数。

被物质吸收的辐射能通量与入射的辐射能通量之比。

8.45

吸收率　absorptivity

单位长度(通常 1 cm)的介质所吸收的光通量与入射光通量之比值。

8.46

光谱吸收比　spectral absorptance;spectral absorption coefficient

又称光谱吸收系数。

吸收的与入射的辐射能通量或光通量的光谱密集度之比。

8.47

反射比　reflectance;reflection coefficient

又称反射系数。

反射的辐射能通量与入射的辐射能通量之比。

8.48

漫反射比　diffuse reflectance

向各个方向漫反射的通量与入射的总通量(不包括镜面反射)之比。

8.49

光谱反射比　spectral reflectance

又称光谱反射系数。

反射的与入射的辐射能通量或光通量的光谱密集度之比。

8.50

内透射比　internal transmittance

透射到介质的第二个表面的辐射能通量与透过第一个表面的相应辐射能通量之比。即从第一个表面到第二个表面的透射比。内透射比不包括由于两个表面之间的内反射而造成的各种结果。

8.51

透射率　transmitivity

非漫射物质的单位厚度内的内透射比。

8.52

透射(过)　transmission

光波通过介质,并不改变其单色光成分的频率的现象。

8.53

透射比　transmittance

又称透射系数。

被物质透过的辐射能通量与入射的辐射能通量之比值。

8.54

漫透射比　diffuse transmittance

用漫入射光的光通量测定的透射比，即各个方向上的漫透射光的光通量与总入射光的光通量之比。

8.55

光谱透射比　spectral transmittance

又称光谱透射系数。

透过的与入射的辐射能通量或光通量的光谱密集度之比。

8.56

变焦比　zoom ratio

连续变焦系统的最长焦距与最短焦距之比。

8.57

光学零件表面疵病　surface imperfections of optical elements

光学零件表面呈现的麻点、斑点、擦痕、破边等瑕疵。除镀膜层疵病、长擦痕和破边之外的表面疵病又称一般表面疵病(以下简称一般疵病)。

8.58

擦痕　scratch

光学零件表面呈现的微细的长条形凹痕。长宽比不大于160∶1的擦痕又称短擦痕，长宽比不小于160∶1的擦痕则称为长擦痕。

注1：疵病级数所对应的不同长宽比的短擦痕，其面积与该级数的疵病面积相等。

注2：ISO 10110-7:1996 规定长度大于2 mm的擦痕为长擦痕。

8.59

短宽痕　dig

一种宽度可以测量的短划痕。

8.60

污点　crust

又称污斑。

附着在光学零件表面的微小杂质。

8.61

麻点　pit pitting

光学零件表面呈现的微小的点状凹穴，包括开口气泡、破点，以及细磨或精磨后残留的砂痕等。一般疵病公差的基本级数对应的麻点又称粗麻点，级数小于一般疵病公差基本级数的麻点则称为细麻点。

注：一般疵病公差基本级数对应的疵病面积与同级粗麻点的面积相等。

8.62

雾　fog

抛光不完善的光学零件表面引起光线散射，各个散射点无法分开的一种现象。它也用来表示光学表面上积聚的水气层或油污层。

8.63

霉　mould

附在光学零件表面上能起腐蚀作用的菌类。它也可指菌类的腐蚀现象。

8.64

瑕疵　flaw

压型玻璃毛坯皱折时留藏在玻璃内的气体或脏物。

8.65

塌边　turned down edge;rolled edge

光学零件边缘部分面形的急剧变低。

8.66

跷边　turned up edge

光学零件边缘部分面形的急剧变高。

8.67

夹杂物　inclusion

玻璃体内留藏的物质。

8.68

气泡　bubble

玻璃中残存的气体。

8.69

开口气泡　open bubble

光学零件表面在研磨和抛光的过程中破口的气泡。

8.70

光学零件气泡度　bubble classes of optical element

光学零件内部允许存在气泡(大小和个数)的程度。

8.71

光泽　gloss

由反射光的空间分布所决定的视觉属性。

8.72

双视　double vision

又称双像。

双筒仪器由于光轴不平行造成的一种缺陷。这时仪器中看到的是两个互相分离的像,而不是一个合为一体的像。

8.73

鬼线　ghost line

由于光栅刻线间距的各种周期性误差而引起的光谱中的各种有害的假谱线。

8.74

伴线　satellite

又称卫线。

由于光栅局部区域的少数错位刻线所引起的假谱线。伴线非常靠近母线。

8.75

光圈数　number of Newton rings

应用光的干涉原理检验零件表面面形误差时,由于被检验光学表面与参考光学表面的曲率半径的偏差所产生的干涉条纹数或干涉条纹弯曲程度。

8.76

光圈局部误差　partial error of Newton's ring

应用光波干涉原理检验零件表面面形误差时,被检光学表面与参考光学表面之间产生的干涉条纹的局部不规则所反映的被检表面面形的局部误差。

8.77

光学密度　optical density

又称光密度。

表示物质吸收光的程度(能力)的量。它可用式(10)表示：

$$D = \lg(I_0/I) \qquad \cdots\cdots(10)$$

式中：

D——光学密度；

I_0——入射光的光强度；

I——透射光或反射光的光强度。

8.78

定中误差　centering error

又称对中误差。

光学系统中，球面曲率中心(非球面指傍轴区曲率中心)对理想光轴偏离程度。

8.79

透镜中心偏差　centring error of lens

光学表面定心顶点处的法线对基准轴的偏离量。

8.80

屋脊双像差　error of double image of roof prism

又称屋脊棱镜双像差。

屋脊棱镜的屋脊角误差而形成双像的夹角值。

8.81

示值误差　indicating error

仪器的示值与被测量的[约定]真值之差。一般用于评定必须以示值零点为测量起点的仪器。

8.82

线性[度]误差　linearity error

线性仪表和元件的特性曲线与规定直线之间的最大偏差。

8.83

读数误差　reading error

由于观测者读取仪器示值不准确所造成的测量误差。

8.84

空回误差　error of backlash

测微器或传动装置中由于存在间隙而造成的正反向无效行程量。

8.85

估读误差　interpolation error

读数时对指针(或指示标记)在两相邻标记间的相对位置判断不准确所造成的读数误差。

8.86

瞄准误差　sighting error

由于瞄准物体不准确所造成的测量误差。

8.87

基线长[度]　base length

在双瞳系统中，在视线垂直方向上度量两个入射光瞳中心之间的距离。

8.88

有效基线　virtual base

仪器的基线长与光学系统放大率之积。

8.89

漂移　drift

仪器输入—输出特性随时间的慢变化。

8.90

噪声　noise

泛指混杂在信息中的无用成分。

8.91

测量范围　measuring range

按规定准确度进行测量的被测量范围。

8.92

示值范围　indicating range

仪器所能显示的最大量值和最小量值的范围。

8.93

平均色散　mean dispersion

光学介质对 F 谱线与 C 谱线的折射率之差，常用 $n_F - n_C$ 表示。

8.94

光学均匀性　optical uniformity; optical homogeneity

介质折射率的均匀性。它表示介质内部折射率逐渐变化的不均匀程度。

8.95

双反射率　bireflectance

由于光学的各向异性，引起指定波长反射比的最大差异。

8.96

双折射率　birefringence

由于光学的各向异性，引起指定波长折射率的最大差异。

8.97

偏振度　degree of polarization

光束中偏振部分的光强度和整个光强度之比值。部分偏振光的偏振度 P 的计算见式(11)：

$$P = \frac{I_p}{I_p + I_u} \qquad \cdots\cdots(11)$$

式中：

I_p——平面偏振光的强度；

I_u——非偏振光的强度；

$I_p + I_u$——部分偏振光的总强度。

8.98

旋光率　specific rotation

表征旋光物质的旋光能力大小的量。它用线偏振光通过单位厚度旋光物质后其偏振面旋转的角度来表示。

8.99

消光系数　extinction coefficient

又称消光比。

两个偏振器相对旋转时的最小透射光强度与最大透射光强度之比。

8.100

光轴平行度　parallelism of optical axis

双目仪器中，两光学系统光轴的不平行程度。

8.101

垂直发散度　dipvergence

用双目仪器的左右两系统观察同一个物体时，两像上下错开的角度，右像低于左像时规定为正。

8.102

水平发散度 divergence

双目仪器中，水平发散度就是从左、右两系统观察同一个物体时，两像左右错开的角度。当右像位于左像的右方时，水平发散度规定为正。

8.103

视距乘常数 stadia multiplication constant

用经纬仪和水准仪来测量距离时，为得到测量结果，必须对标尺读数（对应与分划板上两视距线间距）乘上的一个常数。一般为100。

8.104

视距加常数 stadia addition constant

用经纬仪和水准仪来测量距离时，为得到测量结果，必须对标尺读数与乘常数的积加上的一个常数。一般为0。

8.105

最短视距 shortest sighting distance

调焦望远镜所能观察的最近物体（能在分划板上清晰成像）与仪器［转轴］之间的距离。

8.106

测量力 measuring pressure

接触法测量时，仪器上的测量头与被测工件之间的接触压力。

8.107

杂［散］光 veiling glare；stray light

像面上不希望有的光。主要由光学表面间的多次反射和非光学表面的反射、散射所引起。

8.108

杂光系数 veiling glare index

光学系统的像面上杂光的光通量与所要求的成像光束的光通量之比。

8.109

视差 parallax

a) 从基准方向观察目标时和从其他方向观察时目标位置的差异；

b) 在光轴方向上，像面位置与分划板或十字线位置的差异；

c) 对照相系统指通过取景器观察的方向与通过摄影镜头观察的方向的差异；

d) 航空摄影测量中，指立体像对上同名像点的横坐标之差异。

8.110

双目视差 binocular parallax

将物体的一点通过两个光学系统投影到特定面（如像平面）上时，两个投影面上的原点（例如：光学系统光轴上的无限远物点所对应的像点位置）到它们的像点的距离差异。

8.111

照准差 sighting error

望远镜在正、倒镜位置观察时，其瞄准点的不重合程度。

8.112

行差 error of run

利用测微器将一个分划值细分，测微器上最大分划间距与一个分划值不相符合所产生的误差。

8.113

［分］格值 scale unit；value of a scale division

又称分划值。

示值中两相邻标记所对应的被测量值之差。

8.114

波长范围　wavelength range

又称波段。

某波长与另一波长之间的连续波长区间。在产品标准中,波长范围指仪器所能工作的波长范围。在红外区域,波长范围用波数范围表示。

8.115

波长准确度　wavelength accuracy

仪器波长指示器上所指示的波长值与实际波长值之差。

8.116

波长重复性　wavelength repeatability

仪器波长指示器多次指示同一波长值时所给出的实际波长值的变化量。

8.117

照度均匀度　uniformity of illumination

光学系统像面上各处照度的均匀程度,用任意部分的照度与中心部分的照度之比值来度量。

8.118

[测量]精密度　precision of measurement

表征测量结果中的随机误差大小的程度。

注:[测量]精密度是指在一定的条件下进行多次测量时,所得测量结果彼此之间符合的程度。精密度通常用随机不确定度来表示。

8.119

准确度　accuracy

仪器测得值与被测量[约定]真值的一致程度。一般用于评定能以示值范围内的任意位置为测量起点的仪器。

8.120

测量不确定度　uncertainty of measurement

表征合理地赋予被测量之值的分散性,与测量结果相联系的参数。

注:测量不确定度一般包含多个分量,其中一些分量可在测量列结果统计分布的基础上进行估计,并可用标准[偏]差表征,其他分量只能基于经验或其他信息作估计。

8.121

加速电压　accelerating voltage

电子显微镜中,确定其照明系统中电子能量的电位差。

8.122

电压不稳定度　voltage instability

电子显微镜中,其加速电压值在一定时间内自生变化。

8.123

电流不稳定度　current instability

电子显微镜中,其透镜电流值在一定时间内自生变化。

8.124

重复性　repeatability

在同一工作条件下,仪器对同一输入值按同一方向连续多次测量的输出值间的相互一致程度。

注:重复性表征仪器随机误差的大小,通常以重复性误差表示。重复性应不包括回差、漂移。

8.125

稳定性　stability

在规定的工作条件下，仪器性能在规定时间内保持不变的能力。

8.126

灵敏度　sensitivity

仪器的输出变化值除以相应的输入变化值。

8.127

鉴别力阈　discrimination threshold

使仪器产生一个可觉察变化响应的最小输入变化。

8.128

型式检验　type test

为证明设计符合一定规范和要求，对按设计制造的一台或多台仪器进行的全性能检验。

8.129

出厂检验　routine test

为确认仪器是否符合出厂要求，在出厂前对每台仪器所进行的检验。

8.130

抽样检验　sampling test

从批量中随机抽取一定数量仪器的检验。

8.131

验(交)收检验　acceptance test

向买方证明仪器符合合同规定的某些条件所进行的检验。

8.132

堆码试验　stacking test

在包装件或包装容器上放置重物，评定包装件或包装容器承受堆积静载的能力和包装对内装物保护能力的试验。

8.133

跌落试验　drop test

对包装件按规定高度跌落于坚硬、平整的水平面上，评定包装件承受垂直冲击的能力和包装对内装物保护能力的试验。

8.134

连续冲击试验　bump test

将包装件固定在冲击试验机台面上，使其按规定的波形、加速度和脉冲持续时间，在规定的时间内进行连续冲击，评定包装件承受连续冲击的能力和包装对内装物保护能力的试验。

8.135

斜面冲击试验　incline impact test

将放置包装件的滑车置于一定高度，并使其从斜面上滑下，撞击冲击表面，评定包装件承受水平冲击的能力和包装对内装物保护能力的试验。

8.136

滚动试验　rolling test

将包装件的每一面按规定顺序在坚硬、平整的水平面上进行翻滚，评定包装件承受滚动的能力和包装对内装物保护能力的试验。

8.137

起吊试验　hoisting test

将包装件吊起并按规定要求左、右、上、下运行，评定包装件承受吊运的能力和包装对内装物保护能力的试验。

8.138

耐候试验　weather resistance test

将包装件按规定要求置于耐候试验室(箱)内，评定包装件承受外界气候条件变化的能力和包装对内装物保护能力的试验。一般包括温度和湿度按一定规律变化的交变湿热试验和温度、湿度保持在一定值的恒定湿热试验。

8.139

高温试验　high temperature test

将包装物件按规定温度和时间置于高温试验室(箱)内，评定包装件承受高温气候环境的能力和包装对内装物保护能力的试验。

8.140

低温试验　low temperature test

将包装件按规定温度和时间置于低温试验室(箱)内，评定包装件承受低温气候环境的能力和包装对内装物保护能力的试验。

8.141

喷淋试验　water spray test

将包装物件在规定条件下按规定时间和喷水量进行喷淋，评定包装件承受水的侵袭的能力和包装对内装物保护能力的试验。

8.142

长霉试验　mould growth test

将包装件置于具有特定温、湿度并充以适量雾状孢子悬浮液的试验室(箱)内，评定包装件承受霉菌侵袭的能力和包装对内装物保护能力的试验。

8.143

盐雾试验　salt spray test

将包装件置于具有特定温度并充以雾状氯化钠溶液的试验室(箱)内，评定包装件承受大气腐蚀的能力和包装对内装物保护能力的试验。

9　其他

9.1

共轴调整　alignment

使光学系统中光学零件的光轴位于同一轴线上的调整。

9.2

瞳距调节　interpupillary adjustment

将双筒仪器两目镜之间距离调节到与观察者两瞳孔间的距离相等的操作。

9.3

凝视点　fixation point

眼睛朝向并瞄准的点。

9.4

凝视线　fixation line

连接观察者眼睛入瞳中心和被观察物体上的凝视点之间的直线。

9.5

瞄准点　aiming point

观察者所瞄准或对准的目标。

9.6

体视效应　stereoscopic effect

用双目观察物体时，能判别物体远近深度的立体视觉。

9.7

明视场　bright field of view

让直射光通过物镜孔径而得到的背景明亮的像场。

9.8

暗视场　dark field of view

不让直射光通过物镜孔径而得到的在黑色背景中显示细节清晰明亮像的像场。

9.9

内调焦　internal focusing

利用沿光轴移动安置在物镜和目镜之间的透镜进行调焦的方式。

9.10

视距线　stadia line

在测量望远镜中，为了测定到标尺的距离，以分划板的十字线交点为中心，上下对称配置的两条平行横线。

9.11

正镜位置　normal [direct] position of telescope

又称盘左。

经纬仪垂直度盘位于左边时望远镜的观察位置。

9.12

倒镜位置　reversed [inverted] position of telescope

又称盘右。

经纬仪垂直度盘位于右边时，望远镜的观察位置。

9.13

天顶距　zenith distance

照准目标方向与天顶方向之间的夹角。

9.14

方位角　angle of azimuth

三角测量或导线测量中用来计算方位的角度，通常是以正北方向为基础，在水平面内按顺时针方向测量。

9.15

俯仰角　angle of sight

瞄准线和水平面之间的夹角。

9.16

方位元素　orientation data

航空摄影测量中用来表示航摄像片在空间的位置和状态的参数。决定投影中心相对于像片的位置关系的参数为内方位元素；确定整个投影光线束在空间的位置和状态的参数为外方位元素。

9.17

加密 densification bridging

利用航空摄影像片上已知的少数控制点,通过对像片测量和计算的方法在像对或整条航摄带上增加控制点的作业。

9.18

视差 parallax difference

摄影立体像对上各像点的视差之差。

9.19

准直 collimation

使发散光束或会聚光束变成平行光束的过程。

9.20

自准直 autocollimation

由准直物镜发出的平行光被平面反射镜反射回来再进入准直物镜的过程。

9.21

光学杠杆 optical lever

利用光线的反射使微量线位移放大的光学装置。

9.22

光学玻璃 optical glass

对折射率、色散、透射比、光谱透射率、光吸收等光学特性有特定要求,且光学性质均匀的玻璃。

9.23

冕[牌]玻璃 crown glass

具有低折射率、低色散特性的光学玻璃。

9.24

火石玻璃 flint glass

具有高折射率、高色散特性的光学玻璃。

9.25

乳白玻璃 opal glass

外表呈白色或乳白色,其内部产生漫射的一种玻璃。

9.26

有色玻璃 colour glass

对光具有选择吸收性质的玻璃。

9.27

石英玻璃 fused silica (quartz)

将石英熔融后制成的光学材料,在紫外、可见和各近红外区域有较高的透过率。

9.28

光学晶体 optical crystal

制作光学零件的晶体。它可用于制造透镜、棱镜、调制元件、偏光元件等。

9.29

单轴晶体 uniaxial crystal

有一个光轴的晶体。

9.30

正晶体 positive crystal

在晶体内寻常光线速度大于非常光线速度的晶体。

9.31

负晶体　negative crystal

在晶体内寻常光线速度小于非常光线速度的晶体。

9.32

右旋石英晶体　fight-handed quartz

观察者正对光波传播方向(光轴)观察时,向右旋光的石英晶体。

9.33

左旋石英晶体　left-handed quartz

观察者正对光传播方向(光轴)观察时,向左旋光的石英晶体。

9.34

液晶　liquid crystal

在某温度范围内,同时具有双折射性等晶体特性和流动性的物质。

9.35

光学塑料　optical plastics

用于制作光学零件的塑料。

9.36

光学树脂　optical resin

胶合光学零件用的合成树脂。

9.37

粘模胶　blocking cement

将光学零件粘到粘模上的胶粘剂,一般为热塑性材料。如树脂、蜂蜡、沥青或虫胶。

9.38

装配胶　mounting cement

将光学零件粘到镜座上用的胶粘剂。一般为热塑性材料或化学硬化材料。

9.39

光学胶　optical cement

对折射率和温度有一定要求的透明胶粘剂。它主要用于光学零件胶合。冷杉胶是一种典型的光学胶。

9.40

热塑性胶　thermoplastic cement

当温度上升到一定限度时,黏度降低的胶粘剂。冷杉胶、树脂、沥青是常用的热塑性胶。

9.41

热固性胶　thermosetting cement

经一定的高温后,保持永久固化或硬化的胶粘剂。甲基丙烯胶是常见的热固性胶。

9.42

磨料　abrasive

光学零件加工中用于研磨或抛光光学零件的材料。

9.43

光学黑色涂料　optical blacking

在磨过的光学零件表面上用的光吸收涂料,这种材料的折射率应与涂层下的玻璃材料的折射率相同,且直接涂在玻璃上。

参 考 文 献

[1] GB/T 1185—2006 光学零件表面疵病

[2] GB/T 4315.1—2009 光学传递函数 术语、符号

[3] GB/T 5698—2001 颜色术语

[4] GB/T 13964—2009 照相机械术语

[5] JB/T 5667—1991 光学和光学仪器 大地测量仪器术语

[6] ISO 10934-1:2002 Optics and optical instruments—Vocabulary for microscopy—Part 1: Light microscopy

[7] ISO 10110-7:1996 Optics and optical instruments—Preparation of drawings for optical elements and systems—Part 7:Surface imperfection tolerances

索　引

汉语拼音索引

D

G

H

K

L

M

N

P

Q

R

S

X

英文对应词索引

A

B

C

D

E

F

G

H

I

K

L

M

N

O

P

Q

R

S

T

U

V

ICS 27.180
F 11

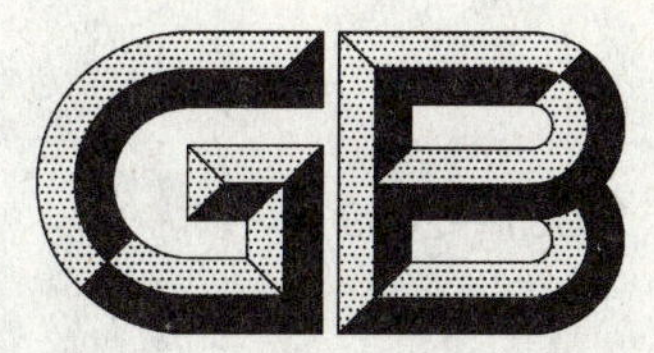

中华人民共和国国家标准

GB/T 13981—2009
代替 GB/T 13981—1992

小型风力机设计通用要求

Design general requirements for small wind turbine

2009-04-13 发布　　　　2010-01-01 实施

中华人民共和国国家质量监督检验检疫总局
中国国家标准化管理委员会　发布

前　言

本标准代替 GB/T 13981—1992《风力机设计通用要求》。

本标准与 GB/T 13981—1992 相比主要变化如下：

——标准名称改为“小型风力机设计通用要求”；

——第 1 章～第 3 章改为 1　范围、2　规范性引用文件、3　术语和定义；

——将范围适用部分改为：本标准适用于风轮扫掠面积小于或等于 200 m^2 的上风向水平轴风力机的设计；其他类型的风力机可参考使用；

——将 7.1.2 额定风速改为额定(设计)风速；

——删除了原标准的表 2 风力发电机组参数表和表 3 风力提水机组参数表。

本标准由中国机械工业联合会提出。

本标准由全国风力机械标准化技术委员会归口。

本标准起草单位：全国风力机械标准化技术委员会秘书处、中国农机院呼和浩特分院、航空工业部六〇二研究所。

本标准主要起草人：王建平、宋经选、苏小光。

本标准所代替标准的历次版本发布情况为：

——GB/T 13981—1992。

小型风力机设计通用要求

1 范围

本标准规定了小型风力机的设计总则、环境条件、气动设计、载荷、强度准则和结构设计。

本标准适用于风轮扫掠面积小于或等于 200 m^2 的上风向水平轴风力机的设计；其他类型的风力机可参考使用。

2 规范性引用文件

下列文件中的条款通过本标准的引用而成为本标准的条款。凡是注日期的引用文件，其随后所有的修改单(不包括勘误的内容)或修订版均不适用于本标准，然而，鼓励根据本标准达成协议的各方研究是否可使用这些文件的最新版本。凡是不注日期的引用文件，其最新版本适用于本标准。

JB/T 7878—1995 风力机 术语

3 术语和定义

JB/T 7878 确立的术语和定义适用于本标准。

4 符号和单位

D——风轮直径(m)；

σ——风轮实度；

B——风轮叶片数；

λ——叶尖速度比；

ρ_0——标准大气密度(kg/m^3)；

c_p——风能利用系数；

c_m——扭矩系数；

c_t——轴向推力系数；

P——功率(kW)；

M——扭矩(NM)；

P_n——额定功率(kW)；

V——风速(m/s)；

V_{max}——安全风速(m/s)；

V_n——额定风速(m/s)；

V_d——设计风速(m/s)；

ΔV——轴向风速变化量(m/s)；

$\bar{V}$——平均风速(m/s)；

$\bar{V}_y$——年平均风速(m/s)；

V_i——区间风速增量的中间值(m/s)；

V_H——高度 H 处的风速(m/s)；

V_0——参考高度 H_0 处的风速(m/s)；

E_y——年输出能量(kW·h)。

5 设计总则

5.1 应具有足够的强度和刚度。

5.2 应具有良好的工艺性和经济性。

5.3 应具有高的可靠性和良好的使用维护性。

5.4 应具有良好的性能：

a) 系统总效率高；

b) 工作风速范围宽；

c) 对电视、电讯传输影响小；

d) 噪声低；

e) 重量轻。

6 环境条件

6.1 大气条件

6.1.1 标准大气参数(海平面)

压力 $p_0 = 101.325$ kPa；

温度 $t_0 = 15$ ℃(或 $T_0 = 288.15$ K)；

密度 $\rho_0 = 1.225$ kg/m^3。

6.1.2 温度

设计时所考虑的环境温度范围一般为－40 ℃～＋40 ℃。

6.1.3 湿度

风力机的设计应考虑湿度的影响。

6.2 盐雾

风力机的设计应考虑盐雾的影响。

6.3 冰雪

风力机的设计应考虑积雪和结冰的影响。

6.4 砂尘

风力机的设计应考虑砂尘的影响。

6.5 雷击

风力机的设计应考虑雷击的影响。

6.6 风特性

6.6.1 风速频率

风速频率由年风频曲线描述，年风频曲线由风场对风力进行统计、分析并按威布尔分布或瑞利分布给出。典型的年风频曲线如图 1 所示。

6.6.2 风剪切

风剪切数学模型为：

$$\frac{V_H}{V_0} = \left(\frac{H}{H_0}\right)^a \qquad (1)$$

式中：

V_H——高度 H 处的风速，单位为米每秒(m/s)；

V_0——参照高度 H_0 处的风速，单位为米每秒(m/s)；

H——离地面高度，单位为米(m)；

H_0——参照高度，一般 H_0 为 10 m；

a——考虑地面粗糙度影响的指数，a 的取值范围参照表 1。

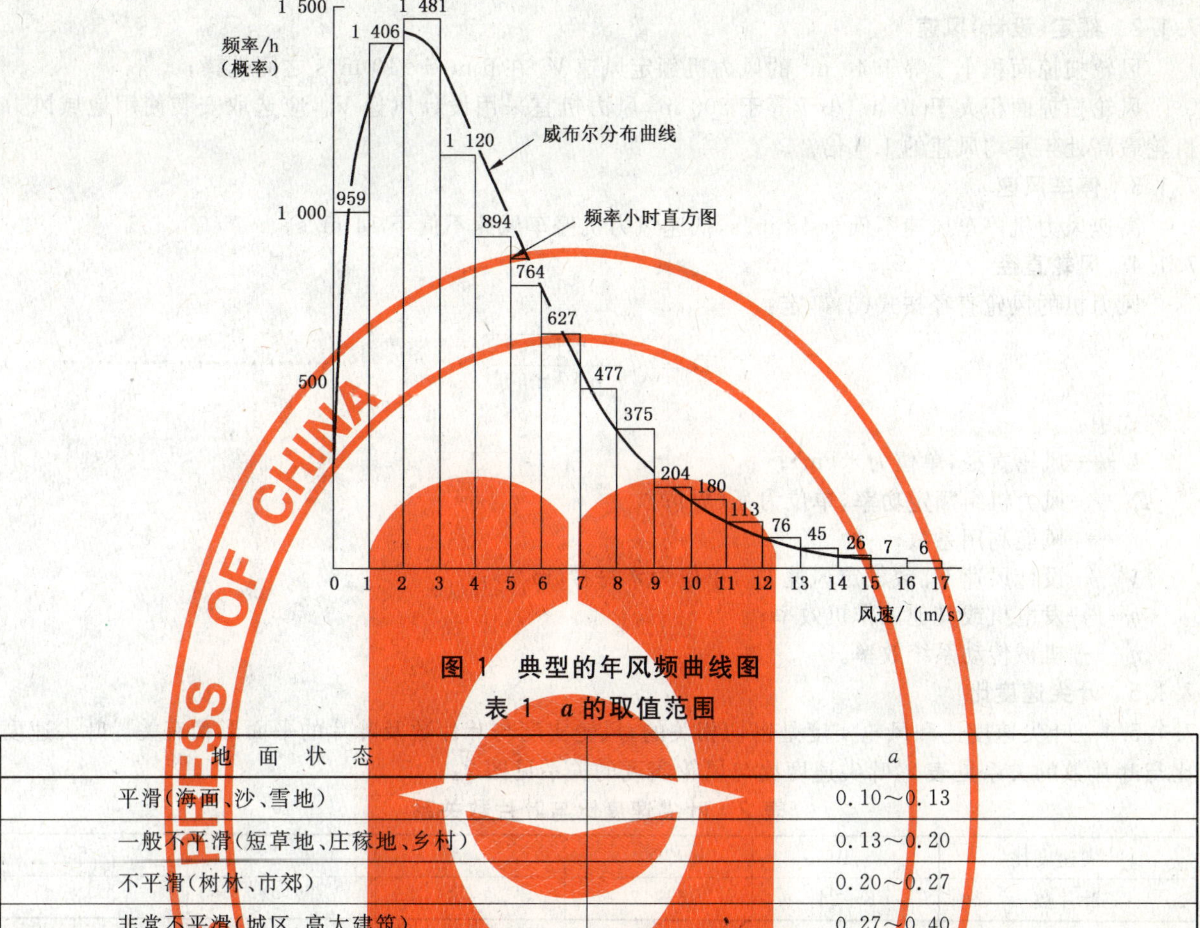

图 1　典型的年风频曲线图

表 1　*a* 的取值范围

地　面　状　态	*a*
平滑(海面、沙、雪地)	0.10～0.13
一般不平滑(短草地、庄稼地、乡村)	0.13～0.20
不平滑(树林、市郊)	0.20～0.27
非常不平滑(城区、高大建筑)	0.27～0.40

6.6.3　阵风

6.6.3.1　最大瞬时风速

最大瞬时风速等于平均风速与阵风因子的乘积。阵风因子一般取 1.5～1.7。

6.6.3.2　轴向风速变化量

轴向风速变化量按式(2)计算：

$$\Delta V = \pm(0.5 \sim 0.7)\bar{V} \quad\cdots\cdots(2)$$

式中：

ΔV——轴向风速变化量；

$\bar{V}$——平均风速，单位为米每秒(m/s)。

6.6.3.3　风向变化角

风向变化角为±30°～±45°。

6.6.4　安全风速

安全风速沿海地区取 50 m/s，内陆地区取 40 m/s。

6.7　其他环境条件

风力机的设计还应考虑霉菌、紫外线、酸雨、空气污染作用等环境条件的影响。

7　气动设计

7.1　主要参数选取

7.1.1　切入风速

高速风力机的切入风速不得低于 3 m/s，不得高于 5 m/s；

低速风力机的切入风速不得低于 3 m/s,不得高于 4.5 m/s。

7.1.2 额定(设计)风速

风轮扫掠面积小于等于 40 m² 的风力机额定风速 V_n 在 6 m/s～10 m/s 之间选择；

风轮扫掠面积大于 40 m² 小于等于 200 m² 风力机宜采用设计风速 V_d,应选取安装使用地域风力机轮毂高处年平均风速的 1.4 倍。

7.1.3 停车风速

高速风力机停车风速不低于 18 m/s,低速风力机停车风速不低于 14 m/s。

7.1.4 风轮直径

风力机的风轮直径按式(3)确定：

$$D=\sqrt{\frac{8P_n}{c_p\rho_0 V^2\pi\eta_1\eta_2}} \quad \cdots\cdots(3)$$

式中：

D——风轮直径,单位为米(m)；

P_n——风力机组额定功率,单位为瓦(W)；

c_p——风能利用系数；

V——设计风速 V_d 或额定风速 V_n,单位为米每秒(m/s)；

η_1——发电机或其他工作机效率；

η_2——机械传动系统效率。

7.1.5 叶尖速度比

7.1.5.1 叶尖速度比和风轮实度是密切相关的,风轮实度与叶片数及叶片的平面形状有关。叶尖速度比与叶片数的关系见表 2,叶尖速度比与风轮实度的关系见图 2。

表 2 叶尖速度比与叶片数关系

叶尖速度比	1	2	4		≥5
叶片数	8～24	6～12	3～6	2～4	2～3

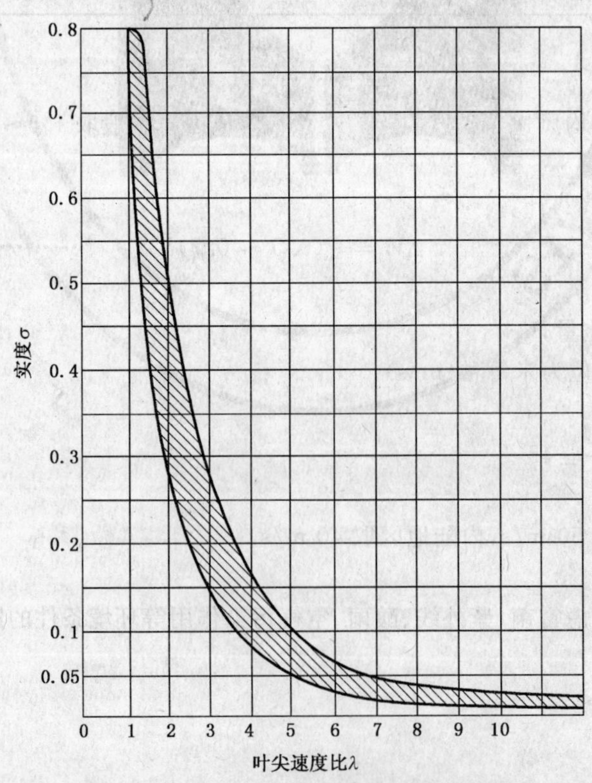

图 2 叶尖速度比与风轮实度关系曲线

7.1.5.2 叶尖速度比的取值范围

高速风力机一般取 6～8，低速风力机一般不大于 3。

7.2 翼型选择

风力机叶片的翼型根据下列原则选择：

a) 升阻比高；

b) 失速平缓；

c) 压力中心随攻角变化小；

d) 翼型相对厚度满足结构设计和受力要求；

e) 工艺性好。

7.3 气动设计方法

推荐采用威尔逊(Wilson)设计方法或在此方法上加以改进的可靠的设计方法，通过计算确定叶片的气动外形(即叶片的扭转角、弦长、剖面厚度沿展向的分布)及额定叶尖速度比。

7.4 风力机气动性能参数

设计时应计算：

a) 风能利用系数 c_p；

b) 扭矩系数 c_m；

c) 风轮轴向推力系数 c_t；

d) 叶尖速度比 λ。

7.5 风力机年输出能量

风力机年输出能量按式(4)计算：

$$E_y = (8\,760)\sum_{V_i=1}^{18}(f_{V_i}^{\bar{V}} \cdot P_{V_i}) \qquad \cdots\cdots(4)$$

式中：

E_y——年输出能量，单位为千瓦时(kW·h)；

V_i——区间风速增量的中间值，单位为米(m)；

P_{V_i}——对应于风速 V_i 的功率，单位为千瓦(kW)；

$\bar{V}_y$——年平均风速，单位为米每秒(m/s)；

$\bar{V}$——平均风速，单位为米每秒(m/s)；

$f_{V_i}^{\bar{V}} = \left(\frac{\pi}{2}\right)\cdot\left(\frac{V_i}{\bar{V}_y^2}\right)\cdot \exp\left[-\frac{\pi}{4}\left(\frac{V_i}{\bar{V}}\right)^2\right]$。

7.6 风力机性能的表示方法

风力机性能由下列关系曲线表示：

a) 风能利用系数 c_p 与叶尖速度比 λ 的关系曲线；

b) 不同风速 V 的风轮扭矩 M 与风轮转速 n 的关系曲线；

c) 输出功率 P 与风速 V 的关系曲线；

d) 年输出能量 E_y 与年平均风速 $\bar{V}_y$ 的关系曲线。

8 载荷

8.1 不同工况下的载荷

8.1.1 正常工作

风力机在工作风速范围内正常工作时所受的载荷，这是风力机的基本载荷：

a) 风力机在额定工况下的载荷；

b) 风速按区间取为常值时的载荷；

c) 按 15 年寿命确定载荷的循环次数。

8.1.2 正常工作遇阵风

风力机在工作风速范围内正常工作突遇阵风时所受的载荷：

a) 风力机在额定工况时突遇阵风所受的载荷；

b) 风速接近停车风速，风力机超速状态突遇阵风所受的载荷。

8.1.3 运行中出现故障

风力机在运行中出现故障引起的载荷，故障情况有：

a) 无负载引起超速时的载荷；

b) 不允许的突加负载时的载荷；

c) 风轮转速控制系统故障时的载荷；

d) 调向机构故障时的载荷；

e) 传动系统故障时的载荷。

8.1.4 最大风速

a) 风力机停车时，遇最大风时的载荷；

b) 风力机在慢转状态时，遇最大风时的载荷。

8.1.5 应急刹车

风力机应急刹车时的载荷。

8.1.6 运输、安装、调试

风力机运输、安装、调试过程中作用在零部件上的载荷。

8.2 载荷计算要求

8.2.1 在计算时，应考虑风轮和全机组的气动载荷、惯性载荷、重力载荷和阻尼载荷。

8.2.2 对给出的每种工况下的载荷，均应考虑：

a) 风速变化；

b) 风轮转速变化；

c) 叶片桨距变化；

d) 风轮迎风速度和方向的变化；

e) 阵风效应；

f) 叶片预锥角、风轮旋转轴倾角的影响；

g) 风力机及安全机构所处状态；

h) 塔影效应；

i) 风剪切。

注：对风轮扫掠面积小于等于 40 m^2 的风力机可不考虑 h)和 i)项的影响。

8.2.3 若结构在载荷作用下产生的变形明显地改变了载荷的大小和分布时，则应考虑变形的影响。

9 强度准则

9.1 安全系数

第 8 章所述载荷均为使用载荷，设计载荷是使用载荷乘以安全系数。

一般部件的安全系数取 1.5，对于重要接头、铸件和焊接件等关键零部件，其安全系数值应适当增大。

9.2 材料机械性能

材料的机械性能应根据有关标准的规定选用，凡在现行标准中未列出的材料(特别是复合材料)，其性能应经试验验证后方可使用。

9.3 强度要求

9.3.1 一般要求

应通过可靠的分析方法和试验验证。证实风力机各部件能满足静强度要求和动强度要求。

9.3.2 静强度要求

在设计破坏载荷作用下，各部件结构的应力应不超过材料的极限应力，应不影响风力机的安全和使用。

9.3.3 **动强度要求**

采用安全寿命设计原则设计的部件，应保证在使用寿命期内不发生疲劳破坏。采用损伤容限设计原则设计的部件，应综合考虑材料应力水平和结构形式，以减少由于未发现的缺陷、裂纹或损伤的扩展而造成风力机破坏。

10 结构设计

10.1 一般要求

10.1.1 应采取保护措施保证风力机在规定的使用环境条件下，在其寿命期内不损坏。

10.1.2 应保证风力机局部发生故障或损坏时，不致引起总体破坏。

10.1.3 对于在维护中不易接近、难以修复或更换的零部件，应采用安全寿命设计原则。

10.1.4 对于在维护中易于检查、修复或更换的零部件，建议采用损伤容限设计原则，应选择合适的结构型式和材料，规定相应的检修周期和安全工作周期。

安全工作周期$=f_n\times$检修周期

系数 $f_n\geqslant 2$。

10.1.5 对风力机的各零部件，应采取有效的防腐措施。

10.2 安全机构

10.2.1 安全机构应设计为独立的机构，当风力机及部件出现故障时，安全机构应能独立正常工作。

10.2.2 应设计有两套以上的安全机构，当一套安全机构失灵时，另一套仍能保护风力机不发生破坏。

10.2.3 刹车机构设计要求

a) 停车时刹车，除应在维修时能刹住风轮外，还应具有在安全风速范围内刹住风轮的功能；

b) 运行中刹车允许有其他机构配合，以满足风轮最大功率和风轮最大工作转速时的功率消耗保证刹住风轮；

c) 因急刹车，应保证刹车机构及主要部件不产生不可修复的破坏。

10.3 动力学设计

10.3.1 动力学分析计算

10.3.1.1 部件的固有特性

a) 风轮；

b) 操纵系统；

c) 平台构架；

d) 传动系统；

e) 塔架。

10.3.1.2 稳定性

a) 气动弹性稳定性；

b) 电气、机械系统稳定性；

c) 操纵稳定性。

10.3.2 动力学设计要求

在结构设计时应通过可靠的动力学模型、计算分析和试验，对风力机各系统、各部件的动力学特性和相互关系作详细的分析。

在结构设计时，应使风力机各系统、各部件的固有频率在全部使用状态下尽量避开激振力频率，以保证不发生有害的和过度的振动，必要时采用吸振、减振和限幅等措施。

应通过分析、计算和试验来保证风力机及其部件在全部使用状态下不发出颤振、发散及其他不稳定现象。

ICS 79.020
B 60

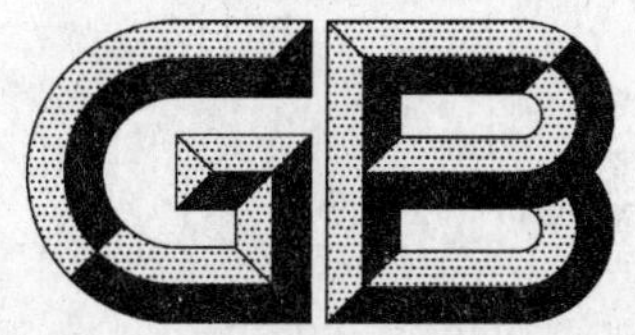

中华人民共和国国家标准

GB/T 14017—2009
代替 GB/T 14017—1992

木材横纹抗拉强度试验方法

Method of testing in tensile strength perpendicular to grain of wood

(ISO 3346:1975, Wood—Determination of ultimate tensile stress perpendicular to grain, MOD)

2009-02-23 发布 2009-08-01 实施

中华人民共和国国家质量监督检验检疫总局
中国国家标准化管理委员会 发布

前　言

本标准修改采用国际标准 ISO 3346:1975《木材　横纹抗拉极限应力的测定》。

本标准与 ISO 3346:1975 相比主要技术内容差异如下：

——修改 4.2，测量工具为游标卡尺或其他测量工具(1975 年和本版的 4.2)。

——修改 5.3，试样有效部分(指试样中部 30 mm 一段)的纹理应与试样长轴相垂直。试样的过渡弧部分应光滑，并与试样中心线相对称。弦向试样有效部分的厚度应具有完整生长轮(1975 年和本版的 5.3)。

——修改 7.2，试样含水率为 12%时的横纹抗拉强度，径向试样按 $\sigma_{12}=\sigma_{W}[1+0.01(W-12)]$ 计算，弦向试样按 $\sigma_{12}=\sigma_{W}[1+0.025(W-12)]$ 计算(1975 年和本版的 7.2)。

本标准代替 GB/T 14017—1992《木材横纹抗拉强度试验方法》。

本标准与 GB/T 14017—1992 相比，有如下变化：

——修改 4.2，测量工具为游标卡尺或其他测量工具(1992 年和本版的 4.2)；

——修改 5.1，试材锯解及试样截取，应符合 GB/T 1929—2009 第 3 章规定，删除原图 1 和图 2(1992 年和本版的 5.1)；

——对 5.2 中图 1 重新绘制(1992 年和本版的 5.2)；

——删除 6.3 中"将破坏荷载填写在附录 A(补充件)记录表中"(1992 年和本版的 6.3)；

——修改"8　试验结果记录与报告"，试验结果记录均按附录 A 填写；试验报告按 GB/T 1928—2009 中 7.4 规定的内容编写(1992 年和本版的第 8 章)；

——附录 A 增加试验地点，删除受拉面积、含水率、弦向横纹抗拉强度和径向横纹抗拉强度(1992 年和本版的附录 A)。

本标准的附录 A 为规范性附录。

本标准由国家林业局提出。

本标准由全国木材标准化技术委员会归口。

本标准负责起草单位：安徽农业大学。

本标准参加起草单位：国际竹藤网络中心、中国林业科学研究院、东北林业大学。

本标准主要起草人：徐斌、江泽慧、费本华、崔永志、汪佑宏。

本标准于 1992 年 12 月首次发布。

本标准由全国木材标准化技术委员会负责解释。

木材横纹抗拉强度试验方法

1 范围

本标准规定了测定木材横纹抗拉强度的试验设备、试样、试验步骤和结果计算等。

本标准适用于木材无疵小试样的横纹抗拉强度试验。

2 规范性引用文件

下列文件中的条款通过本标准的引用而成为本标准的条款。凡是注日期的引用文件，其随后所有的修改单(不包括勘误的内容)或修订版均不适用于本标准，然而，鼓励根据本标准达成协议的各方研究是否可使用这些文件的最新版本。凡是不注日期的引用文件，其最新版本适用于本标准。

GB/T 1928—2009 木材物理力学试验方法总则(ISO 3129:1975,Wood—Sampling methods and general requirements for physical and mechanical tests, NEQ)

GB/T 1929—2009 木材物理力学试材锯解及试样截取方法(ISO 3129:1975,Wood—Sampling methods and general requirements for physical and mechanical tests, MOD)

GB/T 1931—2009 木材含水率测定方法(ISO 3130:1975, Wood—Determination of moisture content for physical and mechanical tests, MOD)

3 原理

沿试样横纹方向，以均匀速度施加拉力至破坏，求出木材的横纹抗拉强度。

4 试验设备

4.1 试验机，测定荷载的精度，应符合 GB/T 1928—2009 第 6 章要求。为保证沿试样纵轴受拉，夹持装置应有活动接头。夹持装置的开口尺寸应为 25 mm～35 mm，并能用螺旋夹夹紧试样，试验时不产生滑移。

4.2 测量工具为游标卡尺或其他测量工具，测量尺寸应精确至 0.1 mm。

4.3 木材含水率测定设备，应符合 GB/T 1931—2009 第 3 章规定。

5 试样

5.1 试材锯解及试样截取，应符合 GB/T 1929—2009 第 3 章规定。

5.2 试样的形状和尺寸见图 1。

单位为毫米

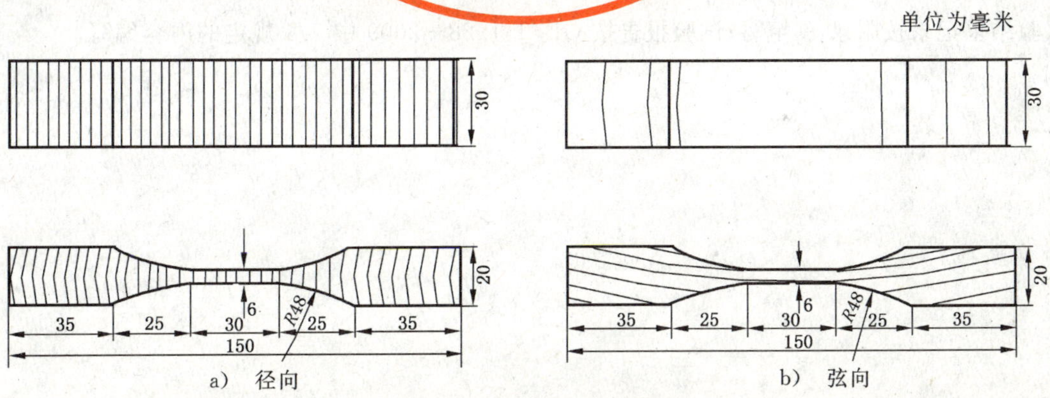

图 1 横纹抗拉试样

5.3 试样有效部分(指试样中部 30 mm 一段)的纹理应与试样长轴相垂直。试样的过渡弧部分应光滑,并与试样中心线相对称。弦向试样有效部分的厚度应具有完整生长轮。

5.4 小径级试材,试样两端 30 mm 的夹持部分,允许用同种木材按相同纹理方向胶接。

5.5 试样制作要求和检查、试样含水率的调整,应分别符合 GB/T 1928—2009 第 3 章和第 4 章规定。

6 试验步骤

6.1 在试样有效部分中部,测量宽度和厚度,精确至 0.1 mm。

6.2 将试样竖直地放在试验机夹持装置内,用螺旋夹夹紧部分的窄面。

6.3 试验以均匀速度加荷,在 1.5 min～2.0 min 内使试样破坏。破坏荷载精确至 10 N。

6.4 如拉断处不在试样有效部分,试验结果应予舍弃。

6.5 试样试验后,立即在有效部分截取一段,参照 GB/T 1931 测定试样含水率。

7 结果计算

7.1 试验时试样含水率为 W 时的横纹抗拉强度,应按式(1)计算,精确至 0.01 MPa。

$$\sigma_W = \frac{P_{\max}}{bt} \qquad \cdots\cdots(1)$$

式中:

σ_W——试验时试样含水率为 W 时的横纹抗拉强度,单位为兆帕(MPa);

$P_{\max}$——破坏荷载,单位为牛(N);

b——试样有效部分宽度,单位为毫米(mm);

t——试样有效部分厚度,单位为毫米(mm)。

7.2 试样含水率为 12%时的横纹抗拉强度,应按式(2)、式(3)计算,精确至 0.01 MPa。

径向试样为:

$$\sigma_{12} = \sigma_W[1 + 0.01(W - 12)] \qquad \cdots\cdots(2)$$

弦向试样为:

$$\sigma_{12} = \sigma_W[1 + 0.025(W - 12)] \qquad \cdots\cdots(3)$$

式中:

σ_{12}——试验时试样含水率为 12%时的横纹抗拉强度,单位为兆帕(MPa);

W——试样含水率,%。

试样含水率在 9%～15%范围内,按式(2)、式(3)计算有效。

8 试验结果记录与报告

试验结果记录按附录 A 填写;试验报告按 GB/T 1928—2009 中 7.4 规定的内容编写。

附　录　A
（规范性附录）
木材横纹抗拉强度试验记录表

树种：　　产地：　　试验地点：　　实验室温度：　　℃　　实验室相对湿度：　　%

试样编号	试样有效部分尺寸/mm		含水率试样质量/g		破坏荷载/N		备注
	宽度	厚度	试验时	全干时	弦向	径向	

年　　月　　日　　　　试验：　　　　计算：　　　　审核：

ICS 79.020
B 60

中华人民共和国国家标准

GB/T 14018—2009
代替 GB/T 14018—1992

木材握钉力试验方法

Method of testing nail holding power of wood

(ISO 9087:1998, Wood—Determination of nail and screw holding power under axial load application, MOD)

2009-02-23 发布　　2009-08-01 实施

中华人民共和国国家质量监督检验检疫总局
中国国家标准化管理委员会　发布

前 言

本标准修改采用国际标准 ISO 9087:1998《木材　轴向负荷下钉子和螺钉固着力的测定》。

本标准与 ISO 9087:1998 相比主要技术内容变化如下：

——5.1.1 增加“在供硬度和顺纹抗剪试验用的圆盘上截取，不符合使用时，可在该圆盘相邻部位另锯一个长 180 mm 的圆盘，截取试样毛坯，并按试样尺寸留足干缩和加工余量”(1998 年和本版的 5.1.1)。

——修改 6.2，采用适当质量的钢锤，以每次打入相同深度，分 5 次～10 次将钉子钉入试样至记号处，允许误差±1 mm。在钉子钉入试样过程中，对于较硬的木材，钉子因难以钉入而易产生弯曲的试样，可预先在试样相应位置钻直径约 1.8 mm、深约 20 mm 的引导孔，再将钉子钉入试样至记号处，同时附加记录(1998 年和本版的 6.2)。

——修改 6.3，钉钉时试样如出现开裂，该试样应停止试验(1998 年和本版的 6.3)。

——删除 6.5 中“含水率值与标准值相差 2%以上的试样应舍弃”(1998 年和本版的 6.5)。

本标准代替 GB/T 14018—1992《木材握钉力试验方法》。

本标准与 GB/T 14018—1992 相比有如下变化：

——修改 4.3，测量工具为游标卡尺或其他测量工具(1992 年和本版的 4.3)。

——修改 6.2，采用适当质量的钢锤，以每次打入相同深度，分 5 次～10 次将钉子钉入试样至记号处，允许误差±1 mm。在钉子钉入试样过程中，对于较硬的木材，钉子因难以钉入而易产生弯曲的试样，可预先在试样相应位置钻直径约 1.8 mm、深约 20 mm 的引导孔，再将钉子钉入试样至记号处，同时附加记录(1992 年和本版的 6.2)。

——修改 6.3，钉钉时试样如出现开裂，该试样应停止试验(1992 年和本版的 6.3)。

——修改 6.4，将钉子钉入试样后，立即进行试验。将带有钉子的试样，放在钢框架内，握钉器握紧钉头，以均匀速度加荷，在 1 min～2 min 内[或按(2±0.5)mm/min 速度加荷]将钉子拔动，至试验机指针明显回转(或至试验机荷载读数明显下降)为止(1992 年和本版的 6.4)。

——修改“8　试验结果记录与报告”，试验结果记录均按附录 A 填写；试验报告按 GB/T 1928—2009 中 7.4 规定的内容编写(1992 年和本版的第 8 章)。

——附录 A 增加试验地点，删除含水率、握钉力(1992 年和本版的附录 A)。

本标准的附录 A 为规范性附录。

本标准由国家林业局提出。

本标准由全国木材标准化技术委员会归口。

本标准负责起草单位：国际竹藤网络中心。

本标准参加起草单位：安徽农业大学、东北林业大学。

本标准主要起草人：江泽慧、汪佑宏、崔永志、郭明辉、刘杏娥。

本标准于 1992 年 12 月首次发布。

本标准由全国木材标准化技术委员会负责解释。

木材握钉力试验方法

1 范围

本标准规定了测定木材握钉力的试验设备、试样及试验用钉、试验步骤、结果计算以及试验结果记录与报告。

本标准适用于测定木材无疵小试样对圆钢钉的握钉力。

2 规范性引用文件

下列文件中的条款通过本标准的引用而成为本标准的条款。凡是注日期的引用文件，其随后所有的修改单（不包括勘误的内容）或修订版均不适用于本标准，然而，鼓励根据本标准达成协议的各方研究是否可使用这些文件的最新版本。凡是不注日期的引用文件，其最新版本适用于本标准。

GB/T 1928—2009　木材物理力学试验方法总则（ISO 3129:1975，Wood—Sampling methods and general requirements for physical and mechanical tests，NEQ）

GB/T 1929—2009　木材物理力学试材锯解及试样截取方法（ISO 3129:1975，Wood—Sampling methods and general requirements for physical and mechanical tests，MOD）

GB/T 1931—2009　木材含水率测定方法（ISO 3130:1975，Wood—Determination of moisture content for physical and mechanical tests，MOD）

YB/T 5002　一般用途圆钢钉

3 原理

将圆钢钉的一定长度钉入木材后，试验机握紧钉头，以均匀加载速度将钉子拔动，测定木材的握钉力。

4 试验设备

4.1　试验机，测定荷载的精度，应符合 GB/T 1928—2009 第 6 章规定。

4.2　握钉力试验附件见图 1。

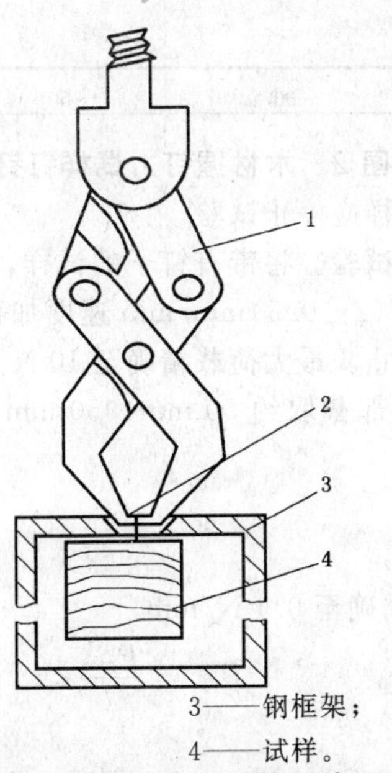

1——握钉器；
2——钉子；
3——钢框架；
4——试样。

图 1　握钉力试验附件示意图

4.3 测量工具为游标卡尺或其他测量工具，测量尺寸应精确至 0.1 mm。

4.4 木材含水率测定设备，应符合 GB/T 1931—2009 第 3 章规定。

5 试样及试验用钉

5.1 试样

5.1.1 试样的截取按 GB/T 1929—2009 第 3 章规定，在供硬度和顺纹抗剪试验用的圆盘上截取，不符合使用时，可在该圆盘相邻部位另锯一个长 180 mm 的圆盘，截取试样毛坯，并按试样尺寸留足干缩和加工余量。

5.1.2 试样尺寸为 150 mm×50 mm×50 mm，长度为顺纹方向。试样制作要求和检查、试样含水率的调整，应分别符合 GB/T 1928—2009 第 3 章和第 4 章规定。

5.2 试验用钉

5.2.1 圆钢钉按 YB/T 5002 规定，钉长为 45 mm，钉杆直径为 2.5 mm 的普通低碳钢钉。

5.2.2 不许用生锈的及有飞翅、弯曲等缺陷的钉子。每钉只用一次。

6 试验步骤

6.1 试验前将钉子擦拭干净。在离钉尖 30 mm 处划一记号。

6.2 按图 2 在试样任一径面、任一弦面和两个端面上，垂直于试样表面，采用适当质量的钢锤，以每次打入相同深度，分 5 次～10 次将钉子钉入试样至记号处，允许误差±1 mm。在钉子钉入试样过程中，对于较硬的木材，钉子因难以钉入而易产生弯曲的试样，可预先在试样相应位置钻直径约 1.8 mm、深约 20 mm 的引导孔，再将钉子钉入试样至记号处，同时附加记录。

单位为毫米

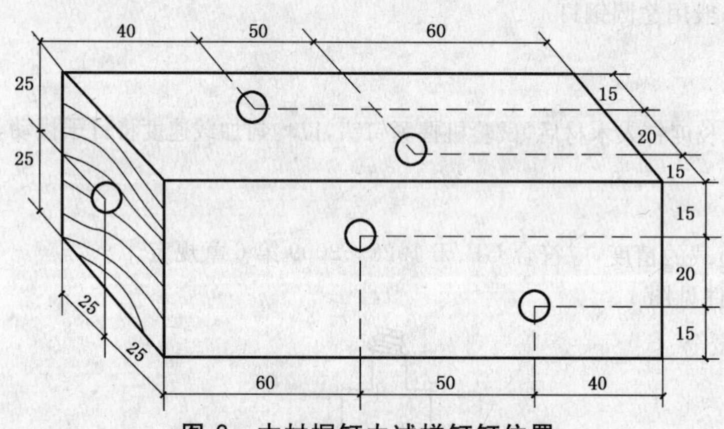

图 2 木材握钉力试样钉钉位置

6.3 钉钉时试样如出现开裂，该试样应停止试验。

6.4 将钉子钉入试样后，立即进行试验。将带有钉子的试样，放在钢框架内，握钉器握紧钉头，以均匀速度加荷，在 1 min～2 min 内［或按（2±0.5）mm/min 速度加荷］将钉子拔动，至试验机指针明显回转（或至试验机荷载读数明显下降）为止。最大荷载精确至 10 N。

6.5 试验后，立即在试样长度的中部截取约 50 mm×50 mm×10 mm（顺纹方向）的木块一个，参照 GB/T 1931 测定试样的含水率。

7 结果计算

试样的握钉力，按式（1）计算，精确至 0.1 N/mm。

$$P_{ap} = \frac{P_{max}}{l} \qquad (1)$$

式中：

P_{ap}——试样的握钉力，单位为牛每毫米（N/mm）；

P_{max}——最大荷载，单位为牛(N)；

l——钉子钉入试样的长度，单位为毫米(mm)。

8 试验结果记录与报告

试验结果记录均按附录 A 填写；试验报告按 GB/T 1928—2009 中 7.4 规定并增加试样含水率变化范围的内容进行编写。

附 录 A
（规范性附录）
木材握钉力试验记录表

树种： 产地： 试验地点： 实验室温度： ℃ 实验室相对湿度 %

编号	含水率试样质量/g		径面		弦面		端面	
	试验时	全干时	钉子钉入试样长度/mm	最大荷载/N	钉子钉入试样长度/mm	最大荷载/N	钉子钉入试样长度/mm	最大荷载/N

年 月 日 试验： 计算： 审核：

ICS 79.020
B 60

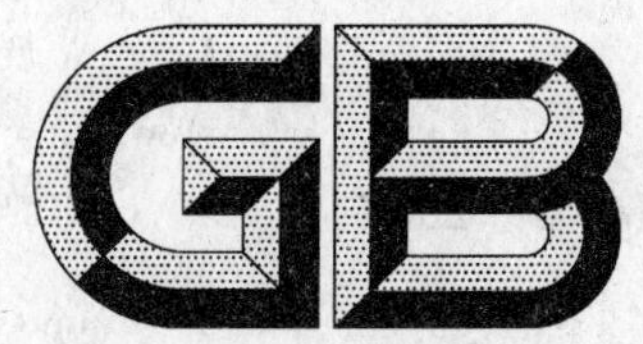

中华人民共和国国家标准

GB/T 14019—2009
代替 GB/T 14019—1992

木材防腐术语

Technical terms used in wood preservation

2009-02-23 发布　　2009-08-01 实施

中华人民共和国国家质量监督检验检疫总局
中国国家标准化管理委员会　发布

前言

本标准参照美国木材防腐业人员协会标准 AWPA(American Wood-Preservers'Association)标准 M5-01《Glossary of Terms Used in Wood Preservation》(木材防腐用术语)编制,与 AWPA M5-01 的一致性程度为非等效。

本标准代替 GB/T 14019—1992《木材防腐术语》。

本标准与 GB/T 14019—1992 相比,主要变化如下:

——调整了标准格式体系,增加了分类,将原来的每个单独分类降为小类并统一合并到"术语和定义"部分;

——改进了术语分类方法,分类中新增了木材阻燃;

——调整了词汇量;

——删除了过时术语;

——增补了新术语;

——修改完善了部分原有术语的定义。

本标准由全国木材标准化技术委员会提出并归口。

本标准负责起草单位:中国林业科学研究院木材工业研究所。

本标准参加起草单位:西北农林科技大学。

本标准主要起草人:段新芳、蒋明亮、周冠武、周宇、李家宁、李晓文。

本标准所代替标准的历次版本发布情况为:

——GB/T 14019—1992。

木材防腐术语

1 范围

本标准规定了木材防腐的常用术语。

本标准适用于针、阔叶树圆材(包括原木、电杆、坑木、柱材等)、锯材(包括板材、方材、枕木、木结构用材等)、木基复合材料以及其他木制品在使用前和使用中的木材防腐、木材阻燃相关领域。竹材、藤材等可参照使用。

2 分类

本标准术语分为6类:

a) 基本术语;

b) 木材劣化;

c) 木材防腐剂;

d) 木材防腐处理工艺;

e) 防腐木材及其质量检测;

f) 木材阻燃。

3 术语和定义

3.1 基本术语

3.1.1

针叶树材 softwood; coniferous wood

无孔材

由裸子植物如松、杉、柏木、落叶松等生产的木材。

3.1.2

阔叶树材 hardwood; broadleaved wood

有孔材

由被子植物如杨树、白蜡树、榆树、桉树等生产的木材。

3.1.3

竹材 bamboo

竹类植物木质化茎干部分。有时泛指竹的茎、枝和地下茎的木质化部分。

3.1.4

藤材 rattan

藤类植物(一般指棕榈藤植物)木质化的茎干。

3.1.5

胶合板 plywood

由三层或三层以上的单板按照对称原则、相邻层单板纤维方向互为直角组坯胶合而成的板材。

3.1.6

纤维板 fiberboard

以木质纤维或其他植物纤维为原料,经分离成纤维,施加或不施加各类胶粘剂,成型热压成的板材。

3.1.7

低密度纤维板 low density fiberboard;LDF

密度在 450 kg/m^3 以下的纤维板。

3.1.8

中密度纤维板 medium density fiberboard;MDF

密度为 450 kg/m^3～880 kg/m^3 的纤维板。

3.1.9

高密度纤维板 high density fiberboard;HDF

密度在 880 kg/m^3 以上的纤维板。

3.1.10

刨花板 particleboard

碎料板

以木材或其他非木材植物加工成刨花或碎料,施加胶粘剂和其他添加剂热压而成的板材。

3.1.11

定向刨花板 oriented strandboard;OSB

应用扁平窄长刨花,施加胶粘剂和其他添加剂,铺装时刨花在同一层按同一方向排列成型再热压而成的板材。

3.1.12

结构复合材 structural composite lumber

木材基本单元(纤维、纤维束、窄长木条、单板或纤维、纤维束、窄长木条、单板的综合)施加室外级胶粘剂生产的结构用复合材料。

3.1.13

预制木材工字梁 prefabricated wood I-joist

采用锯制或结构用复合材翼缘和结构用板材腹板生产的工字形截面的结构件,应用室外级胶粘剂胶合翼缘和腹板。主要用于支承地板、楼板或顶棚。

3.1.14

胶合木 glued laminated timber;Glulam

集成材

木材经锯材加工干燥后,根据不同规格需求,由小块板方材通过指接、胶拼、层积,通常在常温条件下加压胶合而成的木质材料。

3.1.15

单板层积材 laminated veneer lumber;LVL

多层整幅(或拼接)的单板按顺纹为主组坯胶合而成板材。

3.1.16

单板条定向层积材 parallel strand lumber;PSL

由无缺陷的窄单板条,通过涂胶、顺纤维方向平行组坯热压而成可代替实木作梁、柱等构件的结构用板材。

3.1.17

大片刨花定向层积材 laminated strand lumber;LSL

用长约 220 mm,宽约 10 mm 以上,厚约 1 mm 的大片刨花,经拌胶、定向铺装、热压而成可替代实木用于门、窗、梁、柱等的结构用板材。

3.1.18

木塑复合材 wood plastic composites;WPC

以削片、碎料、颗粒、大刨花等木材组元和塑料碎片、颗粒等为原料,经过适当的处理使两种原料通过不同的复合方法生成的新型复合材料。其材料性能与木材树种、塑料组分含量、浓度、尺寸大小、形状和木材组分含量等密切相关。

3.1.19

木纤维塑料复合材　wood fiber-thermoplastic composite; WFPC

以单一的针叶材和阔叶材纤维或针、阔叶材混合纤维和聚乙烯、聚丙烯等热塑性高分子为原料加工而成的一类复合材料,其中木材纤维含量为30%～70%。

3.1.20

生材　green wood; unseasoned timber; freshly harvested wood

新伐材

刚伐倒未经干燥的木材。

3.1.21

湿材　wet timber

长期贮存于水中或在陆地喷水湿存的木材。

3.1.22

气干材　air-dried timber; air seasoned timber

未干燥材在大气中放置一定时间,通过自然干燥,其含水率与其所在环境的大气条件(温度、湿度)达到或接近平衡的木材。

3.1.23

健康材　sound wood

没有受到菌、虫等生物侵害的完好木材。

3.1.24

腐朽材　decayed wood

受木材腐朽菌的侵害发生腐朽的木材。

3.1.25

变色材　stained wood; discolored wood

受到霉菌、变色菌等生物因子,光热等物理因子,酶等化学因子侵害导致木材正常颜色发生改变的木材,如蓝变材、褐变材等。

3.1.26

素材　untreated wood

未经任何物理、化学与生物处理的木材。

3.1.27

生长轮　growth ring

树木形成层在每个生长周期所形成并在树干横切面上显现的围绕髓心的同心圆环。有些热带树木终年生长不停,因而没有明晰的年轮,但可能还有生长轮可见。在温带地区,树木的生长轮就是年轮(annual ring)。

3.1.28

早材　early wood

在一个树木生长轮内,生长季节早期所形成的靠近髓心方向的木材。

3.1.29

晚材　late wood

在一个树木生长轮内,生长季节晚期所形成的靠近树皮方向的木材。

3.1.30

边材　sapwood

树干外侧靠近树皮部分的木材,含有生活细胞和储藏物质(如淀粉等)。边材树种是指心边材颜色无明显差别的树种。

3.1.31

心材　heart wood

靠近树干髓心部分，材色较深，由非生活细胞构成的木材。心材树种是心材和边材区别明显的树种。

3.1.32

熟材　ripe wood

树干靠近髓心部分木材的材色与边材无明显区别，但含水率、渗透性较边材低。如针叶材中的云杉、冷杉和阔叶材中的水青冈、椴木等。

3.1.33

木材密度　density of wood

单位体积木材的质量。通常分为基本密度、生材密度、气干密度和绝干密度4种，而以基本密度、气干密度最常用。

3.1.34

木材渗透性　permeability of wood

流体在压力差(内力和外力)的作用下，进出和通过木材的性质。

3.1.35

含水率　moisture content；MC

木材中的水分质量占木材质量的百分数。木材含水率分为相对含水率和绝对含水率。相对含水率(relative moisture content)是木材所含水分的质量占木材和所含水分总质量的百分率；木材绝对含水率(absolute moisture content)是木材所含水分质量占木材绝干质量的百分率。

3.1.36

纤维饱和点　fiber saturation point；FSP；f. s. p.

木材细胞腔中自由水蒸发完毕而细胞壁中吸着水达到最大状态时的含水率，一般是各种木材物理力学性质的转折点。

3.1.37

平衡含水率　equilibrium moisture content；EMC

在一定的湿度和温度条件下，木材中的水分与空气中的水分不再进行交换而达到稳定状态时的含水率。

3.1.38

木材保管　wood storage

木材保存

采用物理和化学方法，防止木材发生菌腐、虫蛀和开裂等变质降等的木材贮存技术。

3.2　木材劣化

3.2.1

木材劣化　wood deterioration

木材遭受生物的侵害和物理、化学等的损害所造成的变质和损坏。

3.2.2

木材生物劣化　biodeterioration of wood

木材受真菌、细菌、昆虫、海生钻孔动物等的生物侵害而产生的变质和降解。

3.2.3

木材生物劣化因子　wood biodeterioration agents

导致木材劣化的生物，包括微生物(主要为木腐菌、变色菌和霉菌)、昆虫和海生钻孔动物。

3.2.4

木材生物降解　wood biodegradation

木材被微生物分解为结构较单一组分的现象。

3.2.5

木材耐久性　wood durability

木材在使用过程中耐受生物劣化和其他劣化的能力。

3.2.6

木材天然耐久性　natural durability of wood

未经任何处理木材的耐久性。

3.2.7

耐腐性　decay resistance

木材对木材腐朽菌生物劣化的抵抗能力。

3.2.8

木材天然耐腐性　natural decay resistance of wood

未经任何处理木材的耐腐性。

3.2.9

抗白蚁性　termite resistance

木材对白蚁生物劣化的抵抗能力。

3.2.10

抗海生钻孔动物性　marine borers resistance

木材对海生钻孔动物生物劣化的抵抗能力。

3.2.11

木材腐朽　wood decay;wood rot

木材细胞壁被腐朽菌或其他微生物分解引起的木材腐烂和解体的现象，包括白腐、褐腐和软腐。

3.2.12

边材腐朽　sap rot

外部腐朽

树木伐倒后，木材腐朽菌自边材外表侵入所形成的腐朽。

3.2.13

心材腐朽　heart rot

内部腐朽

活立木受木材腐朽菌侵害所形成的心材或熟材部分的腐朽。

3.2.14

干基腐朽　butt rot

活立木状态时，发生在树木基部或树干下部的腐朽。

3.2.15

白腐　white rot

由白腐菌分解木质素并破坏部分纤维素所形成的腐朽，腐朽材多呈白色或浅黄白色或浅红褐色，露出纤维状结构。

3.2.16

褐腐　brown rot

由褐腐菌分解破坏纤维素所形成的腐朽，腐朽材外观呈红褐色或棕褐色，质脆，中间有纵交错的块状裂隙。

3.2.17

软腐　soft rot

由软腐菌(多为子囊菌)侵害使木材在高湿状态下引起的腐朽,腐朽材表面变软发黑,而干燥后呈细龟裂状。

3.2.18

干腐　dry rot

某些担子菌能输导水分使干木材变潮所引起的褐色块腐。干腐常见于木建筑结构上。干腐为干腐菌(*Serpula lacrymans*)和某些卧孔菌(*Poria* spp.)所引起。

3.2.19

湿腐　wet rot

具有高含水量的木材腐朽。腐朽部分很湿,在中等压力下即可挤出水来。粉孢革菌是导致湿腐的重要菌源。

3.2.20

带线　zone line

木材受木腐菌的侵害,在腐朽部分形成的真菌产物或分解产物的暗褐色和黑色细线带,常成为不规则腐朽范围的边界。

3.2.21

木材变色　wood stain;discoloration of wood

由各种生物的、物理的或化学的因素导致木材与木制品固有颜色发生改变的现象。可分为微生物变色、物理变色、化学变色和木材加工过程引起的变色等。

3.2.22

木材微生物变色　wood discoloration induced by microorganism

由微生物滋生繁殖引起的木材变色。如马尾松和橡胶木蓝变色等。

3.2.23

木材化学变色　wood discoloration induced by chemicals

木材受金属离子、酸、碱、酶等化学因子作用引起的变色。如铁污迹、柿树科的红变色等。

3.2.24

木材物理变色　wood discoloration induced by physical factors

木材受热、光照等物理因子作用而发生的变色。如干燥木材的垫条污迹等。

3.2.25

木材生理变色　wood discoloration induced by physiological factors

树木受到冻害、病害等灾害发生生理反应而导致的木材变色。

3.2.26

蓝变　blue stain;blueing;log blueing

青变

由长啄壳属(*Ceratocystis*)等蓝变菌所滋生繁殖导致木材边材表面变成蓝色的现象,多见于松木、橡胶木等木材。

3.2.27

边材变色　sapstain

由于真菌生长繁殖或其他原因(木材细胞内含物的氧化或其他化学反应)引起生材的边材颜色改变的现象。

3.2.28

真菌变色　stain by fungi

某些真菌在木材组织中寄生,菌丝体及其所分泌的色素污染木材,导致青斑、红斑、黄斑等局部变色。

3.2.29

菌害　fungal (bacterial) attack

真菌、细菌等微生物对木材的侵害。

3.2.30

木材腐朽菌　wood-destroying fungi

木腐菌

危害树木和木材导致木材腐朽的真菌,主要是担子菌亚门层菌纲的真菌,其中又以多孔菌类最为重要。

3.2.31

真菌　fungus (sing.); fungi (pl.)

具有真核和细胞壁的异养生物。

3.2.32

细菌　bacterium (sing.); bacteria (pl.)

没有细胞核膜和细胞器膜的单细胞微生物。

3.2.33

担子菌亚门　subdivision basidiomycotina; Basidiomycotina

属真菌门,该亚门真菌都产生担子和担孢子,均为有隔菌丝形成的发达的菌丝体,是木材腐朽菌重要菌源。

3.2.34

子囊菌亚门　subdivision ascomycota; Ascomycotina

属真菌门,该亚门真菌营养体除极少数低等类型为单细胞(如酵母菌)外,均为有隔菌丝构成的菌丝体,是木材边材变色和软腐的重要菌源。

3.2.35

半知菌亚门　imperfect fungi; subdivision deuteromycota; Deuteromycotina

不完全菌类

一群只有无性阶段或有性阶段未发现的真菌,为木材变色和软腐的重要菌源,大多属于子囊菌,部分属于担子菌。

3.2.36

接合菌亚门　subdivision zygomycota; Zygomycotina

属真菌门,该亚门真菌营养体是菌丝体,有性繁殖形成接合孢子。没有游动孢子。腐生或寄生。木材发霉的菌源之一,如黑根霉、毛霉等。

3.2.37

多孔菌　family polyporaceae; polyporaceae

属担子菌亚门多孔菌科菌类的统称。子实体为肉质、木质或栓质,有柄或无柄,下面密布许多细孔;孔内为菌管,管壁布有子实层,产生担子和担孢子。多生于树干或木材上,引起严重腐朽。有的种类可供药用,如茯苓、灵芝、猪苓。

3.2.38

层孔菌属　genus Fomes; *Fomes*

属担子菌亚门多孔菌科。寄生于多种树木的树干上。菌丝体穿入树干木质部蔓延滋生,使木材朽烂，造成树枝或整体枯死。以后在受害部分生出子实体。重要的木材腐朽菌。有些种类危害立木，如木蹄层孔菌（*Fomes fomentarius*）；有的可药用，如药用层孔菌（*Fomes officinalis*）。

3.2.39

变色菌　stain fungi

主要属于子囊菌亚门和半知菌亚门。以木材细胞内含物为食料，不分解木材，能改变木材的天然颜色。

3.2.40

担子菌　basidiomycetous fungi；*Basidiomycete*

有性孢子外生在担子上的菌类，是木材腐朽的主要菌源。

3.2.41

霉菌　mould；mold

形成分枝菌丝的真菌的统称，在潮湿环境下能导致木材表面发生霉变。

3.2.42

菌丝　hypha(sing.)；hyphae(pl.)

真菌结构单位的丝状体，粗细约为 1 μm，顶端生长加长，通过侧生分枝生出新分枝。

3.2.43

菌丝体　mycelium

由许多分枝菌丝交织形成的真菌营养体，具有吸收营养的能力。

3.2.44

子实体　fruit body

高等真菌有性阶段产生的孢子的结构。子囊菌的子实体称子囊果，担子菌的称担子果，其形状、大小与结构因种类而异。

3.2.45

孢子　spore

某些生物的脱离母体后不通过细胞融合而能直接或间接发育成新个体的单细胞或少数细胞的繁殖体。

3.2.46

酶　enzyme

具有生物催化功能的生物大分子（蛋白质或 RNA），分为蛋白类酶和核酸类酶。

3.2.47

昆虫　insect

昆虫纲（Insecta）动物的统称，属节肢动物门（Arthropoda）昆虫纲。成虫体躯分为头、胸、腹三部分；头部具 1 对触角，常具复眼和单眼；胸部有足三对，翅 1 对或两对；腹部无足。危害木材的昆虫有扁蠹、小蠹、天牛、吉丁虫、白蚁和树蜂等。

3.2.48

木材虫害　insect damage of wood

各种昆虫如扁蠹、小蠹、天牛、吉丁虫、白蚁和树蜂等蛀蚀木材而造成的木材缺陷。

3.2.49

木材钻孔虫　wood boring insects；wood destroying insects

木蛀虫

能钻蛀木材，形成孔洞、坑道的昆虫。

3.2.50

虫眼　insect hole

虫孔

各种昆虫蛀蚀木材所形成的孔洞。

3.2.51

小虫眼　shothole；small insect hole

小虫孔

孔径在1.5 mm～3 mm的虫孔，多由小蠹科、长小蠹科的某些小蠹虫或天牛科的某些天牛所蛀成。

3.2.52

大虫眼　grub hole

大虫孔

孔径在3 mm以上，虫眼圆形或扁圆形，主要由天牛、象鼻虫、树蜂等害虫蛀成。

3.2.53

针孔虫眼　pin hole

孔径小于2 mm的针孔状虫孔，主要由小蠹科、长小蠹科的食菌小蠹所蛀成。

3.2.54

表面虫眼和虫沟　surface insect holes and galleries

蛀蚀木材的深度不足10 mm的虫眼和虫沟，多由某些小蠹虫或某些天牛所蛀成。未剥皮新伐倒木常见此害。

3.2.55

蛀孔　bore hole

木材蛀虫和海生钻孔动物取食或穿蛀木材而成的孔洞。

3.2.56

蛀屑　frass；bore dust

木材钻孔虫钻蛀木材取食后的排泄物及木质组织碎屑的混合物，呈木丝状、粉末状或颗粒状，粗细大小随虫类而异。

3.2.57

鞘翅目　beetles；order coleoptera；Coleoptera

属昆虫纲，总称为甲虫(beetles)，一般体躯坚硬，有光泽。前翅鞘翅，角质，质坚而厚，无明显翅脉。其中有些种是蛀蚀木材的重要昆虫。

3.2.58

天牛科　long-horned beetles；family cerambycidae；Cerambycidae

属鞘翅目，触角线状，能向后伸，超过体长的2/3，着生在额突上，其中第2节特别短，仅为第1节长度的1/5。均为植食性，大多数幼虫钻蛀取食木质部。一般分为两类：一类蛀蚀新伐倒的原木或林区中的病腐木，另一类蛀蚀干木材。

3.2.59

小蠹科　bark beetles；Scolytidae

属鞘翅目，体小型，椭圆或长椭圆形，色暗。头半露于体外，窄于前胸；触角略呈膝状，端部三、四节呈锤状；上唇退化，上颚强大，很多种类是林木的重要害虫，多危害树皮及边材。

3.2.60

长小蠹科　pinhole borer beetle；family Platypodidae；Platypodidae

属鞘翅目，是一种重要的针孔钻孔虫类，能将新伐原木蛀成许多圆孔，常严重危害阔叶材。

3.2.61

窃蠹科　deathwatch beetles；family of Anobiidae；Anobiidae

属鞘翅目，多危害阔叶材和针叶材的边材及一些淡色的阔叶材心材，常见于干燥的木建筑物。

3.2.62

长蠹科　false powder;post beetle;Bostrychidae

属鞘翅目长蠹总科,危害伐倒木干木材及竹材,在木材中蛀成圆柱形孔道,有时也危害衰弱的活立木。

3.2.63

粉蠹甲　powder-post beetles

长蠹科和粉蠹科破坏木材的甲虫的通称。

3.2.64

食菌小蠹　ambrosia beetles;pinhole borers

针孔蛀虫。主要蛀食原木、新伐材、枯立木、病损木的害虫,主要包括长小蠹科和小蠹科某些属的昆虫。蛀孔为圆形,最大直径约3mm。一般沿木材纹理方向蛀孔,颜色较深,无蛀屑。

3.2.65

象甲科　Curculionidae

属鞘翅目象甲总科,额和颊向前延伸形成明显的喙,口器位于喙的顶端;触角膝状,其末端3节膨大呈棒状;前足基节窝闭式。幼虫身体柔软,肥胖而弯曲,无足。成、幼虫均植食性。蛀屑多呈颗粒状。所蛀虫道,常随虫体增大而加宽,能形成大量孔洞,严重破坏木材的完整性。

3.2.66

吉丁甲科　jewel beetles;flat-headed beetles;Buprestidae

吉丁虫科

属鞘翅目。体较长,体壁常具金属光泽。头下口式,嵌入前胸;触角11节,多为锯齿状。幼虫体长,背腹扁平;前胸膨大,背板和腹板骨化,身体后部较细,虫体呈棒状。幼虫大多蛀食树木,亦有潜食于树叶中的,为森林、果木的重要害虫。

3.2.67

家具窃蠹　common furniture beetle;*Anobium punctatum*

窃蠹科甲虫,幼虫在家具木材和建筑木材中钻孔。蛀食圆形孔道的最大直径约1.5 mm。蛀孔无变色,包含蛀屑,通常呈颗粒状纹理。幼虫多危害边材,较少危害无腐朽心材。

3.2.68

报死窃蠹　death watch beetle;*Xestobium rufovillosum*

窃蠹科甲虫,常见于发生真菌腐朽的温带阔叶材。蛀食圆孔的最大直径约3 mm。蛀孔无变色。蛀屑松散地填塞于蛀孔中,包含扁平的球状颗粒。

3.2.69

家天牛　house longhorn beetle;*Hylotrupes bajulus*

天牛科甲虫,幼虫蛀食建筑用针叶材的边材,危害很大。蛀食圆孔为椭圆形,最大宽度约10 mm。蛀孔无变色,包含柱状蛀屑。

3.2.70

黑尾拟天牛　wharf-borer;*Nacerdes melanura* L

码头蛀虫

拟天牛科(Oedemeridae)甲虫,幼虫蛀食潮湿、腐朽木材,尤其是码头、码头边的建筑物和木质驳船。

3.2.71

白蚁　termite

昆虫纲等翅目(Isoptera)昆虫的统称。营群体生活,多型性社会昆虫,分为生殖白蚁(蚁后和雄蚁)、非生殖个体(工蚁和兵蚁)等不同等级。营巢穴居昆虫,体壁柔弱,活动和取食在蚁穴、泥被掩护下进行。土栖性白蚁筑巢于土中或地面,蚁塔可高达8 m,又称"白蚁冢"。分布在热带和温带,北方寒冷地区很少发现。

3.2.72

土栖性白蚁　subterranean termite; Rhinotermitidae

鼻白蚁科白蚁,在土壤中群栖筑巢,通过地面或自建的蚁道进入木材内部,以木材中的纤维素为食。蚁道保护白蚁免受外界环境中光照、干燥空气等因素影响。从内部蛀食木材,木材外部看不到任何破坏的迹象。

3.2.73

干木白蚁　drywood termites; Kalotermitidae

木白蚁科白蚁,可直接飞入不与地面接触的木材,危害比鼻白蚁科白蚁大。主要危害干燥木材(木材含水率为5%～10%)。木材既是木白蚁科白蚁的巢穴又是食物来源。

3.2.74

湿木白蚁　dampwood termites; Termopsidae

原白蚁科白蚁,主要危害树木、伐倒木和埋于土壤中的木材。

3.2.75

家白蚁　Formosan subterranean termite; *Coptotermes formosanus* Shiraki

属鼻白蚁科,土木两栖性白蚁,在室内和室外筑巢,群体较大,喜蛀蚀早材。主要危害房屋建筑、桥梁、枕木、电杆等用材。

3.2.76

散白蚁　genus Reticulitermes; *Reticulitermes* spp.

属木白蚁科,巢群较家白蚁为小,一般分散为害。在木材或土壤中筑巢,适应性强,活动隐蔽,主要危害房屋建筑和林木。

3.2.77

堆砂白蚁　genus Cryptotermes; *Cryptotermes* spp.

属木白蚁科,干木白蚁,在干燥木材内蛀食蚁路;群体小,活动隐蔽,主要危害房屋建筑、木质家具等用材。

3.2.78

膜翅目　order Hymenoptera; Hymenoptera

属昆虫纲,大多数为捕食性或寄生性,少数为植食性。翅膜质、透明,两对翅质地相似,后翅前缘有翅钩列与前翅连锁,翅脉较特化;口器一般为咀嚼式或嚼吸式。危害木材的只有三个科,即蚁科(Formicidae)、木蜂科(Xylocopidae)和树蜂科(Siricidae)。

3.2.79

木工蚁　carpenter ants; *Camponotus*

属膜翅目蚁科弓背蚁属,体大而黑。常危害木材已发生腐朽且开始软化的部分(如树墩、活树的心材、柱桩、木结构房屋中的结构用木材),在其中挖木筑巢。

3.2.80

木蜂　carpenter bee

属膜翅目木蜂科,常危害木材或小枝,特别是干材,在其中蛀蚀坑道,喂养幼蜂。

3.2.81

树蜂　wood wasps

属膜翅目树蜂科,常危害衰弱的立木或新伐倒木,或未干燥的原木。幼虫能在木质部钻蛀坑道,成虫羽化孔为圆形,雌蜂具有长产卵管,能刺入坚实木材中产卵。

3.2.82

海生钻孔动物　marine borers

钻蛀海水中或略含盐分水中的木材的动物,主要包括软体动物(molluscans)和甲壳纲动物(crustaceans),对海洋中的建筑物、桩和船只危害极大。软体动物的蛀孔具钙质内壁。

3.2.83

海生钻孔动物侵害 attack by marine borers

海生钻孔动物对木材的侵害、蛀蚀所造成的破坏。

3.2.84

软体钻孔动物 molluscan borers

主要有船蛆属(*Teredo*)、节铠船蛆属(*Bankia*)、马特海笋属(*Martesia*)和食木海笋属(*Xylophaga*)等。船蛆属和节铠船蛆属为船蛆科(Teredinidae),马特海笋属和食木海笋属为海笋科(Pholadidae)。

3.2.85

甲壳钻孔动物 Crustacean borers

主要有蛀木水虱属(*Limnoria*)、团水虱属(*Sphaeroma*)和蛀木跳虫属(*Chelura*)等。蛀木水虱属和团水虱属为甲壳纲(Crustacea)等足目(Isopoda),蛀木跳虫属为甲壳纲端足目(Amphipoda)。

3.2.86

船蛆 shipworm;*Teredo navalis*

属海生软体动物门(Mollusca)双壳纲(Bivalvia)船蛆科(Teredinidae)。外形很像蠕虫,长达25 cm,穴居于木材中。同属有很多种,对海洋建筑和木船损害都很大。

3.2.87

物理和化学损害 physical and chemical damage

木材因火灾、风化、机械或化学等损伤因素的作用而造成的损毁和破坏。

3.2.88

木材老化 weathering of wood

木材长期暴露于室外环境中,受光辐射、风、雨、霜、雪、雹、沙尘、真菌等侵蚀而引起的变色、开裂和损毁现象。

3.2.89

化学降解 chemical degradation

木材在化学物质作用下引起的分解。

3.3 木材防腐剂

3.3.1

木材防腐剂 wood preservative

应用于木材、木材制品或非木质的水泥砖石、建筑物地基等(目的是保护邻近的木材和木材制品),抑制或阻止危害木材的生物(如真菌、昆虫和海生钻孔动物)在木材中生长与繁殖的一类化学药剂。

3.3.2

活性成分 active ingredient(s)

木材防腐剂中能抑制木材腐朽菌、霉菌、变色菌、昆虫和海生钻孔动物在木材中生长和繁殖的一种或多种化合物。

3.3.3

副成分 co-formulant

按配方制造的木材防腐剂中,除活性成分以外的成分。

3.3.4

油类防腐剂 oil type preservative

杂酚油、煤焦油-杂酚油混合物、杂酚油-石油混合液、油载类防腐剂和其他不溶于水的油质防腐剂。

3.3.5

有机溶剂型防腐剂 organic solvent preservative;OS

油溶型防腐剂

使用时溶于有机溶剂中，同有机溶剂一起以有机溶液的形式渗入木材中的防腐剂。

3.3.6

水载型防腐剂　waterborne preservative; WB

有效成分能溶于水的木材防腐剂。

3.3.7

焦油类防腐剂　tar-oil preservative; TO

杂酚油与其他石油化工产品(化合物)混合后得到的防腐剂。

3.3.8

焦油　tar; tar oil

油页岩、褐煤、石油和木材等干馏而得的油状产物。主要有高温煤焦油、低温煤焦油、页岩油和木焦油。此外，还有煤气化所得的气化焦油、石油馏分经热解所得的热解焦油等。

3.3.9

木焦油　wood tar

木材干馏得到的液体产物在澄清时，沉在下部的黑色油状液体。含有酚类、酸类、烃类等有机化合物。加工后可得到杂酚油、抗聚剂、浮选起泡剂、木沥青等产品，用于医药、合成橡胶和冶金等工业部门，也可直接用作木材防腐剂和防腐涂料。

3.3.10

煤焦油　coal tar

煤干馏成焦炭所得的黑色黏稠油状液体，是含有多种芳烃化合物的复杂混合物。

3.3.11

煤焦油-杂酚油混合物　coal tar creosote

杂酚油

多种煤焦油馏分的混合物。主要由上百种芳烃化合物组成，并含有一定量的焦油酸类和焦油碱类。馏程为 200 ℃～400 ℃。暗红褐色的黏稠液体，未脱晶产品常析出结晶体。

3.3.12

轻质杂酚油　pigment emulsified creosote; PEC; clean creosote

颜料乳化杂酚油

传统杂酚油的改进，以除去结晶物和残渣(340 ℃以后为残渣)的高温煤焦油为基料，添加颜料、乳化剂和适量水制成浅色乳化防腐油，可浸注电杆、枕木等。

3.3.13

水煤气焦油杂酚油　water-gas tar creosote

水煤气焦油的高沸点馏分。与煤焦油-杂酚油混合物的主要差别，在于焦油酸或焦油碱含量少，防腐效力较低。

3.3.14

杂酚油石油混合液　creosote-petroleum solution

按一定比例配制的杂酚油和石油的混合溶液，通常石油占 30%～70%，可用于枕木、电杆和各种室外用材。

3.3.15

石油馏分　petroleum distillates

用于木材防腐的一种石油化工产品，由原油的某些蒸馏产物组成。

3.3.16

蒽油　anthracene oil

杂蒽油

高温煤焦油分馏时，在 270 ℃～400 ℃蒸出的馏分。主要含有蒽、菲、咔唑，可用作木材防腐剂。

3.3.17

轻有机溶剂防腐剂　light organic solvent preservative；LOSP

活性成分溶于白节油（油漆溶剂油）等挥发性有机溶剂中制成的防腐剂。

3.3.18

环烷酸铜　copper naphthenate

黄绿色黏稠液，具有良好的防腐作用，与煤杂酚油或船底漆混用可以预防海生钻孔动物对木材的侵害。

3.3.19

8-羟基喹啉酮　copper 8-hydroxyquinolate；Cu-8

有机铜盐螯合物，溶解于脂肪族和芳香族的石油溶剂中，加助溶剂可制成乳剂。

3.3.20

辛硫磷　phoxim

肟硫磷

化学名 *O*,*O*-二乙基-*O*-[（α-氰基亚苄氨基）氧]硫代磷酸酯。有机磷杀虫剂。由苯甲醛、羟胺、氰化钾和二乙基硫代磷酰氯等原料合成。纯品为黄色油状液体，工业品为黄棕色液体。不溶于水，易溶于有机溶剂。在中性和酸性介质中稳定，易被碱水解。有乳油和颗粒剂等。有触杀作用。

3.3.21

百菌清　chlorothalonil；CTL

四氯间苯二甲腈，相对分子质量 265.9，分子式 $C_8C_{14}N_2$。

3.3.22

铜唑　copper azole

铜与三唑的复配物。

3.3.23

硼化合物　boron compounds

硼酸和硼酸盐化合物（如八硼酸钠、四硼酸钠、五硼酸钠、硼酸锌）及其混合物。

3.3.24

酸性铬酸铜　acid copper chromate；ACC

一种水溶性防腐剂，主要成分为铜和铬化物。

3.3.25

氨溶柠檬酸铜　ammoniacal copper citrate

铜（以氧化铜计）与柠檬酸的复配物，溶于氨水溶液中。

3.3.26

氨溶砷酸铜　ammoniacal copper arsenate；ACA

主要成分为五氧化砷或砷酸与铜盐，溶于氨液中注入木材后，氨挥发形成具有杀菌虫效力的不溶性盐类固着在木材内。

3.3.27

季铵铜　ammoniacal copper quats；ACQ

铜盐（以氧化铜计）与季铵盐化合物（以二癸基二甲基氯化铵计）的混合物。

3.3.28

氨溶砷锌铜　ammoniacal copper zinc arsenate；ACZA

以铜、锌、砷等的氧化物与氨水混合而成的防腐剂。

3.3.29

双二甲基二硫代氨基甲酸铜　copper bis-dimethyldithiocarbamate;CDDC

二甲基二硫代氨基甲酸钠与乙醇胺铜的混合物。

3.3.30

铜铬砷　chromated copper arsenate;CCA

主要成分为铜、铬和砷盐或其氧化物的混合物。

3.3.31

防水剂　water-repellent agent

可与木材防腐剂混合使用或单独使用的疏水性化学物质。

3.3.32

乳状防腐剂　emulsion preservative

防腐剂的活性成分分布于水中,所组成的分散系统。加入乳化剂,可得稳定的乳状液。

3.3.33

木材防腐浆膏　wood preservative paste

能涂敷或涂抹于木材表面的浆膏状木材防腐剂。

3.3.34

阻燃防腐剂　fire-retardant preservative

具有阻燃剂和防腐剂双重性能的单一化合物或多种化合物的混合物。

3.3.35

防霉剂　antimold chemicals

能杀死或抑制霉菌的生长和繁殖,预防木材及其产品发霉变质的化学药剂。

3.3.36

防边材变色药剂　sapstain control chemicals

通过浸渍或喷涂应用于新锯解木材或木制品的化学药剂,防止干燥过程中微生物引起的变色和早期腐朽。

3.3.37

烷基铵化合物　alkyl ammonium compounds;AAC

季铵盐的烷基二甲基苯基氯化物。

3.4　木材防腐处理工艺

3.4.1

木材防腐　wood preservation

采用各种化学的、物理的或生物的方法处理木材,防止菌、虫、海生钻孔动物等对木材的侵害和破坏,延长木材使用寿命的技术。

3.4.2

处理前准备　preparation for treatment

木材防腐处理前进行的各种前期处理,如干燥、刻痕等。

3.4.3

剥皮　debarking

除去原木的树皮。

3.4.4

预加工　prefabrication

防腐处理前,为达到成品形状和要求尺寸而对木材进行的锯切、刨、钻等机械加工。

3.4.5

刻痕 incising

在木材表面凿刻出有规则的裂隙,有助于提高防腐药剂的透入深度和均匀性。

3.4.6

刻痕机 incising machine

用于刻痕的电动设备。

3.4.7

预加热 preheating

在加压浸注前,木材浸于热防腐剂中或热蒸气中进行调湿处理。

3.4.8

博尔顿除湿法 Boulton process

真空油煮法

加压浸渍处理前,在真空状态下将生材或部分干燥的木材置于煤焦油防腐剂中加热,促使木材内水分蒸发的调湿过程。

3.4.9

调湿 conditioning

1)防腐处理前去除生材或部分干燥木材中的水分,可改善木材的渗透性和可处理性。2)木材和木基复合材料的含水率达到与使用环境的大气含水率平衡的过程。目的是提高木材和木基复合材料在使用中的尺寸稳定性。可采用自然方法或通过干燥窑和调湿室进行调湿处理。

3.4.10

处理批次 charge

一次单独防腐处理作业中处理的所有木材。

3.4.11

常压处理 non-pressure treatments

在大气压下进行的涂刷、扩散、浸渍、热冷槽法、喷淋以及冷浸等处理。

3.4.12

表面处理 surface treatment

采用涂刷、喷淋等方法对木材表面进行的防腐处理。

3.4.13

浸渍处理 immersion treatment

在常压条件下,木材全部浸入防腐药液中的处理。

3.4.14

冷浸处理 cold-soak treatment

常温下将木材浸入未加热的、低黏度油类防腐剂中,浸渍时间随树种、尺寸、含水率和所用防腐剂而定。与浸渍处理的区别是,主要使用油类防腐剂。

3.4.15

长时浸渍 steeping

木材放入常温或加热的防腐药液中浸浴,浸渍时间通常在 1 h 以上。

3.4.16

瞬时浸渍 dipping;dip treatment

蘸浸处理

木材浸入防腐剂溶液中约 10 s～10 min。多用于锯材防霉、防变色等处理。

3.4.17

涂刷处理　brush treatment

用刷子将防腐剂涂刷于木材表面的处理方法。

3.4.18

端部处理　butt treatment

对柱材或杆材的下端部进行防腐处理，一般采用热冷槽浸注处理。

3.4.19

喷涂处理　spray treatment

将防腐剂、防霉剂或其他化学药剂，用喷雾器或喷枪等工具喷到木材表面。

3.4.20

管道喷淋处理　deluging

木材由传送装置送进管道中，接受上下左右的药液喷淋处理，药液不致到处飞溅，下部有容器回收多余药液。该法适用于各类锯材的防腐处理。

3.4.21

树液置换处理　sap displacement

以木材防腐剂的水溶液替换树液的防腐处理方法，适用于新伐材。

3.4.22

端部压力处理　end pressure treatment；Boucherie process

布舍里法

一种树液置换处理方法，在新伐、未剥皮圆木（主要为柱、杆材）的粗端，应用水载型防腐剂，借助重力、流体静压力及其他压力置换树液。

3.4.23

扩散处理　diffusion treatment

水溶型防腐剂以浆膏或浓缩液的形式涂敷于生材表面，防腐剂在浓度梯度力（浓度差）作用下向木材内部扩散。

3.4.24

双扩散处理　double diffusion treatment

湿材浸渍在两种能相互作用的水载性防腐剂药液中，先浸的一种药剂，能与后浸的在扩散过程中相互作用，生成不溶性沉淀物，从而起到防腐的作用。

3.4.25

绷带处理　bandage treatment

一种扩散法防腐处理。将含有水载性防腐剂制成浆膏或糊状涂于湿木材上，用绷带（布或塑料带）包缠，外面再涂以防水涂料。

3.4.26

钻孔扩散处理　bolt-hole treatment

先在活树或木材上钻出一定数量的孔洞，然后将防腐剂注入孔洞中，防腐剂借与水分接触药剂扩散到木材内部。

3.4.27

钻孔处理器　bolt-hole treater

能施以压力将防腐剂借螺旋钻孔注入到木材深处的器械。

3.4.28

地际线处理　ground-line treatment

现场用防腐剂处理杆、桩材的接地部分，通常用于对防腐不完善的杆、桩材的补救处理。

3.4.29

枪注法 gun injection

一种扩散防腐法,在一空心齿形器内装满糊状防腐剂,经压力注入湿材中,借扩散而传布。此法多用于使用中电杆的补救防腐处理。

3.4.30

热冷槽法 hot-and-cold bath process

木材先在热防腐药液中蒸煮一段时间,然后迅速移入冷(或温度较低)防腐药液中浸渍;或在原槽中使热药液冷却,或由冷药液替代热药液,使木材内部胞腔形成负压,液体从而渗入木材。

3.4.31

喷蒸和淬冷处理 steam-and-quench treatment

木材先用蒸汽加热后,随即浸入冷防腐剂溶液中浸渍。

3.4.32

补救处理 remedial treatment;curative treatment

为阻止真菌和害虫的进一步危害而对使用中已腐朽或虫蛀的木材进行防腐、防虫、防裂处理。

3.4.33

现场处理 in-situ treatment

在施工现场对木材应用防腐剂进行防腐处理。

3.4.34

土壤处理 soil treatment

将杀虫剂施于建筑用地的土壤中,防止地下栖息类白蚁等的侵害。

3.4.35

熏蒸处理 fumigation

有控制地应用有毒气体(熏蒸剂)对木材中的害虫及其虫卵的毒杀处理。

3.4.36

木材机械保护法 mechanical protection of wood

用机械方法保护在原位置上的木材免受各种生物损害的技术措施。如围桩法(camp process)围绕木桩受害部位浇灌钢筋混凝土外壳以防止海生钻孔动物的侵害;喷浆法(gunite method)在杆材接地区域围以钢丝网,并喷水泥沙浆。

3.4.37

加压处理 pressure treatment;pressure process

应用压力将防腐剂注入木材中的处理工艺。

3.4.38

真空加压法 vacuum/pressure process

防腐药液注入处理罐前,先对木材进行抽真空处理,防腐药液注入处理罐后的浸渍处理段,再施以一定压力。

3.4.39

空细胞法 empty cell process

目的是排出防腐处理木材内部(如细胞腔)多余的防腐药液。包括劳里法和吕宾法两种。

3.4.40

限注法 Rueping process

吕宾法

空细胞法的一种,防腐剂吸收量较劳里法少。马克斯·吕宾(Max Rueping)于1902年发明的木材防腐处理方法。包含以下工序:1)压缩空气(加压);2)处理罐充满防腐剂(保持原压力);3)继续加压;

4)维持压力一段时间直到达到保持量要求(压力处理段);5)除压;6)放液;7)后真空。

3.4.41

半限注法　Lowry process

劳里法

空细胞法的一种,防腐剂吸收量较吕宾法多。C.B劳里(C.B.Lowry)于1906年发明的木材防腐处理方法。包含以下工序:1)注入防腐剂(处理罐充满防腐剂);2)加压;3)维持压力一段时间直到达到保持量要求(压力处理段);4)除压;5)放液;6)后真空。

3.4.42

满细胞法　full cell process;Bethell process

贝瑟尔法

全注法

约翰·贝瑟尔(John Bethell)于1838年发明的防腐处理方法。包括以下工序:1)前真空;2)保持此真空条件,注入防腐剂;3)加压;4)压力处理段;5)除压;6)放液;7)后真空(选用)。

3.4.43

改良满细胞法　modified full cell process

初真空段真空度低于后真空段真空度的满细胞法,目的是使防腐剂的回出量达到最大。处理罐充满防腐剂前将初真空段的真空度调整至大气压力与最大真空度之间。

3.4.44

循环浸注法　cycle vacuum/pressure process

按照限注或半限注法的工艺程序,重复地或相结合地进行两次或多次的循环作业。

3.4.45

双重处理　dual treatment

采用两种不同的处理方法、两种不同的协同防腐剂处理木材。通常先用水载防腐剂处理,然后用杂酚油或煤焦油-杂酚油混合物处理。经此法处理的木材,一般用于较恶劣的环境,如海生钻孔动物危害严重的区域。

3.4.46

频压法　alternating-pressure process

在加压浸注作业中,短促时间频频加压。

3.4.47

振荡加压法　oscillating pressure method

加压真空交替法

处理罐中注入防腐药液后,反复交替应用短周期压力处理和真空处理。

3.4.48

膨胀浴　expansion bath

在浸注后期,提高油类防腐剂或其他高沸点液体温度的处理,使浸注终了时能多回收一些防腐剂或防止以后的溢油现象。

3.4.49

真空处理法　vacuum process;vacuum treatment

木材装入密闭容器中,先抽真空(即前真空段),在未解除真空时注入防腐药液进行常压浸注。这种处理常用于低黏度防腐药液处理易透入木材。

3.4.50

双真空处理法　double vacuum process

浸渍处理段后应用后真空处理的一种真空处理法。

3.4.51

溶剂回收法 solvent recovery process

从轻有机溶剂防腐剂处理的木材中回收一部分被木材吸收的溶剂。

3.4.52

干真空法 dry-vacuum process

作业与双真空法相似,加压只有 200 kPa(即 2 bar),终了时木材在真空状态下用干热空气加热,使溶剂从木材中挥发出来,通过多层冷凝器和凝结液桶等,回收低沸点溶液。

3.4.53

压力处理段 pressure period

加压浸渍作业中,对压力罐中的木材和防腐药液进行加压处理的阶段,压力超过大气压力或初始气压。

3.4.54

前真空段 initial vacuum

为除去木材细胞中的空气,在防腐药液注入处理罐前(木材与防腐药液接触前)先对木材进行抽真空处理。

3.4.55

后真空段 final vacuum

在防腐处理作业的最后阶段进行抽真空处理,排出木材中多余的防腐药液。

3.4.56

后期喷蒸处理 final steaming

使用油类防腐剂或油载类防腐剂的木材防腐处理作业完成后,低压条件下对防腐处理木材进行蒸汽喷蒸(处理温度和处理时间一定)。目的是清洁防腐处理木材表面,降低溢油的可能性。

3.4.57

防腐槽 vat

盛防腐药液的无盖容器。可贮存防腐药液,或当采用不需要密闭容器的防腐处理方法处理木材时,用作盛药液的容器。

3.4.58

凝结液桶 sap drum

位于处理罐下方并与处理罐相连的槽或桶。用于收集蒸汽处理段和真空处理段产生的凝结液。

3.4.59

流动木材防腐装置 mobile timber treating plant

将加压浸注设备装置于拖车上,由机动车拖动,流动于现场进行防腐处理。

3.4.60

处理罐 treating cylinder;retort

压力罐

一端或两端可开闭的耐压钢罐,通常水平放置。罐内装有加热用蒸汽管或喷蒸装置,也有装材台车能自由进出的轻型轨道和防浮装置等。木材和防腐药剂、滞火剂等可置于罐内进行加压处理。

3.4.61

机动罐 Rueping cylinder

吕宾罐

一般置于处理罐上方,圆柱形,为密封罐体。主要用于在实施限注法作业时,进行预热和便于加压条件下向处理罐注入或回出防腐剂。

3.4.62

混合罐　mixing tank

用来混合防腐剂或配制防腐剂溶液的装有搅拌装置的容器。

3.4.63

计量罐　measuring tank

标有刻度的密闭耐压容器，用来计量注入木材中的防腐剂的量。

3.4.64

集液槽　drain tank; sump

余液罐

通常为水平放置的圆筒。防腐处理作业完成时，剩余防腐剂在重力作用下流入余液罐。

3.4.65

跑锅　surging

加压浸注中，当加热或密闭真空时，含水油剂涌起的泡沫或沸腾的液状防腐剂从容器中冲向冷凝系统的现象。

3.4.66

回冲　kickback

加压处理后期，处理罐内压力解除时，从处理木材中回弹出的防腐剂的现象。

3.4.67

拒受点　refusal point

防腐处理过程中，木材几乎不再吸收防腐剂的临界点。

3.4.68

总吸液量　gross absorption

加压浸注作业中，压力处理段结束时（后真空前）木材中防腐剂的总渗入量。包括初吸药量和压力作用下防腐剂的注入量。

3.4.69

初吸液量　initial absorption

浸注作业中，压力处理段之前，处理罐充满防腐药液时木材吸收防腐剂的量。即真空处理段预加热或蒸煮时木材吸收防腐剂的量与压力处理段前处理罐充注防腐药液过程中木材吸收防腐剂的量之和。

3.4.70

净吸液量　net absorption

防腐处理作业完成时木材中防腐剂的量，以升每立方米（L/m^3）表示。

3.4.71

载药量　retention

防腐木材检验样品的分析区域中要求保留的防腐剂最低数量，通常指防腐剂的活性成分，以千克每立方米（kg/m^3）表示。

3.4.72

处理压力　treating pressure

在处理罐内将防腐剂注入木材所使用的压力。

3.4.73

一体化处理　integrated treatment

在人造板材生产过程中，在拌胶机中加入防腐剂或胶粘剂中加入防腐添加剂进行防腐处理的方法。

3.4.74

后期处理　post treatment

对人造板成品进行的防腐处理方法，包括加压浸渍、常压浸泡、喷涂等处理工艺。

3.5 防腐木材及其质量检测

3.5.1

防腐木 preservative-treated wood

经过防腐剂处理具有防腐性能的改性木材。

3.5.2

炭化木 heat-treated wood; thermowood

热处理木材

在保护介质(如水蒸气、植物油)作用下，采用高温(一般温度为 160 ℃～240 ℃)处理并具有防霉防腐功能、高尺寸稳定性能的热改性木材。

3.5.3

生长锥 increment borer

中空的木工螺旋钻头，可从树干或木材中钻取出圆柱状木芯，用以检测木材年轮、心边材和防腐剂透入深度等。

3.5.4

木芯 core

用生长锥钻取的圆柱状木材样品。通过长度测量，可确定边材厚度和防腐剂的透入深度，也可进行定量分析，检测防腐剂的保持量和分布。

3.5.5

试验方法 test methods

检测防腐木材与防腐剂各种性能的相关试验用方法。

3.5.6

分馏试验 fractional distillation test

测定一种焦油或其他油类在规定温度范围内馏出量的比例。

3.5.7

琼脂木块法 agar-block test

测定防腐剂毒性效力的一种实验室生物试验方法。以麦芽汁和琼脂作培养基，用试块质量损失测定药剂的毒效。

3.5.8

土壤木块法 soil-block test

促使木腐菌在试验木块上生长的一种生物试验方法，以土壤作为培养基，用试块质量损失测定药剂的毒性效力。

3.5.9

呼吸法 fungal respiration method

一种快速测定防腐剂毒效的方法。利用呼吸仪测定防腐剂对木腐菌呼吸的抑制作用，用耗氧量表示，从而判断出防腐剂的毒力。

3.5.10

毒性极限 toxic limits; toxic values

木材防腐剂效力实验中，木材防腐剂有效抑制木材发生昆虫危害或真菌腐朽的最低保持量。

3.5.11

流失试验 leaching test

检测防腐木材中防腐剂的有效成分在水的作用下渗出量的试验方法。

3.5.12

残余毒性 residual toxicity

防腐处理木材试块经人工风化条件处理(如流失和烘干反复多次)后所测得的毒性极限。

3.5.13

菌窖试验　fungus cellar test

试验室评价防腐剂毒效的生物扩大试验。在可控制温、湿度的室内，分隔成若干个窖槽装以土壤。将试条用防腐剂处理后，插入土壤中，以后即定期检查其腐朽程度，作为评价防腐剂的依据。

3.5.14

野外试验　field test

在野处选择试验场地，将各类型试材插入土中或不与土壤接触，直接在自然状态下进行的耐久性的暴露试验。

3.5.15

半致死量　median lethal dose

致死中量

简写 LD_{50}。在毒性试验的生物群体中，能引起半数生物死亡的剂量。

3.5.16

生物参考值　biological reference value

能有效阻止某种生物危害的木材防腐剂用量，单位为克每平方米(g/m^2)或千克每立方米(kg/m^3)。

3.5.17

分析区域　analytical zone; assay zone

防腐木材中用于检测分析要求的防腐剂应渗透的区域。

3.5.18

可处理性　treatability

木材防腐剂渗入木材的难易程度。

3.5.19

浸注性　impregnability

防腐剂或其他液体在压力下透入木材的性能。

3.5.20

难浸注性　refractory

木材抵抗防腐剂渗入的性质。

3.5.21

透入度　penetration

渗透程度

防腐剂(有效成分)透入木材的程度，包括防腐剂透入木材的深度和防腐剂在边材的透入率。

3.5.22

固着　fixation

防腐剂在处理木材中与木材组分发生物理或化学反应，从而具备抗流失性的过程。

3.5.23

流失　leaching

在水的作用下，防腐剂中的活性成分从处理木材中渗入周围环境的现象。

3.5.24

溢油　bleeding

防腐处理作业完成后，液体防腐剂从处理材中渗出的现象。渗出防腐液可能会保持液态、挥发或硬化为固体。

3.5.25

起霜　blooming

防腐剂或阻燃剂从处理木材中外移到木材表面，由于溶剂或水分挥发，在木材表面形成固体沉积物。

3.5.26

表面硬化　case hardened;surface hardened

由于木材干燥不当所致的木材表面抗防腐剂渗透的现象。

3.5.27

保持量分析　retention by assay

通过抽提或分析特定试样(如生长锥木芯),测定防腐处理木材特定部位防腐剂的保持量。

3.5.28

使用分类　use category

根据木材及其制品的最终使用环境和暴露条件以及不同环境条件下生物败坏因子对木材及其制品的危害程度。我国标准将使用分类分为5类。

3.6　木材阻燃

3.6.1

木材可燃性　combustibility of wood

木材进行有焰燃烧的能力。

3.6.2

木材耐火性　fire resistance of wood

木材燃烧难易的程度。

3.6.3

阻燃剂　fire retardant

滞火剂

借助于化学和物理作用降低材料燃烧性能或改善材料抗燃性能的化学药剂。木材的阻燃剂有含磷、氮、锑、硼和卤素等的有机或无机化合物。

3.6.4

阻燃处理　fire-retarding treatment

滞火处理

用阻燃剂处理木材或木基材料,以提高其阻燃性和降低其燃烧性能的方法与技术。

3.6.5

平叠三角堆垛燃烧试验　crib test

垛式支架试验

检测处理木材阻燃性能的一种方法。每层三块长条状板材试样端部交叉搭接,形成平面三角,层层堆积构成空心平叠三角垛。试样垛置于受控火焰上规定时间后,记录处理材的质量损失、无焰燃烧持续时间、火焰的传播范围和余辉持续时间。

3.6.6

火管试验　fire-tube test

检测处理木材阻燃性能的一种方法。处理材试样置于专门设计的竖直金属质火管中,装有试材的火管置于受控火焰上,记录试材质量损失等指标。

3.6.7

极限氧指数　limiting oxygen index

氧指数

在规定的试验条件下,材料在氧、氮混合气流中刚好能保持燃烧状态所需要的最低氧浓度,以氧的百分数表示。

中 文 索 引

N

P

Q

R

S

英 文 索 引

A

B

C

D

E

F

G

O

P

R

S

X

Z

ICS 71.100.99
B 72

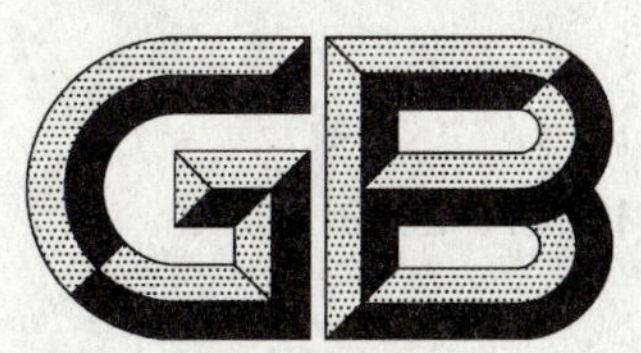

中华人民共和国国家标准

GB/T 14021—2009
代替 GB/T 14021—1992

马来松香

Maleated rosin

2009-05-12 发布　　2009-11-01 实施

中华人民共和国国家质量监督检验检疫总局
中国国家标准化管理委员会　发布

前言

本标准代替 GB/T 14021—1992《马来松香》。

本标准与 GB/T 14021—1992 相比主要变化如下：

——增加了第 3 章“术语和定义”；

——增加了“5.1 外观的测定(适用于 103 马来松香)”；

——增加了“6.1 检验分类”；

——在标志中具体化了批号的标识方法，使得产品具有可溯源性。

本标准由国家林业局提出。

本标准由中国林业科学研究院林产化学工业研究所归口。

本标准负责起草单位：南京林业大学。

本标准主要起草人：罗金岳、曾韬、倪传根。

本标准所代替标准的历次版本发布情况为：

——GB/T 14021—1992。

马 来 松 香

1 范围

本标准规定了马来松香的技术要求、试验方法、检验规则以及包装、标志、运输和贮存。

本标准适用于由脂松香与马来酸酐(顺丁烯二酸酐)起加成反应所制得的马来松香。

2 规范性引用文件

下列文件中的条款通过本标准的引用而成为本标准的条款。凡是注日期的引用文件,其随后所有的修改单(不包括勘误的内容)或修订版均不适用于本标准,然而,鼓励根据本标准达成协议的各方研究是否可使用这些文件的最新版本。凡是不注日期的引用文件,其最新版本适用于本标准。

GB/T 601 化学试剂 标准滴定溶液的制备

GB/T 8146 松香试验方法

LY/T 1145 松香包装桶

3 术语和定义

下列术语和定义适用于本标准。

3.1

马来松香 maleated rosin

脂松香中部分树脂酸与马来酸酐(顺丁烯二酸酐)起狄尔斯-阿尔德(Diels-Alder)反应所得的产物。

马来松香是一种无定形,透明的固体树脂。其中加合物的分子式、相对分子质量和结构式如下:

分子式:$C_{24}H_{32}O_5$;

相对分子质量:400.52(按 2001 年国际相对原子质量);

结构式:

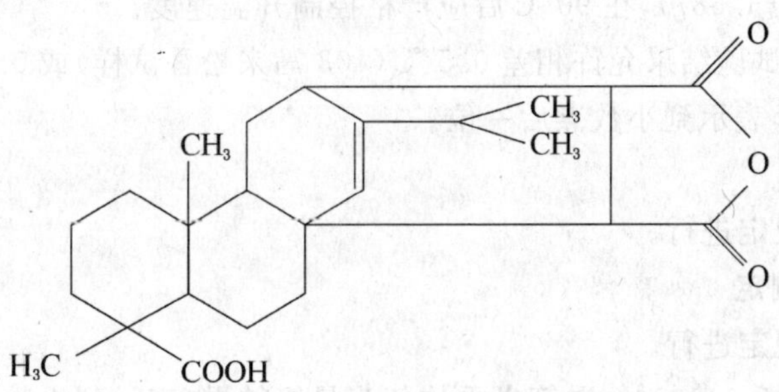

4 技术要求

产品规格的各项指标要求见表 1。

表 1 马来松香技术指标

项目		指标	
		115 马来松香[a]	103 马来松香[b]
外观		透明固体	
颜色	色泽	红棕	黄红
	不深于"中国松香颜色分级标准"	—	五级

表 1（续）

项目		指标	
		115 马来松香[a]	103 马来松香[b]
软化点(环球法)/℃	≥	106.0	84.0
酸值/(mg/g)	≥	220.0	178.0
皂化值/(mg/g)	≥	280.0	192.0
马来酸酐加合物含量/%	≥	47.0	10.0
乙醇不溶物含量/%	≤	0.060	0.050

a 115 马来松香由脂松香中部分树脂酸与马来酸酐(顺丁烯二酸酐)起狄尔斯-阿尔德(Diels-Alder)反应所得的产物,其中马来酸酐的使用量为松香质量的 15%。

b 103 马来松香由脂松香中部分树脂酸与马来酸酐(顺丁烯二酸酐)起狄尔斯-阿尔德(Diels-Alder)反应所得的产物,其中马来酸酐的使用量为松香质量的 3%。

5 试验方法

试验中除特殊规定外,所用试剂为分析纯。

5.1 外观的测定(适用于 103 马来松香)

5.1.1 试样的准备

按照 GB/T 8146 的规定。

5.1.2 测定方法

按照 GB/T 8146 的规定。

5.2 颜色的测定(适用于 103 马来松香)

采用玻璃色块比色法。符合 GB/T 8146 的规定。

103 马来松香试样比色后应不深于“中国松香颜色分级标准”五级。

5.3 软化点的测定(环球法)

按 GB/T 8146 的规定执行,但注意温度计改为:刻度范围 0 ℃～200 ℃,最小分度 0.5 ℃。传热液用丙三醇(甘油)(符合 GB/T 687),在 90 ℃后应严格控制升温速度。

一次熔样的两次平行试验结果允许相差 0.5 ℃(103 马来松香试样)或 0.8 ℃(115 马来松香试样),取算术平均值为最终结果,表示到小数点后一位。

5.4 酸值的测定

按照 GB/T 8146 的规定进行。

5.5 乙醇不溶物含量的测定

按照 GB/T 8146 的规定进行。

两次平行试验允许相差 0.008%,取算术平均值为最终结果,表示到小数点后三位。

5.6 皂化值的测定

5.6.1 试剂

5.6.1.1 中性乙醇

在 95% 乙醇(符合 GB/T 679)中加入几滴酚酞指示剂,用氢氧化钾溶液滴定至微红色 30 s 不褪为止。

5.6.1.2 10 g/L 酚酞指示剂

称取 1 g 酚酞(符合 GB/T 10729)溶于乙醇,用 95% 乙醇溶解稀释至 100 mL。

5.6.1.3 0.5 mol/L 氢氧化钾乙醇溶液

称取 33 g 氢氧化钾(符合 GB/T 2306)溶于少量不含二氧化碳的蒸馏水中,再加 95% 乙醇(符合

GB/T 679)至1 000 mL混匀。

5.6.1.4 0.5 mol/L盐酸标准溶液

参照GB/T 601中盐酸标准溶液配制与标定方法。用270 ℃～300 ℃干燥至恒重的基准无水碳酸钠标定。

5.6.2 操作方法

5.6.2.1 做两份试料的平行测定。

5.6.2.2 称取除去外壳部分并粉碎的马来松香试样约1 g(精确到0.001 g)于250 mL锥形瓶中,加20 mL中性乙醇使样品完全溶解。用移液管吸取25 mL 0.5 mol/L氢氧化钾乙醇溶液于已溶解的试样中。移液管应在瓶壁停留30 s左右。将锥形瓶接上球形冷凝器,置水浴上加热回流2 h并不时摇动锥形瓶,皂化毕,取下锥形瓶冷至室温。加入酚酞指示剂0.5 mL,用0.5 mol/L盐酸标准溶液滴定至红色恰消失为止,记下用量。同时做空白试验。

5.6.3 结果计算和表示

马来松香的皂化值测定采用马来松香与过量的氢氧化钾乙醇溶液反应,多余未反应的氢氧化钾用盐酸标准溶液作滴定剂,进行滴定。盐酸的浓度$c(HCl)=0.5$ mol/L。

皂化值为中和1 g马来松香所消耗的氢氧化钾(KOH)的质量分数w_Z计,单位为毫克每克(mg/g)。按式(1)计算。

$$w_Z=\frac{(V_1-V_2)\times c\times M}{m} \quad\cdots\cdots(1)$$

式中:

V_1——空白试验消耗盐酸标准溶液的体积,单位为毫升(mL);

V_2——滴定试样消耗盐酸标准溶液的体积,单位为毫升(mL);

c——盐酸标准溶液的浓度,单位为摩尔每升(mol/L);

M——氢氧化钾的摩尔质量的数值,单位为克每摩尔(g/moL)(M=56.11);

m——试样质量的数值,单位为克(g)。

两次平行试验结果允许误差≤1.0。取算术平均值为最终结果,表示到小数点后一位。

5.7 马来酸酐加合物含量的测定

5.7.1 试剂

5.7.1.1 石油醚(HG 3-1003),沸程60 ℃～90 ℃。

5.7.1.2 中性乙醇,同5.6.1.1。

5.7.1.3 酚酞指示剂,同5.6.1.2。

5.7.1.4 0.25 mol/L氢氧化钾乙醇标准溶液:称取16.5 g氢氧化钾(符合GB/T 2306)溶于少量不含二氧化碳的蒸馏水中,再加95%乙醇(符合GB/T 679)至1 000 mL,混匀。以工作基准试剂邻苯二甲酸氢钾(符合GB 1257)为基准物质。参照GB/T 601中氢氧化钠标准溶液标定方法进行标定。准确至0.001 mol/L。

5.7.1.5 0.05 mol/L氢氧化钾乙醇标准溶液:将按5.7.1.4配制的0.25 mol/L氢氧化钾标准溶液用不含二氧化碳的蒸馏水稀释5倍配制而成。

5.7.2 操作方法

5.7.2.1 做两份试料的平行测定。

5.7.2.2 称取除去外表部分并粉碎的马来松香试样约2 g(精确至0.001 g)于150 mL梨形分液漏斗中,沿壁加入6 mL中性乙醇、6 mL石油醚,小心摇动,待样品完全溶解后,用移液管准确加入1.00 mL蒸馏水(对103马来松香试样)或加入0.75 mL蒸馏水(对115马来松香试样),激烈震荡1 min后静置10 min,使其充分分层。将下层乙醇溶液放入另一分液漏斗中,上层石油醚层保留在原分液漏斗内。再加 6 mL 石油醚于乙醇溶液中，如前法萃取分离。合并两次上层石油醚于一个分液漏斗内。加入 6 mL 中性乙醇和 1.00 mL 蒸馏水(对 103 马来松香试样)或加入 0.75 mL 蒸馏水(对 115 马来松香试样)进行萃取，如前操作分出的下层乙醇溶液和前面的乙醇溶液合并。再用石油醚萃取乙醇溶液两次，每次 12 mL，将下层乙醇溶液分出后，移入 150 mL 锥形瓶中，加入 10 mL 中性乙醇稀释，再加入酚酞指示剂 0.5 mL，用 0.05 mol/L 氢氧化钾乙醇标准溶液进行滴定(115 马来松香试样用 0.25 mol/L 氢氧化钾乙醇标准溶液滴定)至呈微红 30 s 不褪为止。记下用量。

5.7.3 结果计算和表示

马来酸酐加合物的含量以马来酸酐加合物在试样中所占的质量分数 w_j 计，以%表示。按式(2)计算。

$$w_j = \frac{V \times c \times M}{m \times w_n} \times 100 \qquad \cdots\cdots(2)$$

式中：

V——滴定试样消耗氢氧化钾乙醇标准溶液的体积，单位为毫升(mL)；

c——氢氧化钾乙醇标准溶液的浓度，单位为摩尔每升(mol/L)；

M——氢氧化钾的摩尔质量的数值，单位为克每摩尔(g/moL)(M=56.11)；

m——试样质量，单位为克(g)；

w_n——马来酸酐加合物的平均酸值(经验值)[1]，单位为毫克每克(mg/g)(w_n=278.0)。

两次平行试验结果允许相差 0.5%。取算术平均值为最终结果，表示到小数点后一位。

6 检测规则

6.1 检验分类

产品检验分出厂检验和型式检验。

6.1.1 出厂检验

产品应经公司检验部门检验合格，并附有产品质量合格证方可出厂，出厂检验项目为：外观、颜色、软化点、酸值、马来酸酐加合物含量。

6.1.2 型式检验

型式检验项目包括表 1 所列的检验项目。

有下列情况之一时，应进行型式检验：

a) 当原辅材料及生产工艺发生较大变动时；

b) 长期停产恢复生产时；

c) 正常生产时，每半年检验不少于一次。

6.2 取样方法

马来松香检验应在同级品种同一批产品中进行，试样在包装完整的桶中随机选取。抽样数量按表 2 规定。

取样部位距离桶壁应大于 50 mm，同时距离马来松香表面应大于 50 mm，取块状试样，每桶约取 200 g，桶数少时可增加到 400 g。

在取得的试样中，选取颜色最深的作为该批测定马来松香颜色的试样，用于测定其他指标的试样，按所取试样等量混合，共取约 300 g 装入暗色玻璃瓶中，并立即进行检验。

---

1) 经验值来源于“马文秀，程芝. 马来松香中加合物测定方法的探讨[J]，南京林业工业学院学报. 1980(3)：68-75”。

表 2　马来松香取样抽检的最少桶数

每批马来松香桶数	抽检数/%	备　注
50 以下	8	不少于 2 桶
51～150	6	不少于 4 桶
151～500	5	不少于 8 桶
501～1 000	4	不少于 20 桶

6.3　结果与判定

如果检验结果有一项不符合本标准要求时，应重新自两倍量的单元中采取样品进行复检，复检结果即使只有一项不符合本标准要求时，则批不合。

7　包装、标志、运输和贮存

7.1　包装

7.1.1　马来松香用包装桶，应符合 LY/T 1145 的要求。

7.1.2　马来松香用镀锌铁桶包装。

7.1.3　马来松香的其他包装由供需双方商定。

7.2　标志

7.2.1　包装容器应有明显而牢固的标志，其内容包括：产品名称、商标、标准编号、批号、毛重、净重、厂名、厂址、等级、生产许可证标识。

批号的表示方法：用“×××××××××”九位数表示，前面六位数分别代表年、月、日，末尾三位数代表当日 0 时至 24 时收集马来松香的流水编号(001～999)。

7.2.2　出口产品的标志按出口要求进行标识。

7.3　运输

马来松香运输装卸过程中应防止进水、污染和激烈撞击或抛摔，应保持包装的完好性。

7.4　贮存

马来松香存放在室内阴凉干燥处，不可靠近火源。

ICS 71.100.99
B 72

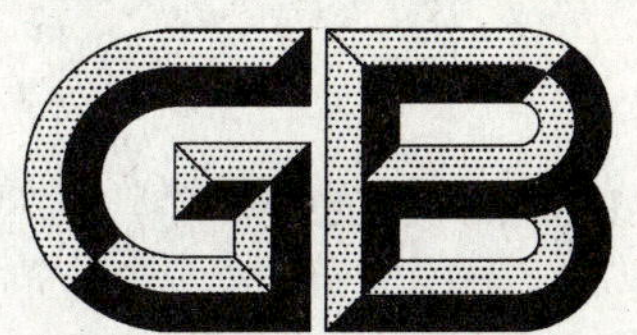

中华人民共和国国家标准

GB/T 14022.1—2009
代替 GB/T 14022.1—1992

工业糠醇

Technical furfuryl alcohol

2009-05-12 发布　　2009-11-01 实施

中华人民共和国国家质量监督检验检疫总局
中国国家标准化管理委员会　发布

前言

GB/T 14022分为2部分：

——第1部分：工业糠醇；

——第2部分：工业糠醇试验方法。

本部分为GB/T 14022的第1部分。

本部分代替GB/T 14022.1—1992《工业糠醇》。

本部分与GB/T 14022.1—1992相比主要变化如下：

——增加了第3章“术语和定义”；

——修改了工业糠醇一级品中水分含量的指标，从1.0%调整为0.6%；

——修改了工业糠醇一级品中糠醇含量的指标，从97.0%调整为97.5%；

——增加了检验分类条目；

——对包装、标志、运输、贮存条目进行了修改，标志中增加了批号的统一表示方法。

本部分由国家林业局提出。

本部分由中国林业科学研究院林产化学工业研究所归口。

本部分负责起草单位：南京林业大学。

本部分参加起草单位：山东淄博市临淄有机化工股份有限公司、淄博张店东方化学股份有限公司。

本部分主要起草人：罗金岳、曾韬。

本部分所代替标准的历次版本发布情况为：

——GB/T 14022.1—1992。

工 业 糠 醇

1 范围

GB/T 14022 的本部分规定了工业糠醇的技术要求、试验方法、检验规则以及包装、标志、运输和贮存。

本部分适用于以工业糠醛(GB/T 1926.1)为原料通过催化加氢制取的工业糠醇。

2 规范性引用文件

下列文件中的条款通过 GB/T 14022 的本部分的引用而成为本部分的条款。凡是注日期的引用文件,其随后所有的修改单(不包括勘误的内容)或修订版均不适用于本部分,然而,鼓励根据本部分达成协议的各方研究是否可使用这些文件的最新版本。凡是不注日期的引用文件,其最新版本适用于本部分。

GB 190 危险货物包装标志

GB/T 191 包装储运图示标志

GB/T 325 包装容器 钢桶

GB/T 1926.1 工业糠醛

GB/T 6678 化工产品采样总则

GB/T 6680 液体化工产品采样通则

GB 6944 危险货物分类和品名编号

GB/T 14022.2 工业糠醇试验方法

3 术语和定义

下列术语和定义适用于 GB/T 14022 的本部分。

3.1

糠醇 furfuryl alcohol

又名呋喃甲醇。

其结构式:

```
HC——CH
‖    ‖
HC   C—CH₂OH
 \  /
  O
```

分子式:$C_5H_6O_2$。

相对分子质量:98.10(按 2001 年国际相对原子质量)。

4 技术要求

工业糠醇应符合表 1 要求。

表 1　工业糠醇技术指标

项目		优级品	一级品
外观		无色至浅黄色透明液体,无机械杂质	
密度 ρ_{20}/(g/mL)		1.129～1.135	—
折光率 n_D^{20}		1.485～1.488	—
水分含量/%	≤	0.3	0.6
浊点/℃	≤	10.0	—
酸度/(mol/L)	≤	0.01	0.01
醛含量(以糠醛计)/%	≤	0.7	1.0
糠醇含量/%	≥	98.0	97.5

5　试验方法

本部分所规定的技术要求应分别按 GB/T 14022.2 中相应的试验方法进行检验。密度以比重瓶法为仲裁方法;水分含量以甲苯蒸馏法为仲裁方法;糠醇含量以填充柱气相色谱法为仲裁方法。

6　检验规则

6.1　检验分类

工业糠醇检验分出厂检验和型式检验。

6.1.1　出厂检验

出厂检验项目为:外观、水分含量、醛含量、糠醇含量。

6.1.2　型式检验

型式检验项目为表 1 所列的检验项目。

有下列情况之一时,应进行型式检验:

a)　当原辅材料及生产工艺发生较大变动时;

b)　长期停产恢复生产时;

c)　正常生产时,每半年检验不少于一次;

d)　质量技术监督机构提出型式检验要求时。

6.2　取样方法

6.2.1　从槽车或贮罐中采样时按 GB/T 6680 规定的方法用相应的采样器由上、中、下三层采部位样品,并按其规定的比例混合成平均样品作为代表性样品。

6.2.2　从桶装产品采样时,按 GB/T 6680 规定的方法,在静止下用开口采样管采全液位样品或采部位样品混合成平均样品。在滚动或搅拌均匀后用适当的采样管采得混合样品,作为代表性样品。

6.2.3　采样单元数按 GB/T 6678 规定总体物料单元数小于 500 的,采样单元的选取数,推荐按该标准表 1 规定确定:如当 $N\leqslant10$ 时,取样为全部单元;当 $11\leqslant N\leqslant49$ 时,取样不得少于 11;当 $50\leqslant N\leqslant64$ 时,取样不得少于 12 等。总体物料单元数大于 500 的,取样单元数按 $3\times N^{1/3}$(N 为总体单元数)确定。如遇有小数时,则进为整数。如单元数为 538,则 $3\times538^{1/3}\approx24.4$,即选用 25 个单元。

6.2.4　样品总量不得少于 1 L。

6.2.5　所采样品均匀混合后,等量分装于两个清洁干燥、具有磨口塞的棕色玻璃瓶中,瓶中稍留空隙,并按 GB/T 6678 规定随即贴上标签。然后,一瓶作检验分析用,另一瓶保存以备仲裁分析用。

6.3　结果与判定

如果检验结果有一项不符合本部分要求时,应重新自两倍量的单元中采取样品进行复检,复检结果只要有一项不符合本部分要求时，则整批不合格。

7 包装、标志、运输和贮存

7.1 包装

7.1.1 工业糠醇可用钢桶包装。钢桶壁厚不得小于 1.2 mm，质量应符合 GB/T 325 的要求。也可散装于专用槽车、贮罐中。

7.1.2 包装容器应清洁干净，不含任何酸性物质。其盛载程度应考虑温度差所造成的工业糠醇体积膨胀所需的空隙。

7.1.3 包装桶应严密结实，桶口盖垫应用耐糠醇材料制造。

7.2 标志

7.2.1 工业糠醇为有毒液体，应按照 GB 190 的规定应标明有毒液体的标志，还应按照 GB/T 191 的规定标明向上的标志。

7.2.2 包装容器应有明显而牢固标志，其内容包括：产品名称、商标、标准编号、批号、毛重、净重、厂名、厂址、等级、生产许可证标识。

批号的表示方法：用"×××××××××"九位数表示，前面六位数分别代表年、月、日，末尾三位数代表收集工业糠醇的流水编号(001～999)。

7.2.3 出口工业糠醇的标志按出口要求进行标识。

7.3 运输

工业糠醇装卸及运输应按照 GB 6944 规定中第 6 类危险化学品(有毒品)执行。要避免猛烈撞击，确保安全。

7.4 贮存

工业糠醇应放在通风、干燥、阴凉的仓库或货棚内，防止日晒雨淋，远离火源、酸和强氧化剂。

ICS 71.100.99
B 72

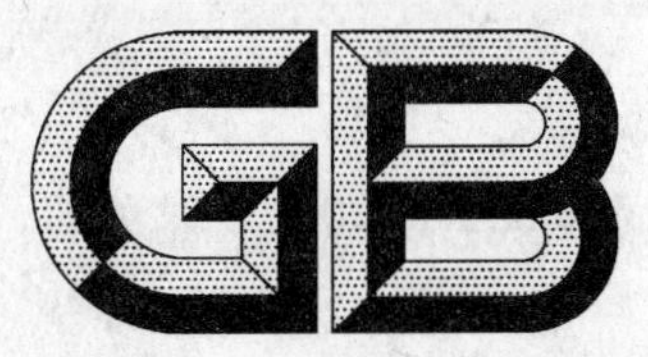

中华人民共和国国家标准

GB/T 14022.2—2009
代替 GB/T 14022.2—1992

工业糠醇试验方法

Technical furfuryl alcohol test methods

2009-05-12 发布　　2009-11-01 实施

中华人民共和国国家质量监督检验检疫总局
中国国家标准化管理委员会　发布

前　言

GB/T 14022 分为 2 部分：

——第 1 部分：工业糠醇；

——第 2 部分：工业糠醇试验方法。

本部分为 GB/T 14022 的第 2 部分。

本部分代替 GB/T 14022.2—1992《工业糠醇试验方法》。

本部分与 GB/T 14022.2—1992 相比主要变化如下：

——增加了水分含量测定中"卡尔·费休法"条目；

——增加了糠醇含量测定中"气相色谱法(毛细管法)"条目；

——修改并补充了"试验报告"条目内容。

本部分的附录 A、附录 B 均为资料性附录。

本部分由国家林业局提出。

本部分由中国林业科学研究院林产化学工业研究所归口。

本部分负责起草单位：南京林业大学。

本部分参加起草单位：山东淄博市临淄有机化工股份有限公司、淄博张店东方化学股份有限公司。

本部分主要起草人：罗金岳、曾韬、倪传根。

本部分所代替标准的历次版本发布情况为：

——GB/T 14022.2—1992。

工业糠醇试验方法

1 范围

GB/T 14022 的本部分规定了工业糠醇(GB/T 14022.1)的试验方法。包括外观、密度、折光率、水分含量、浊点、酸度、醛含量、糠醇含量。

本部分适用于以工业糠醛(GB/T 1926.1)为原料通过催化加氢制取的工业糠醇。

2 规范性引用文件

下列文件中的条款通过 GB/T 14022 的本部分的引用而成为本部分的条款。凡是注日期的引用文件,其随后所有的修改单(不包括勘误的内容)或修订版均不适用于本部分,然而,鼓励根据本部分达成协议的各方研究是否可使用这些文件的最新版本。凡是不注日期的引用文件,其最新版本适用于本部分。

GB/T 260 石油产品水分测定法

GB/T 601 化学试剂 标准滴定溶液的制备

GB/T 603 化学试剂 试验方法中所用制剂及制品的制备

GB/T 606 化学试剂 水分测定通用方法 卡尔·费休法

GB/T 1926.1 工业糠醛

GB/T 4472 化工产品密度、相对密度测定通则

GB/T 6488 液体化工产品 折光率的测定(20 ℃)

GB/T 9722 化学试剂 气相色谱法通则

GB/T 14022.1 工业糠醇

3 试验方法

3.1 一般规定

试验中除特殊规定外,所用试剂均为分析纯。水为不含二氧化碳的蒸馏水(按 GB/T 603 规定的方法制备)或等同纯度的水。

3.2 密度测定

3.2.1 比重瓶法

在 20 ℃恒温条件下,用蒸馏水标定比重瓶的体积,然后测定同体积样品的质量,求其密度,结果以 ρ_{20}(g/mL)表示。

3.2.1.1 仪器

a) 比重瓶:采用 GB/T 4472 规定的 25 mL 附温度计的比重瓶。

b) 恒温水浴:温度控制在(20±0.1)℃。

3.2.1.2 试验步骤

将冷却至约 15 ℃的蒸馏水注满洗净的比重瓶,插入温度计,保持瓶中无气泡,置于恒温水浴中,30 min 后,用滤纸吸去溢出毛细管的水并加盖,取出比重瓶擦净,称重(准确至 0.000 2 g)。

把比重瓶内水倒出,先用乙醇,再用乙醚洗涤数次,干后称重。两次称量之差即为 20 ℃时的水质量。

以糠醇代替水,同上操作,即得 20 ℃时的糠醇质量。

3.2.1.3 结果计算

糖醇密度 ρ_{20}(g/mL)按式(1)计算。

$$\rho_{20}=\frac{m_1+A}{m_2+A}\times 0.998\,2 \quad \cdots\cdots\cdots\cdots(1)$$

式中：

ρ_{20}——20 ℃时的糠醇密度，单位为克每毫升(g/mL)；

m_1——20 ℃充满比重瓶所需糠醇的质量，单位为克(g)；

m_2——20 ℃充满比重瓶所需水的质量，单位为克(g)；

0.998 2——20 ℃时的水密度，单位为克每毫升(g/mL)；

A——浮力校正，值为 $\rho_1 V$。其中 ρ_1 是干燥空气在 20 ℃、1 013.25 hPa 时的密度，V 是所取样品的体积(mL)。但在一般情况下，A 的影响很小，可忽略不计。

3.2.1.4 精密度

平行测定结果的差值不大于 0.001 g/mL，取算术平均值为测定结果。

3.2.2 密度计法

密度计在被测液体中达到平衡时浸泡深度所显示的刻度值，即为液体的密度。

3.2.2.1 仪器

a) 密度计(标准温度 20 ℃)：采用 GB/T 4472 规定的分度值为 0.001 g/mL 的密度计，测定范围为 1.100～1.150。

b) 玻璃量筒：250 mL。

c) 温度计：0 ℃～50 ℃，分度值为 0.1 ℃。

3.2.2.2 试验步骤

用清洁干燥的量筒取约 200 mL 糠醇。当糠醇温度在(20±5)℃时，缓缓放入密度计，其下端离筒底需 2 cm 以上，不能与筒壁接触。密度计露出液面以上的部分，被粘液体高度不得超过 2 分度～3 分度。待密度计在样品中稳定后，视线与糠醇液面保持同一水平，读取密度计弯月面下缘的刻度值，即为该温度下的糠醇密度(ρ_t)。

3.2.2.3 结果分析

糠醇密度 ρ_{20}(g/mL)按式(2)计算。

$$\rho_{20}=\rho_t+0.000\,9\times(t-20) \quad \cdots\cdots\cdots\cdots(2)$$

式中：

ρ_{20}——20 ℃时的糠醇密度，单位为克每毫升(g/mL)；

ρ_t——t ℃时测得的糠醇密度，单位为克每毫升(g/mL)；

t——测定时糠醇温度，单位为摄氏度(℃)；

0.000 9——糠醇密度的温度校正系数(每增减 1 ℃时的校正值)，单位为克每毫升摄氏度[g/(mL·℃)]。

3.2.2.4 精密度

平行测定结果的差值不大于 0.001 分度，取算术平均值为测定结果。

3.3 折光率测定

折光率系指光在空气中的传播速度与在糠醇中的传播速度之比值，以 n_D^{20} 表示。

3.3.1 仪器

阿贝型折光仪：测量范围为 1.300 0～1.700 0，测定精度为 0.000 3。

超级恒温水浴：温度控制在(20±0.1)℃。

3.3.2 试验步骤

折光仪使用前应以二次蒸馏水校正，20 ℃时水折光率为 1.333 0。

折光仪的校正和操作步骤按 GB/T 6488 中的规定。

3.3.3 精密度

平行测定结果的差值不大于 0.000 3，取算术平均值为测定结果。

3.4 水分含量测定

糠醇中水分含量测定方法有甲苯蒸馏法和卡尔·费休法，结果以质量分数表示。

3.4.1 甲苯蒸馏法

3.4.1.1 仪器

水分测定器：符合 GB/T 260 的规定。

玻璃量筒：100 mL。

电热套：容量 500 mL，附调压变压器。

3.4.1.2 试剂

甲苯(GB/T 684)：预先用水饱和后使用。

3.4.1.3 试验步骤

称取糠醇样品 100 g(准确至 0.1 g)，注入清洁干燥的圆底烧瓶中。再量取与样品等体积的甲苯(约 89 mL)，先将其大部分加入烧瓶中，并向瓶中投入几枚清洁干燥的沸石或一端封闭的玻璃毛细管。置于电热套上，装妥预先干燥的全套测定器。再由冷凝管加入剩余甲苯，注满接受器。在冷凝管上口接干燥管或塞以棉花。接通冷凝水，加热并控制蒸馏温度。蒸馏开始时，要求从冷凝管斜口每秒滴出 2 滴，待水分大部分蒸出后，可增至每秒 4 滴。当接受器内水分体积不再增加时停止加热(约需 1 h)。用甲苯彻底冲洗冷凝管。如仍有水滴粘附管壁时，可用金属丝或带橡皮头的玻璃棒将其刮入接受器中。待接受器冷至室温后，读记水分体积，视线应与水液面保持同一水平。

3.4.1.4 结果计算

糠醇水分含量以水的质量分数 w_s 计，数值以%表示，按式(3)计算。

$$w_s = \frac{V \times \rho}{m} \times 100 \qquad \cdots\cdots(3)$$

式中：

V——接受器中水体积，单位为毫升(mL)；

ρ——室温时水密度，单位为克每毫升(g/mL)；

m——糠醇样品质量，单位为克(g)。

3.4.1.5 精密度

平行测定结果的差值不大于 0.03%，取算术平均值为测定结果。

3.4.2 卡尔·费休法

3.4.2.1 原理

采用卡尔·费休法，卡尔·费休法是应用最广泛的测定微量水分的方法，尤其适用于易变质的有机物中水分的测定。卡尔·费休法是一种非水溶液氧化还原滴定法，碘将二氧化硫氧化成三氧化硫时需要一定量的水分参加反应，从消耗的碘量可测定水分的含量。所用的标准溶液是由碘、二氧化硫、吡啶和甲醇按一定比例混合而成。该标准溶液称为卡尔·费休试剂。

3.4.2.2 仪器

微量水分测定仪：符合 GB/T 606 的要求，采用电量滴定(库仑分析)滴定方式，测量范围 10 μg～100 mg H_2O，灵敏阈为 1 μg H_2O。使用环境温度：5 ℃～40 ℃，环境湿度：≤85%。

0.1 mL～1 mL 微量进样器或卡介苗注射器：分度值 0.02 mL。

3.4.2.3 试剂

卡尔·费休试剂标准溶液。按照 GB/T 606 中的相关规定执行。

3.4.2.4 进样量

20 mg～200 mg，精确到 0.2 mg，用微量进样器或卡介苗注射器减量法称取。

3.4.2.5　试验步骤

根据仪器说明操作。

3.4.2.6　结果计算

糠醇水分含量以水的质量分数 w_s 计，数值以%表示，按式(4)计算。

$$w_s = \frac{m_1}{m \times 10^6} \times 100 \quad \cdots\cdots(4)$$

式中：

m_1——所测结果水分质量，单位为微克(μg)；

m——糠醇样品质量，单位为克(g)。

3.4.2.7　精密度

平行测定结果的差值不大于0.03%，取算术平均值为测定结果。

3.5　浊点测定

根据不同温度下工业糠醇在水中的溶解特性来测定浊点，结果以温度(℃)表示。

3.5.1　仪器

a)　试管：直径25 mm，长200 mm。

b)　温度计：0 ℃～50 ℃，分度值为0.1 ℃。

c)　50 mL具刻度玻璃量筒。

d)　冰水浴。

3.5.2　试验步骤

分别量取蒸馏水30 mL(准确至0.1 mL)和糠醇样品15 mL(准确至0.1 mL)，加入试管中，插入温度计并搅拌均匀。将试管置于冰水浴中边冷却边搅拌至溶液出现乳白色混浊后继续冷却，使温度再下降1 ℃～2 ℃。然后将试管从冰水浴中取出，在室温下边搅拌边缓慢升温。当溶液的乳白色混浊消失转为清晰时，读记温度计上的温度值，即为浊点，结果以℃表示。

3.5.3　精确度

平行测定结果的差值不大于0.2 ℃，取算术平均值为测定结果。

3.6　酸度测定

糠醇酸度测定采用以酚酞为指示剂，氢氧化钠标准溶液滴定法，结果以mol/L表示。

3.6.1　仪器

a)　三角烧瓶：500 mL。

b)　移液管：单标记，10 mL。

c)　微量滴定管：5 mL。

3.6.2　试剂和溶液

a)　氢氧化钠(GB/T 629)：$c(\mathrm{NaOH})=0.05$ mol/L标准溶液，参照GB/T 601规定的方法进行配制与标定。

b)　酚酞(GB/T 10729)指示剂：10 g/L乙醇溶液，参照GB/T 603规定的方法进行配制。

3.6.3　试验步骤

取100 mL蒸馏水注入三角烧瓶，加酚酞指示剂4滴，用0.05 mol/L氢氧化钠标准溶液滴定至微红色，保持10 s～15 s不褪色，再用移液管取糠醇样品10 mL加入三角烧瓶中，振荡至全溶，用0.05 mol/L氢氧化钠标准溶液滴定至微红色，保持10 s～15 s不褪色即为终点。

3.6.4　结果计算

糠醇酸度 X(mol/L)按式(5)计算。

$$X = \frac{c \times V \times \rho_{20}}{10 \times \rho_t} \quad \cdots\cdots(5)$$

式中：

X——糠醇酸度，单位为摩尔每升(mol/L)；

c——滴定用氢氧化钠标准溶液的浓度，单位为摩尔每升(mol/L)；

V——样品消耗氢氧化钠标准溶液的体积，单位为毫升(mL)；

ρ_{20}——20 ℃糠醇密度，单位为克每毫升(g/mL)；

ρ_t——常温取样时糠醇密度，单位为克每毫升(g/mL)。

3.6.5 精密度

平行测定结果的差值不大于 0.001 mol/L，取算术平均值为测定结果。

3.7 醛含量测定

醛含量测定采用盐酸羟胺肟化法，测得的总羰基化合物量按糠醛计算其质量分数。

3.7.1 仪器

a) 具塞磨口锥形瓶：100 mL。

b) 微量滴定管：5 mL。

3.7.2 试剂和溶液

a) 95%乙醇(GB/T 679)。

b) 氢氧化钠(GB/T 629)：0.1 mol/L 氢氧化钠标准溶液，参照 GB/T 601 规定的方法进行配制与标定。

c) 溴酚蓝(HG 3-1224)指示剂：4 g/L 乙醇溶液。

称取 0.4 g 溴酚蓝，溶于 12 mL 浓度为 0.05 mol/L 氢氧化钠乙醇溶液，用乙醇稀释到 100 mL。

d) 盐酸羟胺(GB/T 6685)：25 g/L 乙醇溶液。

溶解 50 g 盐酸羟胺于 1 000 mL 蒸馏水中，加入 1 000 mL 乙醇，再加溴酚蓝指示剂 2.5 mL，摇匀。以 0.1 mol/L 氢氧化钠标准溶液调至黄绿色(pH3.7～3.8)。

3.7.3 试验步骤

称取糠醇样品约 2 g(准确至 0.01 g)于已加有 30 mL 盐酸羟胺乙醇溶液的具塞磨口锥形瓶中，塞紧瓶塞，摇匀。放置 15 min(保持温度 20 ℃～25 ℃)，用 0.1 mol/L 氢氧化钠标准溶液滴定到与标准色(原盐酸羟胺乙醇溶液颜色)相同为止。

3.7.4 结果计算

醛含量以糠醛的质量分数 w_q 计，数值以%表示，按式(6)计算。

$$w_q = \frac{c \times V \times 0.096}{m} \times 100 \qquad \cdots\cdots(6)$$

式中：

c——滴定用氢氧化钠标准溶液的浓度，单位为摩尔每升(mol/L)；

V——样品滴定消耗氢氧化钠标准溶液的体积，单位为毫升(mL)；

0.096——糠醛的毫摩质量，单位为克每毫摩尔(g/mmol)；

m——糠醇样品质量，单位为克(g)。

3.7.5 精密度

平行测定结果的差值不超过 0.04%，取算术平均值为测定结果。

3.8 糠醇含量测定

糠醇含量的测定方法有气相色谱法和化学法，气相色谱法又分为毛细管法和填充柱法。

3.8.1 气相色谱法(填充柱法)

3.8.1.1 方法原理

本法以硅藻土类载体涂渍聚乙二醇-20M 为固定相，糠醇样品直接进样汽化，流经色谱柱，使其中各组分分离，再通过检测器检测，测得各组分的峰面积后，用面积归一化法定量计算。

3.8.1.2 仪器设备

a) 气相色谱仪：配有氢火焰离子化检测器和色谱数据处理机，灵敏度和稳定性应符合 GB/T 9722 的规定。

b) 色谱柱：内径 3 mm～4 mm、柱长 1 m～2 m 的不锈钢管或玻璃管。

c) 微量进样器：0.5 μL。

3.8.1.3 试剂

a) 氮气：纯度大于 99.99%。

b) 氢气：纯度大于 99.99%。

c) 净化空气。

d) 载体：Chromosorb WAW，60 目～80 目。

e) 固定液：聚乙二醇-20 M，用量为载体质量的 10%。

3.8.1.4 色谱分离典型条件

a) 柱温：110 ℃。

b) 汽化温度：200 ℃。

c) 检测器温度：200 ℃。

d) 载气：氮气，流量为 50 mL/min。

e) 氢气：0.06 MPa。

f) 空气：0.06 MPa。

g) 进样量：0.1 μL。

注：上述操作参数是典型的，可根据不同仪器特点，对给定操作参数作适当调整，以获得最佳效果。

3.8.1.5 样品测定

按 3.8.1.4 色谱条件启动色谱仪。待仪器稳定后，用清洁干燥的微量进样器吸取样品，迅速注入色谱仪汽化器中。待各组分出峰完毕，由色谱数据处理机测量峰面积，采用面积归一化法计算各组分的质量分数。典型色谱图见附录 A。

3.8.1.6 结果处理和表述

按式(7)计算糠醇含量。

$$X_1 = x \times \frac{100 - w_s}{100} \qquad \cdots\cdots(7)$$

式中：

X_1——糠醇含量，%；

x——色谱数据处理机得出的糠醇含量，%；

w_s——糠醇水分含量，%。

计算结果精确至小数点后一位。

3.8.1.7 精密度

平行测定结果，糠醇组分的允许相对偏差不超过 0.2%，取算术平均值为测定结果。

3.8.2 气相色谱法(毛细管法)

3.8.2.1 方法原理

使用气相色谱仪，直接进样，经过毛细管柱分离后，用氢火焰离子化检测器检测，用面积归一化法定量计算。

3.8.2.2 仪器设备

a) 气相色谱仪：配有氢火焰离子化检测器和数据处理机，灵敏度和稳定性符合 GB/T 9722 的规定。

b) 色谱柱：推荐使用 PEG-20M(聚乙二醇-20M)毛细管柱，25 m×0.32 mm×0.25 μm，或达到同等分离效果的色谱柱。

c) 微量进样器。

3.8.2.3 色谱条件

a) 色谱柱温度：110 ℃。

b) 进样口温度：200 ℃。

c) 检测器温度：200 ℃。

d) 载气(N_2，纯度大于 99.99%)：3.0 mL/min。

e) 燃烧气(H_2)：50 mL/min。

f) 助燃气(空气)：500 mL/min。

g) 分流比：1∶50。

h) 进样量：0.1 μL。

注：上述操作参数是典型的，可根据不同仪器特点，对给定操作参数作适当调整，以获得最佳效果。

3.8.2.4 样品测定

色谱仪通入载气(N_2)，启动色谱仪。设定色谱条件，加热升温。当各部件(进样口、检测、柱温)的温度达到设定值时，通入氢气、空气，检测器点火燃烧。待仪器稳定时，进样。当样品的色谱峰全部检出后，仪器就将各个色谱峰的相对百分含量打印出来。典型色谱图见附录 B。

3.8.2.5 结果处理和表述

同 3.8.1.6。

3.8.2.6 精密度

平行测定结果，糠醇组分的允许相对偏差不超过 0.2%，取平均值为测定结果。

3.8.3 化学法

糠醇含量测定采用羟基高氯酸催化乙酰化法，测得的总醇量按糠醇计算其质量分数。

3.8.3.1 仪器

a) 具塞磨口锥形瓶：100 mL。

b) 移液管：单标记，5 mL，一级。

c) 雪氏硷式滴定管：50 mL，一级。

3.8.3.2 试剂和溶液

a) 吡啶(GB/T 689)：75%(体积分数)吡啶水溶液。

b) 高氯酸(GB/T 623)乙酸酐(GB/T 677)吡啶溶液：
量取 30 mL 吡啶于 150 mL 具玻璃棕色试剂瓶中，慢慢加入 0.8 g(即 0.47 mL)高氯酸，在不断地搅拌下加入 10 mL 乙酸酐，冷至室温后使用。临用新配。

c) 酚酞(GB/T 10729)指示剂：10 g/L 乙醇溶液，参照 GB/T 603 规定的方法进行配制。

d) 氢氧化钠(GB/T 629)：$c(NaOH)=0.6$ mol/L 标准溶液，参照 GB/T 601 规定的方法进行配制和标定。

3.8.3.3 试验步骤

减量法称取糠醇样品 0.45 g～0.50 g(准确至 0.000 1 g)于清洁干燥的具塞磨口锥形瓶中，用移液管准确加入高氯酸乙酸酐吡啶溶液 5 mL，摇匀后放置 10 min，加入蒸馏水 2 mL，再加入吡啶溶液 10 mL，摇匀后放置 5 min，加酚酞指示剂 2 滴，用 0.6 mol/L 氢氧化钠标准溶液滴定至微红色，保持 10 s～15 s 不褪色即为终点。同样条件下做空白试验。本试验步骤应在通风橱内进行。

3.8.3.4 结果计算

糠醇质量分数 X_2(%)按式(8)计算。

$$X_2 = \frac{c \times (V_2 - V_1) \times 0.098\ 1}{m} \times 100 \quad \cdots\cdots (8)$$

式中：

c——滴定用氢氧化钠标准溶液的浓度，单位为摩尔每升(mol/L)；

V_2——空白试验消耗氢氧化钠标准溶液的体积，单位为毫升(mL)；

V_1——样品滴定消耗氢氧化钠标准溶液的体积，单位为毫升(mL)；

0.098 1——糠醇的毫摩质量，单位为克每毫摩尔(g/mmol)；

m——糠醇的样品质量，单位为克(g)。

3.8.3.5 精密度

平行测定结果的差值不大于0.5%。取算术平均值为测定结果。

3.9 试验报告

试验报告应至少包括下列内容：

a) 生产厂名称或代号，产品名称，批号，数量，出厂日期；

b) 执行标准编号；

c) 使用的方法(如果标准中包括几个方法)；

d) 试验结果；

e) 与规定的分析步骤的差异；

f) 在试验中观察到的异常现象；

g) 试验人员及试验日期。

附 录 A
（资料性附录）
填充柱法典型色谱图

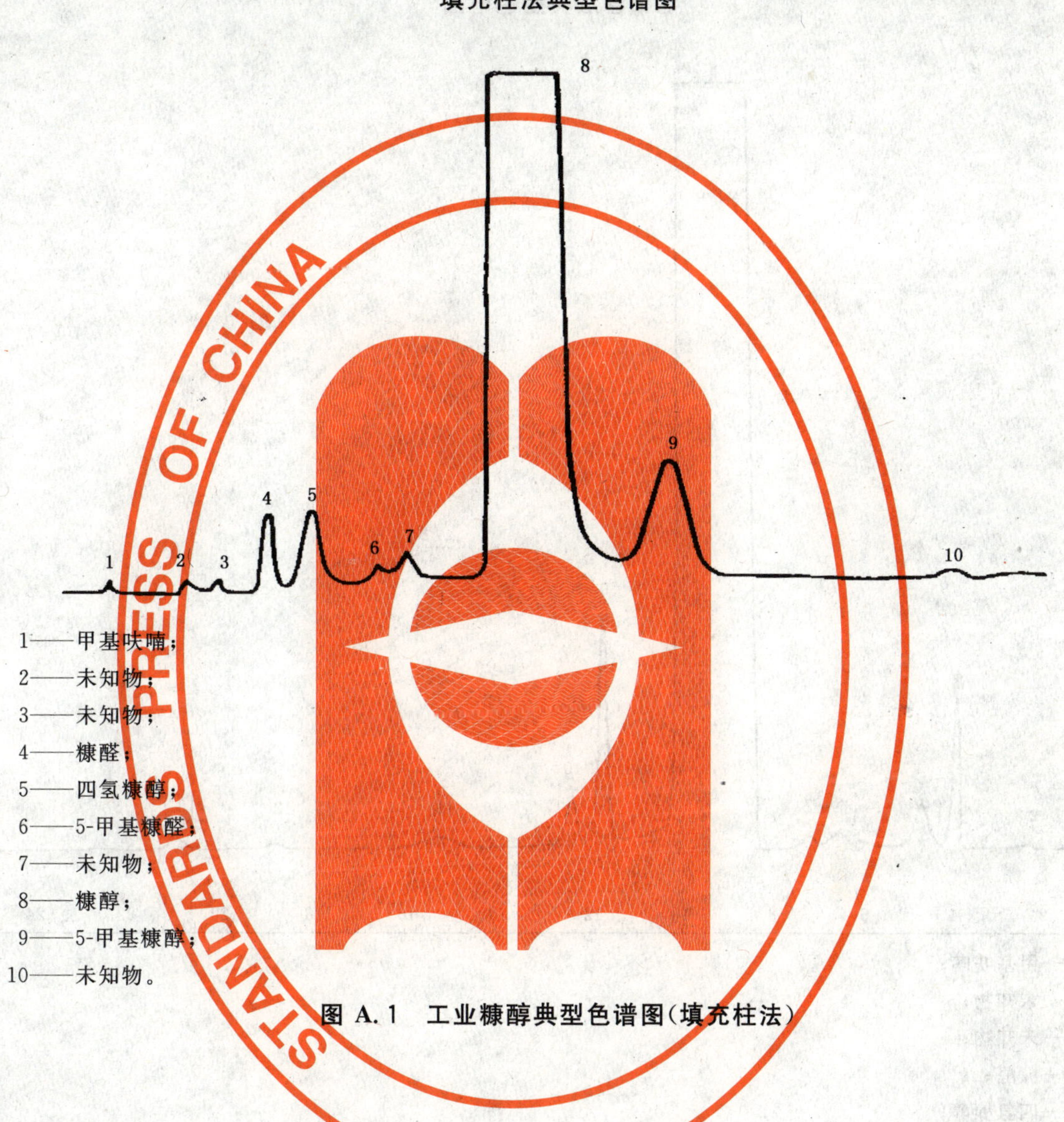

1——甲基呋喃；
2——未知物；
3——未知物；
4——糠醛；
5——四氢糠醇；
6——5-甲基糠醛；
7——未知物；
8——糠醇；
9——5-甲基糠醇；
10——未知物。

图 A.1 工业糠醇典型色谱图(填充柱法)

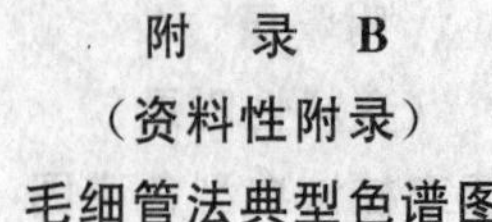

附 录 B
（资料性附录）
毛细管法典型色谱图

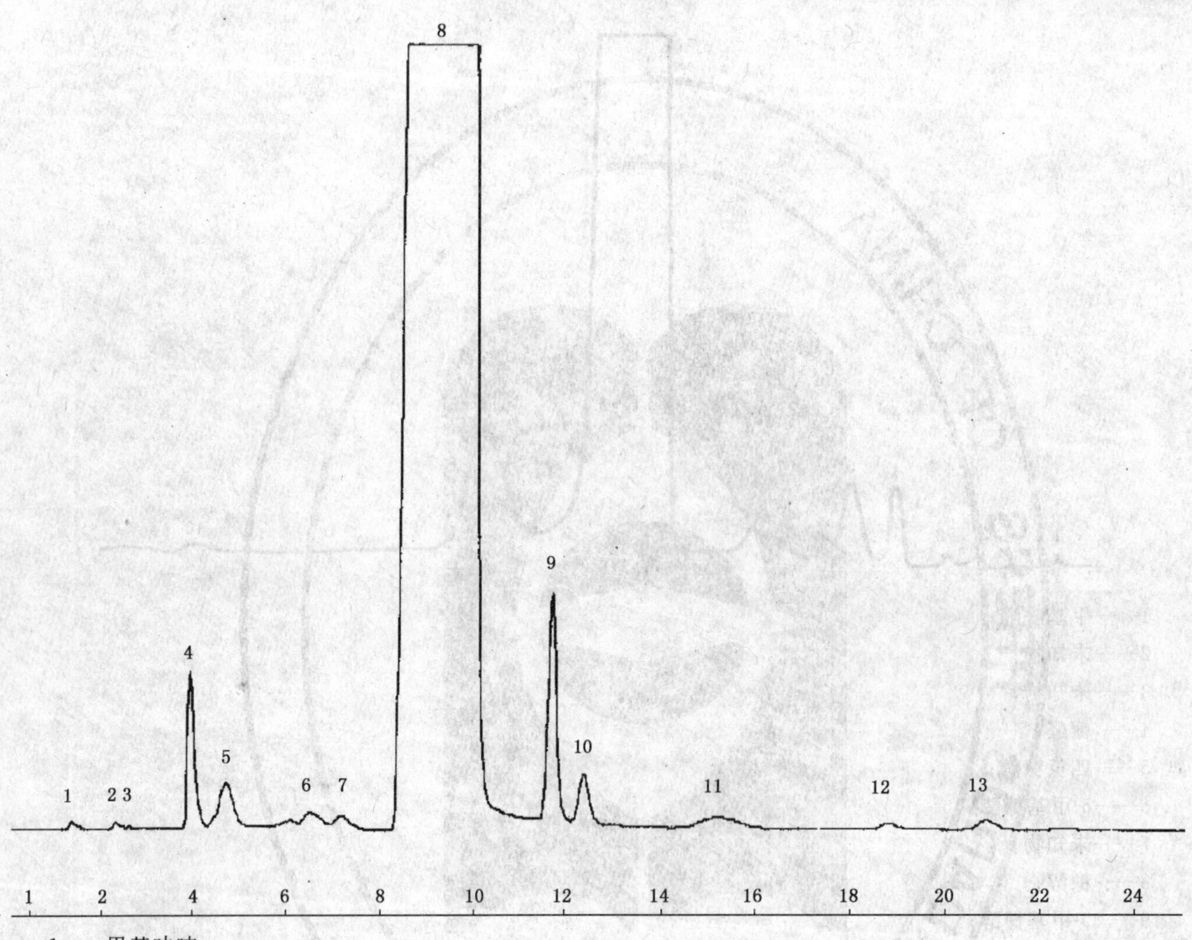

1——甲基呋喃；
2——未知物；
3——未知物；
4——糠醛；
5——四氢糠醇；
6——5-甲基糠醛；
7——未知物；
8——糠醇；
9——1-(2-呋喃基)-乙酮；
10——5-甲基糠醇；
11——未知物；
12——未知物；
13——未知物。

图 B.1 工业糠醇典型色谱图(毛细管法)

ICS 29.140.30
K 71

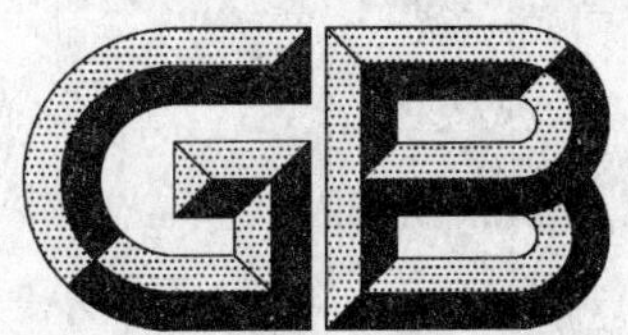

中华人民共和国国家标准

GB/T 14046—2009
代替 GB/T 14046—1993

铁路信号灯泡

Lamps for rail way signal

2009-05-04 发布　　2009-11-01 实施

中华人民共和国国家质量监督检验检疫总局
中国国家标准化管理委员会　发布

前　言

本标准代替 GB/T 14046—1993《铁路信号灯泡》。

本标准与原 GB/T 14046—1993 的主要差异如下：

——原标准所引用的一些标准已经作废，在本标准中用现行标准代替已作废的标准。删除了标准正文中未提及的标准。

——定义部分与其他标准统一。

——将“流明维持率”改为“光通维持率”。

——将“恒定湿热试验”改为“潮湿试验”。

本标准的附录 A 为规范性附录。

本标准由中国轻工业联合会提出。

本标准由全国照明电器标准化技术委员会(SAC/TC 224)归口。

本标准起草单位：北京电光源研究所。

本标准主要起草人：赵秀荣、江姗、段彦芳。

本标准于 1993 年首次发布，本次为第一次修订。

铁路信号灯泡

1 范围

本标准规定了铁路信号灯泡的型号、结构尺寸、基本参数、技术要求、试验方法、检验规则、标志、包装、运输和贮存。

本标准适用于铁路透镜式色灯信号机用的铁路信号白炽灯泡(以下简称灯泡)。

2 规范性引用文件

下列文件中的条款通过本标准的引用而成为本标准的条款。凡是注日期的引用文件,其随后所有的修改单(不包括勘误的内容)或修订版均不适用于本标准,然而,鼓励根据本标准达成协议的各方研究是否可使用这些文件的最新版本。凡是不注日期的引用文件,其最新版本适用于本标准。

GB/T 191 包装储运图示标志(GB/T 191—2008,ISO 780:1997,MOD)

GB 2797 灯头总技术条件

GB/T 2828.1 计数抽样检验程序 第1部分:按接收质量限(AQL)检索的逐批检验抽样计划(GB/T 2828.1—2003,ISO 2859-1:1999,IDT)

GB/T 2829 周期检验计数抽样程序及表(适用于对过程稳定性的检验)

GB/T 15043 白炽灯泡光电参数的测量方法

QB 2274 电光源产品的分类和型号命名方法

3 产品的型号命名

灯的型号应符合QB 2274的规定,具体如下。

4 技术要求

4.1 灯泡型号、结构尺寸和灯头型号应符合表1和图1的规定。

4.2 灯泡的光电参数和寿命应符合表2的规定。

4.3 TX$\frac{12\text{-}25}{12\text{-}25}$灯泡为双灯丝,主灯丝和副灯丝呈直线且平行,主灯丝在下,其轴心线应与灯头的中心线相垂直。

表1 灯泡型号、结构尺寸和灯头型号

单位为毫米

灯泡型号 QB 2274	主要尺寸						灯头型号
	D	L	H	h_1	h_2	d	
TX$\frac{12\text{-}25}{12\text{-}25}$	≤46	≤90	43±0.3	≥3	2.5±0.5	2.5±0.5	P30d/17×24

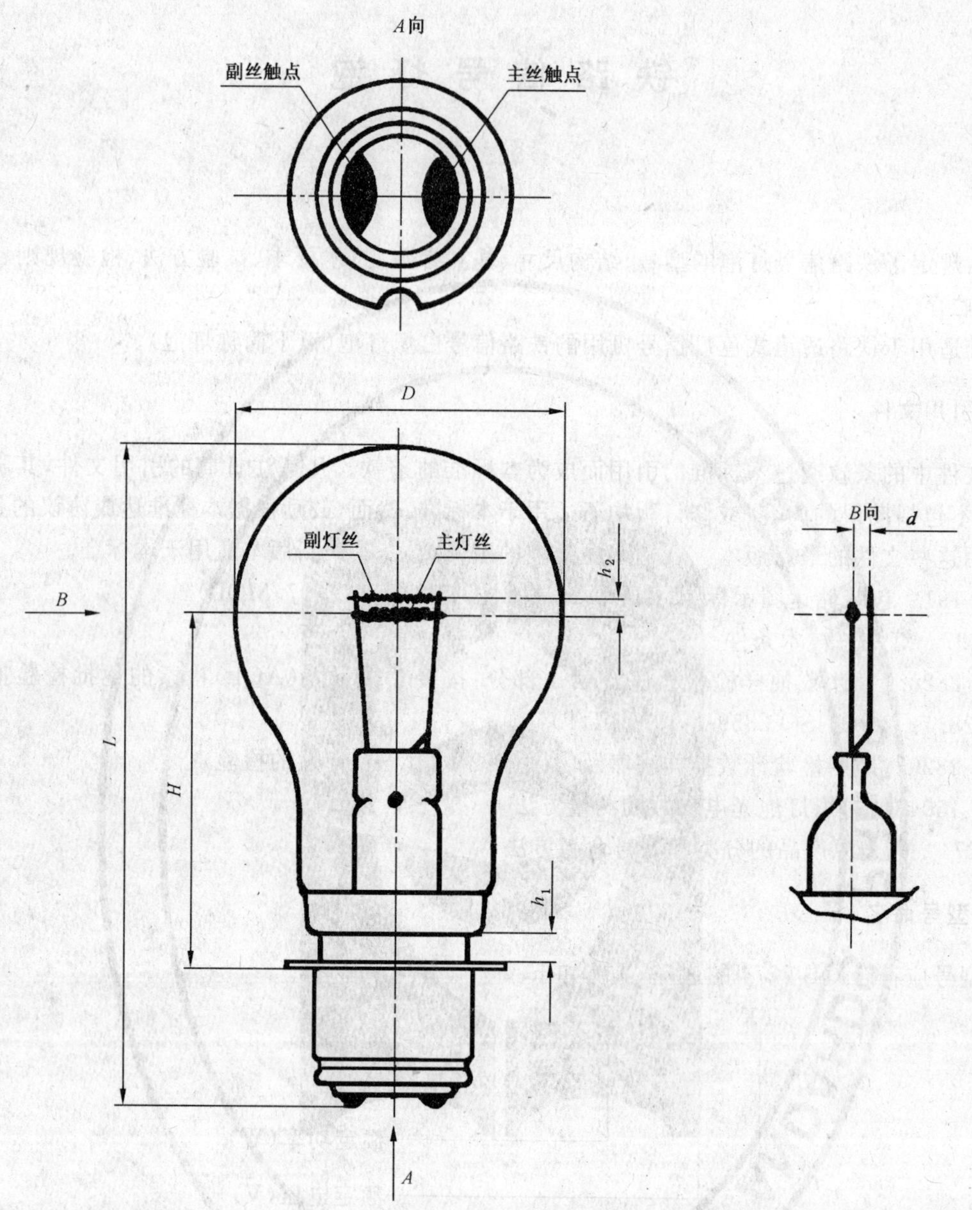

图 1 灯泡结构尺寸

表 2 灯泡的光电参数和寿命

灯泡型号	额定值			极限值		光通维持率/ %	寿命/ h
	电压/ V	功率/ W	光通量/ lm	功率/ W	光通量/ lm		
TX $\frac{12\text{-}25}{12\text{-}25}$	12	25	285	27.5	242	85	≥1 000
		25	285	27.5	242	85	≥200

4.4 玻壳应洁净、透明，在玻壳最大直径上下 16 mm 区域不应有直径大于 0.5 mm 的气泡和明显的条纹。

4.5 定焦盘裙边的上平面与灯头内套应有不小于 3 mm 的间隙。

4.6 灯泡的电极引出线应牢固地焊接在灯头上，且不应妨碍灯泡插入定焦盘式灯座内，亦不应妨碍灯座拉板的推进和拉出。

4.7 主灯丝为双螺旋，其直径不大于 1.8 mm，长度不大于 8 mm，管衬焊接，引出线应加防护套管。

4.8 灯头顶锡高度为 $1.5^{+0.5}_{-0.2}$ mm，两顶锡高度一致并应饱满光洁。

4.9 灯头应符合附录 A 的要求。

4.10 定焦盘与灯头、灯头与玻壳，在它们之间施加 3 N·m 的扭力矩时，定焦盘与灯头、灯头与玻壳之间不应松脱。

4.11 灯泡在下列气候条件下应能正常工作：

a) 在温度为 −40 ℃～60 ℃时；

b) 在温度为 +40 ℃，相对湿度为 90%时。

4.12 灯泡应能耐振，振动时灯丝应有足够的机构强度，振动频率为 2 000 次/min，振幅为 0.6 mm，振动 10 h(主灯丝在额定电压下先振动 9 h，然后断电振动 1 h)，主副灯丝均不应有断丝或脱焊。

5 试验方法

5.1 灯泡尺寸(见 4.1)和灯泡顶锡高度(见 4.8)应用通用量具或标准量规进行检验。

5.2 灯丝尺寸和位置(见 4.3)应用专用对光设备和标准量规进行检验。

5.3 玻壳质量(见 4.4)、焊接质量(见 4.6、4.7)和灯泡标志(见 7.1)均用目视法检验。

5.4 灯泡的光电参数(见 4.2)按 GB/T 15043 的有关规定进行检验。用作光电参数测量的灯泡，应预先在 110%的额定电压下老炼 20 min。

5.5 灯泡的寿命试验(见 4.2)应在额定电压或比额定电压高 10 %的电压下进行，在加高电压试验时其寿命按公式(1)计算：

$$L_0 = L\left(\frac{V}{V_0}\right)^n \qquad (1)$$

式中：

L_0——额定电压下的寿命，h；

L——试验电压下的寿命，h；

V_0——额定电压，V；

V——试验电压，V；

n——指数(充气灯泡为 14)。

在寿命试验时，灯泡的位置应为正常使用位置，即灯头在下，灯泡接点上的电压波动不应超过试验电压的±2%。

当试验灯泡寿命时，先试验主灯丝，后试验副灯丝。

灯泡寿命，应按所有被试灯泡点燃寿命的最低值计算。当灯泡点燃最低点燃寿命或相应的加速试验的等效时间时，则可认为寿命试验完毕。

注 1：在寿命试验时，如因机械损伤或接入不适当的电压而缩短寿命的灯泡应不计算在内，并允许再予补试。

注 2：光通维持率应在寿命的 80%时进行测量。

5.6 定焦盘与灯头，灯头与玻壳固定的固定度(4.10)是在温度为 20 ℃±5 ℃，相对温度为 50%～80%的条件下，采用能保证扭力矩从零开始均衡地增加的机械装置进行检验。

5.7 灯泡的高低温试验(见 4.11)是将非工作状态下的灯泡按下列方法进行。

a) 将灯泡放入温度为 −40 ℃±2 ℃的低温箱内，并保存 2 h；

b) 将灯泡放入温度为 +60 ℃±2 ℃的高温箱内，并保持 2 h，灯泡由低温箱或高温箱内取出后，应立即接通额定电压，并保持 5 min，试验灯泡不应损坏。

5.8 灯泡潮湿试验(见 4.11)是将灯泡放置在温度为 40 ℃±2 ℃相对湿度为 95%～98%的潮湿箱内 48 h 后，不应有影响导电的铜绿现象。

5.9 灯泡的振动(正弦)试验(见 4.12)是在振动台上进行，灯泡的安装方式应为正常使用位置。

6 检验规则

6.1 灯泡应进行交收试验和例行试验。

6.2 交收试验

6.2.1 交收试验抽样检查按 GB/T 2828.1 规定的二次正常检查抽样方案进行。

6.2.2 交收试验抽样检查采用顺序及其检查水平(IL)和合格质量水平(AQL)值应按表 3 中的规定。

交收试验不合格时该批灯泡应进行 100%重检,剔除不合格品后可再次提交复验,但必须使用加严检查抽样方案并附有该批产品报废数量及原因的简要说明。若复验仍不合格,则不应再次提交验收,此时应分析原因提出改进措施和处理该批产品的办法。

表 3 交收试验抽样检查采用顺序及其检查水平(IL)和合格质量水平(AQL)值

组号	不合格分类	序号	试验项目	条款		检查水平 IL	合格质量水平 AQL
				技术要求	试验方法		
Ⅰ	C	1	灯泡型号、结构尺寸和灯头型号	4.1	5.1	S-3	1
		2	玻壳质量	4.4	5.3		
		3	顶锡高度	4.8	5.1		
		4	定焦盘与灯头、灯头与玻壳的固定牢固度	4.10	5.6		
		5	灯泡标志质量	7.1	5.3		
Ⅱ	B	6	焊接质量	4.6	5.3		25
		7	灯丝位置	4.3	5.2		
		8	灯泡的功率、光通量	4.2	5.4		

6.3 例行试验

6.3.1 例行试验应在交收试验合格批中随机抽取。

6.3.2 例行试验每半年进行一次,但在更改结构工艺、原材料变更或停产一年以上又恢复生产时亦需进行。

6.3.3 例行试验前应对样品按交收试验项目(包装除外)进行全数检查,若发现不合格品时应以合格品换取。

6.3.4 例行试验抽样检查按 GB/T 2829 规定的二次抽样方案进行。

6.3.5 例行试验项目的分组、顺序及其判别水平(DL)不合格质量水平(RQL)和判定组数(Ac、Re)应按表 4 中的规定进行。

6.3.6 若例行试验不合格,产品停止交收,并将已验收而未出厂的产品停止出厂,已出厂的产品,双方协商解决,此时应分析原因提出处理办法,并在生产中采取措施直到新的例行试验合格方能恢复交收。

表 4 例行试验项目的分组、顺序及其判别水平(DL)不合格质量水平(RQL)和判定组数(Ac、Re)

组号	不合格分类	序号	试验项目	条款		判别水平 DL	合格判定条件						
				技术要求	试验方法		RQL	n_1	n_2	Ac_1	Re_1	Ac_2	Re_2
Ⅰ	B	1	寿命	4.2	5.5	Ⅱ	40	5	5	0	2	1	2
		2	光通维持率	4.2	5.5								
Ⅱ		3	耐振性能	4.12	5.9								
		4	潮湿试验	4.11	5.8								
Ⅲ		5	高低温试验	4.11	5.7								

7 标志、包装、运输、贮存

7.1 每个灯泡上应有下列清晰而牢固的标志：

a) 灯泡型号、规格；

b) 制造厂名称或商标；

c) 生产日期(年、季或月)。

7.2 灯泡应有良好的减振和防潮包装。

7.3 每个灯泡的包装物上应有使用说明。

7.4 灯泡的内包装盒上应标明：

a) 制造厂的名称或商标；

b) 灯泡名称和型号；

c) 灯泡数量；

d) 包装日期(年、季或月)。

7.5 灯泡的外包装箱上应标明：

a) 制造厂的名称或商标；

b) 灯泡名称和型号；

c) 灯泡数量；

d) 包装日期(年、季或月)；

e) 符合 GB/T 191 有关规定的标志。

7.6 每个包装盒内应附有产品合格证。

7.7 灯泡应贮存在湿度不超过 85％的干燥通风的室内，空气中不应有腐蚀性气体。灯泡的存放期不应超过一年。

7.8 灯泡应符合运输的要求，运输时，应避免雨雪的淋袭和强烈的机械振动。

附 录 A
（规范性附录）
灯头的型式尺寸、型号、材料和技术条件

A.1 型式尺寸（见图 A.1、表 A.1）

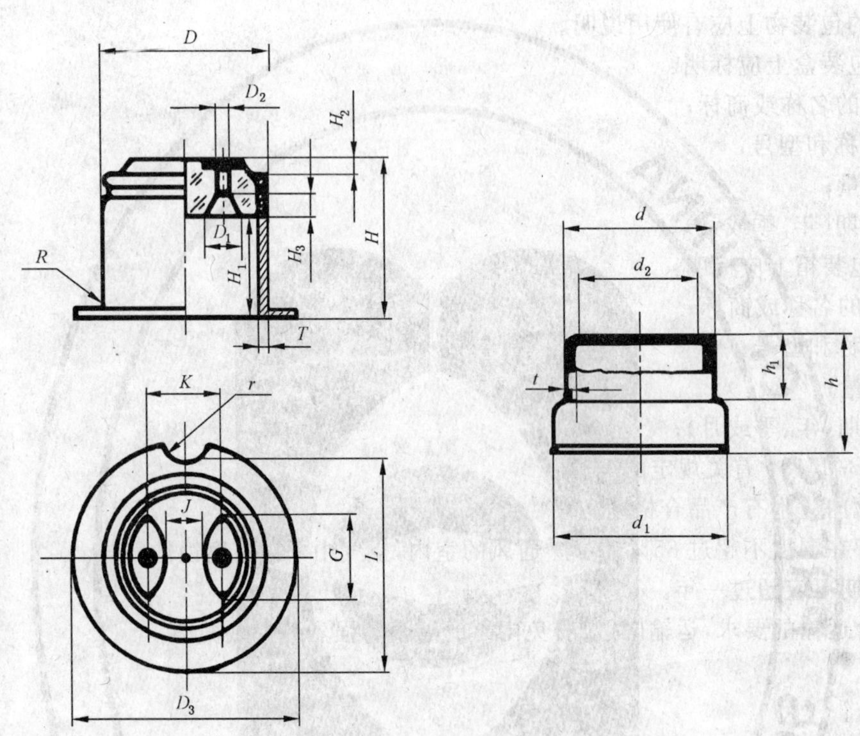

图 A.1 灯头的型式尺寸

表 A.1 灯头型式尺寸

单位为毫米

代号	尺寸		代号	尺寸	
	最小值	最大值		最小值	最大值
D	21.75	22.00	G	10.00	11.00
D_1	5.00	6.00	J	4.00	
D_2	1.00	1.75	r	2.5	
D_3	29.90	30.00	K	10.00	10.50
H	19.00	20.00	d	20.00	20.30
H_1	9.50		d_1	23.80	24.20
H_2	1.90		d_2	16.00	
H_3	3.00	4.00	h	14.50	15.50
L	27.25	27.50	h_1	9.00	
T	0.5		R	0.3	
t	0.3				

A.2 型号

P30d/17×24。

A.3 材料

H65M 或 H68M 黄铀铜带。

A.4 技术条件

按 GB 2797 的规定进行。